AF347230

LEÇONS

SUR L'INTÉGRATION

DES ÉQUATIONS

AUX DÉRIVÉES PARTIELLES

DU PREMIER ORDRE

LEÇONS

SUR L'INTÉGRATION

DES ÉQUATIONS

AUX DÉRIVÉES PARTIELLES

DU PREMIER ORDRE

PAR

Edouard GOURSAT

MEMBRE DE L'INSTITUT
PROFESSEUR A LA FACULTÉ DES SCIENCES DE PARIS

Deuxième édition revue et augmentée

PARIS

LIBRAIRIE SCIENTIFIQUE J. HERMANN

6, RUE DE LA SORBONNE, 6

1921

PRÉFACE

La première édition de cet Ouvrage, rédigée par le regretté C. Bourlet, d'après des leçons faites en 1890 aux candidats à l'Agrégation, était épuisée depuis quelque temps. Dans cette nouvelle édition, on a conservé le plan général de ces Leçons. Seuls les premiers Chapitres, relatifs aux théorèmes d'existence et aux équations linéaires, ont été assez profondément remaniés. Dans la suite, on a simplement modifié quelques démonstrations et complété certains résultats.

C'est aussi pour ne pas bouleverser l'ordre suivi dans l'édition originale que je n'ai pas introduit dans ce Volume la méthode de Pfaff. Cette importante méthode sera exposée, avec les développements qu'elle mérite, dans un autre Ouvrage, spécialement consacré au *Problème de Pfaff* et à ses généralisations, et qui paraîtra, je l'espère, prochainement.

J'adresse mes sincères remerciements à M. Boulanger, qui a bien voulu m'aider dans la correction des épreuves, et à mon Éditeur, M. Hermann, qui, dans les circonstances difficiles du moment, n'a pas hésité à publier une nouvelle édition de ces *Leçons*.

Septembre 1920.

E. GOURSAT.

LEÇONS SUR L'INTÉGRATION

DES

ÉQUATIONS AUX DÉRIVÉES PARTIELLES

DU PREMIER ORDRE

CHAPITRE PREMIER

THÉORÈMES D'EXISTENCE

Les équations aux dérivées partielles ont d'abord été étudiées par d'Alembert et Euler, à propos de problèmes de physique. Parmi les travaux les plus importants antérieurs à Cauchy, nous devons citer, en outre, ceux de Lagrange, Laplace, Monge, Ampère et Pfaff. En particulier les Mémoires de Lagrange sur les équations du premier ordre sont fondamentaux. Dans les premiers problèmes qui ont conduit à des équations aux dérivées partielles, le degré de généralité de la solution était en général évident *a priori*, d'après la nature même de la question. Mais, à mesure que l'on approfondissait davantage les principes de l'analyse, le besoin d'une plus grande précision se faisait sentir aussi pour cette question essentielle. Les premières recherches rigoureuses dans cette direction sont dues à Cauchy. Les résultats, aujourd'hui classiques, qu'il a obtenus, ont été beaucoup étendus depuis lors ; on reviendra plus loin sur ces généralisations, ainsi que sur les divers perfectionnements qui ont été apportés à ses démonstrations. Nous exposerons seulement dans ce premier chapitre les théorèmes qui sont nécessaires pour une théorie rigoureuse des équations aux dérivées partielles du premier ordre à une fonction inconnue. Les propriétés fondamentales des fonctions analytiques de plusieurs variables sont supposées connues.

G. *Leçons.*   I

1. Systèmes normaux. — Soient z_1, z_2, ..., z_p des fonctions de n variables indépendantes x_1, x_2, ..., x_n. J'appellerai *système normal* d'équations aux dérivées partielles du premier ordre tout système de la forme

$$(1) \qquad \frac{\partial z_1}{\partial x_1} = f_1, \qquad \frac{\partial z_2}{\partial x_1} = f_2, \qquad ..., \qquad \frac{\partial z_p}{\partial x_1} = f_p,$$

où les fonctions $f_1, f_2, ..., f_p$ ne renferment que les variables indépendantes $x_1, x_2, ..., x_n$, les fonctions inconnues $z_1, z_2, ..., z_p$, et les dérivées du premier ordre de ces fonctions par rapport aux variables $x_2, x_3, ..., x_n$. Un système de cette espèce admet **toujours** une infinité de systèmes d'intégrales, ainsi qu'il résulte **du** théorème suivant :

Théorème. — *Les fonctions f_1, f_2, ..., f_p étant des fonctions holomorphes de leurs arguments dans le voisinage des valeurs*

$$x_1 = x_1^0, \ ..., \ x_n = x_n^0, \ z_1 = z_1^0, \ ..., \ z_p = z_p^0, \ \frac{\partial z_i}{\partial x_k} = (q_{ik})^0$$

$$(i = 1, 2, ..., p \ ; \ k = 2, 3, ..., n,)$$

soient $\varphi_1 (x_2, ..., x_n), ..., \varphi_p (x_2, ..., x_n)$ p fonctions des $n - 1$ variables $x_2, ..., x_n$, holomorphes dans le domaine du point $x_2^0, ..., x_n^0$, et telles que l'on ait, pour ce système de valeurs de $x_2, ..., x_n$,

$$\varphi_1 (x_2^0, ..., x_n^0) = z_1^0, \ .... \ \varphi_p (x_2^0, ..., x_n^0) = z_p^0,$$

$$\left(\frac{\partial \varphi_i}{\partial x_k} \right)_0 = (q_{ik})^0.$$

Les équations (1) *admettent un système d'intégrales, et un seul,*

$$z_1 = \Phi_1 (x_1, x_2, ..., x_n), \ z_2 = \Phi_2 \ ..., \ ..., z_p = \Phi_p,$$

qui sont holomorphes dans le voisinage des valeurs x_1^0, x_2^0, ..., x_n^0, et qui se réduisent respectivement aux p fonctions φ_1, φ_2, ..., φ_p pour $x_1 = x_1^0$.

Les équations (1), et celles que l'on en déduit par des différentiations répétées, permettent en effet d'exprimer toutes les dérivées partielles des fonctions inconnues au moyen de $x_1, x_2, ..., x_n, z_1, z_2, ..., z_p$ et des dérivées partielles de ces fonctions prises par rapport aux variables x_2, x_3, ..., x_n seulement. La propriété est évidente pour les dérivées de la forme

$$\frac{\partial^{\alpha_2 + \alpha_3 + \ldots + \alpha_n + 1} z_i}{\partial x_1 \partial x_2^{\alpha_2} \ldots \partial x_n^{\alpha_n}},$$

comme on le voit immédiatement en différentiant les deux membres des équations (1) α_2 fois par rapport à x_2, α_3 fois par rapport à x_3, ..., α_n fois par rapport à x_n. Si l'on différentie ensuite les deux membres des équations (1) une seule fois par rapport à x_1 et un nombre quelconque de fois par rapport aux autres variables $x_2, \ldots x_n$, puis qu'on remplace dans les seconds membres les dérivées partielles où figure une seule fois la variable x_1 par les expressions déjà obtenues, on obtiendra de même les dérivées

$$\frac{\partial^{\alpha_2 + \alpha_3 + \ldots + \alpha_n + 2} z_i}{\partial x_1^2 \partial x_2^{\alpha_2} \ldots \partial x_n^{\alpha_n}}$$

exprimées de la façon annoncée, et il est clair qu'on peut continuer à appliquer le même procédé indéfiniment.

D'un autre côté, les fonctions données φ_i peuvent par hypothèse être développées en séries entières ordonnées suivant les puissances de $x_2 - x_2^0$, ..., $x_n - x_n^0$, et les coefficients sont, à des facteurs numériques près, les valeurs des dérivées partielles de φ_i au point x_2^0, ..., x_n^0. Les fonctions intégrales z_1, z_2, ..., z_p, dont nous voulons démontrer l'existence, devant se réduire aux fonctions φ_1, φ_2, ..., φ_p respectivement pour $x_1 = x_1^0$, nous connaissons par là même les valeurs au point x_1^0, x_2^0, ..., x_n^0 de toutes les dérivées partielles de ces fonctions où la variable x_1 ne figure pas. On vient de voir à l'instant comment on peut exprimer toutes les autres dérivées partielles des fonctions z_i au moyen de celles-là. Nous pouvons donc calculer de proche en proche tous les coefficients des développements de z_1, z_2, ..., z_p suivant les puissances des variables $x_i - x^0$ au moyen des coefficients des développements des deux suites de fonctions f_i et φ_i, et ce calcul se fait par les seules opérations d'addition et de multiplication. Pour démontrer la convergence des séries entières ainsi obtenues, on peut donc employer les procédés habituels du *Calcul des Limites*. Si les séries obtenues en remplaçant dans le calcul précédent les fonctions f_i par des fonctions F_i, et les fonctions φ_i par d'autres fonctions Φ_i qui leur soient respectivement majorantes, sont convergentes, il en est forcément de même des séries obtenues pour $z_1, z_2, \ldots, z_p$.

On peut tout d'abord, par une suite de transformations faciles, remplacer les conditions initiales par d'autres plus simples à écrire. On peut supposer $x_1^0 = x_2^0 = \ldots = x_n^0 = 0$, car cela revient à prendre pour variable $x_i - x_i^0$ au lieu de x_i ; si de plus l'on pose

$$z_i = \varphi_i\,(x_2, \ldots, x_n) + v_i,$$

les nouvelles fonctions inconnues doivent se réduire à zéro pour $x_1 = 0$. Enfin on peut supposer qu'après ces transformations les seconds membres ne renferment pas de terme constant ; si par exemple le développement de f_i contient un terme constant a_i, il suffit de poser $z_i = a_i x_1 + v_i$ pour le faire disparaître. Toutes ces transformations étant effectuées, on peut choisir les nombres positifs M, r, ρ de façon que la fonction

$$(2) \quad F = \cfrac{M}{\left(1 - \cfrac{x_1 + \ldots + x_n + v_1 + \ldots + v_p}{r}\right)\left(1 - \cfrac{\sum \dfrac{\partial v_i}{\partial x_k}}{\rho}\right)} - M$$

$$(i = 1, 2, \ldots, p, \qquad k = 2, 3, \ldots, n)$$

soit majorante pour toutes les fonctions $f_1, f_2, \ldots, f_p$, et le théorème sera établi si l'on démontre que le système d'équations auxiliaires

$$(3) \qquad \frac{\partial v_1}{\partial x_1} = \frac{\partial v_2}{\partial x_1} = \ldots = \frac{\partial v_p}{\partial x_1} = F$$

admet un système d'intégrales holomorphes dans le domaine de l'origine, se réduisant à zéro pour $x_1 = 0$. Ces fonctions $v_1, v_2, \ldots, v_p$ sont nécessairement identiques, puisque les différences $v_i - v_k$ ne dépendent pas de x_1, et on peut remplacer le système (3) par l'équation unique

$$(4) \quad \frac{\partial Z}{\partial x_1} = \cfrac{M}{\left(1 - \cfrac{x_1 + \ldots + x_n + pZ}{r}\right)\left(1 - p\cfrac{\dfrac{\partial Z}{\partial x_2} + \ldots + \dfrac{\partial Z}{\partial x_n}}{\rho}\right)} - M.$$

Si l'on remplace dans le second membre x_1 par $\dfrac{x_1}{\alpha}$, α étant un nombre positif moindre que l'unité, on augmente les coefficients, et le théorème sera *a fortiori* établi si l'on démontre que l'équation

$$(5)\quad \frac{\partial Z}{\partial x_1} = \cfrac{M}{\left(1 - \cfrac{\dfrac{x_1}{\alpha} + x_2 + \ldots + x_n + pZ}{r}\right)\left(1 - p\,\cfrac{\dfrac{\partial Z}{\partial x_2} + \ldots + \dfrac{\partial Z}{\partial x_n}}{\rho}\right)} - M$$

admet une intégrale holomorphe dans le domaine de l'origine, se réduisant à zéro pour $x_1 = 0$. Il suffit même de montrer que cette équation (5) admet une intégrale holomorphe dans le domaine de l'origine, représentée par une série entière dont *tous les coefficients sont des nombres réels et positifs*. Car les coefficients de ce nouveau développement sont au moins égaux à ceux de la série obtenue en supposant que Z s'annule pour $x_1 = 0$, puisque tous les coefficients se déduisent par voie d'addition et de multiplication des coefficients des termes indépendants de x_1. Pour établir ce dernier point, cherchons à satisfaire à l'équation (5) en prenant pour Z une fonction de la seule variable $X = \dfrac{x_1}{\alpha} + x_2 + \ldots + x_n$; nous sommes conduits à une équation différentielle du premier ordre

$$(6)\quad \left[\frac{1}{\alpha} - p\,\frac{n-1}{\rho}\,M\right]\frac{dZ}{dX} = p\,\frac{n-1}{\alpha\rho}\left(\frac{dZ}{dX}\right)^2 + \cfrac{M}{1 - \cfrac{X + pZ}{r}} - M.$$

Supposons α choisi assez petit pour que le coefficient de $\dfrac{dZ}{dX}$ dans le premier membre soit positif. Pour $X = Z = 0$, l'équation (6) en $\dfrac{dZ}{dX}$ admet deux racines distinctes, dont l'une est égale à zéro. Cette équation admet donc une intégrale holomorphe dans le domaine de l'origine, nulle ainsi que sa dérivée première pour $X = 0$. Il est aisé de vérifier directement que tous les autres coefficients du développement de cette intégrale sont des nombres positifs. On peut écrire en effet l'équation (6)

$$\frac{dZ}{dX} = A\left(\frac{dZ}{dX}\right)^2 + \Phi(X, Z),$$

A étant positif, et $\Phi(X, Z)$ désignant une série entière en X et Z dont tous les coefficients sont positifs. Après une première dérivation, il vient

$$\frac{d^2Z}{dX^2} = 2\Lambda \frac{dZ}{dX} \frac{d^2Z}{dX^2} + \frac{\partial\Phi}{\partial X} + \frac{\partial\Phi}{\partial Z} \frac{dZ}{dX} ;$$

pour $X = 0$, Z et $\frac{dZ}{dX}$ sont nuls, $\frac{d^2Z}{dX^2}$ est donc positif, et on le vérifie de la même façon pour toutes les dérivées successives.

Les séries obtenues pour les développements des intégrales cherchées $z_1, \ldots, z_p$ sont donc convergentes tant que les modules des différences $x_i - x_i^0$ restent plus petits qu'un nombre a. Les sommes de ces séries sont donc des fonctions holomorphes dans le domaine du point $x_1^0, \ldots, x_n^0$, se réduisant respectivement aux fonctions $\varphi_1, \ldots, \varphi_p$ pour $x_1 = x_1^0$. Ces fonctions satisfont bien au système proposé. Supposons en effet que l'on remplace $z_1, z_2, \ldots,$ z_p par ces fonctions dans $f_1, f_2, \ldots, f_p$. Les résultats de cette substitution sont des fonctions $\psi_1, \ldots, \psi_p$, holomorphes dans le domaine du point $x_1^0, \ldots, x_n^0$, et d'après la façon même dont on a obtenu les coefficients des séries $z_1, z_2, \ldots, z_p$, les deux fonctions ψ_i et $\frac{dz_i}{dx_1}$ sont égales, ainsi que toutes leurs dérivées partielles, au point $x_1^0,$ $\ldots, x_n^0$. Ces fonctions holomorphes sont donc identiques.

Les raisonnements précédents s'étendent aux systèmes normaux d'ordre quelconque de la forme suivante

$$(7) \quad \begin{cases} \dfrac{\partial^{r_1} z_1}{\partial x_1^{r_1}} = F_1 (x_1, \ldots, x_n, z_1, \ldots, z_p, \ldots), \\[2mm] \dfrac{\partial^{r_2} z_2}{\partial x_1^{r_2}} = F_2 (x_1, \ldots, x_n, z_1, \ldots, z_p, \ldots), \\[2mm] \text{-----------------------------} \\[1mm] \dfrac{\partial^{r_p} z_p}{\partial x_1^{r_p}} = F_p (x_1, \ldots, x_n, z_1, \ldots, z_p, \ldots), \end{cases}$$

dont les seconds membres renferment les variables indépendantes $x_1,$ $\ldots, x_n$, les fonctions inconnues $z_1, z_2, \ldots, z_p$, les dérivées partielles de z_1 jusqu'à l'ordre r_1 inclusivement, les dérivées partielles de z_2 jusqu'à l'ordre $r_2, \ldots$, et ainsi de suite. De plus, aucune des dérivées

$$\frac{\partial^{r_1} z_1}{\partial x_1^{r_1}}, \ldots, \frac{\partial^{r_p} z_p}{\partial x_1^{r_p}}$$

ne figure dans ces fonctions F_i. Le théorème général d'existence est le suivant.

Théorème. — *Les quantités* $x_1, \ldots, x_n, z_1, \ldots, z_p, \dfrac{\partial^{\alpha_1 + \ldots + \alpha_n} z_i}{\partial x_1^{\alpha_1} \ldots \partial x_n^{\alpha_n}}$

qui figurent dans les fonctions F_i *étant regardées comme autant de variables indépendantes, soient*

$$a_1, a_2, \ldots, a_n \,; \; b_1, \ldots, b_p \,; \; b^i{}_{\alpha_1 \alpha_2 \ldots \alpha_n}$$

un système quelconque de valeurs de ces variables dans le voisinage duquel les fonctions F_i *sont holomorphes. Soient, d'autre part,*

$$(8) \quad \left\{ \begin{aligned} & \varphi_1, \; \varphi_1{}^1, \; \varphi_1{}^2, \; \ldots, \; \varphi_1{}^{r_1 - 1}, \\ & \varphi_2, \; \varphi_2{}^1, \; \varphi_2{}^2, \; \ldots, \; \varphi_2{}^{r_2 - 1}, \\ & \; \cdot \; \cdot \; \cdot \; \cdot \; \cdot \; \cdot \; \cdot \; \cdot \; \cdot \; \cdot \\ & \varphi_p, \; \varphi_p{}^1, \; \varphi_p{}^2, \; \ldots, \; \varphi_p{}^{r_p - 1}, \end{aligned} \right.$$

des fonctions des $n - 1$ *variables* $x_2, x_3, \ldots, x_n$, *régulières au voisinage du point* $(a_1, \ldots, a_n)$ *et telles que l'on ait*

$$\varphi_i = b_i, \qquad \frac{\partial^{\alpha_2 + \ldots + \alpha_n} \varphi_i{}^{\alpha_1}}{\partial x_2^{\alpha_2}, \ldots \partial x_n^{\alpha_n}} = b^i{}_{\alpha_1 \alpha_2 \ldots \alpha_n}$$

pour $x_2 = a_2, \ldots, x_n = a_n$. *Les équations* (7) *admettent un système d'intégrales et un seul, holomorphes dans le domaine du point* $(a_1, \ldots, a_n)$ *et telles que l'on ait, pour* $x_1 = a_1$,

$$z_i = \varphi_i, \qquad \frac{\partial z_i}{\partial x_1} = \varphi_i{}^1, \qquad \ldots, \qquad \frac{\partial^{r_i - 1} z_i}{\partial x_1^{r_i - 1}} = \varphi_i{}^{r_i - 1} \qquad (i = 1, 2, \ldots, p).$$

La démonstration est analogue à la précédente. On observe d'abord que les équations (7) et celles que l'on en déduit par des différentiations successives permettent d'exprimer toutes les dérivées partielles des fonctions inconnues au moyen des variables, des fonctions inconnues elles-mêmes et des dérivées partielles

$$\frac{\partial^{\alpha_1 + \ldots + \alpha_n} z_i}{\partial x_1^{\alpha_1} \ldots \partial x_n^{\alpha_n}},$$

où α_1 est inférieur à r_1 pour $i = 1$, à r_2 pour $i = 2$, ..., à r_p pour $i = p$. Or les conditions initiales font connaître immédiatement les valeurs numériques, pour $x_1 = a_1, \ldots, x_n = a_n$, des dérivées au moyen desquelles s'expriment toutes les autres : on peut donc calculer, par les seules opérations d'addition et de multiplication, les coefficients des développements en séries entières des intégrales dont on veut prouver l'existence, au moyen des coefficients des développements des fonctions F_i et des fonctions du tableau (8).

Pour démontrer la convergence de ces développements, on remplace le système (7) par un système normal du premier ordre obtenu en prenant pour inconnues auxiliaires les dérivées partielles de z_1 jusqu'à celles d'ordre $r_1 - 1$ inclusivement, les dérivées partielles de z_2 jusqu'à celles d'ordre $r_2 - 1$, ..., etc. Pour les détails de la démonstration, je renverrai à mon *Cours d'Analyse (tome II, 3e édition, page 644)* et j'indiquerai seulement le raisonnement dans un cas simple.

Pour une équation du second ordre

$$(9) \qquad r = f(x, y, z, p, q, s, t),$$

p, q, r, s, t ayant le sens habituel, le théorème d'existence s'énonce ainsi.

La fonction $f(x, y, z, p, q, s, t)$ étant holomorphe dans le voisinage des valeurs $x_0, y_0, z_0, p_0, q_0, s_0, t_0$, soient $\varphi(y)$ et $\varphi_1(y)$ deux fonctions de y holomorphes dans le domaine du point y_0, et telles que l'on ait $\varphi(y_0) = z_0$, $\varphi'(y_0) = q_0$, $\varphi''(y_0) = t_0$, $\varphi_1(y_0) = p_0$, $\varphi'_1(y_0) = s_0$. L'équation (9) admet une intégrale et une seule, $z = F(x, y)$, holomorphe dans le voisinage du point (x_0, y_0), telle que l'on ait $F(x_0, y) = \varphi(y)$, $F'_x(x_0, y) = \varphi_1(y)$.

Si z est une intégrale de l'équation (9), cette fonction et ses dérivées partielles p et q forment un système d'intégrales du système normal du premier ordre

$$(10) \qquad \frac{\partial z}{\partial x} = p, \quad \frac{\partial p}{\partial x} = f\left(x, y, z, p, q, \frac{\partial p}{\partial y}, \frac{\partial q}{\partial y}\right), \quad \frac{\partial q}{\partial x} = \frac{\partial p}{\partial y},$$

qui est plus général que l'équation (9). D'après le théorème général démontré plus haut, les équations (10) admettent un système d'intégrales holomorphes dans le domaine du point (x_0, y_0),

$$z = F(x, y), \qquad p = F_1(x, y), \qquad q = F_2(x, y),$$

se réduisant respectivement aux fonctions $\varphi(y)$, $\varphi_1(y)$, $\varphi'(y)$ pour $x = x_0$. La première des équations (10) montre que $F_1 = \dfrac{\partial F}{\partial x}$, tandis que la troisième peut s'écrire

$$\frac{\partial}{\partial x}\left\{ F_2 - \frac{\partial F}{\partial y} \right\} = 0 ;$$

la différence $F_2 - \dfrac{\partial F}{\partial y}$ est donc indépendante de x et, comme elle est nulle pour $x = x_0$, on a $F_2 = \dfrac{\partial F}{\partial y}$ et par suite $F(x, y)$ est bien une intégrale de l'équation (9) satisfaisant aux conditions de l'énoncé.

REMARQUE I. — Considérons les équations

$$(7') \qquad \frac{\partial^{r_i} z_i}{\partial x_1^{r_i}} = \Phi_i. \qquad (i = 1, 2, ..., p).$$

où les Φ_i désignent maintenant des fonctions de x_1, x_2, ..., x_n, z_1, z_2, ..., z_p, des quantités

$$\frac{\partial^{\alpha_1 + \alpha_2 + \ldots + \alpha_n} z_i}{\partial x_1^{\alpha_1} \partial x_2^{\alpha_2} \ldots \partial x_n^{\alpha_n}}, \qquad (\alpha_i < r_i, \qquad \alpha_1 + \alpha_2 + \ldots + \alpha_n \leqq r_i),$$

et, en outre, d'un nombre quelconque de paramètres arbitraires λ_1, ..., λ_r. Soient, d'ailleurs,

$$\varphi_i, \qquad \varphi_i^1, \qquad \ldots, \qquad \varphi_i^{r_i-1}, \qquad (i = 1, 2, ..., p),$$

des fonctions de x_2, ..., x_n et des r paramètres λ_1, λ_2, ..., λ_r, régulières au voisinage du point a_2, ..., a_n, λ_1^0, λ_2^0, ..., λ_r^0. Il existe un système de fonctions z_1, ..., z_p des variables x_1, x_2, ..., x_n et contenant les paramètres λ_1, ..., λ_r, régulières non seulement par rapport à x_1, x_2, ..., x_n, mais encore par rapport aux paramètres λ_1, λ_2, ..., λ_r, au voisinage du point a_1, a_2, ..., a_n, λ_1^0, λ_2^0, ..., λ_r^0, satisfaisant aux équations (7'), et aux conditions initiales du théorème général.

En effet, il suffit de considérer les quantités z_i comme fonctions des $n + r$ variables x_1, x_2, ..., x_n et λ_1, λ_2, ..., λ_r, et les équations (7') comme des équations aux dérivées partielles entre les p fonctions z_i et ces $n + r$ variables. En particulier, on peut supposer que les fonctions Φ_i sont indépendantes de λ_1, λ_2, ..., λ_r et que ces paramètres n'entrent que dans les fonctions φ_i^k. On en conclut qu'on peut toujours trouver un système d'intégrales des équations (7) contenant autant de paramètres qu'on voudra, et qui soient des fonctions holomorphes de ces paramètres.

Remarque II. — On dit quelquefois que l'intégrale générale d'une équation aux dérivées partielles d'ordre p entre une fonction inconnue z de n variables indépendantes, ces variables et les dérivées partielles de z, *dépend de p fonctions arbitraires de $n - 1$ variables.* Cet énoncé n'a de sens précis que si l'on se reporte à la démonstration même du théorème d'existence. Considérons l'équation

$$(11) \qquad \frac{\partial^p z}{\partial x_1^p} = f(x_1, x_2, ..., x_n, z, ...)$$

le second membre ne contenant aucune dérivée d'ordre supérieur à p, ni la dérivée $\dfrac{\partial^p z}{\partial x_1^p}$. Une intégrale de cette équation est complètement déterminée si l'on se donne les p fonctions φ, φ^1, ..., φ^{p-1} des $n - 1$ variables x_2, ..., x_n auxquelles se réduisent z et ses $p - 1$ premières dérivées $\dfrac{\partial z}{\partial x_1}$, ..., $\dfrac{\partial^{p-1} z}{\partial x_1^{p-1}}$ pour une valeur particulière de x_1, et ces p fonctions peuvent être choisies arbitrairement, en tenant compte des conditions qui figurent dans l'énoncé. Mais une intégrale de l'équation (11) peut être déterminée par d'autres conditions, et rien ne prouve *a priori* qu'en choisissant des conditions différentes, on trouvera toujours le même nombre de fonctions arbitraires Considérons par exemple l'équation de la chaleur

$$(12) \qquad \frac{\partial^2 z}{\partial x^2} = \frac{\partial z}{\partial y} \, ,$$

et l'intégrale de cette équation qui, pour $x = x_0$, est égale à une fonction donnée $\varphi(y)$, tandis que $\frac{\partial z}{\partial x}$ se réduit à une autre fonction donnée $\psi(y)$, ces deux fonctions étant holomorphes dans le domaine du point y_0,

$$\varphi(y) = a_0 + a_1(y - y_0) + \ldots + a_n(y - y_0)^n + \ldots$$
$$\psi(y) = b_0 + b_1(y - y_0) + \ldots + b_n(y - y_0)^n + \ldots$$

Cette intégrale s'obtient aisément et, si l'on ordonne le développement suivant les puissances de $x - x_0$, on peut l'écrire sous la forme

$$z = \varphi(y) + (x - x_0)\,\psi(y) + \frac{(x - x_0)^2}{1 . 2}\,\varphi'(y) + \frac{(x - x_0)^3}{1 . 2 . 3}\,\psi'(y) + \ldots$$
$$+ \frac{(x - x_0)^{2n}}{2n!}\,\varphi^{(n)}(y) + \frac{(x - x_0)^{2n+1}}{(2n + 1)!}\,\psi^{(n)}(y) + \ldots$$

où les deux fonctions arbitraires $\varphi(y)$ et $\psi(y)$ sont mises en évidence. Mais, si l'on ordonne le développement suivant les puissances de $y - y_0$, on peut aussi l'écrire

$$z = F(x) + (y - y_0)F''(x) + \frac{(y - y_0)^2}{1 . 2}\,F^{(4)}(x) + \ldots + \frac{(y - y_0)^n}{n!}\,F^{(2n)}(x) + \ldots$$

$F(x)$ désignant la fonction holomorphe

$$F(x) = a_0 + b_0(x - x_0) + a_1\,\frac{(x - x_0)^2}{1 . 2} + b_1\,\frac{(x - x_0)^3}{1 . 2 . 3} + \ldots$$
$$+ a_n\,\frac{(x - x_0)^{2n}}{(n + 1) \ldots (2n - 1)2n} + b_n\,\frac{(x - x_0)^{2n+1}}{(n + 1) \ldots (2n + 1)} + \ldots$$

et, dans cette nouvelle expression, ne figure plus qu'une fonction arbitraire $F(x)$. On s'explique aisément ce résultat en observant qu'au point de vue purement formel il est absolument équivalent de se donner les deux séries entières $\varphi(y)$ et $\psi(y)$, ou de se donner la seule série $F(x)$; car cela revient toujours à se donner les deux séries de coefficients $a_0, \ldots, a_n \ldots$ et $b_0, \ldots, b_n \ldots$

La fonction $F(x)$ est la fonction à laquelle se réduit l'intégrale pour $y = y_0$; nous voyons que l'intégrale est complètement déterminée quand on se donne la seule fonction $F(x)$. Mais, quand on se borne aux intégrales analytiques, la fonction $F(x)$ ne peut être choisie arbitrairement (*Cours d'Analyse, tome III, 2ᵉ édition, pages 52 et 290*).

2. Extension du domaine d'existence des intégrales. —

Le théorème général d'existence ne donne en réalité qu'une solution *locale* du problème de l'intégration ; ce théorème fournit en effet pour les intégrales cherchées des développements en séries entières qui ne sont en général convergents que dans le voisinage des valeurs initiales des variables indépendantes. Mais ce problème ne pourrait être considéré comme entièrement résolu que si l'on possédait une représentation des intégrales valable dans tout leur domaine d'existence. C'est un cas particulier du problème général du prolongement analytique d'une fonction de plusieurs variables indépendantes définie par un développement de Taylor, problème qui est en dehors du plan de cet ouvrage. Mais, en tenant compte de l'origine même de ces fonctions, on peut assigner tout de suite aux intégrales un domaine d'existence beaucoup plus étendu en général que le domaine de convergence des séries entières qui les représentent. Il est nécessaire, pour établir ce point essentiel, de présenter d'abord quelques remarques d'un caractère élémentaire sur les fonctions analytiques de plusieurs variables [1].

Soit $F(x, y)$ une fonction analytique des deux variables complexes x et y, holomorphe lorsque les variables x et y décrivent deux domaines $\mathfrak{D}_x$ et $\mathfrak{D}_y$, limités par une ou plusieurs courbes fermées et comprenant leurs frontières ; toutes les dérivées partielles de $F(x, y)$ sont alors holomorphes dans les mêmes domaines. Lorsque les deux domaines $\mathfrak{D}_x$ et $\mathfrak{D}_y$ se composent de deux cercles, la formule de Taylor fournit pour $F(x, y)$ un développement en série entière valable dans tout cet ensemble.

Considérons encore le cas où un seul domaine, $\mathfrak{D}_x$ par exemple, est un cercle de centre x_0 et de rayon R, tandis que le domaine $\mathfrak{D}_y$ est limité par une ou plusieurs courbes fermées de forme quelconque. Si l'on donne à la variable y une valeur déterminée $\overline{y}$ dans le domaine $\mathfrak{D}_y$, la fonction $F(x, \overline{y})$ de la variable x est holomorphe dans le cercle de rayon R et de centre x_0 : il s'ensuit que la fonc-

[1] Le contenu de ce paragraphe est emprunté à un article, *Remarques sur quelques théorèmes d'existence*, que j'ai publié dans le *Bulletin de la Société Mathématique de France*, t. XXXIV, 1906.

tion $F(x, y)$ peut être représentée par un développement en série entière ordonnée suivant les puissances de $x - x_0$:

$$(13) \qquad F(x,y) = P_0(y) + P_1(y)(x - x_0) + \ldots + P_n(y)(x - x_0)^n + \ldots$$

dont les coefficients sont des fonctions holomorphes de y dans le domaine $\mathfrak{D}_y$. Le coefficient $P_n(y)$ est égal en effet au quotient

$$\frac{1}{1.2.3\ldots n}\left(\frac{\partial^n F}{\partial x^n}\right)_{x = x_0}.$$

Le développement (13) est convergent tant que les variables x et y restent respectivement dans leurs domaines, et la formation de cette série exige seulement que l'on connaisse les expressions des dérivées successives par rapport à x de la fonction $F(x, y)$, pour $x = x_0$, lorsque y décrit le domaine $\mathfrak{D}_y$.

Soient y_0 un point intérieur au domaine $\mathfrak{D}_y$, et ρ un nombre positif tel que le cercle de rayon ρ et de centre y_0 soit tout entier dans $\mathfrak{D}_y$. A l'intérieur de ce cercle. les fonctions $P_0(y)$, $P_1(y)$, ..., $P_n(y)$, ... peuvent être développées en séries entières ordonnées suivant les puissances de $y - y_0$ et le développement (13) peut être remplacé par un développement en série entière ordonné suivant les puissances de $x - x_0$ et de $y - y_0$:

$$(14) \qquad F(x, y) = \sum_i \sum_k A_{ik}(x - x_0)^i (y - y_0)^k ;$$

mais ce nouveau développement n'est valable que dans une partie du domaine $\mathfrak{D}_y$, tandis que le précédent (13) est valable dans tout ce domaine.

Inversement, supposons que l'on ait obtenu, pour une fonction des deux variables x, y, un développement en série de la forme (13), dans lequel les coefficients $P_0(y)$, $P_1(y)$, ..., $P_n(y)$, ... sont des fonctions holomorphes de y dans le domaine $\mathfrak{D}_y$. Supposons de plus qu'en remplaçant chacune de ces fonctions $P_n(y)$ par son développement en série entière suivant les puissances de $y - y_0$ (y_0 étant un point quelconque intérieur à $\mathfrak{D}_y$), la série entière (14) obtenue soit convergente, pourvu que l'on ait

$$|x - x_0| \leq R, \qquad |y - y_0| \leq \rho,$$

R et ρ étant deux nombres *positifs, dont le premier R est indé-*

pendant de y_0. Il suit de là que la série (13) est convergente lorsque la variable x est dans le cercle de rayon R décrit du point x_0 comme centre, la variable y restant dans le domaine $\mathfrak{D}_y$, et que *la somme de cette série est une fonction holomorphe dans ce domaine*. Il en est ainsi en effet lorsque y est dans le voisinage du point y_0, et ce point y_0 est un point quelconque de $\mathfrak{D}_y$.

Tout ceci s'étend immédiatement aux fonctions analytiques d'un nombre quelconque de variables. Soit

$$u = F(x_1, x_2, ..., x_p ; y_1, ..., y_q)$$

une fonction de $p + q$ variables x_i, y_k.

$$(i = 1, 2, ..., p ; \quad k = 1, 2. ..., q),$$

que nous partagerons en deux groupes jouant un rôle dissymétrique. Chacune des variables x_i décrit un cercle de centre fixe x_i^0 et de rayon r_i, tandis que chacune des variables y_k décrit un domaine $\mathfrak{D}_k$, limité par une ou plusieurs courbes de forme arbitraire ; nous supposerons tous ces domaines fermés, c'est-à-dire comprenant leurs limites. Si la fonction u est holomorphe lorsque les variables x_i, y_k décrivent leurs domaines respectifs, elle peut être représentée dans tout cet ensemble de domaines par une série entière ordonnée suivant les puissances de $x_1 - x_1^0$, $x_2 - x_2^0$, ..., $x_p - x_p^0$,

$$(15) \quad u = \sum A_{\alpha_1 \alpha_2, ... \alpha_p} (x_1 - x_1^0)^{\alpha_1} (x_2 - x_2^0)^{\alpha_2} ... (x_p - x_p^0)^{\alpha_p},$$

les coefficients $A_{\alpha_1 \alpha_2, ... \alpha_p}$ étant des fonctions holomorphes des variables y_k, quand elles restent respectivement dans les domaines $\mathfrak{D}_1$, $\mathfrak{D}_2$, ..., $\mathfrak{D}_q$. Ces coefficients s'expriment encore au moyen des dérivées partielles de la fonction u par rapport aux seules variables x_i, où l'on aurait remplacé après la différentiation x_i par x_i^0. La réciproque s'énonce comme plus haut et s'établit de la même façon.

Pour appliquer ces considérations au domaine réel, il suffit de supposer que les nombres x_1^0, ..., x_p^0 sont tous réels, et que les différents domaines $\mathfrak{D}_1$, $\mathfrak{D}_2$, ..., $\mathfrak{D}_q$ se réduisent à des bandes rectangulaires infiniment minces comprenant un segment de l'axe réel dans le plan de la variable correspondante. Reprenons, par exemple, une fonction $z = F(x, y)$ des deux variables x, y, que nous supposons holomorphe lorsque x reste dans un cercle de rayon R et de centre a (a étant réel), et que la variable y reste dans le rectangle obtenu en faisant varier la partie réelle de y de b à c (b et c étant deux nombres réels), et la partie réelle de $\frac{y}{i}$ de $-\varepsilon$ à $+\varepsilon$. Admettons de plus que cette fonction prenne une valeur réelle quand on donne à x une valeur réelle, comprise entre $a - R$ et $a + R$, et à y une valeur réelle, comprise entre b et c. Alors l'équation

$$z = F(x, y)$$

représente, par rapport à un système de trois axes rectangulaires Ox, Oy, Oz, une bande de surface se projetant à l'intérieur du rectangle limité par les quatre droites

$$x = a - R, \qquad x = a + R, \qquad y = b, \qquad y = c.$$

Pour tout point pris dans ce rectangle, z est égal à la somme d'une série convergente de la forme (13), P_0, P_1, ..., P_n, .., étant des fonctions continues de y entre b et c. La série de Taylor ne représenterait la surface que dans un domaine bien moins étendu, si la fonction $F(x, y)$, considérée comme fonction de y, avait des points singuliers voisins de l'axe réel dans le plan de la variable y.

Considérons par exemple la fonction $z = \mathrm{Log}\,(1 + x + y)$; si on la développe en série entière ordonnée suivant les puissances de x et de y, la série obtenue ne sera convergente que si l'on a

$$|x| + |y| < 1.$$

Mais on a aussi

$$\mathrm{Log}\,(1 + x + y) = \mathrm{Log}\,(1 + y) + \frac{x}{1+y} - \frac{x^2}{2(1+y)^2} + \cdots$$
$$+ \frac{(-1)^{n-1}}{n}\,\frac{x^n}{(1+y)^n} + \cdots$$

et la nouvelle série est convergente si y est positif et $|x|$ inférieur à un.

Cela posé, considérons en particulier une équation du premier ordre

$$(16) \qquad\qquad p = f(x, y, z, q),$$

dont le second membre est holomorphe dans le voisinage d'un système de valeurs $x = x_0$, $y = y_0$, $z = z_0$, $q = q_0$. Si $\varphi(y)$ est une fonction holomorphe de y dans le domaine du point y_0, telle que $\varphi(y_0) = z_0$, $\varphi'(y_0) = q_0$, le théorème général d'existence prouve que l'équation (16) admet une intégrale holomorphe représentée par un développement en série entière

$$z = P(x - x_0, y - y_0)$$

se réduisant à $\varphi(y)$ pour $x = x_0$. Soient R et R' les rayons de deux cercles de convergence associés de cette série de telle sorte que la série est convergente lorsque l'on a à la fois $|x - x_0| < R$, $|y - y_0| < R'$. Il y a en général une infinité de systèmes de cercles de convergence associés (*Cours d'Analyse, tome I, 3º édition, pages 446-470*), et le rayon R' augmente lorsque R diminue. Mais rien ne permet d'affirmer jusqu'ici que l'on peut prendre le rayon R assez petit pour que R' soit égal au rayon de convergence de la série entière qui représente $\varphi(y)$.

Géométriquement, le résultat précédent peut s'interpréter comme il suit. Appelons pour abréger *surface intégrale* toute surface S représentée par une équation

$$z = F(x, y)$$

où F est une intégrale de l'équation (16). Les équations $x = x_0$, $z = \varphi(y)$ représentent de même une courbe plane C dont le plan est parallèle au plan des yz, et le théorème d'existence prouve qu'il passe une surface intégrale et une seule par la courbe C, surface qui est représentée dans le voisinage du point (x_0, y_0) par l'équation

$$z = P(x - x_0, y - y_0).$$

Supposons par exemple que x et y aient des valeurs réelles ; la série entière précédente est en général convergente à l'intérieur d'une courbe fermée seulement, de sorte qu'il semble que l'existence de la surface intégrale n'est assurée que lorsque le point (x, y) reste à l'intérieur de cette courbe. Nous allons montrer qu'en général on peut assigner *a priori* un domaine plus étendu où l'existence de l'intégrale est assurée. En posant $z = \varphi(y) + u$, l'équation proposée devient

$$\frac{\partial u}{\partial x} = f\left[x, y, \varphi(y) + u, \varphi'(y) + \frac{\partial u}{\partial y}\right],$$

et l'on est ramené à trouver une intégrale de la nouvelle équation, s'annulant, quel que soit y, pour $x = x_0$. Pour ne pas multiplier les notations, nous partirons de l'équation (16) en supposant que la fonction initiale $\varphi(y)$ est $\varphi(y) = 0$, et nous supposerons que la fonction $f(x, y, z, q)$ des quatre variables x, y, z, q est holomorphe lorsque les modules de $x - x_0$, z, q ne dépassent pas certaines valeurs positives a, b, c, tandis que la variable y reste dans un domaine fermé $\mathfrak{D}_y$, limité par une ou plusieurs courbes. Le second membre $f(x, y, z, q)$ peut alors être développé en série entière ordonnée suivant les puissances de $x - x_0$, de z et de q, dont les coefficients sont des fonctions holomorphes de y dans le domaine $\mathfrak{D}_y$:

$$f = \sum P_{\alpha\beta\gamma}(x - x_0)^\alpha z^\beta q^\gamma.$$

Imaginons de même que l'on développe l'intégrale cherchée, qui s'annule pour $x = x_0$, suivant les puissances de $x - x_0$,

$$(17) \quad z = \varphi_1(y)(x - x_0) + \varphi_2(y)(x - x_0)^2 + \ldots + \varphi_n(y)(x - x_0)^n + \ldots$$

En substituant cette série à la place de z dans l'équation (16), et en remplaçant de même q par

$$\varphi'_1(y)(x - x_0) + \varphi'_2(y)(x - x_0)^2 + \ldots + \varphi'_n(y)(x - x_0)^n + \ldots,$$

on obtient deux séries entières en $x - x_0$; en écrivant qu'elles sont identiques, on détermine de proche en proche les coefficients $\varphi_1(y)$, $\varphi_2(y)$, …. au moyen des coefficients $P_{\alpha\beta\gamma}$ par les seules opérations d'addition, de multiplication, et de *différentiation*. Tous les coefficients de la série obtenue (17), qui satisfait formellement à l'équation (16), sont donc des fonctions holomorphes de y dans le domaine $\mathfrak{D}_y$.

THÉORÈME. — *Soit $\mathfrak{D}'_y$ un domaine quelconque intérieur à $\mathfrak{D}_y$, limité par une ou plusieurs courbes n'ayant aucun point commun avec la frontière de $\mathfrak{D}_y$. A ce domaine $\mathfrak{D}'_y$ on peut associer un nombre positif R tel que la série (17) soit convergente pour toute valeur de y dans $\mathfrak{D}'_y$, pourvu que l'on ait $|x - x_0| \leq R$, et représente une fonction holomorphe des deux variables x et y dans ces domaines.*

Nous rappellerons d'abord le théorème d'existence de Cauchy, sous sa forme habituelle. Soit $f(x, y, z, q)$ une fonction holomorphe des variables x, y, z, q, dans le domaine défini par les inégalités

$$(18) \qquad |x - x_0| \leq a, \qquad |y - y_0| \leq \rho, \qquad |z| \leq b, \qquad |q| \leq c ;$$

l'équation

$$(19) \qquad\qquad p = f(x, y, z, q)$$

admet une intégrale holomorphe dans le domaine du point (x_0, y_0) se réduisant à zéro pour $x = x_0$, quel que soit y.

On a une limite supérieure des modules des coefficients de la série qui représente cette intégrale en considérant l'équation auxiliaire

$$(20) \qquad \frac{\partial u}{\partial x} = \frac{M}{\left(1 - \dfrac{x - x_0}{a}\right)\left(1 - \dfrac{y - y_0}{\rho}\right)\left(1 - \dfrac{z}{b}\right)\left(1 - \dfrac{1}{c}\dfrac{\partial u}{\partial y}\right)},$$

où M est une limite supérieure du module de $f(x, y, z, q)$ dans le domaine défini par les inégalités (18). Cette équation auxiliaire admet elle-même une intégrale s'annulant pour $x = x_0$, et cette intégrale est holomorphe dans un certain domaine

$$|x - x_0| \leq R, \qquad |y - y_0| \leq r,$$

R et r étant des nombres positifs qui ne dépendent que de M, a, b, c, ρ. L'intégrale de l'équation (19) est *a fortiori* holomorphe dans le même domaine.

Cela posé, soit M un nombre supérieur à $f(x, y, z, q)|$ lorsque la variable y décrit le domaine $\mathfrak{D}_y$, tandis que les modules de $x - x_0$, z, q ne dépassent pas les limites a, b, c, :

$$|x - x_0| \leq a, \qquad |z| \leq b, \qquad |q| \leq c.$$

Prenons en même temps un nombre positif ρ tel que le cercle de rayon ρ décrit d'un point quelconque de $\mathfrak{D}'_y$ pour centre soit tout entier à l'intérieur de $\mathfrak{D}_y$. Les nombres a, b, c, ρ, M étant ainsi définis, soit y_0 un point quelconque de $\mathfrak{D}'_y$; d'après le théorème que nous venons de rappeler, l'équation (16) admet une intégrale holomorphe dans le domaine du point (x_0, y_0), se réduisant à zéro

G. *Leçons.*   2

pour $x = x_0$. Cette intégrale est représentée par un développement en série entière

$$(21) \qquad z = \sum C_{\alpha\beta}(x - x_0)^{\alpha}(y - y_0)^{\beta}$$

convergent pour

$$|x - x_0| \leq R, \qquad |y - y_0| \leq r.$$

Si l'on ordonne cette série suivant les puissances de $x - x_0$, la nouvelle série obtenue est forcément identique à la série (17), puisqu'elle doit aussi satisfaire formellement à l'équation (16). Le nombre R étant indépendant de y_0, il suit de là qu'inversement la série (17) est convergente, pourvu que l'on ait

$$|x - x_0| \leq R,$$

lorsque y décrit la région $\mathscr{D}'_y$, et représente une fonction holomorphe dans ce domaine. C'est la proposition que l'on voulait établir.

REMARQUE. — Il n'est nullement évident qu'une fonction analytique des deux variables x, y, qui, pour $x = x_0$, se réduit à la fonction $\varphi(y)$ de la seule variable y holomorphe dans un domaine $\mathscr{D}_y$, soit aussi une fonction holomorphe par rapport aux deux variables x et y lorsque x décrit un cercle de rayon $r > 0$ et de centre x_0, et que y décrit un domaine $\mathscr{D}'_y$ intérieur à $\mathscr{D}_y$, aussi petit que soit le rayon r. Par exemple, la fonction

$$z = y^2 + x \operatorname{Log} y$$

se réduit, pour $x = 0$, à une fonction holomorphe dans tout le plan, et cependant ce n'est pas une fonction holomorphe des variables x et y dans le domaine défini par les inégalités $|x| \leq r, |y| \leq \rho$, aussi petits que soient les nombres positifs r et ρ.

La propriété qui vient d'être démontrée a son origine dans cette circonstance que les coefficients des diverses puissances de $x - x_0$ dans le développement cherché s'obtiennent par des additions, multiplications et différentiations. On ne peut introduire ainsi de singularités n'appartenant pas aux fonctions dont on est parti. Il n'en serait plus de même si ces coefficients se déterminaient par l'intégration d'équations différentielles, comme on en verra des exemples plus loin (n° 3).

Généralisation. — La méthode précédente s'étend, sans d'autres difficultés que quelques complications d'écriture, à un système d'équations aux dérivées partielles d'ordre quelconque, ramené à la forme normale.

Soit

$$(22) \qquad \frac{\partial^{r_1} z_1}{\partial x_1^{r_1}} = F_1, \qquad \frac{\partial^{r_2} z_2}{\partial x_2^{r_2}} = F_2, \qquad \ldots, \qquad \frac{\partial^{r_p} z_p}{\partial x_1^{r_p}} = F_p$$

un système de p équations aux dérivées partielles entre les p fonctions $z_1, z_2, \ldots, z_p$, et n variables indépendantes $x_1, x_2, \ldots, x_n$; les seconds membres $F_1, F_2, \ldots, F_p$ ne renferment, outre les variables et les fonctions inconnues, que les dérivées partielles de z_1 dont l'ordre ne dépasse pas r_1, les dérivées partielles de z_2 dont l'ordre ne dépasse pas r_2, etc.; enfin, les dérivées partielles qui sont dans les premiers membres ne figurent pas dans ces seconds membres.

D'après le théorème général de Cauchy, un système d'intégrales est complètement déterminé si l'on se donne les fonctions des $(n-1)$ variables $x_2, x_3, \ldots, x_n$, auxquelles se réduisent pour $x_1 = x_1^0$ les fonctions

$$z_1, \quad \frac{\partial z_1}{\partial x_1}, \quad \ldots, \quad \frac{\partial^{r_1-1} z_1}{\partial x_1^{r_1-1}},$$

$$z_2, \quad \frac{\partial z_2}{\partial x_1}, \quad \ldots, \quad \frac{\partial^{r_2-1} z_2}{\partial x_2^{r_2-1}},$$

$$\ldots, \quad \ldots, \quad \ldots, \quad \ldots\ldots\ldots,$$

$$z_p, \quad \frac{\partial z_p}{\partial x_1}, \quad \ldots \quad \frac{\partial^{r_p-1} z_p}{\partial x_1^{r_p-1}}.$$

Supposons, ce qu'on peut toujours faire sans diminuer la généralité, que toutes ces fonctions initiales soient nulles, et admettons en outre que les fonctions $F_1, F_2, \ldots, F_p$ soient holomorphes dans un domaine $\mathcal{D}$ défini de la manière suivante : chacune des $(n-1)$ variables $x_2, x_3, \ldots, x_n$ reste comprise dans son plan dans une région de forme arbitraire, limitée par une ou plusieurs courbes fermées, tandis que les modules de $x_1 - x_1^0$, et de toutes les autres variables qui figurent dans ces fonctions, restent inférieurs à des limites convenables. Dans ces conditions, si l'on fait décrire à chacune des variables $x_2, x_3, \ldots x_n$ des domaines $\mathcal{D}_2, \mathcal{D}_3, \ldots, \mathcal{D}_n$, respectivement intérieurs aux précédents, on peut leur faire correspondre un nombre positif η tel que les intégrales satisfaisant aux conditions initiales données soient holomorphes lorsque les variables $x_2, x_3, \ldots, x_n$ restent respectivement dans les domaines $\mathcal{D}_2, \ldots, \mathcal{D}_n$, pourvu que le module de $x_1 - x_1^0$ reste inférieur à η.

Au lieu de supposer que chacune des variables $x_2, x_3, \ldots, x_n$ décrive dans son plan un domaine déterminé, on peut faire une hypothèse plus générale. La variable complexe x_i est en effet l'ensemble de deux variables réelles :

$$x_i = x'_i + x''_i \sqrt{-1} \; ;$$

si l'on regarde les $2n - 2$ variables x'_i, $x''_i (i = 2, \ldots, n)$ comme les coordonnées d'un point dans l'espace à $2n - 2$ dimensions, tout continuum connexe à $2n - 2$ dimensions $R_{2n} - 2$, situé dans l'espace à $2n - 2$ dimensions, définit un domaine de variabilité pour le système des variables complexes $x_2, x_3, \ldots, x_n$. Tout continuum $R'_{2n} - 2$, intérieur à $R_{2n} - 2$, définit de même un nouveau domaine de variabilité intérieur au premier. Cela posé, on voit aisément qu'au lieu de supposer que chaque variable $x_i (i \geqq 2)$ décrive un domaine déterminé *isolément*, on pourrait supposer le domaine de variabilité de ce système de variables défini par un certain continuum $R_{2n} - 2$. Il suffirait alors de modifier l'énoncé en remplaçant l'ensemble des domaines $\mathfrak{D}_2, \ldots, \mathfrak{D}_n$ par un continuum $R''_{2n} - 2$ intérieur à $R_{2n} - 2$.

3. Problème de Cauchy pour une équation du premier ordre.

— Une équation du premier ordre $p = f(x, y, z, q)$ admet en général, on vient de le voir, une surface intégrale et une seule passant par une courbe plane donnée dont le plan est parallèle au plan des yz. Proposons-nous maintenant, d'une façon plus générale, de déterminer une surface intégrale de l'équation du premier ordre

$$(23) \qquad F(x, y, z, p, q) = 0,$$

passant par une courbe Γ représentée par le système des deux équations

$$(24) \qquad y = f(x), \qquad z = g(x),$$

l'une au moins des fonctions $f(x)$, $g(x)$ ne se réduisant pas à une constante ; nous supposerons, pour fixer les idées, que $f(x)$ n'est pas une constante. S'il existe une surface répondant à la question, les coefficients angulaires p et q du plan tangent à cette surface tout le long de Γ sont des fonctions de x qui satisfont aux deux relations (23) et (25),

$$(25) \qquad g'(x) = p + qf'(x).$$

Inversement, soient $p = h_1(x)$, $q = h_2(x)$ un système de solutions de ces deux équations. Pour trouver une surface intégrale passant par Γ, et telle que les coefficients angulaires du plan tangent à cette surface le long de Γ soient $p = h_1(x)$, $q = h_2(x)$, faisons le changement de variables

$$x = u, \qquad y = f(u) + v, \qquad z = g(u) + w,$$

u et v étant les nouvelles variables indépendantes, w la nouvelle fonction inconnue. La relation $dz = pdx + qdy$ devient

$$dw + g'(u)du = pdu + q\left\{ dv + f'(u)du \right\},$$

et on en tire

$$p + qf'(u) - g'(u) = \frac{\partial w}{\partial u}, \qquad q = \frac{\partial w}{\partial v},$$

$$p = \frac{\partial w}{\partial u} + g'(u) - f'(u)\frac{\partial w}{\partial v};$$

l'équation (23) devient

$$(\mathbf{23})' \quad F\left(u, f(u) + v, g(u) + w, \frac{\partial w}{\partial u} + g'(u) - f'(u)\frac{\partial w}{\partial v}, \frac{\partial w}{\partial v}\right)$$

$$= \mathcal{F}\left(u, v, w, \frac{\partial w}{\partial u}, \frac{\partial w}{\partial v}\right) = 0,$$

et on est ramené à déterminer une intégrale de cette équation se réduisant à zéro pour $v = 0$. Soient x_0, y_0, z_0 les coordonnées d'un point M_0 de Γ, p_0 et q_0 les valeurs correspondantes des fonctions $h_1(x_0)$, $h_2(x_0)$ qui vérifient les équations (23) et (25) ; on a, pour ce système de valeurs de x, y, z, p, q,

$$\left(\frac{\partial w}{\partial u}\right)_0 = p_0 + q_0 f'(u_0) - g'(u_0) = 0, \qquad \left(\frac{\partial w}{\partial v}\right)_0 = q_0.$$

L'équation $\mathcal{F} = 0$ est vérifiée par les valeurs $u = x_0$, $v = w = 0$, $\frac{\partial w}{\partial u} = 0$, $\frac{\partial w}{\partial v} = q_0$. Si la dérivée $\dfrac{\partial \mathcal{F}}{\partial\left(\dfrac{\partial w}{\partial v}\right)}$ n'est pas nulle pour ce sys-

tème, on peut, d'après la théorie des fonctions implicites, résoudre l'équation (23)' par rapport à $\frac{\partial w}{\partial v}$, et la remplacer par une équation de forme normale

$$(\mathbf{26}) \qquad \frac{\partial w}{\partial v} = G\left(u, v, w, \frac{\partial w}{\partial u}\right),$$

dont le second membre est une fonction holomorphe dans le

domaine des valeurs $(x_0,\ o,\ o,\ o)$, se réduisant à q_0 pour ce système de valeurs. D'après le théorème général de Cauchy, cette équation admet une intégrale holomorphe se réduisant à zéro pour $v = o$, et par suite l'équation (23) admet une surface intégrale passant par Γ. Pour rappeler le lien qui unit le problème proposé au théorème général d'existence, on appelle ce problème le *Problème de Cauchy*, et on voit qu'il admet en général autant de solutions distinctes que les équations (23) et (25) admettent de systèmes de solutions.

Toutefois le raisonnement suppose que $\dfrac{\partial \mathcal{F}}{\partial\left(\dfrac{\partial w}{\partial v}\right)}$ n'est pas nul en tous les points de Γ pour le système de solutions considéré $p = h_1(x)$, $q = h_2(x)$. Or on a

$$\frac{\partial \mathcal{F}}{\partial\left(\dfrac{\partial w}{\partial v}\right)} = - \frac{\partial F}{\partial p} f'(u) + \frac{\partial F}{\partial q}\,,$$

et la conclusion précédente s'applique à moins que les fonctions $y = f(x)$, $z = g(x)$, $p = h_1(x)$, $q = h_2(x)$ ne vérifient en même temps la relation

$$(27) \qquad \frac{\partial F}{\partial p}\,dy - \frac{\partial F}{\partial q}\,dx = o.$$

Lorsque cette circonstance se présente, il peut y avoir impossibilité ou indétermination pour le problème de Cauchy. C'est une question qui sera discutée plus loin en détail (chap. VI); nous donnerons seulement quelques exemples

1° L'équation

$$p + q^2 - y = o$$

n'admet pas d'intégrale holomorphe dans le domaine de l'origine, passant par l'axe des x, c'est-à-dire se réduisant à zéro pour $y = o$. Une telle intégrale serait représentée par un développement de la forme

$$z = \varphi_1(x)y + \varphi_2(x)y^2 + \ldots,$$

et en écrivant que ce développement satisfait formellement à l'équation précédente, on arrive à des conditions incompatibles. Cependant il existe bien une surface intégrale passant par l'axe ox, qui a pour équation $z = \dfrac{2}{3} y^{\frac{3}{2}}$, mais cette surface est un cylindre dont l'axe des x est une génératrice de rebroussement, et les théorèmes d'existence démontrés jusqu'ici ne sont pas applicables à cette intégrale.

2° Il peut aussi y avoir indétermination. Considérons une équation de la forme

$$(28) \qquad p = F(x, y, z, q) = \varphi_{010}z + \varphi_{200}y^2 + \varphi_{110}yz + \cdots + \varphi_{002}q^2 + \cdots$$

le second membre étant une série entière en y, z, q dont les coefficients sont des fonctions holomorphes de x dans un certain domaine $\mathcal{D}_x$ renfermant l'origine ; nous supposons de plus que cette série est convergente lorsque x reste dans le domaine $\mathcal{D}_x$, pourvu que les modules de y, z, q restent plus petits qu'un nombre positif η. Cherchons une intégrale de cette équation, holomorphe dans le domaine de l'origine, et se réduisant pour $x = 0$ à une fonction holomorphe $f(y)$, telle que $f(0) = f'(0) = 0$.

De l'équation (28) on déduit pour $\dfrac{\partial^2 z}{\partial x \partial y}$ une série de même espèce dont tous les termes contiendront en facteur y, z, ou q :

$$\frac{\partial^2 z}{\partial x \partial y} = F_1(x, y, z, q) = \varphi_{010}q + 2\varphi_{200}y + \cdots$$

On a, à l'origine, pour l'intégrale cherchée,

$$\left(\frac{\partial z}{\partial x}\right)_0 = 0, \qquad \left(\frac{\partial^2 z}{\partial x \partial y}\right)_0 = 0.$$

D'une manière générale, si l'on a

$$\left(\frac{\partial^k z}{\partial x^k}\right)_0 = 0, \qquad \left(\frac{\partial^{k+1} z}{\partial x^k \partial y}\right)_0 = 0, \text{ pour } k \leqslant n,$$

cela est encore vrai pour $k = n + 1$, car en différentiant n fois par rapport à x les formules qui donnent $\dfrac{\partial z}{\partial x}$ et $\dfrac{\partial^2 z}{\partial x \partial y}$, un terme quelconque des séries obtenues contiendra l'un des facteurs y, z, $\dfrac{\partial z}{\partial x}$, $\ldots$, $\dfrac{\partial^n z}{\partial x^n}$, $\dfrac{\partial^2 z}{\partial x \partial y}$, $\ldots$, $\dfrac{\partial^{n+1} z}{\partial x^n \partial y}$. La loi est donc générale, et le développement de l'intégrale cherchée ne contiendra aucun terme indépendant de y, ni aucun terme du premier degré en y.

En ordonnant ce développement par rapport aux puissances de y, il est donc de la forme

$$(29) \qquad z = \psi_2(x)y^2 + \psi_3(x)y^3 + \ldots + \psi_n(x)y^n + \ldots,$$

et la surface intégrale passe par l'axe ox, et elle est tangente tout le long de cet axe au plan des xy. Il y a donc une infinité de surfaces intégrales passant par cette droite, puisque la fonction $f(y)$ est assujettie seulement à s'annuler à l'origine, ainsi que sa dérivée $f'(y)$.

On peut déterminer directement les coefficients $\psi_2(x)$, ..., $\psi_n(x)$, ..., qui figurent dans le développement précédent. Soit en effet

$$f(y) = a_2 y^2 + \ldots + a_n y^n + \ldots$$

le développement de la fonction donnée $f(y)$ à laquelle doit se réduire z pour $x = 0$; les coefficients a_2, ..., a_n, ..., sont précisément les valeurs initiales des fonctions ψ_2, ..., ψ_n, ..., pour $x = 0$:

$$(30) \qquad \psi_n(0) = a_n, \qquad n = 2, 3, \ldots, \infty.$$

D'autre part, en substituant le développement (29) dans les deux membres de l'équation (28), et en égalant les coefficients des mêmes puissances de y, on obtient une suite d'équations différentielles du premier ordre, permettant de déterminer de proche en proche toutes les fonctions ψ_2, ψ_3, ..., dont on connaît les valeurs pour $x = 0$. Le premier coefficient $\psi_2(x)$ est déterminé par une équation de Riccati

$$\frac{d\psi_2}{dx} = \varphi_{200} + [\varphi_{010} + 2\varphi_{101}]\psi_2 + 4\varphi_{002}\psi_2^2,$$

tandis que $\psi_n(x)(n > 2)$ satisfait à une équation linéaire dont les coefficients dépendent de ψ_2, ..., ψ_{n-1}. La fonction $\psi_2(x)$, et par suite l'intégrale cherchée, peuvent avoir des points singuliers dans le domaine $\mathfrak{D}_x$. Si par exemple on fait varier x le long d'un segment de l'axe réel $(0, a)$, l'intégrale qui est tangente au plan des xy le long de ox n'est pas forcément régulière dans le voisinage de tout ce segment, comme dans le cas normal où la courbe donnée détermine une seule surface intégrale. Mais cette surface a, en général, des points singuliers, variables sur cette droite, dont la position dépend uniquement du premier coefficient a_2 de la fonction donnée $f(y)$ [1].

Remarque. — Lorsque dans l'équation (28) le développement de $F(x, y, z, q)$ ne contient que des termes renfermant y ou z en facteur, toute intégrale holomorphe passant par l'origine contient l'axe ox. On a évidemment pour toute intégrale de cette espèce $\left(\dfrac{\partial z}{\partial x}\right)_0 = 0$, et le développement de $\dfrac{\partial^n z}{\partial x^n}$ ne contient que des termes renfermant l'un des facteurs y, z, $\dfrac{\partial z}{\partial x}$, ..., $\dfrac{\partial^{n-1} z}{\partial x^{n-1}}$. Si toutes les dérivées $\left(\dfrac{\partial z}{\partial x}\right)_0$, ..., $\left(\dfrac{\partial^{n-1} z}{\partial x^{n-1}}\right)_0$ sont nulles, il en sera de même de $\left(\dfrac{\partial^n z}{\partial x^n}\right)_0$. On voit ainsi de proche en proche que le développement de l'intégrale ne contiendra aucun terme indépendant de y. Il est donc de la forme

$$z = \psi_1(x)y + \psi_2(x)y^2 + \ldots ;$$

si l'on connaît la fonction

$$f(y) = a_1 y + a_2 y^2 + \ldots$$

à laquelle doit se réduire l'intégrale cherchée pour $x = 0$, on connaît par là même les valeurs des fonctions ψ_i pour $x = 0$.

En substituant ensuite dans l'équation proposée et en identifiant les deux membres, on obtient une équation de Riccati pour déterminer le premier coefficient ψ_1, et des équations linéaires pour les suivants.

Généralisation. — Considérons de même une équation du premier ordre à n variables

$$\frac{\partial z}{\partial x_1} = F\left(x_1, \ldots, x_n, z, \frac{\partial z}{\partial x_2}, \ldots, \frac{\partial z}{\partial x_n}\right) + f(x_1)z,$$

où la fonction F peut être développée en série entière ordonnée suivant les puissances de x_2, ..., x_n, z, $\dfrac{\partial z}{\partial x_2}$, ..., $\dfrac{\partial z}{\partial x_n}$, dont les coefficients sont des fonctions de x_1, et cette série ne renfermant que des termes du second degré au moins. Le développement de la dérivée $\dfrac{\partial^2 z}{\partial x_1 \partial x_i}$ $(i > 1)$ renferme

---

[1] Voir pour cette étude un Mémoire *Sur la Théorie des caractéristiques* que j'ai publié dans les *Annales de la Faculté des Sciences de Toulouse* (2ᵉ série, tome VIII, 1906).

aussi dans chaque terme l'une des variables $x_2, x_3, \ldots, x_n, z, \dfrac{\partial z}{\partial x_2}, \ldots,$ $\dfrac{\partial z}{\partial x_n}$. Cela étant, supposons que l'on veuille avoir le développement en série entière d'une intégrale holomorphe se réduisant pour $x_1 = 0$ à une fonction $f(x_2, x_3, \ldots, x_n)$ qui est nulle, ainsi que toutes ses dérivées partielles du premier ordre, pour $x_2 = 0, \ldots, x_n = 0$. On vérifie comme tout à l'heure de proche en proche que toutes les dérivées $\left(\dfrac{\partial^n z}{\partial x_1{}^n}\right)_0$, $\left(\dfrac{\partial^{n+1} z}{\partial x_i \partial x_1{}^n}\right)_0$ seront nulles à l'origine, de sorte que le développement de l'intégrale cherchée ne renfermera aucun terme indépendant de $x_2, \ldots, x_n$, ni aucun terme du premier degré en $x_2, \ldots, x_n$. Tous ces résultats se rattachent très aisément à la théorie des caractéristiques, qui sera développée plus loin (chap. V).

4. Multiplicités intégrales.

— Pour étendre le problème de Cauchy au système le plus général de la forme (1), il est commode de se servir du langage de la géométrie à n dimensions. Comme nous l'emploierons souvent dans la suite de cet Ouvrage, il nous semble utile de donner dès maintenant quelques définitions.

Etant donné un système de n variables indépendantes $x_1, x_2, \ldots, x_n$, un *point* de l'espace à n dimensions est un système de valeurs particulières $x_1{}^0, x_2{}^0, \ldots, x_n{}^0$ de ces n variables, valeurs qui sont dites les *coordonnées* de ce point. On appelle en général *multiplicité à p dimensions* ou *variété à p dimensions* l'ensemble des points dont les coordonnées sont des fonctions de p paramètres indépendants ; on dit aussi qu'une multiplicité à p dimensions est l'ensemble des points dont les coordonnées vérifient $n - p$ relations distinctes. Nous continuerons à appeler *courbes* les multiplicités à une dimension.

Les conclusions paradoxales auxquelles a conduit la théorie moderne des ensembles ont montré la nécessité de préciser les définitions précédentes. Nous ne considérerons que les multiplicités constituées par l'ensemble des points dont les coordonnées sont des fonctions de p variables indépendantes,

$$x_i = \varphi_i(u_1, u_2, \ldots, u_p), \qquad (i = 1, 2, \ldots, n)$$

ces fonctions φ_i étant continues et admettant des dérivées partielles continues du premier ordre (sauf peut-être pour certains systèmes de valeurs exceptionnelles des paramètres) *et telles que les jacobiens de p quelconques des fonctions φ_i par rapport aux p variables $u_1, \ldots, u_p$, ne soient pas tous identiquement nuls.*

Un point de cette multiplicité, de coordonnées $x_1^0, x_2^0, \ldots, x_n^0$, correspondant aux valeurs $u_1^0, u_2^0, \ldots, u_p^0$ des paramètres est un *point ordinaire* ou un *point simple* de cette multiplicité si l'un au moins des jacobiens précédents n'est pas nul pour ce système de valeurs $u_1^0, \ldots u_p^0$. Supposons par exemple que le jacobien $\dfrac{D(x_1, x_2, \ldots, x_p)}{D(u_1, u_2, \ldots, u_p)}$ soit différent de zéro pour $u_1 = u_1^0, \ldots, u_p = u_p^0$.

Les p relations

$$x_1 = \varphi_1(u_1, u_2, \ldots, u_p), \ldots, x_p = \varphi_p(u_1, u_2, \ldots, u_p)$$

où l'on regarde $x_1, \ldots, x_p$ comme les variables indépendantes et $u_1, u_2, \ldots, u_p$ comme les inconnues, définissent alors (*Cours d'Analyse, tome I, p. 94, 3ᵉ édit.*) p fonctions continues

$$u_1 = \psi_1(x_1, x_2, \ldots, x_p), \ldots, u_p = \psi_p(x_1, x_2, \ldots, x_p)$$

prenant respectivement les valeurs $u_1^0, u_2^0, \ldots, u_p^0$ pour $x_1 = x_1^0, \ldots, x_p = x_p^0$. En remplaçant $u_1, \ldots, u_p$ par $\psi_1, \ldots, \psi_p$ respectivement dans $\varphi_{p+1}, \ldots, \varphi_n$ on obtient $n - p$ fonctions continues de $x_1, \ldots, x_p$, prenant les valeurs $x^0_{p+1}, \ldots, x_n^0$ pour $x_1 = x_1^0, \ldots, x_p = x_p^0$, et continues dans le voisinage de ces valeurs. Les coordonnées d'un point de la multiplicité voisin du point simple considéré sont donc représentées par des formules

$$(\alpha) \qquad x_{p+1} = \Phi_{p+1}(x_1, \ldots, x_p), \ldots, x_n = \Phi_n(x_1, \ldots, x_p),$$

où les fonctions $\Phi_{p+1}, \ldots, \Phi_n$ sont continues et admettent des dérivées partielles continues dans le voisinage du système de valeurs $x_1^0, x_2^0, \ldots, x_p^0$, et se réduisent respectivement à $x^0_{p+1}, \ldots, x_n^0$ pour $x_1 = x_1^0, \ldots, x_p = x_p^0$.

Un système de h relations

$$(\beta) \qquad F_1(x_1, \ldots, x_n) = 0, F_2 = 0, \ldots, F_h(x_1, \ldots, x_n) = 0,$$

dont les premiers membres sont des fonctions continues et admettent des dérivées partielles continues du premier ordre, est un *système normal* si les jacobiens des fonctions $F_1, F_2, \ldots, F_h$ par rapport à h quelconques des variables x_i ne sont pas tous nuls pour tous les systèmes de valeurs des variables x_1, ..., x_n, qui satisfont aux équations (β). On suppose bien entendu que ces équations admettent des solutions communes. Un système normal de h équations à n variables définit une multiplicité à $n - h$ dimensions. et tout point dont les coordonnées vérifient les h équations sans annuler tous les jacobiens dont il a été question, est un point ordinaire pour cette multiplicité. Soient, en effet, x_1^0, x_2^0, ..., x_n^0 un système de solutions des équations (β) tel que le jacobien

$$\frac{D(F_1, F_2, \ldots, F_h)}{D(x_1, x_2, \ldots, x_h)}$$

par exemple ne soit pas nul pour ce système de valeurs. D'après la théorie générale des fonctions implicites, les équations (β) admettent un système de solutions et un seul

$$(\alpha)' \qquad x_1 = \psi_1(x_{h+1}, \ldots, x_n). \ldots, x_h = \psi_h(x_{h+1}, \ldots x_n),$$

prenant les valeurs x_1^0, ..., x_h^0 pour $x_{h+1} = x^0_{h+1}$, ..., $x_n = x_n^0$, et les fonctions ψ_i sont continues, ainsi que leurs dérivées partielles du premier ordre dans le voisinage de ce système de valeurs.

Les équations $(\alpha)'$ représentent bien une multiplicité à $n - h$ dimensions sur laquelle le point x_1^0, x_2^0, ..., x_n^0 est un point ordinaire.

Inversement, toute multiplicité à p dimensions de l'espèce considérée peut être, et d'une infinité de manières, définie par un système normal de $n - p$ équations. Car les équations (α) qui représentent cette multiplicité dans le voisinage d'un point ordinaire forment évidemment un système normal.

Lorsque les fonctions φ_i ou F_i sont analytiques, la **multiplicité** correspondante est dite elle-même analytique. Nous n'étudierons en général, dans la suite, que des multiplicités analytiques, quoique tous les raisonnements n'exigent pas cette hypothèse.

Avec la théorie des multiplicités, le théorème fondamental du n° **1** s'énonce très simplement en langage géométrique. Considérons x_1, x_2, ..., x_n, z_1, ..., z_p comme les coordonnées d'un point dans l'espace à $n + p$ dimensions. Si $z_1 = \Phi_1$, ..., $z_p = \Phi_p$ sont un système d'intégrales *analytiques* des équations (1), les relations

$$z_1 = \Phi_1, \ldots, z_p = \Phi_p$$

représentent une multiplicité à n dimensions que nous appellerons *multiplicité intégrale*. Les relations

$$x_1 = x_1^0, \ z_1 = \varphi_1(x_2, \ldots, x_n), \ \ldots, \ z_p = \varphi_p(x_2, \ldots, x_n)$$

définissent de même une multiplicité $\mathfrak{M}_{n-1}$ à $n-1$ dimensions, et l'énoncé du théorème général d'existence peut être remplacé par le suivant : *Par la multiplicité $\mathfrak{M}_{n-1}$ il passe une multiplicité intégrale $\mathfrak{M}_n$ et une seule*.

La multiplicité $\mathfrak{M}_{n-1}$ est, il est vrai, d'une nature très particulière. Pour étendre le problème de Cauchy au système (1), il faut rechercher si l'énoncé précédent ne s'étend pas à une multiplicité quelconque (analytique) à $n-1$ dimensions. D'une façon générale, soit Σ un système de p équations aux dérivées partielles du premier ordre

$$(\Sigma) \qquad\qquad F_1 = 0, \ \ldots, \ F_p = 0,$$

dont les premiers membres sont des fonctions analytiques holomorphes des $n + p + np$ arguments $x_1, \ \ldots, \ x_n, \ z_1, \ \ldots, \ z_p, \ \dfrac{\partial z_i}{\partial x_k}$ ($i = 1, 2, \ldots, p$; $k = 1, 2, \ldots, n$) dans le domaine d'un système de valeurs $x_i^0, \ z_k^0, \ q_{jk}^0$. Soit d'autre part une multiplicité analytique à $n-1$ dimensions sur laquelle le point de coordonnées $(x_1^0, \ \ldots, \ x_n^0, \ z_1^0, \ \ldots, \ z_p^0)$ est un point ordinaire.

En prenant, si cela est nécessaire, quelques-unes des fonctions inconnues $z_1, \ \ldots, \ z_p$ pour nouvelles variables indépendantes, à la place d'un même nombre des variables $x_1, \ \ldots, x_n$, qui seront prises pour fonctions inconnues, et en effectuant la même transformation dans le système (Σ), on peut toujours supposer que, dans le voisinage du point considéré $(x_i^0, \ z_k^0)$, la multiplicité donnée M_{n-1} est représentée par un système d'équations
$$x_1 = \varphi(x_2, \ \ldots, \ x_n), \ z_1 = \psi_1(x_2, \ \ldots, \ x_n), \ \ldots, \ z_p = \psi_p(x_2, \ \ldots, x_n),$$
les fonctions $\varphi, \psi_1, \ \ldots, \psi_p$ étant holomorphes dans le domaine du système de valeurs $x_2^0, \ \ldots, \ x_n^0$, et se réduisant à $x_1^0, z_1^0, \ldots,$ z_p^0 pour $x_2 = x_2^0, \ \ldots, \ x_n = x_n^0$. Posons alors

$$x_1 = \varphi(X_2, \ \ldots, \ X_n) + X_1, \ x_2 = X_2, \ \ldots, \ x_n = X_n,$$

$X_1, X_2, \ldots, X_n$ étant un nouveau système de variables, et les fonctions inconnues restant les mêmes. La relation

$$dz_i = \frac{\partial z_i}{\partial x_1}\, dx_1 + \ldots + \frac{\partial z_i}{\partial x_n}\, dx_n \qquad (i = 1, 2, \ldots, p)$$

devient

$$dz_i = \frac{\partial z_i}{\partial x_1}\left\{ dX_1 + \frac{\partial \varphi}{\partial X_2}\, dX_2 + \ldots + \frac{\partial \varphi}{\partial X_n}\, dX_n \right\}$$
$$+ \frac{\partial z_i}{\partial x_2}\, dX_2 + \ldots + \frac{\partial z_i}{\partial x_n}\, dX_n,$$

et on en tire

$$\frac{\partial z_i}{\partial x_1} = \frac{\partial z_i}{\partial X_1}, \quad \frac{\partial z_i}{\partial x_2} = \frac{\partial z_i}{\partial X_2} - \frac{\partial \varphi}{\partial X_2}\, \frac{\partial z_i}{\partial X_1}, \quad \ldots$$

Le système (Σ) se change en un nouveau système de même espèce

$$(\Sigma)' \quad \Phi_1\left(X_1, \ldots, X_n, z_1, \ldots, z_p, \frac{\partial z_1}{\partial X_1}, \ldots \right) = 0, \Phi_2 = 0, \ldots, \Phi_p = 0,$$

et la multiplicité M_{n-1} est remplacée par une multiplicité M'_{n-1} définie par les relations

$$X_1 = 0, \ z_1 = \psi_1(X_2, \ldots, X_n), \ldots, z_p = \psi_p(X_2, \ldots, X_n).$$

Toute multiplicité intégrale du système (Σ) passant par M_{n-1} se change en une multiplicité intégrale de $(\Sigma)'$ passant par M'_{n-1}; si la première multiplicité est représentée par p équations

$$z_1 = f(x_1 \ldots x_n), \ldots, z_p = f_p,$$

les fonctions $f_1, \ldots, f_p$ étant holomorphes dans le domaine du système $x_1^0, \ldots, x_n^0$. la multiplicité intégrale correspondante de (Σ') sera de même représentée par p fonctions holomorphes de $X_1, X_2, \ldots, X_n$ dans le domaine du point $X_1 = 0, X_2 = X^0_2, \ldots, X_n = X_n^0$.

Nous sommes donc ramenés à déterminer un système d'intégrales des équations (Σ'), satisfaisant à des conditions initiales tout à fait pareilles à celles qui figurent dans l'énoncé du théorème général. Ces conditions initiales déterminent les valeurs au point $(0, X^0_2, \ldots, X^0_n)$ des fonctions inconnues et de toutes leurs dérivées partielles du premier ordre autres que $\frac{\partial z_1}{\partial X_1}, \ldots, \frac{\partial z_p}{\partial X_1}$. Les valeurs de ces dernières dérivées sont données par le système (Σ') qui n'est pas, en général, de la forme (1). Pour pouvoir le ramener à cette forme, il faut d'abord que les équations en $\dfrac{\partial z_1}{\partial X_1}$, ..., $\dfrac{\partial z_p}{\partial X_1}$ obtenues en remplaçant les autres arguments par leurs valeurs initiales connues dans $\Phi_1, \ldots, \Phi_p$ soient compatibles; il faut en outre que ces fonctions Φ_i soient holomorphes dans le voisinage d'un des systèmes de solutions ainsi obtenues, et que le jacobien des p fonctions Φ_i par rapport à ces p dérivées ne soit pas nul pour ce système de solutions. Il est clair que cette condition sera satisfaite si les fonctions F_i et la multiplicité M_{n-1} n'ont pas été choisies de façon à satisfaire à certaines relations d'égalité.

En résumé, *par toute multiplicité M_{n-1} de l'espace à $n + p$ dimensions, il passe en général une ou plusieurs multiplicités intégrales du système (Σ), ne dépendant d'aucune constante arbitraire.*

Nous laisserons de côté l'étude du cas où le théorème est en défaut; les explications précédentes montrent bien d'où peuvent provenir ces cas exceptionnels qui se rattachent à la théorie générale des caractéristiques.

5. Equations simultanées du premier ordre. — Nous allons étendre les théorèmes d'existence à certains systèmes d'équations simultanées du premier ordre à une seule fonction inconnue, qui seront étudiés directement dans la suite de cet ouvrage. Soit S un système de r équations distinctes entre une fonction inconnue z, n variables indépendantes et les dérivées partielles du premier ordre de z par rapport à ces variables. En laissant de côté le cas banal où l'on pourrait déduire de ces équations une relation où ne figure aucune dérivée de la fonction inconnue, on peut toujours supposer ce système résolu par rapport à r de ces dérivées, par exemple par rapport aux dérivées $\dfrac{\partial z}{\partial x_1}$, ..., $\dfrac{\partial z}{\partial x_r}$. Pour plus de clarté dans les notations, nous représenterons par $y_1, \ldots, y_m$ les variables autres que $x_1, x_2, \ldots, x_r (m + r = n)$ et nous poserons $q_i = \dfrac{\partial z}{\partial y_i}$. Le système S est donc de la forme

$$(31) \quad \begin{cases} \dfrac{\partial z}{\partial x_1} = f_1(x_1, \ldots, x_r; y_1, \ldots, y_m, z; q_1, \ldots, q_m), \\[2mm] \dfrac{\partial z}{\partial x_2} = f_2(x_1, \ldots, x_r; y_1, \ldots, y_m, z; q_1, \ldots, q_m), \\[2mm] \cdot \quad \cdot \quad \cdot \quad \cdot \quad \cdot \quad \cdot \quad \cdot \quad \cdot \quad \cdot \quad \cdot \quad \cdot \\[2mm] \dfrac{\partial z}{\partial x_r} = f_r(x_1, \ldots, x_r; y_1, \ldots, y_m, z; q_1, \ldots, q_m); \end{cases}$$

les variables $x_1, \ldots, x_r$ sont appelées *variables principales*, les
variables $y_1, \ldots, y_m$ *variables paramétriques*, les dérivées $\dfrac{\partial z}{\partial x_i}$
qui figurent dans les premiers membres des équations (31) sont
de même les *dérivées principales*, et les dérivées $q_1, \ldots, q_m$ les
dérivées paramétriques [1]. Cette distinction n'a d'ailleurs rien
d'essentiel, puisque le système S peut, en général, être mis sous la
forme (31) de plusieurs manières.

Des équations (31) on peut déduire les expressions de toutes les
dérivées

$$\frac{\partial^{n-1} z}{\partial x_i \partial y_1^{\alpha_1} \ldots \partial y_m^{\alpha_m}} \qquad (\alpha_1 + \alpha_2 + \ldots + \alpha_m = n)$$

au moyen des variables indépendantes, de z et des dérivées de z
prises par rapport aux variables paramétriques seulement. On a
par exemple

$$(32) \qquad \frac{\partial^2 z}{\partial x_i \partial y_h} = \frac{\partial f_i}{\partial y_h} + \frac{\partial f_i}{\partial z} q_h + \sum_{k=1}^{m} \frac{\partial f_i}{\partial q_k} \frac{\partial^2 z}{\partial y_k \partial y_h}.$$

Mais les dérivées d'ordre supérieur où figurent deux variables
principales distinctes peuvent être calculées de plusieurs façons.
Ainsi, en différentiant la première équation (31) par rapport à x_2,
on a

$$\frac{\partial^2 z}{\partial x_1 \partial x_2} = \frac{\partial f_1}{\partial x_2} + \frac{\partial f_1}{\partial z} \frac{\partial z}{\partial x_2} + \sum_{h=1}^{m} \frac{\partial f_1}{\partial q_h} \frac{\partial^2 z}{\partial x_2 \partial y_h};$$

remplaçons $\dfrac{\partial z}{\partial x_2}$ par f_2 et les dérivées secondes $\dfrac{\partial^2 z}{\partial x_2 \partial y_h}$ par leurs

----

[1] Ces dénominations sont dues à M. Méray.

expressions tirées des formules (32) ; il vient

$$\frac{\partial^2 z}{\partial x_1 \partial x_2} = \frac{\partial f_1}{\partial x_2} + \frac{\partial f_1}{\partial z} f_2 + \sum_{h=1}^{m} \frac{\partial f_1}{\partial q_h} \left(\frac{\partial f_2}{\partial y_h} + \frac{\partial f_2}{\partial z} q_h \right)$$

$$+ \sum_{h=1}^{m} \sum_{k=1}^{m} \frac{\partial f_1}{\partial q_h} \frac{\partial f_2}{\partial q_k} \frac{\partial^2 z}{\partial y_k \partial y_h}.$$

On déduirait de même de la seconde des équations (31), en différentiant les deux membres par rapport à x_1 :

$$\frac{\partial^2 z}{\partial x_2 \partial x_1} = \frac{\partial f_2}{\partial x_1} + \frac{\partial f_2}{\partial z} f_1 + \sum_{h=1}^{m} \frac{\partial f_2}{\partial q_h} \left(\frac{\partial f_1}{\partial y_h} + \frac{\partial f_1}{\partial z} q_h \right)$$

$$+ \sum_{h=1}^{m} \sum_{k=1}^{m} \frac{\partial f_2}{\partial q_h} \frac{\partial f_1}{\partial q_k} \frac{\partial^2 z}{\partial y_k \partial y_h}.$$

Les termes où figurent les dérivées du second ordre $\dfrac{\partial^2 z}{\partial y_h \partial y_k}$ dans les seconds membres sont les mêmes pour les deux formules, comme on le voit en permutant les deux indices h et k dans la seconde formule. En égalant les deux expressions de $\dfrac{\partial^2 z}{\partial x_1 \partial x_2}$, on obtient donc une nouvelle équation à laquelle doit satisfaire toute intégrale du système (31), et *où n'entrent que les dérivées du premier ordre de la fonction inconnue* :

$$\frac{\partial f_1}{\partial x_2} + \frac{\partial f_1}{\partial z} f_2 - \frac{\partial f_2}{\partial x_1} - \frac{\partial f_2}{\partial z} f_1$$

$$+ \sum_{h=1}^{m} \left[\frac{\partial f_1}{\partial q_h} \left(\frac{\partial f_2}{\partial y_h} + \frac{\partial f_2}{\partial z} q_h \right) - \frac{\partial f_2}{\partial q_h} \left(\frac{\partial f_1}{\partial y_h} + \frac{\partial f_1}{\partial z} q_h \right) \right] = 0.$$

Nous représenterons le premier membre de cette condition par la notation $\left[f_1 - \dfrac{\partial z}{\partial x_1}, f_2 - \dfrac{\partial z}{\partial x_2} \right]$, sur laquelle on reviendra plus tard.

En égalant les deux expressions de la dérivée seconde $\dfrac{\partial^2 z}{\partial x_i \partial x_k}$ déduites des deux équations $\dfrac{\partial z}{\partial x_i} = f_i, \dfrac{\partial z}{\partial x_k} = f_k$, on démontre de même que toute intégrale du système (31) satisfait aussi à la relation :

$$(33) \quad \left[f_i - \frac{\partial z}{\partial x_i}, f_k - \frac{\partial z}{\partial x_k} \right] = \frac{\partial f_i}{\partial x_k} + \frac{\partial f_i}{\partial z} f_k - \frac{\partial f_k}{\partial x_i} - \frac{\partial f_k}{\partial z} f_i$$

$$+ \sum_{h=1}^{m} \left[\frac{\partial f_i}{\partial q_h} \left(\frac{\partial f_k}{\partial y_h} + \frac{\partial f_k}{\partial z} q_h \right) - \frac{\partial f_k}{\partial q_h} \left(\frac{\partial f_i}{\partial y_h} + \frac{\partial f_i}{\partial z} q_h \right) \right] = 0$$

$$(i, k = 1, 2, \ldots, r).$$

Si toutes les relations (33) sont vérifiées identiquement, quelles que soient les valeurs attribuées à x_1, ..., x_r, y_1, ..., y_m, z, q_1, ..., q_m, le système (31) est dit *complètement intégrable* ou *passif* (Méray et Riquier), ou *en involution*. Il résulte de cette définition que si le système (31) est complètement intégrable, tout système obtenu en supprimant une ou plusieurs équations de ce système est aussi complètement intégrable, puisque dans les conditions (33) figurent seulement deux des fonctions f_i.

Il serait facile de démontrer que, dans un système complètement intégrable, on obtient toujours la même expression pour une dérivée d'ordre quelconque de la fonction inconnue exprimée au moyen des dérivées de z par rapport aux variables paramétriques, quelle que soit la façon dont on opère. Mais nous n'aurons pas besoin de cette vérification dans la démonstration du théorème d'existence qui va suivre,

Lemme. — Imaginons, que dans les différences $f_i - \dfrac{\partial z}{\partial x_i}$, on remplace z par une fonction quelconque de x_1, ..., x_r, y_1, ..., y_m et soient Z_1, ..., Z_r les fonctions ainsi obtenues. Ces r fonctions Z_i satisfont, quelle que soit la fonction z, à des relations simples, linéaires par rapport à leurs dérivées partielles. Nous avons par exemple :

$$\frac{\partial Z_1}{\partial y_i} = \frac{\partial f_1}{\partial y_i} + \frac{\partial f_1}{\partial z} q_i + \sum_{h=1}^{m} \frac{\partial f_1}{\partial q_h} \frac{\partial^2 z}{\partial y_h \partial y_i} - \frac{\partial^2 z}{\partial y_i \partial x_1},$$

$$\frac{\partial Z_2}{\partial y_i} = \frac{\partial f_2}{\partial y_i} + \frac{\partial f_2}{\partial z} q_i + \sum_{h=1}^{m} \frac{\partial f_2}{\partial q_h} \frac{\partial^2 z}{\partial y_i \partial y_h} - \frac{\partial^2 z}{\partial y_i \partial x_2},$$

$$\frac{\partial Z_1}{\partial x_2} = \frac{\partial f_1}{\partial x_2} + \frac{\partial f_1}{\partial z} (f_2 - Z_2) + \sum_{i=1}^{m} \frac{\partial f_1}{\partial q_i} \frac{\partial^2 z}{\partial y_i \partial x_2} - \frac{\partial^2 z}{\partial x_1 \partial x_2},$$

$$\frac{\partial Z_2}{\partial x_1} = \frac{\partial f_2}{\partial x_1} + \frac{\partial f_2}{\partial z} (f_1 - Z_1) + \sum_{i=1}^{m} \frac{\partial f_2}{\partial q_i} \frac{\partial^2 z}{\partial y_i \partial x_1} - \frac{\partial^2 z}{\partial x_2 \partial x_1},$$

et par suite :

$$\frac{\partial Z_1}{\partial x_2} = \frac{\partial f_1}{\partial x_2} + \frac{\partial f_1}{\partial z}(f_2 - Z_2) + \sum_{i=1}^{m} \frac{\partial f_1}{\partial q_i}\left[\frac{\partial f_2}{\partial y_i} + \frac{\partial f_2}{\partial z}q_i - \frac{\partial Z_2}{\partial y_i}\right]$$

$$+ \sum_{i=1}^{m}\sum_{h=1}^{m} \frac{\partial f_1}{\partial q_i}\frac{\partial f_2}{\partial q_h}\frac{\partial^2 z}{\partial y_i \partial y_h} - \frac{\partial^2 z}{\partial x_1 \partial x_2},$$

$$\frac{\partial Z_2}{\partial x_1} = \frac{\partial f_2}{\partial x_1} + \frac{\partial f_2}{\partial z}(f_1 - Z_1) + \sum_{i=1}^{m} \frac{\partial f_2}{\partial q_i}\left[\frac{\partial f_1}{\partial y_i} + \frac{\partial f_1}{\partial z}q_i - \frac{\partial Z_1}{\partial y_i}\right]$$

$$+ \sum_{i=1}^{m}\sum_{h=1}^{m} \frac{\partial f_2}{\partial q_i}\frac{\partial f_1}{\partial q_h}\frac{\partial^2 z}{\partial y_i \partial y_h} - \frac{\partial^2 z}{\partial x_1 \partial x_2}.$$

On en déduit, en retranchant membre à membre,

$$\frac{\partial Z_1}{\partial x_2} - \frac{\partial Z_2}{\partial x_1} = \left[f_1 - \frac{\partial z}{\partial x_1}, f_2 - \frac{\partial z}{\partial x_2}\right] + Z_1\frac{\partial f_2}{\partial z} - Z_2\frac{\partial f_1}{\partial z}$$

$$+ \sum_{h=1}^{m}\left[\frac{\partial f_2}{\partial q_h}\frac{\partial Z_1}{\partial y_h} - \frac{\partial f_1}{\partial q_h}\frac{\partial Z_2}{\partial y_h}\right];$$

si le système est complètement intégrable, la relation devient

$$\frac{\partial Z_1}{\partial x_2} - \frac{\partial Z_2}{\partial x_1} = Z_1\frac{\partial f_2}{\partial z} - Z_2\frac{\partial f_1}{\partial z} + \sum_{h=1}^{m}\left[\frac{\partial f_2}{\partial q_h}\frac{\partial Z_1}{\partial y_h} - \frac{\partial f_1}{\partial q_h}\frac{\partial Z_2}{\partial y_h}\right].$$

D'une façon générale, lorsque le système est complètement intégrable, on a, pour toutes les combinaisons d'indices, les relations

$$(34) \quad \frac{\partial Z_i}{\partial x_k} - \frac{\partial Z_k}{\partial x_i} = Z_i\frac{\partial f_k}{\partial z} - Z_k\frac{\partial f_i}{\partial z} + \sum_{h=1}^{m}\left\{\frac{\partial f_k}{\partial q_h}\frac{\partial Z_i}{\partial y_h} - \frac{\partial f_i}{\partial q_h}\frac{\partial Z_k}{\partial y_h}\right\}.$$

Nous allons maintenant démontrer le théorème général d'existence des intégrales pour un système (31) complètement intégrable.

Théorème. — *Les r fonctions $f_1, f_2, \ldots, f_r$ des $r + 2m + 1$ arguments x_i, y_k, z, q_k étant holomorphes pour le système des valeurs*

$$x_1 = x_1^0, \ldots, x_r = x_r^0, y_1 = y_1^0, \ldots, y_m = y_m^0, z = z^0, q_1 = q_1^0,$$
$$\ldots, q_m = q_m^0,$$

soit $\varphi(y_1, \ldots, y_m)$ une fonction holomorphe dans le domaine du point $y_1^0, \ldots, y_m^0$, telle que pour $y_1 = y_1^0, \ldots, y_m = y_m^0$, on ait

$$\varphi(y_1^0, \ldots, y_m^0) = z^0, \left(\frac{\partial\varphi}{\partial y_1}\right)_0 = q_1^0, \ldots, \left(\frac{\partial\varphi}{\partial y_m}\right)_0 = q_m^0.$$

Le système (31) admet une intégrale, et une seule, holomorphe dans le domaine du point $(x_1^0, \ldots, x_r^0, y_1^0, \ldots, y_m^0)$ et se réduisant à la fonction $\varphi(y_1, y_2, \ldots, y_m)$ quand on y fait $x_1 = x_1^0, \ldots, x_r = x_r^0$.

Nous appellerons encore *Problème de Cauchy* la recherche de l'intégrale déterminée par ces conditions initiales. Il est clair que cette intégrale, si elle existe, est unique, car on peut déduire des conditions initiales et des équations elles-mêmes, tous les coefficients du développement en série entière de l'intégrale. La convergence de ce développement s'établit aussi aisément par les méthodes habituelles du calcul des limites ([1]).

Nous allons suivre une marche un peu différente, et montrer que *la recherche de cette intégrale se ramène à la résolution du problème de Cauchy pour r équations du premier ordre successivement.*

___

([1]) Supposons, en effet, ce qu'on peut toujours faire, $x_1^0 = 0, \ldots, x_r^0 = 0$, $\varphi = 0$, et soit

$$F = \frac{M}{\left(1 - \dfrac{x_1 + \ldots + x_r}{a}\right)\left(1 - \dfrac{y_1 + \ldots + y_m}{b}\right)\left(1 - \dfrac{z}{c}\right)\left(1 - \dfrac{q_1 + \ldots + q_m}{g}\right)}$$

une fonction majorante pour toutes les fonctions f_i. Le théorème d'existence sera établi si l'on démontre que le système auxiliaire

$$(31)' \qquad\qquad \frac{\partial z}{\partial x_i} = F \qquad (i = 1, 2, \ldots r)$$

admet une intégrale holomorphe se réduisant à zéro pour $x_1 = 0, \ldots, x_r = 0$. Il résulte immédiatement de ces équations que z ne dépend que de la somme $x_1 + x_2 + \ldots + x_r$ et des variables $y_1, y_2, \ldots, y_m$. En posant $X = x_1 + x_2 + \ldots + x_r$, il suffit donc de montrer que l'équation

$$\frac{\partial z}{\partial X} = \frac{M}{\left(1 - \dfrac{X}{a}\right)\left(1 - \dfrac{y_1 + \ldots + y_m}{b}\right)\left(1 - \dfrac{z}{c}\right)\left(1 - \dfrac{q_1 + \ldots + q_m}{g}\right)}$$

admet une intégrale holomorphe se réduisant à zéro pour $X = 0$, ce qui résulte du théorème général du n° 1.

L'intégrale cherchée $\Phi(x_1, x_2, \ldots, x_r ; y_1, y_2, \ldots, y_m)$, en admettant qu'elle existe, peut en effet s'obtenir comme il suit. Quand on y fait $x_2 = x_2^0, \ldots, x_r = x_r^0$, elle se réduit à une fonction $\varphi_1(x_1, y_1, \ldots, y_m)$ qui satisfait à l'équation

$$(35) \quad \frac{\partial \varphi_1}{\partial x_1} = f_1\left(x_1, x_2^0, \ldots, x_r^0 ; y_1, \ldots, y_m ; \varphi_1, \frac{\partial \varphi_1}{\partial y_1}, \ldots, \frac{\partial \varphi_1}{\partial y_m}\right),$$

et qui se réduit elle-même à la fonction donnée $\varphi(y_1, \ldots, y_m)$ quand on y fait $x_1 = x_1^0$. Cette fonction φ_1 s'obtiendra donc en résolvant le problème de Cauchy pour l'équation (35). De même la fonction

$$\Phi(x_1, x_2, x_3^0, \ldots, x_r^0 ; y_1, \ldots, y_m) = \varphi_2(x_1, x_2 ; y_1, \ldots, y_m)$$

est une intégrale de l'équation

$$(36) \quad \frac{\partial \varphi_2}{\partial x_2} = f_2\left(x_1, x_2, x_3^0, \ldots, x_r^0 ; y_1, \ldots, y_m ; \varphi_2, \frac{\partial \varphi_2}{\partial y_1}, \ldots, \frac{\partial \varphi_2}{\partial y_m}\right)$$

qui, pour $x_2 = x_2^0$, se réduit à la fonction $\varphi_1(x_1, y_1, \ldots, y_m)$ déjà obtenue. On l'obtiendra donc en résolvant un nouveau problème de Cauchy pour l'équation (36); et ainsi de suite.

Soient, d'une façon générale,

$$\varphi_i(x_1, x_2, \ldots, x_i ; y_1, \ldots, y_m) = \Phi(x_1, \ldots, x_i, x^0_{i+1}, \ldots, x_r^0 ; y_1, \ldots, y_m);$$

les fonctions $\varphi_1, \varphi_2, \ldots, \varphi_{r-1}$ se déterminent de proche en proche en résolvant un problème de Cauchy pour *une* équation du premier ordre, et enfin la fonction Φ s'obtiendra en cherchant l'intégrale de la dernière équation du système (31) qui, pour $x_r = x_r^0$, se réduit à la dernière fonction déterminée $\varphi_{r-1}(x_1, \ldots, x_{r-1} ; y_1, \ldots, y_m)$.

Il nous reste à démontrer que la fonction Φ ainsi obtenue des $r + m$ variables x_i, y_k satisfait à toutes les autres équations du système (31).

Soient $Z_1, Z_2, \ldots, Z_r$ les fonctions définies plus haut, obtenues en remplaçant z par Φ dans les différences $f_1 - \frac{\partial z}{\partial x_1}, f_2 - \frac{\partial z}{\partial x_2}, \ldots,$ $f_r - \frac{\partial z}{\partial x_r}$. La fonction Z_r est identiquement nulle et, d'après la façon dont Φ a été obtenu, la fonction Z_i se réduit à zéro quand on y fait $x_{i+1} = x^0{}_{i+1}, \ldots, x_r = x_r{}^0$. La relation (34) où l'on fait $i = r-1$, $k = r$, devient, puisque $Z_r = o$,

$$\frac{\partial Z_{r-1}}{\partial x_r} = Z_{r-1} \frac{\partial f_r}{\partial z} + \sum_{h=1}^{m} \frac{\partial f_r}{\partial q_h} \frac{\partial Z_{r-1}}{\partial y_h};$$

c'est une équation linéaire aux dérivées partielles et à coefficients holomorphes, qui n'admet pas d'autre intégrale holomorphe, s'annulant pour $x_r = x_r{}^0$, que $Z_{r-1} = o$: on a donc aussi $Z_{r-1} = o$. On déduit de même de la relation (34) que Z_{r-2} vérifie les deux relations

$$(37) \quad \begin{cases} \dfrac{\partial Z_{r-2}}{\partial x_r} = Z_{r-2} \dfrac{\partial f_r}{\partial z} + \sum\limits_{h=1}^{m} \dfrac{\partial f_r}{\partial q_h} \dfrac{\partial Z_{r-2}}{\partial y_h}, \\[3mm] \dfrac{\partial Z_{r-2}}{\partial x_{r-1}} = Z_{r-2} \dfrac{\partial f_{r-1}}{\partial z} + \sum\limits_{h=1}^{m} \dfrac{\partial f_{r-1}}{\partial q_h} \dfrac{\partial Z_{r-2}}{\partial y_h}, \end{cases}$$

et d'autre part Z_{r-2} est nul pour $x_{r-1} = x_{r-1}{}^0$, $x_r = x_r{}^0$. Or le système (37) ne peut admettre que l'intégrale holomorphe $Z_{r-2} = o$ satisfaisant à ces conditions initiales, car toutes les dérivées partielles de Z_{r-2}, déduites de ce système d'équations seront évidemment nulles aussi pour les valeurs $x_{r-1} = x^0{}_{r-1}$ $x_r = x_r{}^0$. Donc Z_{r-2} est nul aussi identiquement. En continuant ainsi, on démontrera de proche en proche que $Z_{r-3}, \ldots, Z_1$ sont nuls aussi et la fonction Φ est l'intégrale cherchée. Il est clair que l'on peut modifier l'ordre des intégrations à effectuer en rangeant les équations du système dans un ordre différent.

6. Transformation de Mayer. — Les r intégrations successives qu'exige la méthode précédente peuvent être remplacées par la résolution du problème de Cauchy pour une seule équation. Faisons le changement de variables

$$x_1 = x_1{}^0 + u_1, \qquad x_2 = x_2{}^0 + u_1 u_2, \ldots, x_r = x_r{}^0 + u_1 u_r;$$

l'intégrale $\Phi(x_1, \ldots, x_r; y_1, \ldots, y_m)$ qui, pour $x_1 = x_1{}^0, \ldots, x_r = x_r{}^0$, se réduit à $\varphi(y_1, \ldots, y_m)$, se change en une fonction $F(u_1, \ldots, u_r; y_1, \ldots, y_m)$,

$$F = \Phi(x_1{}^0 + u_1, \ldots, x_r{}^0 + u_1 u_r; y_1, \ldots, y_m),$$

qui se réduit à $\varphi(y_1, \ldots, y_m)$ pour $u_1 = 0$, quelles que soient les valeurs de $u_2, \ldots, u_r$. Mais on a d'autre part, d'après les formules du changement de variables,

$$\frac{\partial z}{\partial u_1} = \frac{\partial z}{\partial x_1} + \frac{\partial z}{\partial x_2} u_2 + \ldots + \frac{\partial z}{\partial x_r} u_r,$$

de sorte que F est une intégrale de l'équation

$$(38) \qquad \frac{\partial z}{\partial u_1} = f_1 + u_2 f_2 + \ldots + u_r f_r,$$

se réduisant à la fonction $\varphi(y_1, y_2, \ldots, y_m)$ pour $u_1 = 0$. Or cette équation admet une intégrale holomorphe, et une seule, satisfaisant à cette condition. *Pour avoir l'intégrale du système* (31) *qui est égale à* $\varphi(y_1, \ldots, y_m)$ *pour* $x_1 = x_1^0, \ldots, x_r = x_r^0$, *il suffira donc de déterminer l'intégrale* $F(u_1, \ldots, u_r ; y_1, \ldots, y_m)$ *de l'équation* (38) *qui est égale à* $\varphi(y_1, \ldots, y_m)$ *pour* $u_1 = 0$, *et de remplacer dans cette intégrale* u_1 *par* $x_1 - x_1^0$, u_2 *par* $\dfrac{x_2 - x_2^0}{x_1 - x_1^0}$, $\ldots,$ u_r *par* $\dfrac{x_r - x_r^0}{x_1 - x_1^0}$.

Remarquons que le second membre de l'équation (38) ne contient pas les dérivées de z par rapport à $u_2, \ldots, u_r$; ces variables peuvent donc être traitées comme des paramètres dans l'intégration de cette équation.

7. Interprétation géométrique. — Considérons $x_1, \ldots, x_r$, $y_1, \ldots, y_m$, z comme les coordonnées d'un point dans l'espace à $r + m + 1 = n + 1$ dimensions.

L'équation

$$z = \Phi(x_1, \ldots, x_r ; y_1, \ldots, y_m),$$

où Φ est l'intégrale holomorphe satisfaisant aux conditions initiales, représente, dans cet espace, une multiplicité M_n à n dimensions que nous appellerons encore *multiplicité intégrale*. Si l'on coupe cette multiplicité M_n par la multiplicité μ définie par les relations

$$(39) \qquad \frac{x_2 - x_2^0}{x_1 - x_1^0} = u_2, \ldots, \frac{x_r - x_r^0}{x_1 - x_1^0} = u_r,$$

où $u_2, u_3, \ldots, u_r$ ont des valeurs constantes quelconques, l'intersection de ces deux multiplicités est une nouvelle multiplicité à $n - r + 1$ dimensions M'_{n-r+1} dépendant de $r - 1$ paramètres $u_2, \ldots, u_r$, et inversement la multiplicité intégrale M_n est le lieu des multiplicités M'_{n-r+1} quand on fait varier de toutes les manières possibles les paramètres $u_2, \ldots, u_r$. Il suffira donc pour avoir M_n de déterminer les multiplicités M'_{n-r+1} pour tous les systèmes de valeurs des paramètres. Si l'on pose $x_1 = x_1^0 + u_1$, le long de M'_{n-r+1}, z est une fonction des variables $u_1, y_1, \ldots, y_m$ dont la dérivée par rapport à u_1 a pour expression

$$(40) \quad \frac{\partial z}{\partial u_1} = \frac{\partial z}{\partial x_1} + \frac{\partial z}{\partial x_2} u_2 + \ldots + \frac{\partial z}{\partial x_r} u_r = f_1 + u_2 f_2 + \ldots + u_r f_r,$$

et de plus cette fonction se réduit à $\varphi(y_1, \ldots, y_m)$ pour $u_1 = 0$. Ayant obtenu l'intégrale de l'équation (40) qui satisfait à cette condition,

$$(41) \quad z = F(u_1, u_2, \ldots, u_r; y_1, \ldots, y_m),$$

la multiplicité M'_{n-r+1} est représentée par l'ensemble des équations (39) et (41), et l'intégrale cherchée M_n s'obtiendra en éliminant les paramètres $u_2, \ldots, u_r$ entre ces équations, ce qui conduit bien à la règle précédente.

Remarque. — On peut vérifier directement le résultat comme il suit. Si l'on regarde $u_1, \ldots, u_r$ comme r nouvelles variables indépendantes, substituées à $x_1, \ldots, x_r$, le système S est remplacé par le système équivalent

$$(42) \quad \frac{\partial z}{\partial u_1} = f_1 + u_2 f_2 + \ldots + u_r f_r, \quad \frac{\partial z}{\partial u_2} = u_1 f_2, \ldots, \frac{\partial z}{\partial u_r} = u_1 f_r;$$

le système (37) étant complètement intégrable, il en est de même du système (42). Soit F l'intégrale de la première équation du nouveau système qui se réduit à $\varphi(y_1, \ldots, y_m)$ pour $u_1 = 0$. Pour prouver que F est aussi une intégrale des autres équations du système, il suffit, d'après le lemme du numéro précédent, de montrer que, si l'on remplace z par F dans $\frac{\partial z}{\partial u_i} - u_1 f_i$ ($i > 1$), le résultat obtenu Z_i est nul pour $u_1 = 0$. Or ce point est évident, puisque, pour $u_1 = 0$, F est une fonction $\varphi(y_1, \ldots, y_m)$ indépendante de u_i. On a donc bien $\frac{\partial F}{\partial u_i} = 0$ quand on suppose $u_1 = 0$.

8. Systèmes de Kœnig. — Les propriétés des systèmes complètement intégrables du premier ordre, à une seule fonction inconnue, s'étendent aisément à certains systèmes du premier ordre à plusieurs fonctions inconnues, étudiés par M. J. Kœnig ([1]). Soit S un système d'équations aux dérivées partielles du premier ordre entre p fonctions inconnues z_1, z_2. ..., z_p, et n variables indépendantes, pouvant être résolu par rapport aux rp dérivées partielles des inconnues par rapport à un groupe de r variables indépendantes x_1, .., x_r ; ce système est donc de la forme

$$(43) \quad \begin{cases} \dfrac{\partial z_1}{\partial x_1} = f_{11}, & \dfrac{\partial z_2}{\partial x_1} = f_{21}, & \ldots, & \dfrac{\partial z_p}{\partial x_1} = f_{p1}, \\[2ex] \dfrac{\partial z_1}{\partial x_2} = f_{12}, & \dfrac{\partial z_2}{\partial x_2} = f_{22}, & \ldots, & \dfrac{\partial z_p}{\partial x_2} = f_{p2}, \\[1ex] \ldots \ldots \ldots \ldots \ldots \ldots \\[1ex] \dfrac{\partial z_1}{\partial x_r} = f_{1r}, & \dfrac{\partial z_2}{\partial x_r} = f_{2r}, & .. , & \dfrac{\partial z_p}{\partial x_r} = f_{pr} ; \end{cases}$$

les fonctions f_{ik} dépendent des deux groupes de variables x_1, x_2, ..., x_r (*variables principales*), y_1, ..., y_m (*variables paramétriques*), des fonctions inconnues z_1, z_2, .. , z_p et des dérivées $q_{ik} = \dfrac{\partial z_i}{\partial y_k}$ qui ne figurent pas dans les premiers membres. Les dérivées $\dfrac{\partial z_i}{\partial x_k}$ sont encore les *dérivées principales*, et les dérivées q_{ik} les *dérivées paramétriques*. Remarquons que, s'il n'y a pas de variables paramétriques, le système (43) est en réalité un système d'équations aux différentielles totales, et toutes les propriétés des systèmes de Kœnig complètement intégrables s'appliquent, comme cas particulier, aux systèmes complètement intégrables d'équations aux différentielles totales (Chap. III).

Des équations (43) on peut déduire, par des différentiations répétées, toutes les dérivées $\dfrac{\partial^n z_i}{\partial x_k \partial y_1^{\alpha_1} \ldots \partial y_m^{\alpha_m}}$, où figure une seule variable principale, au moyen des variables, des fonctions inconnues et des dérivées où ne figurent que les variables paramétriques, et cela d'une seule façon. Mais on peut calculer de deux façons les dérivées $\dfrac{\partial^2 z_h}{\partial x_i \partial x_k}$ ($i \neq k$) ; si on obtient une expression unique pour chacune de ces dérivées, quel que soit l'ordre suivi dans le calcul, le système S est dit *complètement intégrable*. Ces conditions d'intégrabilité sont faciles à former, mais il est inutile, pour la suite, de les écrire. Remarquons seulement que, pour calculer les dérivées $\dfrac{\partial^2 z_h}{\partial x_i \partial y_l}$, $\dfrac{\partial^2 z_h}{\partial x_i \partial x_k}$, on ne se sert que des fonctions f_{1i}, ..., f_{pi}, f_{1k}. ..., f_{pk} qui figurent dans les lignes

<hr>

[1] *Mathematische Annalen*, t. XXIII.

de rang i et de rang k du tableau (43). Les conditions d'intégrabilité peuvent donc s'associer par groupes, les conditions d'un même groupe ne renfermant que les fonctions f_{ik} qui figurent dans deux lignes déterminées du tableau (43). Il en résulte immédiatement que si, dans un système complètement intégrable, on supprime du tableau (43) un certain nombre de lignes, les variables correspondantes x_i étant adjointes aux variables paramétriques, les équations restantes formeront encore un système complètement intégrable.

Le lemme du n° 5 peut aussi s'étendre à ces systèmes. Si, dans les différences $f_{ik} - \dfrac{\partial z_i}{\partial x_k}$ on remplace $z_1, z_2, \ldots, z_p$ par p fonctions quelconques de $x_1, \ldots, x_r, y_1, \ldots, y_m$, les pr fonctions ainsi obtenues Z_{ik} et leurs dérivées partielles du premier ordre vérifient un système d'équations linéaires et homogènes lorsque le système (43) est complètement intégrable. La différence $\dfrac{\partial Z_{hi}}{\partial x_k} - \dfrac{\partial Z_{hk}}{\partial x_i}$ est une fonction linéaire et homogène des fonctions $Z_{1i}, \ldots, Z_{pi}, Z_{1k}, \ldots, Z_{pk}$ et de leurs dérivées par rapport aux variables $y_1, y_2, \ldots, y_m$:

$$(44) \quad \frac{\partial Z_{hi}}{\partial x_k} - \frac{\partial Z_{hk}}{\partial x_i} = A_{1i}Z_{1i} + \ldots + A_{pi}Z_{pi} - A_{1k}Z_{1k} - \ldots - A_{pk}Z_{pk}$$

$$+ \sum_{j,\,l} B_{j,\,l} \frac{\partial Z_{ji}}{\partial y_l} + \sum_{j,\,l} C_{j,\,l} \frac{\partial Z_{jk}}{\partial y_l},$$

les coefficients A, B, C s'exprimant au moyen des dérivées partielles des diverses fonctions f_{ik} du tableau (43) des lignes de rang i ou de rang k, par rapport aux variables $y_1, \ldots, y_m, z_1, z_2, \ldots, z_p$.

Cela étant, le théorème d'existence du n° 5 se généralise comme il suit.

Théorème. — *Etant donné un système complètement intégrable de la forme* (43), *où les fonctions f_{ik} sont des fonctions holomorphes de leurs arguments dans le voisinage des valeurs*

$$x_1 = x_1{}^0, \ldots, x_r = x_r{}^0, \ y_1 = y_1{}^0, \ldots, y_m = y_m{}^0, \ z_1 = z_1{}^0, \ldots, z_p = z_p{}^0,$$
$$q_{ik} = q_{ik}{}^0,$$

soient $\varphi_1(y_1, \ldots, y_m), \varphi_2(y_1, \ldots, y_m), \ldots, \varphi_p(y_1, \ldots, y_m)$ p *fonctions des variables* $y_1, \ldots, y_m$, *holomorphes dans le domaine du point* $(y_1{}^0, \ldots, y_m{}^0)$, *telles que l'on ait, pour ce système de valeurs de* $y_1, y_2, \ldots, y_m$,

$$\varphi_1(y_1{}^0, \ldots, y_m{}^0) = z_1{}^0, \ldots, \varphi_p(y_1{}^0, \ldots, y_m{}^0) = z_p{}^0,$$
$$\left(\frac{\partial \varphi_i}{\partial y_k} \right)_0 = q_{ik}{}^0, \ (i = 1, 2, \ldots, p \,;\, k = 1, 2, \ldots, m).$$

Les équations (43) *admettent un système d'intégrales, et un seul,*

$$z_1 = \Phi_1(x_1, \ldots, x_r \,;\, y_1, \ldots, y_m), \ldots, z_p = \Phi_p(x_1, \ldots, y_m),$$

holomorphes dans le voisinage des valeurs $x_1^0, \ldots, x_r^0$; $y_1^0, \ldots, y_m^0$, *et se réduisant respectivement aux fonctions données* $\varphi_1, \varphi_2 \ldots, \varphi_p$, *quand on y fait* $x_1 = x_1^0, \ldots, x_r = x_r^0$.

La marche à suivre est tout à fait pareille à celle du n° 5. Soient
$$z_1 = \varphi_{11}(x_1; y_1, \ldots, y_m),\ z_2 = \varphi_{21}(x_1; y_1, \ldots, y_m), \ldots, z_p = \varphi_{p1}(x_1; y_1, \ldots, y_m)$$
les intégrales du système normal formé par les équations de la première ligne du système (43) où l'on a remplacé $x_2, \ldots, x_r$ par $x_2^0, \ldots, x_r^0$, qui se réduisent aux fonctions données $\varphi_1, \ldots, \varphi_p$ pour $x_1 = x_1^0$. Considérons ensuite le système formé par les équations de la seconde ligne du tableau (43), où l'on aurait remplacé x_3 par $x_3^0, \ldots, x_r$ par x_r^0,

$$\frac{\partial z_i}{\partial x_2} = f_{i2}(x_1, x_2, x_3^0, \ldots, x_r^0; y_1, \ldots), \qquad (i = 1, 2, \ldots, p),$$

et soient

$$z_1 = \varphi_{12}(x_1, x_2; y_1, \ldots, y_m), \quad \ldots \quad z_p = \varphi_{p2}(x_1, x_2; y_1, \ldots, y_m)$$

les intégrales de ce système normal qui se réduisent aux intégrales $\varphi_{11}, \varphi_{21}, \ldots, \varphi_{p1}$ du premier système pour $x_2 = x_2^0$. En continuant ainsi, on est ramené finalement à déterminer les intégrales du système normal formé par les équations de la dernière ligne du tableau (43) qui se réduisent, pour $x_r = x_r^0$, aux p intégrales
$$\varphi_{1,r-1}(x_1, x_2, \ldots, x_{r-1}; y_1, \ldots, y_m), \ldots \varphi_{p,r-1}(x_1, \ldots, x_{r-1}; y_1, \ldots y_m)$$
du dernier système intégré. Soient
$$z_1 = \Phi_1(x_1, \ldots, x_r; y_1, \ldots, y_m) \quad \ldots \quad z_p = \Phi_p(x_1, \ldots, x_r; y_1, \ldots, y_m)$$
ce système de fonctions, qui satisfait évidemment aux conditions initiales et aux équations de la dernière ligne du tableau (43). Soit Z_{ik} le résultat que l'on obtient en remplaçant $z_1, \ldots, z_p$ par ces p fonctions $\Phi_1, \ldots, \Phi_p$ dans la différence $f_{ik} - \dfrac{\partial z_i}{\partial x_k}$. Il s'agit de démontrer que toutes ces fonctions Z_{ik} sont identiquement nulles. Il en est ainsi de toutes les fonctions Z_{ik} où l'indice $k = r$. De plus, d'après la façon même de procéder, les fonctions Z_{ik}, où l'indice k est inférieur à r, sont nulles pour $x_{k+1} = x^0_{k+1}, \ldots, x_r = x_r^0$. Cela posé, pour démontrer que les fonctions $Z_{i,r-1}$ sont toutes nulles, faisons, dans l'identité (44), $k = r$, $i = r - 1$; nous voyons que les p fonctions $Z_{1,r-1}, \ldots, Z_{p,r-1}$ sont les intégrales d'un système normal linéaire de la forme

$$\frac{\partial Z_{h,r-1}}{\partial x_r} = \sum_i A_i Z_{i,r-1} + \sum_{i,l} B_{il} \frac{\partial Z_{i,r-1}}{\partial y_l},$$

$$h = 1, 2, \ldots, p ;$$

puisque toutes ces fonctions sont nulles pour $x_r = x_r^0$, elles sont nulles identiquement. Les fonctions $Z_{i,r}$ et $Z_{i,r-1}$ étant toutes nulles, on déduit de même des identités (44) que les fonctions $\dot{Z}_{h,r-2}$ vérifient un système d'équations linéaires simultanées

$$\frac{\partial Z_{h,r-2}}{\partial x_r} = \sum_i C_i Z_{i,r-2} + \sum_{i,l} D_{il} \frac{\partial Z_{i,r-2}}{\partial y_l} ,$$

$$\frac{\partial Z_{h,r-2}}{\partial x_{r-1}} = \sum_i C'_i Z_{i,r-2} + \sum_{i,l} D'_{il} \frac{\partial Z_{i,r-2}}{\partial y_l} ;$$

comme d'autre part ces fonctions s'annulent pour $x_r = x_r^0$, $x_{r-1} = x^0{}_{r-1}$, on en conclut, en raisonnant comme au n° 5, qu'elles sont nulles identiquement. En continuant ainsi, on démontrera de proche en proche que toutes les fonctions Z_{ik} sont nulles, et, par suite, les fonctions Φ_1, Φ_2, ..., Φ_p sont bien des intégrales du système (43). Ce sont les seules satisfaisant aux conditions initiales; le raisonnement prouve en effet que, si ces intégrales existent, le procédé qui a été suivi permettra certainement de les obtenir.

La résolution du problème de Cauchy pour un système complètement intégrable de la forme (43) exige donc, d'après la méthode précédente, la résolution du même problème pour r systèmes normaux du premier ordre, indépendants les uns des autres. La transformation de Mayer permet encore de remplacer ces intégrations successives par l'intégration d'un seul système de forme normale. Si l'on pose en effet, comme au n° 6,

$$x_1 = x_1^0 + u_1, \qquad x_2 = x_2^0 + u_1 u_2, \qquad \dots \qquad x_r = x_r^0 + u_1 u_r,$$

les intégrales cherchées z_1, z_2, ... z_p deviennent des fonctions de u_1, ..., u_r, y_1, ..., y_m, qui satisfont au système de forme normale

$$(45) \quad \begin{cases} \dfrac{\partial z_1}{\partial u_1} = f_{11} + f_{12} u_2 + \dots + f_{1r} u_r, \\[2mm] \dfrac{\partial z_2}{\partial u_1} = f_{21} + f_{22} u_2 + \dots + f_{2r} u_r. \\[2mm] \qquad \cdot \qquad \cdot \qquad \cdot \qquad \cdot \qquad \cdot \\[2mm] \dfrac{\partial z_p}{\partial u_1} = f_{p1} + f_{p2} u_2 + \dots + f_{pr} u_r, \end{cases}$$

et se réduisent respectivement à φ_1, φ_2, ..., φ_p pour $u_1 = 0$. Il suffira donc de résoudre le problème de Cauchy pour ce système (45).

9. Intégrales singulières. — Nous n'avons considéré jusqu'ici que les intégrales des équations aux dérivées partielles dont l'existence est démontrée par le théorème général de Cauchy. Il est naturel de se demander si ce sont les seules qui existent.

Considérons, pour fixer les idées, une équation du premier ordre entre z et n variables $x_1, x_2, ..., x_n$,

$$(46) \qquad F(z, x_1, x_2, ..., x_n, p_1, p_2, ..., p_n) = 0,$$

où l'on pose

$$p_i = \frac{\partial z}{\partial x_i},$$

et où F désigne un polynôme en $p_1, p_2, ..., p_n$, *indécomposable*. Soit

$$z = \Phi(x_1, x_2, ..., x_n)$$

une intégrale quelconque, régulière au voisinage du point x_1^0, x_2^0, ..., x_n^0, et soient $z^0, p_1^0, p_2^0, ..., p_n^0$ les valeurs de $z, p_1, p_2, ..., p_n$ pour $x_1 = x_1^0, ..., x_n = x_n^0$. Nous désignerons ce système de valeurs $x_1^0, x_2^0, ..., x_n^0$. $z^0, p_1^0, p_2^0, ..., p_n^0$ sous le nom d'*élément de l'intégrale*. Nous poserons en outre

$$Z = \frac{\partial F}{\partial z}, \qquad X_i = \frac{\partial F}{\partial x_i}, \qquad P_i = \frac{\partial F}{\partial p_i}.$$

Supposons $(P_1)_0 \lessgtr 0$: d'après le théorème général sur les fonctions implicites (Voir *Cours d'Analyse, tome I, page 479, 3e édit.*) on pourra résoudre l'équation (46) par rapport à p_1 et la mettre sous la forme

$$(47) \qquad p_1 = f(z, x_1, ..., x_n, p_2, ..., p_n),$$

la fonction f étant régulière dans le voisinage des valeurs z^0, x_i^0, p_k^0, et alors l'équation (47) admettra, d'après le théorème de Cauchy, une intégrale et *une seule*, holomorphe dans le domaine du point x_1^0, $x_2^0, ..., x_n^0$, qui pour $x_1 = x_1^0$ se réduise à $\Phi(x_1^0, x_2, x_3, ..., x_n)$. Cette intégrale sera nécessairement $\Phi(x_1, x_2, ..., x_n)$. Donc, dans ce cas, l'intégrale Φ est donnée par le théorème de Cauchy.

Si $(P_1)_0$ était nul, on chercherait un autre élément de l'intégrale pour lequel P_1 ne s'annulerait pas et, si on peut en trouver un, on pourra raisonner sur celui-là comme sur le précédent et, par conséquent, démontrer la proposition précédente. La méthode ne tomberait en défaut que si tous les éléments de l'intégrale Φ annulaient P_1, c'est-à-dire si l'intégrale Φ satisfaisait à l'équation aux dérivées partielles $P_1 = 0$. Mais alors, si on peut trouver une dérivée P_i telle que Φ ne satisfasse pas à l'équation $P_i = 0$, on prendra un élément de Φ pour lequel $(P_i)_0$ soit différent de 0, et en raisonnant avec x_i comme nous l'avons fait avec x_1, on prouvera que Φ est donné par le théorème de Cauchy.

On voit donc que la démonstration précédente ne tombe *réellement en défaut* que si la fonction Φ satisfait *à la fois* aux n équations aux dérivées partielles

$$P_1 = o, \qquad P_2 = o, \qquad \ldots, \qquad P_n = o.$$

Dérivons l'équation (46) par rapport à x_i : nous aurons une équation

$$X_i + Zp_i + P_1 \frac{\partial p_1}{\partial x_i} + \ldots + P_n \frac{\partial p_n}{\partial x_i} = o,$$

à laquelle devra satisfaire la fonction Φ, puisqu'elle satisfait à l'équation (46). D'ailleurs, si Φ satisfait aux équations $P_k = o$, cette équation se réduira à

$$X_i + Zp_i = o.$$

Donc, si la fonction Φ satisfait aux équations $F = o$ et $P_k = o$, elle satisfait au système des $2n + 1$ équations aux dérivées partielles du premier ordre suivant :

$$(48) \qquad \left\{ \begin{array}{l} F = o, \qquad P_i = o, \qquad X_i + Zp_i = o, \\ (i = 1, 2, \ldots, n). \end{array} \right.$$

Par définition, nous dirons qu'une intégrale $\Phi(x_1, x_2, \ldots, x_n)$ qui satisfait à toutes les équations (48) est une *intégrale singulière* de l'équation (46).

REMARQUE. — Nous avons spécifié que nous ne considérions qu'une équation $F = o$, *indécomposable*, car, dans d'autres cas, ce que nous venons de dire serait sujet à caution. Ainsi, étant donnée une équation de la forme

$$F = (H)^m = o,$$

où m est un nombre entier positif, on a

$$P_i = m(H)^{m-1} \frac{\partial H}{\partial p_i},$$

et, par suite, toute intégrale de l'équation $F = o$, c'est-à-dire $H = o$, annule P_i.

Si l'équation aux dérivées partielles n'était pas mise sous forme entière, il pourrait aussi arriver qu'il existe des intégrales telles que le premier membre cesse d'être holomorphe dans le voisinage de tout élément de l'intégrale. Nous en verrons des exemples plus loin. Pour éviter ces difficultés, nous supposerons, dans la recherche des solutions singulières, que l'équation a été mise sous forme entière.

Etant donnée une intégrale *non singulière* d'une équation aux dérivées partielles du premier ordre, il y a toujours une infinité d'intégrales de cette même équation *infiniment voisines* de l'intégrale considérée.

Soit

$$F(z, x_1, x_2, \ldots, x_n, p_1, p_2, \ldots, p_n) = 0$$

l'équation aux dérivées partielles et $z = \Phi(x_1, x_2, \ldots, x_n)$ une intégrale *non singulière* de cette équation. Prenons un élément $z^0, x_1^0, \ldots, x_n^0, p_1^0, \ldots, p_n^0$ de cette intégrale pour lequel P_1 ne soit pas nul et soit

$$\varphi(x_2, x_3, \ldots, x_n) = \Phi(x_1^0, x_2, \ldots, x_n).$$

Considérons ensuite une fonction $\psi(x_2, x_3, \ldots, x_n, a_1, a_2, \ldots, a_r)$ des variables $x_2, \ldots, x_n$ et de r paramètres $a_1, a_2, \ldots, a_r$, développable en série entière au voisinage du point $x_2^0, x_3^0, \ldots, x_n^0, a_1^0, a_2^0, \ldots, a_r^0$, et se réduisant à $\varphi(x_2, x_3, \ldots, x_n)$ pour $a_1 = a_1^0, \ldots, a_r = a_r^0$. Il est facile de construire une telle fonction ; il suffit pour cela d'ajouter à φ un développement convergent quelconque qui s'annule pour $a_i = a_i^0$. D'après le théorème de Cauchy, il existe une intégrale Ψ dépendant des paramètres $a_1, a_2, \ldots, a_r$, holomorphe au voisinage du point $x_1^0, x_2^0, \ldots, x_n^0, a_1^0, \ldots, a_r^0$, et qui se réduit à $\psi(x_2, \ldots, x_n, a_1, \ldots, a_r)$ pour $x_1 = x_1^0$. Cette intégrale se réduira manifestement à $\Phi(x_1, x_2, \ldots, x_n)$ pour $a_1 = a_1^0, \ldots, a_r = a_r^0$ et, puisqu'elle est holomorphe, on pourra déterminer un nombre positif ρ tel que, pour toutes les valeurs de $a_1, a_2, \ldots, a_r$ telles que

$$|a_i - a_i^0| < \rho,$$

on ait

$$|\Phi - \Psi| < \alpha,$$

pour les valeurs de $x_1, x_2, \ldots, x_n$ suffisamment voisines de $x_1^0, \ldots, x_n^0$, α étant un nombre donné à l'avance : c'est ce que nous exprimons en disant que l'intégrale Ψ est *infiniment voisine* de Φ. Cette propriété appartient à toutes les intégrales non singulières ; donc, si une intégrale est telle qu'il n'existe pas d'intégrale infiniment voisine d'elle, cette intégrale sera nécessairement singulière.

Dans certaines questions sur les équations aux dérivées partielles du premier ordre, en particulier dans les méthodes de Jacobi, il y a souvent avantage à ce que ces équations ne contiennent pas explicitement la fonction inconnue, mais seulement ses dérivées. Voici l'artifice qu'on emploie pour la faire disparaître.

Soit l'équation du premier ordre

$$(49) \qquad F(x_1, x_2, \ldots, x_n, z, p_1, \ldots, p_n) = 0 ;$$

trouver une intégrale de cette équation, cela revient à trouver une fonction $V(z, x_1, \ldots, x_n)$ telle que la fonction z définie par la relation

$$(50) \qquad V(z, x_1, x_2, \ldots, x_n) = 0$$

satisfasse à l'équation (49). Les dérivées partielles de z seront alors données par les formules

$$\frac{\partial V}{\partial x_i} + \frac{\partial V}{\partial z} p_i = 0, \qquad (i = 1, 2, \ldots, n),$$

c'est-à-dire

$$p_i = -\frac{\dfrac{\partial V}{\partial x_i}}{\dfrac{\partial V}{\partial z}}.$$

La fonction V des $(n+1)$ variables $z, x_1, x_2, \ldots, x_n$ devra satisfaire à l'équation

$$(51) \qquad F\left(x_1, x_2, \ldots, x_n, z, -\frac{\dfrac{\partial V}{\partial x_1}}{\dfrac{\partial V}{\partial z}}, \ldots, -\frac{\dfrac{\partial V}{\partial x_n}}{\dfrac{\partial V}{\partial z}} \right) = 0$$

Soit V une intégrale de l'équation (51) ; on voit que l'équation $V = 0$ donnera une intégrale de l'équation (49) ; mais rien ne prouve que ce procédé nous donnera *toutes* les intégrales de l'équation (49), car il n'est pas nécessaire que la fonction V satisfasse *identiquement* à l'équation (51) ; il suffit qu'elle vérifie cette équation pour toutes les valeurs de $z, x_1, x_2, ..., x_n$ liées par la relation (50). Nous allons montrer, effectivement, que ce procédé nous donne toutes les intégrales *non singulières* de (49); mais il ne donne pas en général les intégrales *singulières*. En vertu du théorème démontré tout à l'heure, toute intégrale non singulière appartient à une famille d'intégrales de l'équation (49) qui peut dépendre d'autant de paramètres arbitraires qu'on voudra, en particulier à une famille dépendant d'un seul paramètre a. Soit

$$V(z, x_1, x_2, ..., x_n) = a$$

cette famille. L'équation (51) devra être vérifiée quel que soit le paramètre a, en tenant compte de la relation précédente, et, comme cette équation (51) ne contient pas a, il est clair qu'elle devra être vérifiée identiquement.

D'un autre côté, si V est une intégrale de l'équation (51), il en sera de même de $V + C$, où C est une constante quelconque, de sorte que toute intégrale de l'équation (49) obtenue de cette façon sera nécessairement comprise dans une intégrale dépendant d'un paramètre arbitraire,

$$V + C = 0.$$

CHAPITRE II

ÉQUATIONS LINÉAIRES. SYSTÈMES COMPLETS

Le but essentiel de cet Ouvrage est de faire connaître les différentes méthodes à l'aide desquelles on a ramené l'intégration d'une
équation, ou d'un système d'équations aux dérivées partielles du
premier ordre à une seule fonction inconnue, à l'intégration d'un
ou de plusieurs systèmes d'équations différentielles ordinaires, à
une seule variable indépendante. Comme dans le premier chapitre,
nous ne nous occuperons que des équations dont le premier membre est une fonction analytique de ses arguments, et des intégrales
analytiques. Certains résultats s'étendent d'ailleurs sans difficulté
aux intégrales non analytiques. Le lecteur s'en apercevra aisément
de lui-même, sans qu'il soit utile d'appeler chaque fois son atten-
tion sur ce point.

Nous étudierons d'abord les équations linéaires et les systèmes
d'équations linéaires. Cette théorie est due, dans ses traits essentiels, à Lagrange [1] ; elle a été complétée par Cauchy [2] et par
Jacobi [3].

10. Equations homogènes. Intégrales principales. —
D'après un théorème classique de la théorie des équations différentielles, l'intégration de l'équation aux dérivées partielles

$$(1) \qquad A_1 \frac{\partial f}{\partial x_1} + A_2 \frac{\partial f}{\partial x_2} + \ldots + A_n \frac{\partial f}{\partial x_n} = 0,$$

dont les coefficients A_1, A_2, ..., A_n ne dépendent que des variables

[1] *Théorie des fonctions analytiques et Leçons sur le calcul des fonctions.*
[2] *Comptes rendus*, t. XV (1842).
[3] *Journal de Crelle*. Bd. II et XXIII. *Gesammelte Werke.*, Bd. IV.

$x_1, x_2, \ldots, x_n$, et l'intégration du système d'équations différentielles

$$(2) \qquad \frac{dx_1}{A_1} = \frac{dx_2}{A_2} = \ldots = \frac{dx_n}{A_n}$$

sont deux problèmes équivalents. Je rappellerai seulement comment ces deux problèmes se ramènent l'un à l'autre [1].

Si $f(x_1, x_2, \ldots x_n)$ est une intégrale de l'équation (1), cette fonction se réduit à une constante, quand on y remplace $x_1, x_2, \ldots, x_n$
par des fonctions d'une variable indépendante satisfaisant aux
équations (2) ; et inversement, toute fonction $f(x_1, x_2, \ldots, x_n)$ qui
possède cette dernière propriété est une intégrale [2] de l'équation (1). La relation $f = C$ est alors une *intégrale première* du
système (2). Pour abréger le langage, nous dirons désormais, en
suivant l'exemple de Poincaré, que la fonction f est une *intégrale*
du système (2), et nous dirons qu'un système de n fonctions d'une
variable indépendante t

$$x_1 = \varphi_1(t), \qquad x_2 = \varphi_2(t), \qquad \ldots, \qquad x_n = \varphi_n(t),$$

satisfaisant à ces équations (2), est une *solution* de ce système.

Connaissant $n - 1$ intégrales distinctes $f_1, f_2, \ldots, f_{n-1}$ des
équations (2), l'intégrale générale de l'équation aux dérivées partielles proposée (1) est

$$(3) \qquad f = \Pi(f_1, f_2, \ldots, f_{n-1}),$$

Π désignant une fonction arbitraire.

Supposons que les coefficients $A_1, A_2, \ldots, A_n$ soient holomorphes
dans le domaine du point $(x_1^0, x_2^0, \ldots, x_n^0)$, et que l'un au moins,
A_1 par exemple, ne soit pas nul pour ce système de valeurs. On
peut alors écrire l'équation (1)

$$(1)' \qquad \frac{\partial f}{\partial x_1} = - \frac{A_2}{A_1} \frac{\partial f}{\partial x_2} - \ldots - \frac{A_n}{A_1} \frac{\partial f}{\partial x_n} ;$$

[1] Pour les démonstrations, voir, par exemple, mon *Cours d'Analyse,
tome II, pages 389-392 (3ᵉ édit.)*.

[2] On laisse de côté dans cet énoncé les solutions singulières du système (2),
c'est-à-dire celles dont tous les éléments annulent les n coefficients $A_1, A_2, \ldots,$
A_n, ou qui sont telles que l'un au moins de ces coefficients ne soit pas holomorphe dans le voisinage d'un élément quelconque de cette intégrale. De
telles intégrales, s'il en existe, ne sont pas en général comprises dans les formules qui représentent l'intégrale générale.

d'après le théorème général de Cauchy (n° **1**), cette équation admet une intégrale holomorphe dans le domaine du point $(x_1^0, x_2^0, ..., x_n^0)$, se réduisant, quand on y remplace x_1 par x_1^0, à une fonction arbitraire $\varphi(x_2, ..., x_n)$, pourvu que cette fonction soit elle-même holomorphe dans le domaine du point $(x_2^0, ..., x_n^0)$. En particulier, elle admet $n - 1$ intégrales $F_2, ..., F_n$ se réduisant respectivement à $x_2, x_3, ..., x_n$ pour $x_1 = x_1^0$. Ces intégrales, déjà considérées par Cauchy, ont été appelées par Sophus Lie les *intégrales principales*, relatives à ce système de valeurs initiales. Connaissant les intégrales principales, on a immédiatement l'intégrale $\varphi(F_2, F_3, ..., F_n)$ qui se réduit à $\varphi(x_2, x_3, ..., x_n)$ quand on y fait $x_1 = x_1^0$.

Si l'on connaît l'intégrale générale du système (2), les intégrales principales s'obtiennent comme il suit. Écrivons ce système sous la forme équivalente

$$(2)' \qquad \frac{dx_2}{dx_1} = \frac{A_2}{A_1}, \; ..., \; \frac{dx_n}{dx_1} = \frac{A_n}{A_1},$$

et soient

$$x_2 = \varphi_2(x_1, C_2, ..., C_n), \; ..., \; x_n = \varphi_n(x_1, C_2, ..., C_n)$$

les solutions de ce système prenant respectivement les valeurs C_2, ..., C_n pour $x_1 = x_1^0$. Ces solutions sont des fonctions holomorphes de $x_1, C_1, ..., C_n$, pourvu que les modules $|x_1 - x_1^0|, |C_2 - x_2^0|$, ..., $|C_n - x_n^0|$ soient assez petits, et peuvent être développées en séries convergentes ordonnées suivant les puissances de $(x_1 - x_1^0)$, $(C_2 - x_2^0), ..., (C_n - x_n^0)$:

$$x_i = C_i + (x_1 - x_1^0)P_i(x_1, C_2, ..., C_n), \qquad (i = 2, 3, ..., n)$$

les P_i étant des fonctions holomorphes des variables $x_1, C_2, ..., C_n$ dans le même domaine. En résolvant ces $n - 1$ équations par rapport à $C_2, ..., C_n$, on obtient $n - 1$ intégrales du système (2) :

$$C_i = x_i + (x_1 - x_1^0)Q_i(x_1, x_2, ..., x_n), \qquad (i = 2, 3, ..., n),$$

car on peut évidemment échanger (¹) les valeurs initiales $(x_1^0, C_2, ..., C_n)$, et un autre système de valeurs quelconques $(x_1, x_2, ..., x_n)$

______

(¹) *Cours d'Analyse, tome II, pages 369-373 (3ᵉ édit.).*

des solutions du système (2). Ce sont les intégrales principales relatives à ce point.

Plus généralement, soit $f_1, f_2, ..., f_{n-1}$ un système de $n-1$ intégrales distinctes de l'équation (1). Les équations

$$f_i = f_i(x_1^0, u_2, ..., u_n), \quad (i = 1, 2, ..., n-1),$$

où l'on regarde $u_2, ..., u_n$ comme les inconnues, admettent un système de racines prenant les valeurs $x_2, ..., x_n$ pour $x_1 = x_1^0$, et ces racines ne dépendent que de $f_1, ..., f_{n-1}$ et de la constante x_1^0. Ce sont donc les intégrales principales.

REMARQUE. — Le raisonnement suppose que le jacobien

$$\frac{D(f_1, f_2, ..., f_{n-1})}{D(x_2, ..., x_n)}$$

n'est pas identiquement nul ; mais cela ne peut avoir lieu si le coefficient A_1 est différent de zéro. En effet, si ce jacobien était nul identiquement, on aurait une relation de la forme

$$F(x_1, f_1, ..., f_{n-1}) = U(x_1, ..., x_n) = 0,$$

où la fonction F contient nécessairement x_1. On aurait donc

$$A_1 \frac{\partial U}{\partial x_1} + A_2 \frac{\partial U}{\partial x_2} + ... + A_n \frac{\partial U}{\partial x_n} = 0,$$

relation qui se réduit à $A_1 \dfrac{\partial F}{\partial x_1} = 0$, en tenant compte de ce que $f_1, ...,$ f_{n-1} sont des intégrales de l'équation (1). On devrait avoir aussi $\dfrac{\partial F}{\partial x_1} = 0$, et les intégrales $f_1, ..., f_{n-1}$ ne seraient pas indépendantes.

11. Equations linéaires de forme générale. — Prenons maintenant une équation linéaire quelconque

$$(4) \qquad P_1 \frac{\partial z}{\partial x_1} + P_2 \frac{\partial z}{\partial x_2} + ... + P_n \frac{\partial z}{\partial x_n} - R = 0,$$

où $P_1, ..., P_n$, R sont des fonctions des variables indépendantes $x_1, x_2, ..., x_n$ et de la fonction inconnue z. Toute intégrale *non singulière* de cette équation est comprise (n° **9**) dans une famille d'intégrales dépendant d'une constante arbitraire C, définies par une relation de la forme

$$(5) \qquad V(x_1, x_2, ..., x_n, z) = C.$$

En appliquant à l'équation (4) la transformation du n° **9**, nous voyons que la fonction V doit être une intégrale de l'équation homogène

$$(6) \qquad P_1 \frac{\partial V}{\partial x_1} + \ldots + P_n \frac{\partial V}{\partial x_n} + R \frac{\partial V}{\partial z} = 0,$$

et cette relation doit être une identité, puisque le premier membre ne contient pas la constante C. On est donc ramené à l'intégration de l'équation (6) ; ce qui conduit à la règle suivante :

Soient u_1, u_2, ..., u_n, *n intégrales distinctes du système*

$$(7) \qquad \frac{dx_1}{P_1} = \frac{dx_2}{P_2} = \ldots = \frac{dx_n}{P_n} = \frac{dz}{R} \, ;$$

l'intégrale générale de l'équation (4) *s'obtient en établissant une relation de forme arbitraire*

$$(8) \qquad \Phi(u_1, u_2, \ldots, u_n) = 0,$$

entre ces n fonctions u_1, u_2, ... u_n.

Cette conclusion ne s'applique pas aux intégrales singulières de l'équation (4), s'il en existe. Soient $(x_1^0, x_2^0, \ldots, x_n^0, z^0)$ les coordonnées d'un point quelconque d'une intégrale singulière. Si les coefficients P_1, ..., P_n, R sont holomorphes dans le domaine de ce point, on a vu plus haut (n° **9**) que les coordonnées de ce point doivent aussi satisfaire aux n relations obtenues en égalant à zéro les dérivées partielles du premier membre par rapport à p_1, p_2, ..., p_n, c'est-à-dire aux relations

$$P_1 = 0, \ldots, P_n = 0,$$

et par suite aussi à la relation $R = 0$. Les coefficients P_i, R seraient alors divisibles par un facteur commun, et il est clair qu'en égalant ce facteur à zéro, on aurait une intégrale de l'équation (4). Ce cas banal n'offre pas d'intérêt, mais il existe aussi quelquefois d'autres intégrales non comprises dans l'intégrale générale. Il peut arriver en effet que l'un au moins des coefficients P_i, R ne soit pas holomorphe dans le voisinage d'un point quelconque de l'intégrale. Il est évident que les raisonnements précédents ne s'appliquent pas à ces intégrales, sur lesquelles on reviendra au paragraphe suivant.

On peut arriver à la même conclusion d'une façon plus directe. Pour établir qu'une intégrale z de l'équation (4) est représentée par une relation de la forme (8), il suffit de montrer que, quand on remplace z par cette intégrale dans les n fonctions u_1, ..., u_n, les n fonctions obtenues U_1, ..., U_n des variables x_1, ..., x_n sont liées par une relation, ou que le jacobien

$$\frac{D(U_1, U_2, ..., U_n)}{D(x_1, x_2, ..., x_n)}$$

est identiquement nul. Calculons ce jacobien

$$\Delta = \begin{vmatrix} \frac{\partial u_1}{\partial x_1} + p_1 \frac{\partial u_1}{\partial z} & \frac{\partial u_1}{\partial x_2} + p_2 \frac{\partial u_1}{\partial z} & \cdots & \frac{\partial u_1}{\partial x_n} + p_n \frac{\partial u_1}{\partial z} \\ \cdots & \cdots & \cdots & \cdots \\ \frac{\partial u_n}{\partial x_1} + p_1 \frac{\partial u_n}{\partial z} & \cdots & \cdots & \frac{\partial u_n}{\partial x_n} + p_n \frac{\partial u_n}{\partial z} \end{vmatrix}, \qquad p_i = \frac{\partial z}{\partial x_i}.$$

Le développement de ce déterminant donne, en tenant compte des déterminants partiels qui ont deux colonnes identiques,

$$\Delta = \frac{D(u_1, u_2, ..., u_n)}{D(x_1, x_2, ..., x_n)} + \sum_{i=1}^{i=n} p_i \frac{D(u_1, u_2, ..., u_n)}{D(x_1, ..., x_{i-1}, z, x_{i+1}, ..., x_n)},$$

Mais, u_1, u_2, ..., u_n étant n intégrales premières du système (7), on a

$$P_1 \frac{\partial u_i}{\partial x_1} + P_2 \frac{\partial u_i}{\partial x_2} + \ldots + P_n \frac{\partial u_i}{\partial x_n} + R \frac{\partial u_i}{\partial z} = 0 \qquad (i = 1, 2, ..., n),$$

et l'on en tire, d'après la théorie des équations linéaires et homogènes,

$$\frac{R}{\dfrac{D(u_1, u_2, ..., u_n)}{D(x_1, x_2, ..., x_n)}} = \frac{-P_i}{\dfrac{D(u_1, u_2, ..., u_n)}{D(x_1, ..., x_{i-1}, z, x_{i+1}, ..., x_n)}} = M,$$

$$(i = 1, 2, ..., n),$$

M étant une fonction de x_1, x_2, ..., x_n, z, que l'on peut toujours calculer quand on connaît les intégrales premières u_1, u_2, ..., u_n. En portant les valeurs des déterminants déduites des équations précédentes dans la relation qui donne Δ, il vient

$$M\Delta = R - P_1 p_1 - P_2 p_2 - \ldots - P_n p_n.$$

Si z est une intégrale de l'équation (4), le second membre est nul, et par suite cette intégrale satisfait à l'une des deux conditions $\Delta = 0$, ou $M = 0$. Dans le premier cas, comme nous venons de le démontrer, cette intégrale est définie par une relation de la forme (8). Quant à la relation $M = 0$, elle ne peut définir qu'une ou plusieurs fonctions implicites parfaitement déterminées. On voit donc qu'en dehors de certaines intégrales exceptionnelles, ne dépendant d'aucune constante arbitraire, toutes les intégrales de l'équation (4) satisfont à une relation de la forme (8).

Pour voir si une intégrale peut satisfaire à la relation $M = 0$, considérons un point quelconque de cette intégrale $(x_1^0, x_2^0, ..., x_n^0, z^0)$ et supposons que tous les coefficients P_1, P_2, ..., P_n, R sont holomorphes dans le voisinage de ce système de valeurs sans être nuls à la fois pour $x_i = x_i^0$, $z = z^0$. Admettons par exemple que P_1 n'est pas nul pour ce système de valeurs. On peut alors résoudre l'équation (6) par rapport à $\dfrac{\partial V}{\partial x_1}$, et, en appliquant les théorèmes de Cauchy, on voit que l'on peut prendre pour u_1, u_2, ..., u_n des fonctions holomorphes dans le domaine de ce système de valeurs. Or de l'une des équations précédentes on tire

$$- P_1 = M \frac{D(u_1, u_2, ..., u_n)}{D(z, x_2, ..., x_n)} ;$$

le déterminant qui est au second membre étant holomorphe, et P_1 n'étant pas nul pour $x_i = x_i^0$, $z = z^0$, il s'ensuit que ce système de valeurs ne peut annuler M. Comme le point $(x_1^0, ..., x_n^0, z^0)$ est un point quelconque de l'intégrale considérée, on voit qu'il ne peut exister d'intégrale satisfaisant à la relation $M = 0$ que dans les deux cas suivants :

1^0 Il existe une fonction $V(x_1, x_2, ..., x_n, z)$ telle que tout système de valeurs des variables x_i, z, annulant la fonction V, annule aussi P_1, P_2, ..., P_n et R. Tous ces coefficients sont alors divisibles par un même facteur, et il est clair qu'en égalant ce facteur à zéro, l'on obtient une intégrale.

2^0 Le raisonnement serait encore en défaut si l'intégrale définie par la relation $V = 0$ était telle que, dans le voisinage de tout système de valeurs satisfaisant à cette relation, quelques-uns des coefficients P_i, R cessaient d'être holomorphes. On retrouve bien les mêmes conclusions que par la première méthode.

12. Caractéristiques. — Considérons en particulier une équation à deux variables indépendantes

$$(9) \qquad Pp + Qq = R, \qquad p = \frac{\partial z}{\partial x}, \; q = \frac{\partial z}{\partial y},$$

où P, Q, R dépendent des variables x et y et de la fonction inconnue z. Soit $f(x, y)$ une intégrale ; l'équation $z = f(x, y)$ représente une *surface intégrale*, et la relation (9) exprime que *le plan tangent à une surface intégrale en un point (x, y, z) de cette surface contient la droite D, passant par ce point, et qui a pour équations*

$$(10) \qquad \frac{X - x}{P} = \frac{Y - y}{Q} = \frac{Z - z}{R}.$$

A chaque point (x, y, z) de l'espace l'équation (9) fait correspondre une droite D passant par ce point. On appelle *courbes caractéristiques* les courbes de l'espace qui, en chacun de leurs points, sont tangentes à la droite D correspondante.

Toute surface intégrale est un lieu de courbes caractéristiques. En effet, en chaque point d'une surface intégrale S, la droite D qui passe par ce point est située dans le plan tangent à la surface. Les courbes situées sur S qui sont tangentes en chacun de leurs points à la droite D correspondante sont donc déterminées par l'intégration d'une équation différentielle du premier ordre, de telle sorte qu'il passe une de ces courbes (et une seule en général) par un point quelconque de cette surface, ce qui démontre la proposition énoncée.

Inversement, toute surface engendrée par des courbes caractéristiques est une surface intégrale. Il est évident en effet que le plan tangent en un point quelconque M de cette surface contient la tangente à la caractéristique située sur la surface passant par M, c'est-à-dire la droite D qui correspond à ce point.

Sur une caractéristique, les paramètres directeurs de la tangente, dx, dy, dz, sont proportionnels à P, Q, R ; ces courbes sont donc définies par le système d'équations différentielles

$$(11) \qquad \frac{dx}{P} = \frac{dy}{Q} = \frac{dz}{R}.$$

Soient $u(x, y, z)$ et $v(x, y, z)$ deux intégrales distinctes de ce système ; les équations générales des caractéristiques sont alors

$$(12) \qquad u(x, y, z) = a, \qquad v(x, y, z) = b,$$

a et b étant deux constantes arbitraires, et toute surface engendrée par des caractéristiques est représentée par une équation de la forme

$$(13) \qquad \Phi(u, v) = 0,$$

où la fonction Φ est arbitraire. C'est bien le résultat qui a été obtenu analytiquement.

Ce résultat s'étend aisément au cas général, en employant le langage de l'hypergéométrie. Considérant $x_1, x_2, \ldots, x_n, z$ comme les coordonnées d'un point dans l'espace à $(n + 1)$ dimensions, nous appellerons *multiplicité intégrale* de l'équation (4) toute multiplicité M_n à n dimensions définie par une équation

$$z = F(x_1, x_2, \ldots, x_n),$$

où F est une intégrale de l'équation (4). Nous dirons de même que les multiplicités à une dimension représentées par le système d'équations

$$(14) \qquad u_1 = a_1, \qquad u_2 = a_2, \qquad \ldots, \qquad u_n = a_n,$$

où $u_1, u_2, \ldots, u_n$ sont n intégrales distinctes du système (7), $a_1, a_2, \ldots, a_n$ des constantes arbitraires, sont les *multiplicités caractéristiques*, ou plus simplement les *caractéristiques* de l'équation (4). Le résultat obtenu au n° précédent peut alors s'énoncer ainsi : *Toute multiplicité intégrale de l'équation* (4) *est un lieu de caractéristiques associées suivant une loi arbitraire.*

Il serait du reste bien aisé d'étendre à l'espace à un nombre quelconque de dimensions le raisonnement géométrique fait pour l'espace à trois dimensions, en généralisant d'abord les notions de plan tangent à une multiplicité à n dimensions et de tangente à une courbe. Nous laisserons au lecteur le soin de développer cette extension facile.

Les caractéristiques d'une équation linéaire à n variables indépendantes forment, dans l'espace à $(n + 1)$ dimensions, une famille de multiplicités à une dimension, dépendant de n constantes arbitraires. Inversement, toute famille de multiplicités à une dimension, dépendant de n constantes arbitraires, de telle façon qu'il en passe une par chaque point de l'espace, est formée par les caractéristiques d'une équation linéaire aux dérivées partielles du premier ordre. Considérons en effet une famille de multiplicités définies par les équations (14), où u_1, u_2, ..., u_n sont n fonctions distinctes quelconques de x_1, ..., x_n, z. Toute fonction $z = F(x_1, x_2, ..., x_n)$ définie par une relation de la forme

$$\Phi(u_1, u_2, ..., u_n) = 0,$$

où Φ est une fonction arbitraire, satisfait évidemment aux n relations

$$\frac{\partial\Phi}{\partial u_1}\frac{du_1}{dx_1} + \frac{\partial\Phi}{\partial u_2}\frac{du_2}{dx_1} + \cdots + \frac{\partial\Phi}{\partial u_n}\frac{du_n}{dx_1} = 0,$$

$$\frac{\partial\Phi}{\partial u_1}\frac{du_1}{dx_2} + \frac{\partial\Phi}{\partial u_2}\frac{du_2}{dx_2} + \cdots + \frac{\partial\Phi}{\partial u_n}\frac{du_n}{dx_2} = 0,$$

$$\cdots\cdots\cdots\cdots\cdots\cdots\cdots\cdots\cdots\cdots\cdots$$

$$\frac{\partial\Phi}{\partial u_1}\frac{du_1}{dx_n} + \frac{\partial\Phi}{\partial u_2}\frac{du_2}{dx_n} + \cdots + \frac{\partial\Phi}{\partial u_n}\frac{du_n}{dx_n} = 0,$$

où l'on a posé

$$\frac{du_k}{dx_i} = \frac{\partial u_k}{\partial x_i} + \frac{\partial u_k}{\partial z}p_i. \qquad (i, k = 1, 2, ..., n)$$

et par suite à l'équation aux dérivées partielles

$$\begin{vmatrix} \dfrac{du_1}{dx_1} & \dfrac{du_2}{dx_1} & \cdots & \dfrac{du_n}{dx_1} \\ \dfrac{du_1}{dx_2} & \dfrac{du_2}{dx_2} & \cdots & \dfrac{du_n}{dx_2} \\ \cdots & \cdots & \cdots & \cdots \\ \dfrac{du_1}{dx_n} & \dfrac{du_2}{dx_n} & \cdots & \dfrac{du_n}{dx_n} \end{vmatrix} = 0,$$

qui devient, en développant le déterminant et tenant compte des déterminants partiels nuls comme ayant deux lignes identiques,

$$\frac{D(u_1, u_2, ..., u_n)}{D(x_1, x_2, ..., x_n)} + \frac{D(u_1, u_2, ..., u_n)}{D(z, x_2, ..., x_n)}p_1 + \cdots + \frac{D(u_1, ..., u_n)}{D(x_1, ..., x_{n-1}, z)}p_n = 0.$$

On vérifie immédiatement que les équations (14) représentent bien les caractéristiques de cette équation, car la transformation du n° **9** conduit à l'équation en V

$$(15) \qquad \frac{D(V, u_1, \ldots, u_n)}{D(z, x_1, \ldots, x_n)} = 0,$$

dont l'intégrale générale est une fonction arbitraire de $u_1, u_2, \ldots, u_n$.

Si l'on a une famille à n paramètres de multiplicités C_1 à une dimension, telles qu'il en passe m par tout point de l'espace $(m > 1)$, les multiplicités à n dimensions engendrées par les multiplicités C_1 sont encore des intégrales d'une équation aux dérivées partielles du premier ordre, se décomposant en m équations linéaires, qu'il est en général impossible de séparer analytiquement. Nous raisonnerons, pour plus de clarté, en restant dans l'espace à trois dimensions. Considérons une congruence de courbes définie par deux équations de forme quelconque

$$(16) \qquad U(x, y, z, a, b) = 0, \qquad V(x, y, z, a, b) = 0.$$

Si l'on établit entre les deux paramètres a et b une relation de forme arbitraire $\varphi(a, b) = 0$, on aura l'équation d'une surface S engendrée par les courbes Γ de la congruence en éliminant a et b entre les équations (16) et la relation $\varphi = 0$. Toutes ces surfaces satisfont encore, quelle que soit la fonction φ, à une même équation aux dérivées partielles du premier ordre. Pour obtenir cette équation, on peut procéder comme il suit. Les trois équations

$$(17 \qquad U = 0, \qquad V = 0, \qquad \varphi(a, b) = 0$$

définissent trois fonctions implicites z, a, b, des variables indépendantes x et y, et, la dernière ne renfermant que a et b, on a par conséquent

$$(18) \qquad \frac{D(a, b)}{D(x, y)} = 0.$$

D'autre part, si l'on différentie les deux premières équations (16). par rapport à x et à y, on peut déduire des relations obtenues les expressions de $\dfrac{\partial a}{\partial x}$, $\dfrac{\partial b}{\partial x}$, $\dfrac{\partial a}{\partial y}$, $\dfrac{\partial b}{\partial y}$ au moyen de x, y, z, p, q, a, b, et, en remplaçant ces dérivées par leurs valeurs dans le déterminant (18), on arrive à une nouvelle relation

$$\Phi(x, y, z, p, q, a, b) = 0.$$

Il n'y aura plus qu'à éliminer a et b entre cette relation et les deux relations (16) pour parvenir à une équation ne renfermant que x, y, z, p, q,

$$(19) \qquad F(x, y, z, p, q) = 0,$$

et qui s'applique à toutes les surfaces engendrées par les courbes de la congruence. Il serait aisé de vérifier, d'après la façon même dont cette équation a été obtenue, qu'elle se décompose en un système d'équations linéaires en p et q; mais cela résulte aussi de sa signification. Supposons, pour fixer les idées, que par un point M de l'espace il passe m courbes de la congruence, et soient D_1, D_2, ..., D_m les m tangentes à ces courbes au point M. Toute surface engendrée par les courbes de la congruence et passant au point M doit contenir une des m courbes de cette congruence qui passent au point M, et par conséquent le plan tangent au point M doit passer par une des droites D_1, D_2, ..., D_m. Soient P_i, Q_i, R_i les paramètres directeurs de la droite D_i. Toute surface engendrée par les courbes de la congruence doit donc satisfaire à l'une des m équations

$$(20) \qquad E_i = P_i p + Q_i q - R_i = 0 \qquad (i = 1, 2, ..., m),$$

et le premier membre de l'équation (19) est identique à un facteur près, indépendant de p et de q, au produit des m facteurs linéaires E_1, E_2, ..., E_m. Remarquons d'ailleurs qu'il sera impossible en général de séparer analytiquement ces m facteurs.

Certains problèmes de géométrie peuvent également conduire à des équations aux dérivées partielles du premier ordre qui se décomposent en un produit de facteurs linéaires. Prenons, par exemple, le problème des trajectoires orthogonales, en considérant une famille de surfaces, dont l'équation $F(x, y, z, C) = 0$ renferme le paramètre arbitraire C au degré m. Pour obtenir l'équation aux dérivées partielles des surfaces qui les coupent orthogonalement, il faut éliminer C entre la relation $F = 0$ et la condition d'orthogonalité

$$p \frac{\partial F}{\partial x} + q \frac{\partial F}{\partial y} - \frac{\partial F}{\partial z} = 0.$$

Par un point M de l'espace il passe, par hypothèse, m surfaces de la famille considérée; soient D_1, D_2, ..., D_m les normales à ces m surfaces. Le plan tangent à une surface orthogonale passant en M doit renfermer une de ces droites; l'équation aux dérivées partielles se décompose donc en un système de m équations linéaires en p et q.

Inversement toute équation de cette espèce fait correspondre à chaque point de l'espace m droites D_1, D_2, ..., D_m, et elle exprime que le plan tangent à une surface intégrale renferme une de ces droites. Si nous appelons *caractéristique* toute courbe telle qu'en chacun de ses points elle soit tangente à l'une des m droites correspondantes, les raisonnements qui ont été employés plus haut montrent encore que toute surface intégrale est un lieu de caractéristiques. Pour obtenir les équations différentielles de ces courbes, il n'est pas nécessaire d'effectuer la décomposition du premier membre de l'équation en facteurs linéaires. En effet, en exprimant que ce premier membre est divisible par le facteur $Pp + Qq - R$, on arrive à des équations de condition homogènes en P, Q, R, qui, pour chaque point (x, y, z), fournissent m systèmes de valeurs pour les rapports mutuels de ces coefficients. En remplaçant dans ces conditions P, Q, R par les quantités proportionnelles, dx, dy, dz, on obtient les équations différentielles des caractéristiques, et l'intégration de l'équation aux dérivées partielles est encore ramenée à l'intégration d'un système d'équations différentielles ordinaires.

La théorie précédente explique très simplement comment une équation linéaire (9) peut avoir des intégrales qui ne sont pas comprises dans l'intégrale générale. Considérons une équation aux dérivées partielles

$$(21) \qquad F(x, y, z, p, q) = 0,$$

dont le premier membre est le produit d'un certain nombre de facteurs linéaires en p et q, non analytiquement distincts, et soient

$$(22) \qquad \Phi\left(x, y, z, \frac{dy}{dx}, \frac{dz}{dx}\right) = 0, \qquad \Psi\left(x, y, z, \frac{dy}{dx}, \frac{dz}{dx}\right) = 0$$

les équations différentielles des caractéristiques de ce système.

Les courbes, qui représentent l'intégrale générale de ce système, forment une congruence, qui est la congruence caractéristique de l'équation (21), et l'intégrale générale se compose des surfaces engendrées par les courbes de cette congruence associées suivant une loi arbitraire. Mais il peut se faire que les équations (22) admettent des intégrales singulières ; c'est ce qui aura lieu si la congruence caractéristique admet une surface focale (Σ) [1].

Par chaque point de cette surface il passe alors une courbe de la congruence caractéristique tangente à cette surface ; le plan tangent à (Σ) contient donc une des droites D_i relative au point de contact, et par suite (Σ) est une surface intégrale de l'équation (21). D'ailleurs, elle ne fait pas partie, au moins en général, des surfaces qui forment l'intégrale : c'est une *intégrale singulière*.

Par exemple, les caractéristiques de l'équation

$$px + qy - z = \pm \sqrt{z^2 - x^2 - y^2},$$

qui se décompose en deux équations linéaires, sont les paraboles

$$y = ax, \qquad x^2 + y^2 - 2bz + b^2 = 0,$$

qui sont tangentes en deux points au cône représenté par l'équation

$$x^2 + y^2 - z^2 = 0,$$

et le cône lui-même est une intégrale singulière. Le second membre de l'équation n'est pas holomorphe dans le domaine d'un point quelconque $(x_0,\ y_0,\ z_0)$ de ce cône, ce qui est bien d'accord avec la théorie générale (n° **11**).

La solution du problème de Cauchy pour les équations linéaires se rattache très simplement à la théorie des caractéristiques. Prenons d'abord une équation à trois variables (x, y, z), et soit Γ une courbe quelconque de l'espace ; toute surface intégrale étant un lieu de caractéristiques, il est clair que la surface intégrale passant par Γ est engendrée par les caractéristiques qui passent par les différents points de Γ. Si l'équation se décompose en m équations linéaires, le problème admet m solutions correspondant aux m caractéristiques issues d'un point quelconque M de Γ, que l'on doit associer de façon qu'elles forment une suite continue lorsque le point M décrit Γ. Le problème est indéterminé si la courbe Γ est elle-même une caractéristique ; il suffit alors de prendre une surface engendrée par une suite simplement infinie de caractéristiques comprenant la courbe Γ, par exemple par les caractéristiques issues des

[1] *Cours d'Analyse, tome II, pages 553 (3e édit.).*

divers points d'une autre courbe Γ' ayant un point commun avec Γ.

Ces remarques s'étendent au cas général. La multiplicité intégrale M_n qui contient une multiplicité donnée à $n-1$ dimensions M_{n-1} est le lieu des caractéristiques qui passent par les différents points de M_{n-1}. Le problème est indéterminé si M_{n-1} est elle-même un lieu de caractéristiques. Dans ce cas, M_{n-1} peut être considérée, d'une infinité de façons, comme le lieu des caractéristiques passant par les différents points d'une autre multiplicité M_{n-2} à $n-2$ dimensions. Il suffit, par exemple, de former une multiplicité à $n-2$ dimensions en prenant un point à volonté sur chacune des ∞^{n-2} caractéristiques qui engendrent M_{n-1}. Cette multiplicité M_{n-2} appartient elle-même à une infinité de multiplicités M'_{n-1} non composées de caractéristiques, et l'intégrale passant par l'une quelconque de ces nouvelles multiplicités contient M_{n-1}.

Pour traiter le problème par le calcul, supposons les coordonnées d'un point de M_{n-1} exprimées au moyen de $n-1$ paramètres :

$$x_1 = \varphi_1(t_1, \ldots, t_{n-1}), \ldots, x_n = \varphi_n(t_1, \ldots, t_{n-1}), \quad z = \varphi_{n+1}(t_1, \ldots, t_{n-1}).$$

En remplaçant $x_1, \ldots, x_n, z$ par les expressions précédentes dans $u_1, u_2, \ldots, u_n$, on obtient n fonctions de ces $n-1$ paramètres

$$(23) \quad \left\{ \begin{array}{l} u_1(x_1, \ldots, x_n, z) = U_1(t_1, \ldots, t_{n-1}), \\ \cdot \quad \cdot \quad \cdot \quad \cdot \quad \cdot \quad \cdot \quad \cdot \quad \cdot \quad \cdot \\ u_n(x_1, \ldots, x_n, z) = U_n(t_1, \ldots, t_{n-1}). \end{array} \right.$$

Les relations précédentes, si l'on y regarde les t_i comme des constantes, représentent la caractéristique issue du point de M_{n-1} qui correspond à ces valeurs $t_1, \ldots, t_{n-1}$ des paramètres. On aurait l'équation de l'intégrale cherchée en éliminant $t_1, \ldots, t_{n-1}$ entre ces n équations. On peut aussi regarder ces équations comme définissant les coordonnées d'un point de l'intégrale en fonction de l'une d'elles et des $n-1$ paramètres $t_1, t_2, \ldots, t_{n-1}$, On reviendra plus loin sur la discussion du problème.

Remarque. — Pour reconnaître si la multiplicité M_{n-1} définie par les équations précédentes est composée de caractéristiques, il suffit d'observer que toute courbe située sur M_{n-1} s'obtient en prenant pour $t_1, \ldots, t_{n-1}$ des fonctions arbitraires d'un paramètre. Si par chaque point de M_{n-1} passe une caractéristique située sur M_{n-1}, il existe donc

$n - 1$ facteurs $\lambda_1, \ldots, \lambda_{n-1}$ tels que l'on ait, pour chaque système de valeurs de $t_1, t_2, \ldots, t_{n-1}$, des relations

$$(23 \; bis) \quad \begin{cases} P_i = \lambda_1 \dfrac{\partial \varphi_i}{\partial t_1} + \lambda_2 \dfrac{\partial \varphi_i}{\partial t_2} + \ldots + \lambda_{n-1} \dfrac{\partial \varphi_i}{\partial t_{n-1}}, \quad (i = 1, 2, \ldots n) \\[2mm] R = \lambda_1 \dfrac{\partial \varphi_{n+1}}{\partial t_1} + \lambda_2 \dfrac{\partial \varphi_{n+1}}{\partial t_2} + \ldots + \lambda_{n-1} \dfrac{\partial \varphi_{n+1}}{\partial t_{n-1}}. \end{cases}$$

Inversement, s'il existe $(n - 1)$ facteurs λ_i satisfaisant à ces conditions, les équations différentielles

$$\frac{dt_1}{\lambda_1} = \frac{dt_2}{\lambda_2} = \ldots = \frac{dt_{n-1}}{\lambda_{n-1}}$$

définissent une famille de multiplicités à une dimension, situées sur M_{n-1} et, en vertu des relations (23 bis), elles satisfont aussi aux équations (7).

13. Systèmes complets. — La recherche des intégrales communes à plusieurs équations linéaires simultanées de la forme (1) est un problème très important dans la théorie des équations aux dérivées partielles. Nous allons montrer comment on peut reconnaître, avant toute intégration, si ce problème admet des solutions, et trouver leur degré de généralité.

Considérons un système de q équations linéaires et homogènes à une inconnue f

$$(24) \quad \begin{cases} X_1(f) = a_{11} \dfrac{\partial f}{\partial x_1} + a_{21} \dfrac{\partial f}{\partial x_2} + \ldots + a_{n1} \dfrac{\partial f}{\partial x_n} = 0, \\[2mm] X_2(f) = a_{12} \dfrac{\partial f}{\partial x_1} + a_{22} \dfrac{\partial f}{\partial x_2} + \ldots + a_{n2} \dfrac{\partial f}{\partial x_n} = 0, \\[2mm] \cdot \quad \cdot \quad \cdot \quad \cdot \quad \cdot \quad \cdot \quad \cdot \quad \cdot \quad \cdot \quad \cdot \quad \cdot \quad \cdot \\[2mm] X_q(f) = a_{1q} \dfrac{\partial f}{\partial x_1} + a_{2q} \dfrac{\partial f}{\partial x_2} + \ldots + a_{nq} \dfrac{\partial f}{\partial x_n} = 0, \end{cases}$$

dont les coefficients a_{ik} sont fonctions des variables indépendantes $x_1, x_2, \ldots, x_n$, et ne renferment pas la fonction inconnue f. Nous désignerons dans la suite par le symbole $X_i(\;)$ l'opération

$$a_{1i} \frac{\partial}{\partial x_1} + a_{2i} \frac{\partial}{\partial x_2} + \ldots + a_{ni} \frac{\partial}{\partial x_n} ;$$

ce symbole jouit de propriétés analogues à celles du symbole de

G. *Leçons.*   5

dérivation. Ainsi, il est facile de vérifier que l'on a, u, v, w étant des fonctions quelconques de x_1, ..., x_n,

$$X(u + v + w) = X(u) + X(v) + X(w),$$
$$X(uv) = uX(v) + vX(u),$$

et, plus généralement,

$$X(F(u, v, w)) = \frac{\partial F}{\partial u} X(u) + \frac{\partial F}{\partial v} X(v) + \frac{\partial F}{\partial w} X(w).$$

Les q équations (24) sont dites *indépendantes* s'il n'existe aucune relation identique de la forme

$$\lambda_1 X_1(f) + \lambda_2 X_2(f) + \ldots + \lambda_q X_q(f) = 0,$$

où λ_1, λ_2, ..., λ_q sont des fonctions de x_1, x_2, ..., x_n, non toutes nulles. Il est clair que tout système de q équations non indépendantes peut être remplacé par un système de q' équations indépendantes ($q' < q$) équivalent au premier, et qu'un système ne peut renfermer plus de n équations indépendantes. Nous pouvons donc toujours supposer les q équations (24) indépendantes et $q \leqslant n$.

Si $q = n$, les équations (24) étant indépendantes, le déterminant des coefficients a_{ik} n'est pas nul, et les équations n'admettent pas d'autre intégrale commune que la solution banale $f = C$, qui n'offre aucun intérêt en général.

Supposons donc $q < n$. Soit f une intégrale des équations (24); cette fonction satisfaisant aux deux équations $X_i(f) = 0$, $X_k(f) = 0$, où i et k sont deux quelconques des indices 1, 2, ..., q, on a aussi

$$X_i(X_k(f)) = X_i(0) = 0,$$
$$X_k(X_i(f)) = X_k(0) = 0,$$

et par suite

$$X_i(X_k(f)) - X_k(X_i(f)) = 0.$$

Nous désignerons par (X_i, X_k) le premier membre de la nouvelle équation, qui est encore linéaire par rapport aux dérivées du premier ordre de f, et ne renferme pas les dérivées du second ordre. On vérifie en effet immédiatement que le coefficient de $\dfrac{\partial^2 f}{\partial x_h^2}$

dans le premier membre est $a_{hi}a_{hk} - a_{hk}a_{hi} = 0$, et celui de $\dfrac{\partial^2 f}{\partial x_h \partial x_l}$ est

$$a_{hi}a_{lk} + a_{li}a_{hk} - a_{hk}a_{li} - a_{lk}a_{hi} = 0.$$

Le coefficient de $\dfrac{\partial f}{\partial x_h}$ n'est pas nul en général et a pour expression

$$a_{1i}\frac{\partial a_{hk}}{\partial x_1} + a_{2i}\frac{\partial a_{hk}}{\partial x_2} + \ldots + a_{ni}\frac{\partial a_{hk}}{\partial x_n} - a_{1k}\frac{\partial a_{hi}}{\partial x_1} \ldots - a_{nk}\frac{\partial a_{hi}}{\partial x_n}$$

$$= X_i(a_{hk}) - X_k(a_{hi}).$$

Toute intégrale commune aux équations (24) satisfait donc aussi aux nouvelles équations

$$(25) \qquad (X_i, X_k) = \sum_{h=1}^{n} \left\{ X_i(a_{hk}) - X_k(a_{hi}) \right\} \frac{\partial f}{\partial x_h} = 0$$

$$(i, k = 1, 2, \ldots, q).$$

Imaginons que l'on ait formé toutes les équations (25) obtenues en combinant de toutes les manières possibles les indices i et k, et que l'on conserve seulement celles de ces nouvelles équations qui sont indépendantes entre elles et qui forment avec les premières équations (24) un système de $q + s$ équations indépendantes

$$(26) \ X_1(f) = 0, \ldots, X_q(f) = 0, X_{q+1}(f) = 0, \ldots, X_{q+s}(f) = 0.$$

Si $q + s = n$, le système proposé n'admet pas d'autre intégrale que $f = C$. Si $q + s < n$, on recommencera sur le système (26) les opérations effectuées sur le premier système, et ainsi de suite. En continuant de la sorte, on arrivera finalement, soit à un système de n équations indépendantes, et alors le système (24) n'admet que la solution $f = C$, soit à un système de r équations indépendantes, où $r < n$, telles que toutes les parenthèses (X_i, X_k) soient des combinaisons linéaires de $X_1(f), \ldots, X_r(f)$. Un système de cette espèce a été appelé par Clebsch un *système complet*. Un système de n équations indépendantes peut évidemment être regardé comme un cas particulier d'un système complet, et nous pouvons énoncer la proposition suivante :

L'intégration d'un système d'équations linéaires simulta-nées (24) *se ramène à l'intégration d'un système complet.*

14. Propriétés des systèmes complets. — La théorie des systèmes complets repose sur les propriétés suivantes :

1° *Tout système complet se change en un système complet par un changement de variables.*

Soient $x_i = \varphi_i(y_1, y_2, \ldots, y_n)$ $(i = 1, 2, \ldots, n)$ des formules définissant un changement de variables, telles qu'on puisse inversement exprimer $y_1, y_2, \ldots, y_n$ au moyen des variables $x_1, x_2, \ldots, x_n$. Tout symbole tel que $X(f) = a_1 \dfrac{\partial f}{\partial x_1} + \ldots + a_n \dfrac{\partial f}{\partial x_n}$, où $a_1, a_2, \ldots, a_n$ sont des fonctions de $x_1, x_2, \ldots, x_n$, se change en une expression de même forme $Y(f) = b_1 \dfrac{\partial f}{\partial y_1} + \ldots + b_n \dfrac{\partial f}{\partial y_n}$, où $b_1, b_2, \ldots, b_n$ sont des fonctions de $y_1, y_2, \ldots, y_n$, de telle sorte que l'on a identiquement $X(f) = Y(f)$, f désignant dans $X(f)$ une fonction quelconque de $x_1, x_2, \ldots, x_n$, et dans $Y(f)$ la même fonction exprimée au moyen des variables $y_1, y_2, \ldots, y_n$. Cela étant, soit

$$(27) \qquad X_1(f) = 0, \ldots, X_r(f) = 0,$$

un système complet. Après le changement de variables considéré, ce système est remplacé par le suivant

$$(28) \qquad Y_1(f) = 0, \ldots, Y_r(f) = 0,$$

où l'on a identiquement $X_i(f) = Y_i(f)$, en tenant compte des formules de transformation. *Ce nouveau système est aussi un système complet.* En effet, puisque l'on a identiquement

$$X_i(f) = Y_i(f), \qquad X_k(f) = Y_k(f),$$

quelle que soit la fonction f, on a aussi

$$X_i(X_k(f)) = Y_i(X_k(f)) = Y_i(Y_k(f)),$$
$$X_k(X_i(f)) = Y_k(X_i(f)) = Y_k(Y_i(f)),$$

et par suite

$$X_i(X_k(f)) - X_k(X_i(f)) = Y_i(Y_k(f)) - Y_k(Y_i(f)).$$

Puisque par hypothèse le système (27) est complet, on a, quels que soient les indices i et k,

$$X_i(X_k(f)) - X_k(X_i(f)) = \lambda_1 X_1(f) + \ldots + \lambda_r X_r(f) ;$$

après le changement de variables, on aura donc aussi

$$Y_i(Y_k(f)) - Y_k(Y_i(f)) = \lambda'_1 Y_1(f) + \ldots + \lambda'_r Y_r(f),$$

en désignant par $\lambda'_1, \ldots, \lambda'_r$ ce que deviennent $\lambda_1, \ldots, \lambda_r$, quand on y remplace $x_1, x_2, \ldots, x_n$ par leurs expressions au moyen de $y_1, \ldots, y_n$. Le nouveau système (28) est donc bien un système complet.

2° *Tout système équivalent à un système complet est aussi un système complet.*

Un système de r équations linéaires et homogènes en $\dfrac{\partial f}{\partial x_1}, \ldots, \dfrac{\partial f}{\partial x_n}$,

$$(27)' \qquad Z_1(f) = 0, \qquad \ldots, \qquad Z_r(f) = 0$$

est dit *équivalent* au système (27) si l'on a r identités de la forme
$$Z_k(f) = A_{1k}X_1(f) + A_{2k}X_2(f) + \ldots + A_{rk}X_r(f) \quad (k = 1, 2, \ldots, r),$$
les coefficients A_{ik} étant des fonctions de $x_1, x_2, \ldots, x_n$ dont le déterminant n'est pas nul. On peut alors inversement exprimer linéairement $X_1(f), \ldots, X_r(f)$ au moyen de $Z_1(f), \ldots, Z_r(f)$ et le nom de *systèmes équivalents* s'explique de lui-même. Cela posé, la différence $Z_i(Z_k(f)) - Z_k(Z_i(f))$ peut s'écrire

$$\sum_{h=1}^{r} A_{hi}X_h\left[\sum_{l=1}^{r} A_{lk}X_l(f)\right] - \sum_{l=1}^{r} A_{lk}X_l\left[\sum_{i=1}^{r} A_{hi}X_h(f)\right] ;$$

elle est donc égale à une somme de termes de la forme

$$A_{hi}A_{lk}\left\{ X_h(X_l(f)) - X_l(X_h(f)) \right\}$$
$$+ A_{hi}X_h(A_{lk})X_l(f) - A_{lk}X_l(A_{hi})X_h(f).$$

Si le système (27) est complet, cette différence sera donc une fonction linéaire de $X_1(f), \ldots, X_r(f)$, puisque toutes les différences $X_h(X_l(f)) - X_l(X_h(f))$ sont, par hypothèse, des fonctions linéaires de $X_1(f), \ldots, X_r(f)$. Les deux systèmes (27) et (27)' étant équivalents, toutes les différences $Z_i(Z_k(f)) - Z_k(Z_i(f))$ s'expriment donc linéairement au moyen de $Z_1(f)$, $Z_2(f)$, ..., $Z_r(f)$.

Il est clair que tout système complet peut être remplacé d'une infinité de manières par un système équivalent. On dit que le système complet (27) est un *système jacobien* si toutes les expressions $X_i(X_k(f)) - X_k(X_i(f))$ sont identiquement nulles. Nous allons montrer que *tout système complet est équivalent à un système jacobien.*

Les r équations (27) étant par hypothèse indépendantes, nous pouvons résoudre ces r équations par rapport à r dérivées de f, par rapport aux dérivées $\dfrac{\partial f}{\partial x_1}$, ..., $\dfrac{\partial f}{\partial x_r}$, par exemple. Le système ainsi obtenu

$$(29) \quad \begin{cases} Z_1(f) = \dfrac{\partial f}{\partial x_1} + b_{11} \dfrac{\partial f}{\partial x_{r+1}} + \ldots + b_{1,\,n-r} \dfrac{\partial f}{\partial x_n} = 0, \\[2mm] Z_2(f) = \dfrac{\partial f}{\partial x_2} + b_{21} \dfrac{\partial f}{\partial x_{r+1}} + \ldots + b_{2,\,n-r} \dfrac{\partial f}{\partial x_n} = 0, \\[2mm] \cdot \quad \cdot \quad \cdot \quad \cdot \quad \cdot \quad \cdot \quad \cdot \quad \cdot \quad \cdot \quad \cdot \quad \cdot \\[2mm] Z_r(f) = \dfrac{\partial f}{\partial x_r} + b_{r1} \dfrac{\partial f}{\partial x_{r+1}} + \ldots + b_{r,\,n-r} \dfrac{\partial f}{\partial x_n} = 0, \end{cases}$$

étant équivalent au système (27) est aussi un système complet. Or, si nous formons les expressions $Z_i(Z_k(f)) - Z_k(Z_i(f))$, il est évident que les dérivées $\dfrac{\partial f}{\partial x_{r+1}}$, ..., $\dfrac{\partial f}{\partial x_n}$ y figureront seules, et par conséquent les nouvelles équations $Z_i(Z_k(f)) - Z_k(Z_i(f)) = 0$ ne peuvent être des combinaisons linéaires des équations (29) que si les premiers membres sont identiquement nuls. Le système (29) est donc un système jacobien.

Le raisonnement prouve que tout système complet de la forme spéciale (29) est un système jacobien, mais il est clair qu'un système jacobien n'est pas nécessairement de cette forme.

3° *Tout système complet de r équations à n variables indépendantes peut être ramené, par l'intégration de l'une des équations de ce système, à un système complet de r − 1 équations à n − 1 variables indépendantes.*

Supposons que l'on ait intégré l'une des équations du système, par exemple l'équation $X_1(f) = 0$, et que l'on prenne un nouveau système de variables indépendantes $(y_1, y_2, \ldots, y_n)$ choisies de telle façon que $y_2, y_3, \ldots, y_n$ soient $n-1$ intégrales de $X_1(f) = 0$. Le système (27) est remplacé par un nouveau système complet dont la première équation se réduit à $\frac{\partial f}{\partial y_1} = 0$. En résolvant les $n-1$ équations restantes par rapport aux $r-1$ dérivées $\frac{\partial f}{\partial y_2}, \ldots, \frac{\partial f}{\partial y_r}$ par exemple, nous devons obtenir un système complet.

$$(30) \quad \begin{cases} Y_1(f) = \dfrac{\partial f}{\partial y_1} = 0, \\[2mm] Y_2(f) = \dfrac{\partial f}{\partial y_2} + c_{21} \dfrac{\partial f}{\partial y_{r+1}} + \ldots + c_{2,\,n-r} \dfrac{\partial f}{\partial y_n} = 0, \\[2mm] \cdot \quad \cdot \quad \cdot \quad \cdot \quad \cdot \quad \cdot \quad \cdot \quad \cdot \quad \cdot \quad \cdot \\[2mm] Y_r(f) = \dfrac{\partial f}{\partial y_r} + c_{r1} \dfrac{\partial f}{\partial y_{r+1}} + \ldots + c_{r,\,n-r} \dfrac{\partial f}{\partial y_n} = 0, \end{cases}$$

qui est de la forme spéciale (29), et qui par conséquent est un système jacobien. Or on a

$$Y_1(Y_i(f)) - Y_i(Y_1(f)) = \frac{\partial c_{i1}}{\partial y_1} \frac{\partial f}{\partial y_{r+1}} + \ldots + \frac{\partial c_{i,\,n-r}}{\partial y_1} \frac{\partial f}{\partial y_n},$$

et, puisque cette expression doit être identiquement nulle, on voit que les coefficients c_{ik} du nouveau système sont indépendants de la variable y_1. D'ailleurs, on a aussi identiquement, pour $i > 1$, $k > 1$,

$$Y_i(Y_k(f)) - Y_k(Y_i(f)) = 0$$

et par suite les $r-1$ équations

$$(31) \qquad Y_2(f) = 0, \quad Y_3(f) = 0, \quad \ldots, \quad Y_r(f) = 0$$

forment un système jacobien de $r-1$ équations à $n-1$ variables indépendantes $y_2, y_3, \ldots, y_n$, ce qui démontre la proposition.

Le système (31) peut à son tour se ramener à un système complet de $r-2$ équations à $n-2$ variables indépendantes, et ainsi de suite. En continuant de la sorte, on finira par ramener le système complet proposé à UNE équation linéaire à $n-r+1$ variables indépendantes. On en conclut que *tout système complet de r équations à n variables indépendantes admet $n-r$ intégrales* *distinctes, et l'intégrale générale du système est une fonction arbitraire de ces $n - r$ intégrales particulières.*

Les raisonnements précédents montrent aussi quelles sont les intégrations à effectuer pour obtenir des intégrales. Il est clair d'ailleurs que l'application de cette méthode peut se faire de bien des façons. On peut en effet remplacer le système complet proposé par tout autre système équivalent, et commencer par intégrer l'une quelconque des équations du nouveau système. Par exemple, si l'on remplace le système complet par un système jacobien de la forme (29), on connaît déjà $r - 1$ intégrales particulières x_2, ..., x_r de l'équation $Z_1(f) = 0$, et il suffira d'intégrer un système de $n - r$ équations différentielles pour avoir l'intégrale générale de cette équation. On aura ainsi à intégrer successivement r systèmes d'équations différentielles, d'ordre $n - r$.

Exemple. — Soit à intégrer le système d'Imschenetsky :

$$(32) \begin{cases} X_1(f) = \dfrac{\partial f}{\partial x_1} + (x_2 + x_4 - 3x_1)\dfrac{\partial f}{\partial x_3} + (x_3 + x_1 x_2 + x_1 x_4)\dfrac{\partial f}{\partial x_4} = 0, \\ X_2(f) = \dfrac{\partial f}{\partial x_2} + (x_3 x_4 - x_2)\dfrac{\partial f}{\partial x_3} + (x_1 x_3 x_4 + x_2 - x_1 x_2)\dfrac{\partial f}{\partial x_4} = 0. \end{cases}$$

En formant la combinaison $X_1(X_2(f)) - X_2(X_1(f))$, on est conduit à adjoindre aux équations données une équation nouvelle $\dfrac{\partial f}{\partial x_3} + x_1 \dfrac{\partial f}{\partial x_4} = 0$, et le système des trois équations ainsi obtenues est équivalent au système

$$(33) \begin{cases} \dfrac{\partial f}{\partial x_1} + (x_3 + 3x_1^2)\dfrac{\partial f}{\partial x_4} = 0, \quad \dfrac{\partial f}{\partial x_2} + x_2\dfrac{\partial f}{\partial x_4} = 0, \\ \dfrac{\partial f}{\partial x_3} + x_1 \dfrac{\partial f}{\partial x_4} = 0, \end{cases}$$

qui est un système jacobien. Le système (32) n'admet donc qu'une intégrale distincte. L'intégrale générale de la dernière équation de ce système est une fonction arbitraire de x_1, x_2 et de $x_4 - x_1 x_3$. Si l'on prend pour variables indépendantes x_1, x_2, x_3 et $u = x_4 - x_1 x_3$, toute fonction $f(x_1, x_2, x_3, x_4)$ se change en une fonction $\varphi(x_1,\ x_2,\ x_3,\ u)$, et le système (33) est remplacé par le suivant :

$$(34)\qquad \frac{\partial p}{\partial x_1} + 3\,x_1{}^2\,\frac{\partial p}{\partial u} = 0,\qquad \frac{\partial p}{\partial x_2} + x_2\,\frac{\partial p}{\partial u} = 0,\qquad \frac{\partial p}{\partial x_3} = 0.$$

Les deux premières équations (34) forment un nouveau système jacobien de deux équations à trois variables indépendantes x_1, x_2 et u. L'intégrale générale de la seconde est une fonction arbitraire de x_1 et de $u - \frac{x_2{}^2}{2}$. Prenons de nouveau pour variables indépendantes x_1, x_2 et $u - \frac{x_2{}^2}{2} = v$; toute fonction $\varphi_1(x_1,\ x_2,\ u)$ se change en une fonction $\psi(x_1,\ x_2,\ v)$, et les deux premières équations (34) deviennent

$$(35)\qquad \frac{\partial \psi}{\partial x_1} + 3x_1{}^2\,\frac{\partial \psi}{\partial v} = 0,\qquad \frac{\partial \psi}{\partial x_2} = 0.$$

L'intégrale générale de la première est une fonction arbitraire de $v - x_1{}^3$ et, par suite, en revenant aux variables primitives, on voit que l'intégrale générale du système (32) est une fonction arbitraire de

$$x_4 - x_1 x_3 - \frac{x_2{}^2}{2} - x_1{}^3.$$

15. Remarques diverses. — De la définition des systèmes complets et jacobiens, et des propriétés de ces systèmes, on déduit un certain nombre de conséquences presque évidentes, qui seront utilisées dans le cours de cet Ouvrage.

$1°$ Si un système de r équations indépendantes à n variables indépendantes admet $n - r$ intégrales distinctes, ce système est un système complet. Car, s'il n'était pas complet, il aurait les mêmes intégrales qu'un système complet de plus de r équations, et par conséquent ne pourrait avoir $n - r$ intégrales distinctes.

Inversement, étant données h fonctions distinctes quelconques $f_1, f_2, \ldots, f_h$ de n variables indépendantes $(h < n)$, il existe un système complet de $n - h$ équations dont l'intégrale générale est une fonction arbitraire de $f_1, f_2, \ldots, f_h$. En effet, en écrivant que $f_1, f_2, ..., f_h$ sont des intégrales particulières de l'équation

$$A_1 \frac{\partial f}{\partial x_1} + A_2 \frac{\partial f}{\partial x_2} + ... + A_n \frac{\partial f}{\partial x_n} = 0,$$

on a h relations distinctes entre les coefficients A_i. Si par exemple le déterminant fonctionnel

$$\frac{D(f_1, f_2, ..., f_h)}{D(x_1, x_2, ..., x_h)}$$

n'est pas nul, on tirera de ces relations les coefficients A_1, A_2, ..., A_h exprimés au moyen des coefficients A_{h+1}, ..., A_n qui restent arbitraires. En prenant successivement pour un de ces coefficients la valeur 1, les autres étant nuls, on obtient un système de $n - h$ équations résolues par rapport aux dérivées $\frac{\partial f}{\partial x_{h+1}}$, ..., $\frac{\partial f}{\partial x_n}$. Ce système est forcément un système jacobien.

On peut aussi obtenir le système complet en égalant à zéro tous les déterminants d'ordre $h + 1$ contenus dans le tableau

$$\begin{vmatrix} \dfrac{\partial f}{\partial x_1} & \dfrac{\partial f}{\partial x_2} & \cdots & \dfrac{\partial f}{\partial x_n} \\ \dfrac{\partial f_1}{\partial x_1} & \dfrac{\partial f_1}{\partial x_2} & \cdots & \dfrac{\partial f_1}{\partial x_n} \\ \cdot & \cdot & \cdots & \cdot \\ \dfrac{\partial f_h}{\partial x_1} & \dfrac{\partial f_h}{\partial x_2} & \cdots & \dfrac{\partial f_h}{\partial x_h} \end{vmatrix} ;$$

il est clair que les équations ainsi obtenues comprennent $n - h$ équations distinctes seulement.

2° Si r équations $X_1(f) = 0$, ..., $X_r(f) = 0$ forment un système jacobien, on obtient encore un système jacobien en prenant r' quelconques $(r' < r)$ de ces équations, puisque toutes les parenthèses sont identiquement nulles.

3° Soit S un système de m équations linéaires, *indépendantes ou non*,

$$X_1(f) = 0, ..., X_m(f) = 0,$$

telles que toutes les parenthèses (X_i, X_k) soient des combinaisons linéaires de $X_1(f)$, ..., $X_m(f)$. Si le système S comprend seulement $r < m$ équations distinctes, le système S′ formé par ces r équations est évidemment un système complet. Par extension, nous dirons quelquefois que le système S, qui lui est équivalent, est lui-même un système complet.

4° Tout système complet peut être ramené à une forme canonique par un changement de variables. Soient f_1, f_2, ...,f_{n-r} un système de $n - r$ intégrales distinctes d'un système complet de r équations à n variables.

Ajoutons à ces intégrales r fonctions f_{n-r+1}, ...,f_n choisies de façon à former avec elles un système de n fonctions distinctes, ce qui est évidemment possible d'une infinité de manières, et prenons ces n fonctions pour nouvelles variables indépendantes

$$y_1 = f_1, ..., y_n = f_n\,;$$

le système complet se change en un nouveau système complet qui admet les intégrales $f = y_1, f = y_2, ..., f = y_{n-r}$. Il faut pour cela que les dérivées $\dfrac{\partial f}{\partial y_1}$, ..., $\dfrac{\partial f}{\partial y_{n-r}}$ ne figurent pas dans ce nouveau système complet, qui est par conséquent équivalent au système

$$\frac{\partial f}{\partial y_{n-r+1}} = 0, ..., \frac{\partial f}{\partial y_n} = 0.$$

5° Soit S un système complet de r équations

$$(36) \qquad X_1(f) = 0, ..., X_r(f) = 0,$$

dont les coefficients ne dépendent pas des variables x_1, ..., x_s. On obtient un nouveau système complet en adjoignant aux équations (37) les s équations $\dfrac{\partial f}{\partial x_1} = 0, ..., \dfrac{\partial f}{\partial x_s} = 0$.

Nous pouvons remplacer en effet le système S par un système jacobien équivalent, dont les coefficients ne renferment pas non plus les variables x_1, ..., x_s. Toutes les parenthèses

$$(X_i, X_h), \qquad \left(X_i, \frac{\partial f}{\partial x_1}\right), ..., \left(X_i, \frac{\partial f}{\partial x_s}\right)$$

seront donc identiquement nulles. Le nouveau système contiendra au plus $r + s$ équations indépendantes.

6° Soient $\varphi_1, \ldots, \varphi_{n-r}$ un système de $n - r$ intégrales distinctes du système jacobien (29). Ces $n - r$ fonctions sont encore distinctes quand on les regarde comme fonctions des seules variables $x_{r+1}, \ldots, x_n$. Supposons en effet qu'il existe une relation de la forme $\qquad \Phi(x_1, x_2, \ldots, x_r\,; \varphi_1, \varphi_2, \ldots, \varphi_{n-r}) = 0\,;$
on aurait alors

$$Z_h(\Phi) = 0, \qquad (h = 1, 2, \ldots, r)$$

c'est-à-dire

$$(37) \qquad \frac{\partial \Phi}{\partial x_h} + \frac{\partial \Phi}{\partial \varphi_1} Z_h(\varphi_1) + \ldots + \frac{\partial \Phi}{\partial \varphi_{n-r}} Z_h(\varphi_{n-r}) = 0.$$

D'ailleurs, puisque $\varphi_1, \varphi_2, \ldots, \varphi_{n-r}$ sont des intégrales du système jacobien (29), la relation précédente se réduit à $\frac{\partial \Phi}{\partial x_h} = 0$. La fonction Φ serait donc indépendante de $x_1, x_2, \ldots, x_r$ et il y aurait une relation entre $\varphi_1, \varphi_2, \ldots, \varphi_{n-r}$, ce qui est contraire à l'hypothèse.

7° Étant donné un système de q équations linéaires, *complet ou non*,

$$X_1(f) = 0, \qquad X_2(f) = 0, \qquad \ldots, \qquad X_q(f) = 0,$$

si l'on peut trouver facilement l'intégrale générale d'une équation de ce système, il est quelquefois commode, avant toute opération de parenthèses, de faire un changement de variables. Si par exemple on connaît l'intégrale générale de l'équation $X_1(f) = 0$, on peut prendre un nouveau système de variables $(y_1, y_2, \ldots, y_n)$ tel que cette équation se change en

$$Y_1(f) = \frac{\partial f}{\partial y_1} = 0.$$

Soient

$$Y_2(f) = 0, \qquad \ldots, \qquad Y_q(f) = 0$$

les autres équations du système donné avec ces nouvelles variabl.s. L'équation $(Y_1, Y_i) = 0$ $(i > 1)$ est identique à l'équation que l'on obtient en différentiant par rapport à y_1 tous les coefficients de l'équation $Y_i(f) = 0$. Comme on peut effectuer la même opération sur la nouvelle équation, et ainsi de suite, on peut adjoindre aux nouvelles équations toutes celles que l'on obtient en différentiant un nombre quelconque de fois par rapport à y_1 tous les coefficients de ces équations elles-mêmes. Si on obtient de cette façon $n-1$ équations indépendantes, le système proposé n'admet que l'intégrale $f = C$. Si l'on arrive à un système de moins de $n-1$ équations ayant leurs coefficients indépendants de y_1, on pourra appliquer à ce système la méthode générale, ou le traiter comme le premier.

16. Méthode de Jacobi. — Soit

$$(38) \qquad X_1(f) = 0, \quad X_2(f) = 0, \quad \ldots, \quad X_r(f) = 0$$

un système jacobien à intégrer, et soit φ_1 une intégrale particulière de la première équation $X_1(\varphi_1) = 0$. La fonction $\varphi_2 = X_2(\varphi_1)$ sera aussi une intégrale de cette équation d'après l'identité

$$X_1(X_2(f)) = X_2(X_1(f));$$

si donc on pose $\varphi_i = X_2(\varphi_{i-1})$, toutes les fonctions $\varphi_2, \ldots, \varphi_i, \ldots$, déduites de φ_1 seront des intégrales de $X_1(f) = 0$. Comme on ne peut obtenir ainsi que $n-1$ intégrales distinctes, au bout d'un nombre fini d'opérations, on arrivera à une intégrale qui s'exprimera au moyen des précédentes.

Supposons que cela arrive au bout de i opérations ; les i intégrales $\varphi_1, \varphi_2, \ldots, \varphi_i$ sont alors indépendantes, et l'on a

$$\varphi_{i+1} = X_2(\varphi_i) = \Pi(\varphi_1, \varphi_2, \ldots, \varphi_i), \quad (i \leqslant n-1).$$

Cherchons alors une intégrale de la seconde équation qui soit de la forme $\Theta(\varphi_1, \varphi_2, \ldots, \varphi_i)$; on doit avoir

$$X_2(\Theta) = \frac{\partial\Theta}{\partial\varphi_1} X_2(\varphi_1) + \frac{\partial\Theta}{\partial\varphi_2} X_2(\varphi_2) + \ldots + \frac{\partial\Theta}{\partial\varphi_i} X_2(\varphi_i) = 0,$$

ou, en tenant compte de la définition même des fonctions φ_i,

$$\frac{\partial\Theta}{\partial\varphi_1} \varphi_2 + \frac{\partial\Theta}{\partial\varphi_2} \varphi_3 + \ldots + \frac{\partial\Theta}{\partial\varphi_{i-1}} \varphi_i + \frac{\partial\Theta}{\partial\varphi_i} \Pi(\varphi_1, \ldots, \varphi_i) = 0.$$

On est donc ramené à intégrer le système d'équations différentielles

$$(39) \qquad \frac{d\varphi_1}{\varphi_2} = \frac{d\varphi_2}{\varphi_3} = \ldots = \frac{d\varphi_{i-1}}{\varphi_i} = \frac{d\varphi_i}{\Pi(\varphi_1, \ldots, \varphi_i)} = dt,$$

que l'on peut remplacer par une équation unique

$$\frac{d^i\varphi_1}{dt^i} = \Pi\left(\varphi_1, \frac{d\varphi_1}{dt}, \ldots, \frac{d^{i-1}\varphi_1}{dt^{i-1}}\right).$$

Supposons que l'ón ait obtenu une intégrale Ψ_1 de ce système ; Ψ_1 est une intégrale des deux premières équations du système (38), et il en est de même des fonctions

$$\Psi_2 = X_3(\Psi_1), \quad \Psi_3 = X_3(\Psi_2), \ldots, \Psi_i = X_3(\Psi_{i-1}) \ldots$$

obtenues en substituant dans X_3. On s'arrête lorsque l'on obtient une intégrale Ψ_{k+1} qui s'exprime au moyen des précédentes

$$\Psi_{k+1} = \Pi_1(\Psi_1, \Psi_2, \ldots, \Psi_k), \qquad (k \leqslant n-2)$$

et on cherche une intégrale de $X_3(f) = 0$ qui soit de la forme

$$f = \Theta_1(\Psi_1, \Psi_2, \ldots, \Psi_k).$$

On est conduit comme tout à l'heure à chercher une intégrale du système

$$\frac{d\Psi_1}{\Psi_2} = \frac{d\Psi_2}{\Psi_3} = \ldots = \frac{d\Psi_k}{\Pi_1} .$$

Si l'on connaît une intégrale de ce système, on peut opérer de la même façon pour déterminer une intégrale commune des **quatre** équations $X_1(f) = 0, \ldots, X_4(f) = 0$, et ainsi de suite.

En résumé, on a à trouver une intégrale d'un système d'ordre $n-1$ au plus, puis une intégrale d'un système d'ordre $n-2$ au plus, puis une intégrale d'un système d'ordre $n-3$ au plus, et ainsi de suite. A la fin, il restera un système d'ordre $n-r$ au plus dont l'intégration complète donnera des intégrales **communes**.

Si ce dernier système n'est pas d'ordre $n-r$, on n'aura pas ainsi toutes les intégrales communes. Nous avons laissé de côté dans l'exposé de cette méthode certains cas d'exception. Si par exemple $X_2(\varphi_1)$ est une fonction de φ_1 ou une constante, on ne peut pas appliquer la méthode.

Ces cas exceptionnels peuvent être évités, et la méthode est bien perfectionnée si l'on part d'un système jacobien de forme normale

$$(40) \quad \begin{cases} X_1(f) = \dfrac{\partial f}{\partial x_1} + b_{r+1,1} \dfrac{\partial f}{\partial x_{r+1}} + \ldots + b_{n,1} \dfrac{\partial f}{\partial x_n} = 0, \\[2ex] X_2(f) = \dfrac{\partial f}{\partial x_2} + b_{r+1,2} \dfrac{\partial f}{\partial x_{r+1}} + \ldots + b_{n,2} \dfrac{\partial f}{\partial x_n} = 0, \\[2ex] \cdot \quad \cdot \quad \cdot \quad \cdot \quad \cdot \quad \cdot \quad \cdot \quad \cdot \quad \cdot \quad \cdot \quad \cdot \\[2ex] X_r(f) = \dfrac{\partial f}{\partial x_r} + b_{r+1,r} \dfrac{\partial f}{\partial x_{r+1}} + \ldots + b_{n,r} \dfrac{\partial f}{\partial x_n} = 0. \end{cases}$$

Nous connaissons déjà $(r - 1)$ intégrales $x_2, \ldots, x_r$ de la première équation $X_1(f) = 0$; soit φ_1 une intégrale du système

$$\frac{dx_1}{1 \cdot} = \frac{dx_{r+1}}{b_{r+1,1}} = \ldots = \frac{dx_n}{b_{n,1}} \; .$$

On formera, comme tout à l'heure, une suite d'intégrales de la première équation en posant

$$\varphi_2 = X_2(\varphi_1), \qquad \varphi_3 = X_2(\varphi_2), \qquad \ldots,$$

et on s'arrêtera quand on aura obtenu une intégrale φ_{i+1} telle que

$$\varphi_{i+1} = \Pi(\varphi_1, \varphi_2, \ldots, \varphi_i, x_2, \ldots, x_r), \qquad (i \leqslant n - r)$$

puis on cherchera à déterminer une intégrale de $X_2(f) = 0$ qui soit de la forme

$$\Theta(\varphi_1, \varphi_2, \ldots, \varphi_i ; \; x_2, \ldots, x_r).$$

On est ainsi conduit à l'équation

$$\frac{\partial \Theta}{\partial \varphi_1} \varphi_2 + \frac{\partial \Theta}{\partial \varphi_2} \varphi_3 + \ldots + \frac{\partial \Theta}{\partial \varphi_i} \Pi + \frac{\partial \Theta}{\partial x_2} = 0,$$

dont l'intégration est équivalente à celle du système d'ordre $n - r$ au plus

$$\frac{d\varphi_1}{\varphi_2} = \frac{d\varphi_2}{\varphi_3} = \ldots = \frac{d\varphi_i}{\Pi} = dx_2.$$

Soit Ψ_1 une intégrale de ce système. On posera encore

$$\Psi_2 = X_3(\Psi_1), \; \Psi_3 = X_3(\Psi_2), \ldots,$$

et on s'arrêtera quand on aura obtenu une fonction Ψ_{k+1} telle que l'on ait

$$\Psi_{k+1} = \Phi(\Psi_1, \Psi_2, \ldots, \Psi_k, x_3, \ldots, x_r) \qquad (k \leqslant n - r).$$

En cherchant à déterminer une intégrale des trois premières équations qui soit de la forme

$$\Theta(\Psi_1, \Psi_2, \ldots, \Psi_k, x_3, \ldots, x_r),$$

on est conduit à un nouveau système d'équations différentielles d'ordre $n-r$ au plus, et ainsi de suite. Tous les systèmes d'équations différentielles dont on a à chercher une intégrale particulière sont donc d'ordre $n-r$ au plus. Si le dernier système est d'ordre $n-r$, son intégration donnera l'intégrale générale du système jacobien.

Les cas exceptionnels, qui paraissent arrêter l'application de la méthode, donnent lieu au contraire à des simplifications avec les systèmes jacobiens de forme normale.

Supposons que l'on ait obtenu une intégrale φ des $(\alpha-1)$ équations

$$X_1(f)=0, \ldots, X_{\alpha\,1}(f)=0,$$

telle que $X_\alpha(\varphi)$ soit de la forme

$$X_\alpha(\varphi)=F(\varphi, x_\alpha, x_{\alpha+1}, \ldots, x_r);$$

pour qu'une fonction $\Theta(\varphi, x_\alpha, x_{\alpha+1}, \ldots, x_r)$ soit une intégrale de $X_\alpha(f)=0$, il faut et il suffit que l'on ait

$$\frac{\partial\Theta}{\partial\varphi}\,F + \frac{\partial\Theta}{\partial x_\alpha}=0,$$

et on est ramené à intégrer l'équation différentielle

$$\frac{d\varphi}{F}=dx_\alpha.$$

En particulier, si F ne dépend que de φ, on a une intégrale par une quadrature

$$\Theta = \int \frac{d\varphi}{F} - x_\alpha.$$

Si F est nul, la fonction φ elle-même est une intégrale des α premières équations du système.

D'autres méthodes d'intégration, dues à Clebsch [1] et à Weiler [2], reposent sur le même principe que la méthode de Jacobi, à

---

[1] CLEBSCH. Ueber die simultane Integration linearer partieller Differentialgleichungen (*Journal de Crelle*, t. LXV, p. 257, 1865).

[2] WEILER. *Schlömilch's Zeitschrift für Mathematik* (Bd. VIII, 1863, Bd. XX, 1875, et Bd. XXXIX, 1894).

laquelle elles n'ajoutent rien d'essentiel. Il n'en est pas de même de la méthode de Mayer qui constitue une application importante d'une transformation déjà étudiée (n° **6**).

17. Méthode de Mayer [1]. — Reprenons un système jacobien de forme normale (40). Un tel système est un cas particulier des systèmes *complètement intégrables* ou *en involution*, qui ont été étudiés au n° **5**, les variables $x_1, \ldots, x_r$ étant les variables *principales*, et $x_{r+1}, \ldots, x_n$ étant les variables *paramétriques*. En effet, les conditions (33), qui expriment que le système de forme générale (31) de ce paragraphe est en involution, deviennent ici, en tenant compte de la forme particulièrement simple des équations (40),

$$\mathrm{X}_i(a_{hk}) - \mathrm{X}_k(a_{hi}) = 0, \qquad \begin{aligned} & i, k = 1, 2, \ldots, r, \\ & h = r + 1, \ldots, n. \end{aligned}$$

Ce sont précisément les relations qui expriment que le système (40) est un système jacobien, et on pourrait les obtenir en appliquant à ce système les mêmes conditions d'intégrabilité qui ont conduit aux relations générales (33).

Dans le cas particulier du système (40), le théorème général [2] qui a été démontré au n° **5**, p. 35, pour les systèmes en involution , peut s'énoncer ainsi :

Etant donné un système jacobien de forme normale (40), *soient* $(x_1^0, x_2^0, \ldots, x_n^0)$ *un système de valeurs dans le voisinage desquelles tous les coefficients* b_{ik} *sont holomorphes et* $\varphi(x_{r+1}, \ldots, x_n)$ *une fonction holomorphe des* $n - r$ *variables* $x_{r+1}, \ldots,$ *dans le domaine du point* $x^0_{r+1}, \ldots, x_n^0$). *Les équations* (40) *admettent une intégrale holomorphe dans le domaine du point* $(x_1^0, \ldots, x_n^0)$, *se réduisant à* $\varphi(x_{r+1}, \ldots, x_n)$ *quand on y fait* $x_1 = x_1^0, \ldots,$ $x_r = x_r^0$.

---

[1] La transformation de Mayer a d'abord été appliquée par l'auteur aux systèmes d'équations aux différentielles totales : *Ueber unbeschrankt integrabel Systeme.* (*Mathematische annalen, Tome V, p. 448-470, 1872).* Voir aussi *Bulletin des Sciences Mathématiques et Astronomiques, t. XI, 1ʳᵉ série, 1876, p. 87).*

[2] On peut faire reposer sur ce théorème toute la théorie des équations aux dérivées partielles du premier ordre à une seule fonction inconnue. Voir les *Leçons sur la Théorie analytique des équations aux dérivées partielles du premier ordre,* de M. DELASSUS, (*Mémoires de la Société royale des Sciences de Liège, 2ᵉ série, t. XX, 1897).*

G. *Leçons.*   6

En particulier, il existe $n - r$ intégrales holomorphes dans le domaine du point $(x_1^0, x_2^0, ..., x_n^0)$ et se réduisant respectivement à $x_{r+1}, ..., x_n$ pour $x_1 = x_1^0, ..., x_r = x_r^0$. Nous appellerons encore ces intégrales les *intégrales principales* relatives au système de valeurs initiales $(x_1^0, ..., x_n^0)$ et nous les représenterons par

$$[x_{r+1}], ..., [x_n].$$

Il est clair que ces intégrales sont distinctes, et l'intégrale du système (40) qui se réduit à $\varphi(x_{r+1}, ..., x_n)$ quand on y fait $x_1 = x_1^0, ..., x_r = x_r^0$ a pour expression

$$f = \varphi([x_{r+1}], ..., [x_n]).$$

On peut démontrer directement l'existence de ces intégrales principales, et par conséquent le théorème précédent, en s'appuyant sur les propriétés des systèmes jacobiens. L'existence de ces intégrales a été démontrée pour une seule équation linéaire. Pour démontrer que la propriété est générale, il suffira donc de prouver que, si elle est vraie pour un système jacobien de $r - 1$ équations, il est encore vrai pour un système jacobien de r équations. Nous pouvons évidemment, sans diminuer la généralité, supposer

$$x_1^0 = 0, ..., x_n^0 = 0.$$

L'équation $X_1(f) = 0$ admet les intégrales évidentes $x_2, ..., x_r$ Elle admet aussi, d'après le théorème de Cauchy, $n - r$ intégrales $y_{r+1}, ..., y_n$, holomorphes dans le domaine de l'origine et se réduisant à $x_{r+1}, ..., x_n$ respectivement pour $x_1 = 0$,

$$y_{r+1} = x_{r+1} + x_1 P_{r+1}(x_1, ..., x_n),$$
$$y_{r+2} = x_{r+2} + x_1 P_{r+2}(x_1, ..., x_n),$$
$$\cdots \cdots \cdots \cdots \cdots$$
$$y_n = x_n + x_1 P_n(x_1, ..., x_n),$$

les fonctions $P_{r+1}, ..., P_n$ étant holomorphes dans le même domaine. Posons, pour la symétrie des notations,

$$y_1 = x_1, ..., y_r = x_r,$$

et prenons $y_1, ..., y_r, y_{r+1}, ..., y_n$ pour nouvelles variables. Des équations précédentes on tire inversement

$$x_{r+1} = y_{r+1} + y_1 Q_{r+1}(y_1, ..., y_n),$$
$$x_{r+2} = y_{r+2} + y_1 Q_{r+2}(y_1, ..., y_n),$$
$$\cdots \cdots \cdots \cdots \cdots$$
$$x_n = y_n + y_1 Q_n(y_1, ..., y_n),$$

les Q_i étant holomorphes dans le domaine du point $y_1 = 0, ..., y_n = 0$, et toute fonction holomorphe des variables x_i dans le domaine de l'origine se change en une fonction holomorphe des variables y_i dans le même domaine. Cela posé, l'équation $X_1(f) = 0$ devient, avec les nouvelles variables, $\dfrac{\partial f}{\partial y_1} = 0$; on a, d'autre part, f étant une fonction quelconque,

$$\frac{\partial f}{\partial x_i} = \frac{\partial f}{\partial y_i} + \frac{\partial f}{\partial y_{r+1}} \frac{\partial y_{r+1}}{\partial x_i} + \ldots + \frac{\partial f}{\partial y_n} \frac{\partial y_n}{\partial x_i}, \qquad i = 2, 3, \ldots, r,$$

$$\frac{\partial f}{\partial x_{r+h}} = \frac{\partial f}{\partial y_{r+1}} \frac{\partial y_{r+1}}{\partial x_{r+h}} + \ldots + \frac{\partial f}{\partial y_n} \frac{\partial y_n}{\partial x_{r+h}}, \qquad h = 1, 2, \ldots, n - r.$$

Le système jacobien (40) est remplacé, avec les nouvelles variables $y_1, ..., y_n$, par un nouveau système jacobien

$$(40)' \quad \begin{cases} Y_1(f) = \dfrac{\partial f}{\partial y_1} = 0, \\[2mm] Y_2(f) = \dfrac{\partial f}{\partial y_2} + c_{r+1,2} \dfrac{\partial f}{\partial y_{r+1}} + \ldots + c_{n,2} \dfrac{\partial f}{\partial y_n} = 0, \\[2mm] \cdot \quad \cdot \quad \cdot \quad \cdot \quad \cdot \quad \cdot \quad \cdot \quad \cdot \quad \cdot \quad \cdot \quad \cdot \quad \cdot \\[2mm] Y_r(f) = \dfrac{\partial f}{\partial y_r} + c_{r+1,r} \dfrac{\partial f}{\partial y_{r+1}} + \ldots + c_{n,r} \dfrac{\partial f}{\partial y_n} = 0, \end{cases}$$

les coefficients c_{ik} étant des fonctions holomorphes des variables x_i et par suite des variables y_i dans le domaine de l'origine. Le nouveau système étant aussi un système jacobien, ces coefficients c_{ik} ne dépendent pas de la variable y_1, et les $r - 1$ équations

$$Y_2(f) = 0, \ldots, Y_r(f) = 0$$

forment encore un système jacobien de forme normale à $n - 1$ variables $(y_2, ..., y_n)$. Le théorème étant supposé vrai pour un système de $r - 1$ équations, ce système admet $n - r$ intégrales holomorphes dans le domaine de l'origine $\varphi_1, \varphi_2, ..., \varphi_{n-r}$, se réduisant respectivement à $y_{r+1}, ..., y_n$ quand on y fait $y_2 = 0, ..., y_r = 0$. Ces fonctions sont aussi des intégrales des équations (40)' puisqu'elles ne dépendent pas de y_1. En remplaçant dans ces intégrales $y_2, ..., y_r$ par $x_2, ..., x_r$ et $y_{r+1}, ..., y_n$ par leurs expressions au moyen des premières variables, on obtient évidemment $n - r$ intégrales du système (40), qui sont holomorphes dans le domaine de l'origine, et se réduisent respectivement à $x_{r+1}, ..., x_n$, quand on y fait $x_1 = 0, ..., x_r = 0$. Ce sont les intégrales principales de ce système.

On peut obtenir ces intégrales principales comme au n° **10** si l'on connaît l'intégrale générale du système jacobien (40). Soient f_1, f_2, ..., f_{n-r} un système de $n - r$ intégrales distinctes de ce système. On a remarqué (n° **15**, p. 76) que le jacobien $\dfrac{D(f_1, ..., f_{n-r})}{D(x_{r+1}, ..., x_n)}$ n'était pas identiquement nul. On peut donc résoudre les $n - r$ équations

$$f_i = f_i(x_1^0, ..., x_r^0, u_{r+1}, ..., u_n) \qquad (i = 1, 2, ..., n - r)$$

par rapport aux $n - r$ inconnues u_{r+1}, ..., u_n. Soient

$$u_i = \varphi_i(f_1, ..., f_{n-2}; x_1^0, ..., x_r^0) \qquad (i = 1, 2, ..., n - r)$$

les expressions des racines qui prennent les valeurs x_{r+1}, ..., x_n pour $x_1 = x_1^0$, ..., $x_r = x_r^0$. Ces fonctions u_i ne dépendent évidemment que de f_1, ..., f_{n-r} et des constantes x_1^0, ..., x_r^0. Ce sont par conséquent des intégrales du système jacobien et, d'après les conditions initiales, ce sont les intégrales principales.

Appliquons au système jacobien (40) la transformation de Mayer (n° **6**). Nous posons pour cela

$$(41) \quad x_1 = x_1^0 + u_1, \quad x_2 = x_2^0 + u_1 u_2, \quad ..., \quad x_r = x_r^0 + u_1 u_r,$$

$u_1, u_2, ..., u_r$ étant r variables nouvelles qui remplacent $x_1, x_2, ..., x_r$. L'intégrale $\Phi(x_1, ..., x_r ; x_{r+1}, ..., x_n)$ du système jacobien qui se réduit à $\varphi(x_{r+1}, ..., x_n)$ pour $x_1 = x_1^0$, ..., $x_r = x_r^0$, se change en une fonction $F(u_1, ..., u_r ; x_{r+1}, ..., x_n)$ qui se réduit à $\varphi(x_{r+1}, ..., x_n)$ pour $u_1 = 0$, quelles que soient les valeurs des autres variables $u_2, ..., u_r$. Mais on a, quelle que soit la fonction f,

$$\frac{\partial f}{\partial u_1} = \frac{\partial f}{\partial x_1} + \frac{\partial f}{\partial x_2} u_2 + \ ... \ + \frac{\partial f}{\partial x_r} u_r,$$

de sorte que toute intégrale du système jacobien (40) se change, par la transformation (41), en une fonction des variables $u_1, ..., u_r$, $x_{r+1}, ..., x_n$ qui satisfait aussi à une équation linéaire

$$(42) \qquad \frac{\partial f}{\partial u_1} + C_{r+1} \frac{\partial f}{\partial x_{r+1}} + \ ... \ + C_n \frac{\partial f}{\partial x_n} = 0,$$

où C_{r+1}, ..., C_n sont des fonctions holomorphes dans le voisinage des valeurs

$$u_1 = 0, \quad u_2 = \alpha_2, \quad ..., \quad u_r = \alpha_r, \quad x_{r+1} = x^0{}_{r+1}, \quad ..., \quad x_n = x_n{}^0,$$

quelles que soient les valeurs α_2, ..., α_n. Il est inutile d'écrire l'expression développée de ces coefficients, que l'on obtiendrait en remplaçant dans $\dfrac{\partial f}{\partial u_1}$ les dérivées $\dfrac{\partial f}{\partial x_1}$, $\dfrac{\partial f}{\partial x_2}$, ..., $\dfrac{\partial f}{\partial x_n}$ par leurs valeurs déduites des équations (40). Cette équation (42) admet une intégrale holomorphe et une seule, se réduisant à $\varphi(x_{r+1}, ..., x_n)$ pour $u_1 = 0$; ce qui conduit à la règle générale suivante :

Pour déterminer l'intégrale du système jacobien (40) qui se réduit à $\varphi(x_{r+1}, ..., x_n)$ quand on y fait $x_1 = x_1{}^0$, ..., $x_r = x_r{}^0$, il suffit de déterminer l'intégrale de l'équation linéaire (42), (où u_2, ..., u_r figurent comme paramètres), qui se réduit à $\varphi(x_{r+1}, ..., x_n)$ pour $u_1 = 0$, puis de remplacer dans cette intégrale u_1 par $x_1 - x_1{}^0$, et u_2, ..., u_r par

$$\frac{x_2 - x_2{}^0}{x_1 - x_1{}^0}, \quad ..., \quad \frac{x_r - x_r{}^0}{x_1 - x_1{}^0}$$

respectivement.

L'intégration du système jacobien (40) est donc ramenée à l'intégration de l'équation linéaire (42), c'est-à-dire à l'intégration d'un système de $n - r$ équations différentielles du premier ordre

$$(43) \qquad \frac{du_1}{1} = \frac{dx_{r+1}}{C_{r+1}} = \ldots = \frac{dx_n}{C_n}.$$

En particulier, les intégrales principales du système jacobien qui se réduisent à x_{r+1}, ..., x_n respectivement pour $x_1 = x_1{}^0$, ..., $x_r = x_r{}^0$ se déduisent des intégrales principales Ψ_1, ..., Ψ_{n-r} de l'équation (42) qui sont égales à x_{r+1}, ..., x_n pour $u_1 = 0$. On a vu plus haut (n° 10) comment on détermine ces intégrales principales quand on connaît l'intégrale générale du système (43). Soient $f_i(u_1, ..., u_r ; x_{r+1}, ..., x_n)$ $(i = 1, 2, ..., n - r)$ un système de $n - r$ intégrales distinctes de ces équations. Les intégrales principales s'obtiennent en résolvant les $n - r$ équations

$$f_i(u_1, u_2, \ldots u_r ; x_{r+1}, ..., x_n) =$$
$$f_i(0, u_2, ..., u_r ; \Psi_1, ..., \Psi_{n-r}), \qquad (i = 1, 2, ..., n - r)$$

par rapport à $\Psi_1, \Psi_2, \ldots, \Psi_{n-r}$. En y remplaçant ensuite $u_1, u_2, \ldots, u_r$ par les expressions tirées des formules (41), on obtient n intégrales distinctes du système jacobien et par suite l'intégrale générale.

EXEMPLE. — Reprenons le système d'Imschenetsky (32) intégré plus haut (n° **14**), qui conduit au système jacobien

$$\frac{\partial f}{\partial x_1} + (x_3 + 3x_1{}^2)\,\frac{\partial f}{\partial x_4} = 0, \quad \frac{\partial f}{\partial x_2} + x_2\,\frac{\partial f}{\partial x_4} = 0, \quad \frac{\partial f}{\partial x_3} + x_1\,\frac{\partial f}{\partial x_4} = 0.$$

Les coefficients étant holomorphes dans le domaine de l'origine, nous ferons le changement de variables

$$x_1 = u_1, \qquad x_2 = u_1 u_2, \qquad x_3 = u_1 u_3.$$

Toute intégrale du système satisfait aussi à l'équation

$$\frac{\partial f}{\partial u_1} = \frac{\partial f}{\partial x_1} + u_2\,\frac{\partial f}{\partial x_2} + u_3\,\frac{\partial f}{\partial x_3},$$

qui devient, en remplaçant $\dfrac{\partial f}{\partial x_1}$, $\dfrac{\partial f}{\partial x_2}$, $\dfrac{\partial f}{\partial x_3}$ par leurs expressions

$$\frac{\partial f}{\partial u_1} + (2u_1 u_3 + 3u_1{}^2 + u_1 u_2{}^2)\,\frac{\partial f}{\partial x_4} = 0.$$

On a donc à intégrer l'équation différentielle

$$\frac{du_1}{1} = \frac{dx_4}{2u_1 u_3 + 3u_1{}^2 + u_1 u_2{}^2};$$

l'intégration est immédiate et l'intégrale générale est

$$C = x_4 - u_1{}^2 u_3 - u_1{}^3 - \frac{u_1{}^2 u_2{}^2}{2}.$$

Nous avons immédiatement l'intégrale principale qui se réduit à x_4 pour $u_1 = 0$. En revenant aux anciennes variables, nous en déduisons l'intégrale principale du système jacobien $x_4 - x_1 x_3 - x_1{}^3 - \dfrac{1}{2}\,x_2{}^2$ qui se réduit à x_4 pour $x_1 = x_2 = x_3 = 0$. L'intégrale générale est une fonction arbitraire de cette intégrale principale.

M. Mayer est allé plus loin, et il a montré que *la connaissance d'une seule intégrale de l'équation* (42) *permet toujours d'obtenir,*

*sans aucune intégration, au moins une intégrale du système jaco-
bien* (40).

Pour démontrer cette importante proposition, supposons que
nous ayons fait, dans le système jacobien (40), le changement de
variables défini par les formules (41). Il se change en un nouveau
système jacobien

$$(44) \qquad U_1(f) = 0, \qquad U_2(f) = 0, \qquad \dots, \qquad U_r(f) = 0,$$

dont la première par exemple est identique à l'équation (42). Désignons toujours par $\Psi_1, \dots, \Psi_{n-r}$ les intégrales principales de cette
équation (42) qui se réduisent à $x_{r+1}, \dots, x_n$ pour $u_1 = 0$. Si on
revient aux variables primitives $(x_1, \dots, x_r, x_{r+1}, \dots, x_n)$, elles
deviennent, nous l'avons vu, des intégrales du système (40), et par
conséquent ces intégrales principales $\Psi_1, \dots, \Psi_{n-r}$, considérées
comme fonctions des variables $u_1, \dots, u_r, x_{r+1}, \dots, x_n$, sont aussi
des intégrales du système (44).

Cela posé, supposons que l'on connaisse une intégrale $f(u_1, \dots, u_r;
x_{r+1}, \dots, x_n)$ de l'équation (42) ; on a évidemment une relation
de la forme

$$(45) \quad f(u_1, \dots, u_r; x_{r+1}, \dots, x_n) = F(u_2, \dots, u_r; \Psi_1, \dots, \Psi_{n-r}),$$

puisque $u_2, \dots, u_r, \Psi_1, \dots, \Psi_{n-r}$ forment un système de $n - 1$ intégrales distinctes de cette équation. Pour déterminer la forme de la
fonction F, il suffit d'observer que pour $u_1 = 0$, $\Psi_1, \dots, \Psi_{n-r}$ se
réduisent respectivement à $x_{r+1}, \dots, x_n$. On doit donc avoir

$$f(0, u_2, \dots, u_r; x_{r+1}, \dots, x_n) = F(u_2, \dots, u_r; x_{r+1}, \dots, x_n),$$

ce qui détermine la fonction F, et la relation (45) devient

$$(45)' \quad f(u_1, \dots, u_r; x_{r+1}, \dots, x_n) = f(0, u_2, \dots, u_r; \Psi_1, \dots, \Psi_{n-r}).$$

L'une au moins des fonctions $\Psi_1, \dots, \Psi_{n-r}$ figure dans le second
membre. On peut donc en déduire l'expression de Ψ_1 par exemple
au moyen de $u_1, \dots, u_r; x_{r+1}, \dots, x_n; \Psi_2, \dots, \Psi_{n-r}$,

$$(46) \qquad \Psi_1 = \Theta_1(u_1, u_2, \dots, u_r; x_{r+1}, \dots, x_n; \Psi_2, \dots, \Psi_{n-r}).$$

Si Ψ_2, ..., Ψ_{n-r} ne figurent pas dans Θ_1, on a une intégrale du système jacobien. Si l'une au moins des fonctions Ψ_2, ..., Ψ_{n-r} figure dans Θ_1, écrivons que Ψ_1 est une intégrale du système jacobien (44). En observant que Ψ_2, ..., Ψ_{n-r} sont aussi des intégrales, on a les r relations

$$U_i(\Psi_1) = \frac{\partial \Theta_1}{\partial u_1} U_i(u_1) + \ldots + \frac{\partial \Theta_1}{\partial x_n} U_i(x_n) = 0$$
$$(i = 1, 2, ..., r).$$

Si l'une de ces relations ne se réduit pas à une identité, le premier membre contiendra l'une au moins des fonctions Ψ_2, ..., Ψ_{n-r}, puisque les variables u_1, ..., u_r, x_{r+1}, ..., x_n sont indépendantes. Supposons par exemple que l'une de ces relations contienne Ψ_2 ; en la résolvant par rapport à Ψ_2, on en tire

$$\Psi_2 = \Theta_2(u_1, ..., u_r ; \ x_{r+1}, ..., x_n ; \ \Psi_3, ..., \Psi_{n-r}).$$

Si toutes les relations

$$U_i(\Psi_2) = \frac{\partial \Theta_2}{\partial u_1} U_i(u_1) + \ldots + \frac{\partial \Theta_2}{\partial x_n} U_i(x_n) = 0$$
$$(i = 1, 2, ..., r)$$

ne se réduisent pas à des identités, on pourra tirer de l'une d'elles la valeur de Ψ_3 par exemple. En continuant ainsi, si l'on n'est jamais arrêté, on arrivera à une relation qui donnera Ψ_{n-r} et, par suite, en remontant, on aura toutes les autres intégrales Ψ_1, Ψ_2, ..., Ψ_{n-r-1} ; on aura donc non seulement une intégrale, mais *toutes* les intégrales du système jacobien. On ne peut être arrêté dans cette suite d'opérations que si l'on arrive à une formule

$$\Psi_k = \Theta_k(u_1, ..., u_r ; \ x_{r+1}, ..., x_n ; \ \Psi_{k+1}, ..., \Psi_{n-r}), \quad (k < n - r)$$

telle que toutes les expressions $U_i(\Theta_k)$ soient identiquement nulles. Mais, dans ce cas, il suffira de remplacer, dans Θ_k, Ψ_{k+1}, ..., Ψ_{n-r} par des constantes quelconques pour avoir une intégrale du système jacobien.

Pour préciser, du moins autant que cela est possible, les simplifications dues à la méthode de Mayer, appelons *opération m* la détermination d'une intégrale d'un système de m équations différentielles simultanées du premier ordre. L'intégration complète d'un pareil système exige les opérations $m, m-1, ..., 2, 1$, puisque la connaissance de μ intégrales distinctes permet de diminuer l'ordre du système de μ unités. L'intégration complète d'un système jacobien de r équations à n variables indépendantes par la méthode de Mayer exige donc les opérations $n-r, n-r-1, ..., 2, 1$, et la recherche d'une intégrale particulière du système exige une opération $n-r$.

Si l'on employait la première méthode d'intégration des systèmes jacobiens (n° **14**), on aurait à effectuer r fois la même suite d'opérations. La méthode de Jacobi exige aussi plus d'opérations que celle de Mayer, même dans les cas les plus favorables.

REMARQUE. — Dans la suite de cet Ouvrage, on rencontrera souvent des systèmes complets dont on connaît un certain nombre d'intégrales particulières, et dont on doit trouver une nouvelle intégrale, indépendante des premières, pour poursuivre l'application de la méthode. Soit

$$X_1(f) = 0, \ ..., \ X_r(f) = 0$$

un système complet de r équations à n variables indépendantes, dont on connaît *a priori* m intégrales $f_1, f_2, ..., f_m (m < n - r)$. Si l'on effectue un changement de variables de façon que m des nouvelles variables $y_1, ..., y_m$ soient précisément les intégrales $f_1, ..., f_m$ elles-mêmes, on est conduit à un système complet

$$Y_1(f) = 0, \qquad ..., \qquad Y_r(f) = 0,$$

admettant les m intégrales $y_1, ..., y_m$. Les dérivées $\dfrac{\partial f}{\partial y_1}, ..., \dfrac{\partial f}{\partial y_m}$ ne figurent donc pas dans ce système, que l'on peut considérer comme un système de r équations à $n-m$ variables indépendantes, $y_1, y_2, ..., y_m$ figurant comme paramètres dans les coefficients. *La détermination d'une intégrale de ce système* (qui ne soit pas une simple fonction de $y_1, ..., y_m$) *exige une opération* $n - m - r$ par la méthode de Mayer.

18. Equations linéaires avec seconds membres. — Considérons maintenant un système de q équations linéaires à une inconnue avec des seconds membres

$$(47)\ \mathrm{X}_i(f) = a_{1i}\frac{\partial f}{\partial x_1} + a_{2i}\frac{\partial f}{\partial x_2} + \ldots + a_{ni}\frac{\partial f}{\partial x_n} = b_i,\ (i = 1, 2, \ldots, q),$$

où les coefficients a_{hi} et les seconds membres b_i sont des fonctions des n variables x_1, x_2, ..., x_n, et ne dépendent pas de la fonction inconnue. On peut toujours supposer que les premiers membres sont indépendants ; si l'on avait en effet une relation de la forme

$$\lambda_1 \mathrm{X}_1(f) + \ldots + \lambda_q \mathrm{X}_q(f) = 0,$$

vérifiée identiquement quelle que soit la fonction f, sans que tous les coefficients λ_i soient nuls, les équations (47) ne peuvent admettre d'intégrale commune que si les seconds membres vérifient la relation

$$\lambda_1 b_1 + \ldots + \lambda_q b_q = 0,$$

et, dans ce cas, l'une au moins des équations (47) est une conséquence des autres.

Il est évident que, si l'on connaît une intégrale particulière $f = f_1$ du système (47) la substitution $f = f_1 + \varphi$, où φ est la nouvelle inconnue, conduit à un système linéaire et homogène

$$(48)\qquad \mathrm{X}_1(\varphi) = 0,\qquad \ldots,\qquad \mathrm{X}_q(\varphi) = 0.$$

L'intégrale générale du système linéaire avec des seconds membres (47) *s'obtient donc en ajoutant à une intégrale particulière de ce système l'intégrale générale du système linéaire obtenu en supprimant les seconds membres.*

En opérant sur le système (47) comme sur un système homogène, on peut adjoindre aux équations (47) d'autres équations de même forme, qui admettent toutes les intégrales de ce système. En effet, toute fonction f qui satisfait aux deux équations

$$\mathrm{X}_i(f) = b_i,\qquad \mathrm{X}_k(f) = b_k,$$

satisfait aussi aux deux équations

$$\mathrm{X}_i(\mathrm{X}_k(f)) = \mathrm{X}_i(b_k),$$
$$\mathrm{X}_k(\mathrm{X}_i(f)) = \mathrm{X}_k(b_i),$$

et par suite à l'équation

$$(49) \qquad X_i\left(X_h(f)\right) - X_h\left(X_i(f)\right) = X_i(b_h) - X_h(b_i),$$

qui est de même forme que les premières. Cela posé, si $X_i\left(X_h(f)\right) - X_h\left(X_i(f)\right)$ n'est pas une combinaison linéaire de $X_1(f)$, ..., $X_q(f)$, on adjoindra l'équation (49) au système proposé. Si l'on a une relation de la forme

$$X_i\left(X_h(f)\right) - X_h\left(X_i(f)\right) = \lambda_1 X_1(f) + \cdots + \lambda_q X_q(f),$$

il faudra que l'on ait aussi

$$(5o) \qquad X_i(b_h) - X_h(b_i) = \lambda_1 b_1 + \cdots + \lambda_q b_q$$

pour que les équations (47) soient compatibles. Si cette condition n'est pas vérifiée, le système proposé n'admet pas d'intégrale. Si cette condition est satisfaite, l'équation (49) est une conséquence *algébrique* des équations (47). En opérant de même avec toutes les équations du système (47) prises deux à deux, on constatera l'impossibilité du problème, ou bien on obtiendra un autre système de $q' > q$ équations linéaires qui admet toutes les intégrales du premier. En répétant les mêmes opérations par ce nouveau système, et ainsi de suite, tant que l'application du procédé conduit à de nouvelles équations, on arrivera à prouver que le système proposé est incompatible, ou on le remplacera par un nouveau système de r équations ($q \leqslant r \leqslant n$)

$$(5\mathrm{1}) \qquad X_1(f) = b_1, \qquad \ldots, \qquad X_r(f) = b_n,$$

dont les premiers membres sont linéairement distincts, et tel que toutes les équations

$$X_i\left(X_h(f)\right) - X_h\left(X_i(f)\right) = X_i(b_h) - X_h(b_i)$$

soient des conséquences algébriques des équations (51) elles-mêmes. Il faut pour cela que l'on ait, pour toutes les combinaisons des indices i, k, des relations de la forme

$$X_i\left(X_h(f)\right) - X_h\left(X_i(f)\right) = \lambda^1{}_{ih} X_1(f) + \cdots + \lambda^r{}_{ih} X_r(f),$$
$$X_i(b_h) - X_h(b_i) = \lambda^1{}_{ih} b_1 + \cdots + \lambda^r{}_{ih} b_r,$$
$$(i, k = \mathrm{1}, 2, \ldots, r).$$

Nous dirons pour abréger que tout système linéaire avec seconds membres qui jouit de ces propriétés est un *système complet avec seconds membres*.

En reprenant les calculs du nº **14**, on vérifierait encore que *tout changement de variables indépendantes conduit d'un système complet à un autre système complet*, et que *tout système équivalent à un système complet est lui-même un système complet*

Nous disons qu'un système

$$(52) \qquad Z_1(f) = c_1, \qquad \ldots, \qquad Z_r(f) = c_r,$$

est *équivalent* au système (51), si l'on a des relations de la forme

$$Z_i(f) = \lambda_{i1} X_1(f) + \ldots + \lambda_{ir} X_r(f),$$
$$c_i = \lambda_{i1} b_1 + \ldots + \lambda_{ir} b_r, \qquad (i = 1, 2, \ldots, r),$$

les λ_{ik} étant des coefficients dont le déterminant n'est pas nul. Il est clair que les systèmes (51) et (52) admettent les mêmes intégrales.

On peut éviter ce calcul en observant que, si le système (51) est un système complet, il en sera de même du système homogène

$$(53) \qquad X_i(F) = X_i(F) + c_i \frac{\partial F}{\partial t} = 0 \qquad (i = 1, 2, \ldots, r),$$

où t est une variable auxiliaire, et l'on passe du nouveau système au premier en posant $F = f - t$. Cela étant, tout changement de variables portant uniquement sur les variables x_i, sans que la variable t figure dans les formules, change le système (53) en un nouveau système complet de même forme, et le système correspondant (51) sera lui-même complet. La seconde propriété s'établit de la même façon.

L'intégration d'un système complet avec seconds membres se ramène à l'intégration du système complet obtenu en supprimant les seconds membres, suivie de quadratures.

En effet, supposons que l'on ait intégré le système complet sans seconds membres

$$X_1(f) = 0, \qquad \ldots, \qquad X_r(f) = 0 \, ;$$

on peut prendre un nouveau système de variables $(y_1, y_2, \ldots, y_n)$

tel que l'intégrale générale soit une fonction arbitraire de $y_{r+1}, \ldots, y_n$.
Dans le système obtenu après ce changement de variables,

$$Y_1(f) = 0, \qquad \ldots, \qquad Y_r(f) = 0,$$

les premiers membres ne doivent donc renfermer que les déri-

vées $\frac{\partial f}{\partial y_1}, \ldots, \frac{\partial f}{\partial y_r}$. Le système avec seconds membres

$$Y_1(f) = c_1, \qquad \ldots, \qquad Y_r(f) = c_r$$

déduit du système (52) par le même changement de variables peut
donc être remplacé par un système équivalent

$$(54) \qquad \frac{\partial f}{\partial y_1} = c'_1, \qquad \ldots, \qquad \frac{\partial f}{\partial y_r} = c'_r,$$

qui est lui-même un système complet. Ceci exige que l'on ait

$$\frac{\partial c'_i}{\partial y_k} = \frac{\partial c'_k}{\partial y_i}, \qquad (i, k = 1, 2, \ldots, r)$$

et, par suite, l'intégrale générale de ce nouveau système est

$$f = \int c'_1 \, dy_1 + \ldots + c'_r \, dy_r + \Phi(y_{r+1}, \ldots, y_n),$$

la fonction Φ étant arbitraire.

Exemple. — Etant donnée l'expression $P\,dx + Q\,dy + R\,dz$, où P, Q, R
sont des fonctions de trois variables x, y, z, proposons-nous de reconnaître si cette expression admet un facteur intégrant μ tel que
$\mu(P\,dx + Q\,dy + R\,dz)$ soit une différentielle totale. Ce facteur μ doit
satisfaire aux trois relations

$$P\frac{\partial \mu}{\partial z} - R\frac{\partial \mu}{\partial x} = \mu\left(\frac{\partial R}{\partial x} - \frac{\partial P}{\partial z}\right),$$

$$R\frac{\partial \mu}{\partial y} - Q\frac{\partial \mu}{\partial z} = \mu\left(\frac{\partial Q}{\partial z} - \frac{\partial R}{\partial y}\right),$$

$$Q\frac{\partial \mu}{\partial x} - P\frac{\partial \mu}{\partial y} = \mu\left(\frac{\partial P}{\partial y} - \frac{\partial Q}{\partial x}\right),$$

d'où l'on déduit une relation ne renfermant pas les dérivées de μ

$$\mu\left\{ P\left(\frac{\partial Q}{\partial z} - \frac{\partial R}{\partial y}\right) + Q\left(\frac{\partial R}{\partial x} - \frac{\partial P}{\partial z}\right) + R\left(\frac{\partial P}{\partial y} - \frac{\partial Q}{\partial x}\right) \right\} = 0:$$

le facteur μ étant par hypothèse différent de zéro, il faut donc que les fonctions P, Q, R vérifient la relation

$$(55) \qquad P\left(\frac{\partial Q}{\partial z} - \frac{\partial R}{\partial y}\right) + Q\left(\frac{\partial R}{\partial x} - \frac{\partial P}{\partial z}\right) + R\left(\frac{\partial P}{\partial y} - \frac{\partial Q}{\partial x}\right) = 0.$$

Cette condition est suffisante. Pour le démontrer, on peut évidemment supposer $R = -1$, car cela revient à remplacer P, Q, μ par $-\dfrac{P}{R}$, $-\dfrac{Q}{R}$, $-\mu R$ respectivement. L'équation (55) devient alors

$$(56) \qquad \frac{\partial Q}{\partial x} + P\frac{\partial Q}{\partial z} = \frac{\partial P}{\partial y} + Q\frac{\partial P}{\partial z}$$

tandis que les équations qui déterminent μ se réduisent à deux équations distinctes

$$\frac{\partial \mu}{\partial x} + P\frac{\partial \mu}{\partial z} + \mu\frac{\partial P}{\partial z} = 0,$$

$$\frac{\partial \mu}{\partial y} + Q\frac{\partial \mu}{\partial z} + \mu\frac{\partial Q}{\partial z} = 0.$$

En posant $\mu = e^{-\lambda}$, on est conduit à un système linéaire avec seconds membres

$$(56)' \qquad \begin{cases} X(\lambda) = \dfrac{\partial \lambda}{\partial x} + P\dfrac{\partial \lambda}{\partial z} = \dfrac{\partial P}{\partial z}, \\[2ex] Y(\lambda) = \dfrac{\partial \lambda}{\partial y} + Q\dfrac{\partial \lambda}{\partial z} = \dfrac{\partial Q}{\partial z}. \end{cases}$$

Ce système est complet, car on a d'après la relation (56),

$$X(Y(f)) = Y(X(f));$$

on a aussi

$$X\left(\frac{\partial Q}{\partial z}\right) = Y\left(\frac{\partial P}{\partial z}\right),$$

comme on le voit en différentiant par rapport à z les deux membres de la relation (56) (*Voir plus loin, n° 26, page 128*).

19. Equations linéaires simultanées de forme générale.

— Etant donné un système de q équations linéaires du premier ordre

$$(57) \qquad X_i(z) = a_{1i}\frac{\partial z}{\partial x_1} + a_{2i}\frac{\partial z}{\partial x_2} + \ldots + a_{ni}\frac{\partial z}{\partial x_n} = b_i,$$

$$(i = 1, 2, \ldots, q),$$

où les coefficients a_{ki} et les seconds membre b_i renferment les variables indépendantes et la fonction inconnue z, on démontre comme au n° **9** (page 48), que toute intégrale appartenant à une famille d'intégrales qui dépend d'une constante arbitraire peut être obtenue par l'intégration d'un système linéaire et homogène, dont les coefficients ne renferment pas la fonction inconnue, et par suite la question se ramène à l'intégration d'un système complet. Supposons en effet que la relation

$$(58) \qquad V(x_1, x_2, \ldots, x_n, z) = C,$$

où C est une constante quelconque, définisse une famille d'intégrales du système (47). On déduit de cette relation les expressions des dérivées partielles de z,

$$\frac{\partial V}{\partial x_i} + \frac{\partial V}{\partial z}\frac{\partial z}{\partial x_i} = 0, \qquad (i = 1, 2, \ldots, n)$$

et par suite la fonction V doit satisfaire aux q équations

$$(59) \qquad X_i(V) = a_{1i}\frac{\partial V}{\partial x_1} + \ldots + a_{ni}\frac{\partial V}{\partial x_n} + b_i\frac{\partial V}{\partial z} = 0,$$

$$(i = 1, 2, \ldots, \mu)$$

et ces relations doivent être vérifiées identiquement, puisque la constante C n'y figure pas.

Si le système (59) admet r intégrales distinctes

$$f_1(x_1, \ldots, x_n, z), f_2, \ldots, f_r,$$

toute intégrale *non singulière* du système linéaire (57) est définie par une relation

$$F(f_1, f_2, \ldots, f_r) = 0,$$

où la fonction F est arbitraire.

On reviendra plus loin sur les intégrales singulières (n° **62**).

Exercices et compléments

1. Intégrer les systèmes suivants, où $p_i = \dfrac{\partial f}{\partial x_i}$:

$$(1)\begin{cases} 2x_2 x_4^2 p_1 + x_3^2 x_4 p_4 + x_3^2 x_5 p_5 = 0, \\ 2x_2 p_2 - x_4 p_4 + x_5 p_5 = 0, \\ x_2 x_4^2 p_3 + x_1 x_3 x_4 p_4 + x_1 x_3 x_5 p_5 = 0. \end{cases}$$

(COLLET).

$$(2)\begin{cases} (x_4^2 - x_3^2)p_1 + (x_1 x_3 - x_2 x_4)p_3 + (x_2 x_3 - x_1 x_4)p_4 = 0, \\ (x_4^2 - x_3^2)p_2 + (x_2 x_3 - x_1 x_4)p_3 + (x_1 x_3 - x_2 x_4)p_4 = 0. \end{cases}$$

(COLLET).

$$(3)\begin{cases} x_1 p_1 - x_2 p_2 + x_3 p_3 - x_4 p_4 = 0, \\ x_3 p_1 + x_4 p_2 - x_1 p_3 - x_2 p_4 = 0. \end{cases}$$

(COLLET).

$$(4)\begin{cases} 2x_5 p_4 + x_1^2 p_5 = 0, \\ x_1^2 p_1 - 2x_5 p_2 + (x_1^2 x_4 - 2x_5)p_3 - 2x_1 x_4 p_4 = 0. \end{cases}$$

(GRAINDORGE).

$$(5)\begin{cases} x_1 p_5 - x_2 p_4 = 0, \\ [x_2(1 + x_5^2) + x_1 x_4 x_5] (p_1 + x_4 p_3) \\ \qquad - [x_2 x_4 x_5 + x_1(1 + x_4^2)] (p_2 + x_5 p_3) = 0. \end{cases}$$

$$(6)\begin{cases} x_1(p_1 + x_4 p_3) + x_2(p_2 + x_5 p_3) = 0, \\ x_1 p_4 + x_2 p_5 + (x_1 x_4 + x_2 x_5)(x_4 p_4 + x_5 p_5) = 0. \end{cases}$$

$$(7)\begin{cases} [x_4(x_1 x_4 + x_2 x_5 - x_3) - x_1(1 + x_4^2 + x_5^2)]p_5 = \\ \qquad [x_5(x_1 x_4 + x_2 x_5 - x_3) - x_2(1 + x_4^2 + x_5^2)]p_4 \\ (x_2 + x_3 x_5)p_1 - (x_1 + x_3 x_4)p_2 + (x_4 x_2 - x_1 x_5)p_3 = 0. \end{cases}$$

$$(8)\begin{cases} (x_1 + x_3 x_4)p_4 + (x_2 + x_5 x_3)p_5 = 0, \\ [x_4(x_1 x_4 + x_2 x_5 - x_3) - x_1(1 + x_4^2 + x_5^2)](p_1 + x_4 p_3) \\ \quad + [x_5(x_1 x_4 + x_2 x_5 - x_3) - x_2(1 + x_4^2 + x_5^2)](p_2 + x_5 p_3) = 0. \end{cases}$$

$$(9)\begin{cases} (x_4 - x_5)p_3 + (x_5 - x_6)p_1 + (x_6 - x_4)p_2 = 0, \\ (x_4 - x_5)p_4 + (x_5 - x_1)p_1 + (x_1 - x_4)p_2 = 0, \\ (x_4 - x_5)p_5 + (x_5 - x_2)p_1 + (x_2 - x_4)p_2 = 0, \\ (x_4 - x_5)p_6 + (x_5 - x_3)p_1 + (x_3 - x_4)p_2 = 0. \end{cases}$$

(FORSYTH).

2. Intégrer le système linéaire avec seconds membres

$$\begin{aligned} (x_1^2 - x_2^2 - x_2 x_3)p_3 - x_1(x_1 + x_2)p_1 &= 2(x_1 + x_2), \\ (x_2^2 - x_1^2 - x_1 x_3)p_3 - x_2(x_1 + x_2)p_2 &= 2(x_1 + x_2). \end{aligned}$$

(FORSYTH).

3. Déterminer la fonction $\lambda(x_1, x_2, x_3, x_4, x_5)$ de telle façon que les équations

$$p_5 + \lambda p_4 = 0, \qquad p_1 + x_4 p_3 - \lambda p_2 - \lambda x_5 p_3 = 0$$

forment un système complet.

4. Généralisation de la théorie des intégrales premières. — Soient $x_i = \Theta_i(t)\,(i = 1, 2, \ldots, n)$ un système de solutions des équations différentielles

$$(1) \qquad \frac{dx_1}{A_1} = \frac{dx_2}{A_2} = \ldots = \frac{dx_n}{A_n};$$

si $F(x_1, \ldots, x_n)$ est une intégrale première de ce système, toute solution satisfait à une relation de la forme

$$F(x_1, x_2, \ldots, x_n) = C,$$

où C est une constante. Supposons, plus généralement, que toute solution des équations (1) vérifie une relation de la forme.

$$(2) \qquad \Psi(x_1, x_2, \ldots, x_n\,;\, C_1, C_2, \ldots, C_p) = 0,$$

où $C_1, C_2, \ldots, C_p$ sont des constantes, variables, en général, d'un système de solutions à un autre. C'est ce qui arriverait par exemple si l'on connaissait *a priori* une ou plusieurs relations entre les variables x_i et leurs valeurs initiales. Nous allons montrer que l'on peut déduire de l'équation (2) une ou plusieurs intégrales premières du système (1).

Supposons l'équation (2) résolue par rapport à C_p,

$$C_p = F(x_1, x_2, \ldots, x_n\,;\, C_1, C_2, \ldots, C_{p-1});$$

les coordonnées $x_i = \Theta_i(t)$ d'une solution quelconque des équations (1) vérifieront aussi la relation

$$A(F) = \sum_i A_i\,\frac{\partial F}{\partial x_i} = \Phi(x_1, \ldots, x_n\,;\, C_1, C_2, \ldots, C_{p-1}) = 0.$$

Si cette nouvelle relation est vérifiée identiquement, $F = C^{te}$ est une intégrale du système (1), quelles que soient les valeurs des constantes $C_1, C_2, \ldots, C_{p-1}$. Si $\Phi = 0$ ne se réduit pas à une identité, elle contient l'une au moins des constantes $C_1, C_2, \ldots, C_{p-1}$. Si elle contient C_{p-1}, par exemple, résolvons-la par rapport à cette constante :

$$C_{p-1} = F_1(x_1, \ldots, x_n\,;\, C_1, C_2, \ldots, C_{p-2}).$$

En opérant de la même façon, on en déduit une nouvelle relation

$$A(F_1) = 0$$

qui peut être vérifiée identiquement, ou non. Si c'est une identité, remplaçons C_{p-1} par F_1 dans F, et soit

$$\bar{\mathcal{F}}(x_1, \ldots, x_n; C_1, C_2, \ldots, C_{p-2}) = F(x_1, \ldots x_n; C_1, \ldots, C_{p-2}, F_1)$$

la fonction ainsi obtenue. On a

$$A(\bar{\mathcal{F}}) = A(F) + \frac{\partial F}{\partial C_{p-1}} A(F_1) = o,$$

puisque $C_{p-1} = F_1$ a été obtenue en résolvant par rapport à C_p la relation $A(F) = o$. Les deux fonctions F_1 et $\bar{\mathcal{F}}$ sont donc deux intégrales premières du système (1).

Si $A(F_1)$ n'est pas identiquement nul, on tirera une autre des constantes $C_1, C_2, \ldots, C_{p-2}$ de la relation $A(F_1) = o$, et, en continuant ainsi, on finira par arriver à une formule

$$C_{p-q} = F_q(x_1, \ldots, x_n; C_1, \ldots, C_{p-q-1})$$

telle que $A(F_q)$ soit identiquement nul. On en déduit de proche en proche des expressions de $C_{p-q+1}, \ldots, C_{p-1}, C_p$ de la forme

$$C_p = \Phi_0(x_1, \ldots, x_n; C_1, \ldots, C_{p-q-1}),$$
$$\cdots \cdots \cdots \cdots \cdots \cdots$$
$$C_{p-q} = \Phi_q(x_1, \ldots, x_n; C_1, \ldots, C_{p-q-1}),$$

telles que l'on ait identiquement

$$A(\Phi_0) = o, \quad A(\Phi_1) = o, \quad \ldots, \quad A(\Phi_q) = o;$$

et par conséquent $\Phi_0, \ldots, \Phi_q$ sont des intégrales du système (1).

Si $\Phi_0, \ldots, \Phi_p$ contiennent encore des constantes C_k, leurs dérivées par rapport à ces constantes seront encore des intégrales ; car la relation $A(\Phi_i) = o$ donne par différentiation $A\left(\dfrac{\partial \Phi_i}{\partial C_k}\right) = o$. En adjoignant ces intégrales aux précédentes, on ne s'arrêtera que lorsqu'on aura formé un système d'intégrales distinctes $u_1, u_2, \ldots, u_h$,

$$u_1 = \varphi_1(x_1, \ldots, x_n; C_1, \ldots, C_k),$$
$$u_2 = \varphi_2(x_1, \ldots, x_n; C_1, \ldots, C_k),$$
$$\cdots \cdots \cdots \cdots \cdots \cdots$$
$$u_h = \varphi_h(x_1, \ldots, x_n; C_1, \ldots, C_k),$$

tel que

$$\frac{\partial u_i}{\partial C_j} = \bar{\mathcal{F}}(u_1, \ldots, u_h; C_1, \ldots, C_k) \qquad \left(\begin{array}{l} i = 1, 2, \ldots, h \\ j = 1, 2, \ldots, k \end{array}\right).$$

Le procédé employé ne donnera plus d'intégrales. Si $h = n-1$, on a l'intégrale générale du système (1). Si $h < n-1$, nous allons montrer que les constantes C_1, C_2, ..., C_k peuvent être remplacées par des valeurs numériques quelconques, et que les intégrales premières obtenues en laissant aux constantes des valeurs arbitraires sont des combinaisons de celles-là.

En effet, puisque toutes les dérivées premières des fonctions φ_i par rapport aux constantes C_j s'expriment uniquement au moyen de ces constantes et des fonctions φ_i elles-mêmes, il en sera de même de toutes les dérivées d'ordre supérieur.

Si l'on suppose ces fonctions φ_i développées par la série de Taylor suivant les puissances des différences $C_j - C_j^0$, tous les coefficients seront des fonctions des valeurs initiales C_j^0, et par suite toutes les intégrales premières ainsi obtenues ne seront pas plus générales que celles que l'on obtient en posant $C_j = C_j^0$.

Par exemple, si les courbes intégrales du système $\dfrac{dx}{P} = \dfrac{dy}{Q} = \dfrac{dz}{R}$ sont planes, on obtiendra sans aucune intégration ces courbes planes, sauf dans le cas où les plans de ces courbes enveloppent une surface développable. On aura alors seulement une intégrale première.

5. Trouver les conditions nécessaires et suffisantes pour que les caractéristiques de l'équation linéaire $Pp + Qq = R$ soient des lignes droites. [On peut exprimer, par exemple, que les droites D forment une congruence, et non un complexe].

Application. — En déduire que l'équation $\Theta(x, y, z) = C$ représente une famille de surfaces parallèles si l'on a

$$\left(\frac{\partial \Theta}{\partial x} \right)^2 + \left(\frac{\partial \Theta}{\partial y} \right)^2 + \left(\frac{\partial \Theta}{\partial z} \right)^2 = \varphi(\Theta),$$

et dans ce cas seulement.

6. Équations simultanées de Jacobi. — La méthode générale d'intégration des équations linéaires à une seule fonction inconnue a été étendue par Jacobi [1] aux systèmes normaux d'équations du premier ordre de la forme

$$(1) \qquad A_1 \frac{\partial z_i}{\partial x_1} + A_2 \frac{\partial z_i}{\partial x_2} + \ldots + A_n \frac{\partial z_i}{\partial x_n} = B_i,$$
$$(i = 1, 2, \ldots, r),$$

A_1, A_2, ..., A_n, B_1, B_2, ..., B_r étant des fonctions de n variables indépendantes x_1, x_2, ..., x_n, et des r fonctions inconnues z_1, z_2, ..., z_r.

[1] *Journal de Crelle, tome II, p. 317-329 (1827).*

La théorie géométrique des caractéristiques s'étend facilement à ces systèmes.

Soit

$$(2) \qquad z_1 = \varphi_1 (x_1, x_2, \ldots, x_n),\ z_2 = \varphi_2, \ldots,\ z_r = \varphi_r$$

un système d'intégrales des équations (1); si l'on regarde $x_1, \ldots, x_n$, $z_1, \ldots, z_r$ comme les coordonnées d'un point dans l'espace à $n + r$ dimensions, les équations (2) représentent dans cet espace une multiplicité M_n à n dimensions, qui est l'analogue d'une surface intégrale dans le cas d'une seule fonction inconnue. Considérons d'autre part les multiplicités à une dimension Γ_1, telles que les coordonnées d'un point de chacune de ces multiplicités soient des fonctions d'une variable indépendante satisfaisant aux équations différentielles

$$(3) \qquad \frac{dx_1}{A_1} = \frac{dx_2}{A_2} = \ldots = \frac{dx_n}{A_n} = \frac{dz_1}{B_1} = \ldots = \frac{dz_r}{B_r};$$

nous dirons que ces multiplicités Γ_1 sont les *caractéristiques* du système (1). Pour justifier cette définition, il suffit de montrer que M_n est un lieu de caractéristiques, et inversement qu'en associant suivant une loi arbitraire les multiplicités caractéristiques, de façon à engendrer une multiplicité M_n à n dimensions, on obtient tous les systèmes d'intégrales des équations (1).

Soit M_n la multiplicité définie par les équations (2), où $\varphi_1, \varphi_2, \ldots, \varphi_r$ forment un système d'intégrales des équations (1). Les équations différentielles

$$(4) \qquad \frac{dx_1}{A_1} = \frac{dx_2}{A_2} = \ldots = \frac{dx_n}{A_n} = dt,$$

où t désigne une variable auxiliaire introduite uniquement pour la symétrie, définissent sur M_n une famille de multiplicités à une dimension C_1, telle qu'il en passe une, et une seule en général, par chaque point de M_n. En effet, si l'on suppose que l'on ait remplacé $z_1, z_2, \ldots, z_r$ par $\varphi_1, \varphi_2, \ldots, \varphi_r$ respectivement dans $A_1, A_2 \ldots, A_n$, on obtient un système de n équations différentielles du premier ordre pour déterminer $x_1, x_2, \ldots, x_n$ en fonction de t. Le long de l'une de ces multiplicités C_1, $z_1, z_2, \ldots, z_r$ sont aussi des fonctions de la variable t, dont il est facile de calculer les dérivées. On a, par exemple,

$$\frac{dz_i}{dt} = \frac{\partial \varphi_i}{\partial x_1} \frac{dx_1}{dt} + \ldots + \frac{\partial \varphi_i}{\partial x_n} \frac{dx_n}{dt}$$

$$= A_1 \frac{\partial \varphi_i}{\partial x_1} + \ldots + A_n \frac{\partial \varphi_i}{\partial x_n} = B_i,$$

puisque φ_1, φ_2, ..., φ_r forment un système d'intégrales des équations (1).
On a donc aussi, le long de C_1,

$$\frac{dz_1}{B_1} = \frac{dz_2}{B_2} = .. = \frac{dz_r}{B_r} = dt,$$

et par suite les multiplicités C_1 situées sur M_n font partie des caractéristiques du système (1). *La multiplicité M_n est donc un lieu de caractéristiques.*

Inversement, soient u_1, u_2, ..., u_{n+r-1} un système de $n+r-1$ intégrales distinctes des équations (3), les caractéristiques Γ_1 sont représentées par les $n+r-1$ équations

$$u_1 = a_1, \quad u_2 = a_2, \ldots, u_{n+r-1} = a_{n+r-1},$$

et dépendent des $n+r-1$ constantes arbitraires a_i. Pour que ces courbes engendrent une multiplicité M_n, il faut établir r relations entre ces constantes, et la multiplicité M_n est représentée par un système de r équations

$$(5) \qquad F_1(u_1, u_2, \ldots, u_{n+r-1}) = 0, \; F_2 = 0, \ldots, F_r = 0,$$

F_1, F_2, ..., F_r étant des fonctions arbitraires. Supposons que ces équations aient été résolues par rapport à z_1, z_2, ..., z_r,

$$(6) \qquad z_1 = \varphi_1(x_1, \ldots, x_n), .. , z_r = \varphi_r(x_1, x_2, \ldots, x_n),$$

les deux systèmes (5) et (6) étant équivalents, tout au moins quand on reste dans le voisinage d'un point ordinaire $(x_1^0, \ldots, x_n^0, z_1^0 \ldots, z_r^0)$ de M_n. Nous montrerons que *les fonctions φ_1, φ_2, ..., φ_r forment un système d'intégrales des équations* (1) En effet, la multiplicité M_n étant un lieu de caractéristiques, par un point quelconque de M_n il passe une caractéristique située toute entière sur M_n Le long de cette caractéristique, x_1, x_2, ..., x_n, z_1, ..., z_r sont des fonctions d'une variable auxiliaire satisfaisant aux relations (3). Mais on a aussi entre les différentielles dx_i, dz_h, les relations

$$dz_i = \frac{\partial \varphi_i}{\partial x_1} dx_1 + \ldots + \frac{\partial \varphi_i}{\partial x_n} dx_n,$$
$$(i = 1, 2, \ldots, r)$$

qui deviennent, en remplaçant dx_1, dx_2, ..., dx_n, dz_i par les quantités proportionnelles A_1, A_2, ..., A_n, B_i,

$$A_1 \frac{\partial \varphi_i}{\partial x_1} + \ldots + A_n \frac{\partial \varphi_i}{\partial x_n} = B_i,$$
$$(i = 1, 2, \ldots, r),$$

ce qui démontre la proposition énoncée.

7. Intégrer les systèmes d'équations simultanées

$$(\mathrm{I})\begin{cases} x_1 \dfrac{\partial f}{\partial x_1} + x_2 \dfrac{\partial f}{\partial x_2} + x_3 \dfrac{\partial f}{\partial x_3} + x_4 \dfrac{\partial f}{\partial x_4} = 0, \\[2ex] x_2 \dfrac{\partial f}{\partial x_2} + 2x_3 \dfrac{\partial f}{\partial x_3} + 3x_4 \dfrac{\partial f}{\partial x_4} = 0, \\[2ex] 3x_1^2 \dfrac{\partial f}{\partial x_2} + 10x_1 x_2 \dfrac{\partial f}{\partial x_3} + (10x_2^2 + 15x_1 x_3) \dfrac{\partial f}{\partial x_4} = 0, \end{cases}$$

$$(\mathrm{II})\begin{cases} q \dfrac{\partial f}{\partial p} - p \dfrac{\partial f}{\partial q} + 2s \dfrac{\partial f}{\partial r} + (t-r) \dfrac{\partial f}{\partial s} - 2s \dfrac{\partial f}{\partial t} = 0, \\[2ex] pq \dfrac{\partial f}{\partial p} + (1+q^2) \dfrac{\partial f}{\partial q} + (2ps+qr) \dfrac{\partial f}{\partial r} + (2qs+pt) \dfrac{\partial f}{\partial s} + 3qt \dfrac{\partial f}{\partial t} = 0, \end{cases}$$

$$(\mathrm{III})\begin{cases} x_2 p_2 + x_3 p_3 + x_4 p_4 + x_5 p_5 + x_6 p_6 + x_7 p_7 = 0, \\[1ex] x_2 p_3 + 2x_3 p_4 + 3x_4 p_5 + 4\,x_5 p_6 + 5x_6 p_7 = 0, \\[1ex] x_3 p_3 + 2x_4 p_4 + 3x_5 p_3 + 4\,x_6 p_6 + 5x_7 p_7 = 0 \\[1ex] x_2 x_3 p_4 + 3x_3^2 p_5 + (7x_3 x_4 - x_2 x_5)p_6 + (8x_3 x_5 - 2x_2 x_6 + 4x_4^2)p_7 = 0. \end{cases}$$

Ernst Lindelöf (Acta Societatis scientiarum Fennicæ,
t. XX, n° 1, pp. 51, 53, 60).

CHAPITRE III

ÉQUATIONS LINÉAIRES AUX DIFFÉRENTIELLES TOTALES

20. Systèmes complètement intégrables. — Considérons un système d'équations aux différentielles totales

$$(1) \quad \begin{cases} dx_{p+1} = b_{11}dx_1 + b_{12}dx_2 + \ldots + b_{1p}dx_p, \\ dx_{p+2} = b_{21}dx_1 + b_{22}dx_2 + \ldots + b_{2p}dx_p, \\ \cdot \quad \cdot \quad \cdot \quad \cdot \quad \cdot \quad \cdot \quad \cdot \quad \cdot \quad \cdot \quad \cdot \\ dx_{p+m} = b_{m1}dx_1 + b_{m2}dx_2 + \ldots + b_{mp}dx_p, \end{cases}$$

où x_1, x_2, ..., x_p sont des variables indépendantes, x_{p+1}, ..., x_{p+m} des fonctions de ces variables, et où les coefficients b_{ik} sont des fonctions quelconques de x_1, ..., x_{p+m}. Ce système est évidemment équivalent au système d'équations aux dérivées partielles suivant

$$(2) \quad \begin{cases} \dfrac{\partial x_{p+1}}{\partial x_1} = b_{11}, \dfrac{\partial x_{p+1}}{\partial x_2} = b_{12}, \quad \ldots, \quad \dfrac{\partial x_{p+1}}{\partial x_p} = b_{1p}, \\ \dfrac{\partial x_{p+2}}{\partial x_1} = b_{21}, \dfrac{\partial x_{p+2}}{\partial x_2} = b_{22}, \quad \ldots, \quad \dfrac{\partial x_{p+2}}{\partial x_p} = b_{2p}, \\ \cdot \quad \cdot \quad \cdot \quad \cdot \quad \cdot \quad \cdot \quad \cdot \quad \cdot \quad \cdot \quad \cdot \\ \dfrac{\partial x_{p+m}}{\partial x_1} = b_{m1}, \dfrac{\partial x_{p+m}}{\partial x_2} = b_{m2}, \quad \ldots, \quad \dfrac{\partial x_{p+m}}{\partial x_p} = b_{mp}, \end{cases}$$

et peut par conséquent être considéré comme un cas particulier des systèmes de König (n° **8**, p. 41). Nous établirons directement ses propriétés.

Les dérivées partielles $\dfrac{\partial^2 x_{p+h}}{\partial x_i \partial x_k}$ $(i \neq k)$ peuvent être calculées de deux façons différentes. En différentiant l'équation $\dfrac{\partial x_{p+h}}{\partial x_i} = b_{hi}$ par rapport à x_k et en tenant compte des relations (2) elles-mêmes qui donnent $\dfrac{\partial x_{p+1}}{\partial x_k}$, ..., $\dfrac{\partial x_{p+m}}{\partial x_k}$ en fonction des variables x_1, ..., x_{p+m}, on obtient

$$\frac{\partial^2 x_{p+h}}{\partial x_i \partial x_k} = \frac{\partial b_{hi}}{\partial x_k} + \frac{\partial b_{hi}}{\partial x_{p+1}} b_{1k} + \ldots + \frac{\partial b_{hi}}{\partial x_{p+m}} b_{mk},$$

ce que nous écrirons d'une façon abrégée

$$\frac{\partial^2 x_{p+h}}{\partial x_i \partial x_k} = X_k(b_{hi}),$$

en posant

$$X_k(f) = \frac{\partial f}{\partial x_k} + \frac{\partial f}{\partial x_{p+1}} b_{1k} + \ldots + \frac{\partial f}{\partial x_{p+m}} b_{mk}$$
$$(k = 1, 2, \ldots, p).$$

On trouverait de même en partant de l'équation $\dfrac{\partial x_{p+h}}{\partial x_k} = b_{hk}$, et en différentiant les deux membres par rapport à x_i,

$$\frac{\partial^2 x_{p+h}}{\partial x_k \partial x_i} = X_i(b_{hk}).$$

Tout système d'intégrales des équations (2) doit donc satisfaire aussi aux relations

$$(3) \qquad\qquad X_k(b_{hi}) - X_i(b_{hk}) = 0,$$
$$(i,\ k = 1, 2, \ldots, p), \qquad (h = 1, 2, \ldots, m).$$

Le système (1) est dit *complètement intégrable*, si les conditions (3) sont vérifiées identiquement, quelles que soient les valeurs attribuées aux variables x_1, x_2, ..., x_{p+m}. Pour que l'on puisse choisir arbitrairement les valeurs des intégrales du système (1) qui correspondent à des valeurs initiales données des variables indépendantes x_1, x_2, ..., x_p, il est *nécessaire* que les relations (3) se réduisent à des identités, car, s'il n'en était pas ainsi, elles donneraient des relations entre ces valeurs initiales. Ces conditions sont suffisantes, ainsi qu'il résulte du théorème général d'existence [1].

[1] Bouquet. *Bulletin des Sciences Mathématiques et Astronomiques*, t III, 1re série, p. 265, 1872.
Méray. *Précis d'Analyse, et Leçons nouvelles sur l'Analyse infinitésimale*, t. I, 1894.

Théorème. — *Le système* (1) *étant complètement intégrable, soient* $x_1^0, x_2^0, \ldots, x_p^0, x_{p+1}^0, \ldots, x_{p+m}^0$ *un système de valeurs dans le voisinage duquel les coefficients* b_{ik} *sont holomorphes ; les équations* (1) *admettent un système d'intégrales, et un seul, qui sont holomorphes dans le voisinage des valeurs* $x_1^0, \ldots, x_p^0$, *et qui prennent les valeurs* $x_{p+1}^0, \ldots, x_{p+m}^0$ *respectivement pour* $x_1 = x_1^0$, $\ldots, x_p = x_p^0$.

La démonstration, comme celle de tous les théorèmes d'existence analogues, comprend deux parties. Nous démontrerons d'abord que l'on peut former des séries entières ordonnées suivant les puissances de $x_1 - x_1^0, \ldots, x_p - x_p^0$, satisfaisant formellement aux équations (2). En effet, ces équations et celles que l'on en déduit par des différentiations successives, permettent d'exprimer toutes les dérivées partielles des fonctions inconnues $x_{p+1}, \ldots, x_{p+m}$ au moyen de $x_1, \ldots, x_{p+m}$, et par suite de calculer les coefficients des développements des intégrales holomorphes si elles existent. Mais, tandis qu'il est *clair* qu'on ne peut calculer que d'une seule façon les dérivées telles que $\frac{\partial^r x_{p+h}}{\partial x_1^r}$, où figure une seule variable indépendante, il n'est nullement évident qu'on obtiendra toujours la même expression pour une dérivée partielle où figurent plusieurs variables distinctes, qui peut être calculée de plusieurs façons différentes. Il en est bien ainsi pour les dérivées du second ordre lorsque le système (1) est complètement intégrable, car c'est en exprimant cette identité de deux expressions que nous avons été conduits aux conditions d'intégrabilité (3). Pour démontrer que la propriété est générale, il suffira donc de vérifier que, si elle est vraie jusqu'aux dérivées partielles d'ordre r, elle est encore vraie pour les dérivées partielles d'ordre $r + 1$. Nous nous appuierons pour cela sur la remarque suivante. Soit $U(x_1, \ldots, x_p, x_{p+1}, \ldots, x_{p+m})$ une fonction quelconque de $x_1, \ldots x_{p+m}$; posons

$$\frac{dU}{dx_i} = \frac{\partial U}{\partial x_i} + \frac{\partial U}{\partial x_{p+1}} b_{1i} + \frac{\partial U}{\partial x_{p+2}} b_{2i} + \ldots + \frac{\partial U}{\partial x_{p+m}} b_{mi} = X_i(U),$$

$$\frac{d^2U}{dx_i dx_k} = \frac{d}{dx_k}\left(\frac{dU}{dx_i}\right), \quad (i, k = 1, 2, \ldots, p).$$

Le sens de ces notations est bien clair ; si l'on suppose qu'on ait remplacé x_{p+1}, ..., x_{p+m} par des intégrales du système (1), U devient une fonction des p variables indépendantes x_1, x_2, ..., x_p, dont la dérivée partielle par rapport à x_i est égale à $\dfrac{dU}{dx_i}$. Lorsque le système (1) est complètement intégrable, on déduit immédiatement des relations (3) que l'on a, quelle que soit la fonction U(x_1, ..., x_{p+m}),

$$(4) \qquad \frac{d^2U}{dx_i dx_k} = \frac{d^2U}{dx_k dx_i} \, .$$

En effet, cette relation n'est autre chose que

$$X_i(X_k(U)) - X_k(X_i(U)) = 0,$$

et l'on a identiquement (n° **13**)

$$X_i X_k(U)) - X_k(X_i(U)) = \sum_{h=1}^{p} \frac{\partial U}{\partial x_h} \left[X_i(b_{hk}) - X_k(b_{hi}) \right] ;$$

les relations (4) sont donc des conséquences des conditions d'intégrabilité. Cela posé, soient u et v deux dérivées partielles d'ordre r de x_{p+h}, qui ne diffèrent qu'en ce qu'une dérivation par rapport à x_i y a été remplacée par une dérivation par rapport à x_k. Tout revient à démontrer que l'on a encore

$$\frac{du}{dx_k} = \frac{dv}{dx_i} \, .$$

Mais u et v ont été obtenues en prenant les dérivées d'une dérivée partielle d'ordre $r-1$ par rapport aux variables x_i et x_k respectivement. On a donc $u = \dfrac{dw}{dx_i}$, $v = \dfrac{dw}{dx_k}$, et l'égalité à vérifier se réduit à $\dfrac{d^2w}{dx_i dx_k} = \dfrac{d^2w}{dx_k dx_i}$, relation que l'on vient de démontrer.

Pour établir la convergence des développements obtenus. on peut remplacer les coefficients b_{ik} par des fonctions majorantes de façon que le système auxiliaire d'équations aux différentielles totales ainsi obtenu soit lui-même complètement intégrable. Supposons, pour simplifier, $x_1^0 = 0$ ..., $x^0_{p+m} = 0$; on peut prendre pour fonction majorante de tous les coefficients b_{ik} une expression de la forme

$$\Phi = \frac{M}{\left(1 - \dfrac{x_1 + \ldots + x_p}{r}\right)\left(1 - \dfrac{X_{p+1} + \ldots + X_{p+m}}{\rho}\right)},$$

et il suffira de démontrer que le système auxiliaire

$$(1)' \qquad dX_{p+1} = \ldots = dX_{p+m} = \Phi(dx_1 + \ldots + dx_p)$$

admet un système d'intégrales holomorphes dans le domaine du point $x_1 = 0$, ..., $x_p = 0$, s'annulant pour ce système de valeurs. On obtient évidemment un système d'intégrales satisfaisant à ces conditions en posant

$$X_{p+1} = X_{p+2} = \ldots = X_{p+m} = Z,$$

Z étant l'intégrale holomorphe de l'équation différentielle

$$\frac{dZ}{dX} = \frac{M}{\left(1 - \dfrac{X}{r}\right)\left(1 - \dfrac{mZ}{\rho}\right)},$$

(où $X = x_1 + \ldots + x_p$), qui est nulle pour $X = 0$. Cette intégrale Z est représentée par un développement en série entière en x_1, ..., x_p, dont tous les coefficients sont des nombres réels positifs. Les séries obtenues pour les intégrales du système (1) qui s'annulent pour $x_1 = 0$, ..., $x_p = 0$ sont donc convergentes dans le même domaine.

21. Recherche des intégrales. — La détermination des intégrales dont on vient de démontrer l'existence, correspondant à un système de valeurs initiales données, se ramène à la résolution du même problème pour p systèmes successifs d'équations différentielles ordinaires, à une seule variable indépendante. Soit

$$x_{p+1} = F_1(x_1, \ldots, x_p), \ldots, x_{p+m} = F_m(x_1, \ldots, x_p)$$

ce système d'intégrales. Posons, pour abréger,

$$f_{11}(x_1) = F_1(x_1, x_2^0, \ldots, x_p^0), \ldots, f_{m1}(x_1) = F_m(x_1, x_2^0, \ldots, x_p^0),$$
$$f_{12}(x_1, x_2) = F_1(x_1, x_2; x_3^0, \ldots, x_p^0), \ldots$$
$$f_{m2}(x_1, x_2) = F_m(x_1, x_2; x_3^0, \ldots, x_p^0).$$

et, d'une manière générale,

$$f_{hi}(x_1, x_2, \ldots, x_i) = F_h(x_1, \ldots, x_i ; x^0_{i+1}, \ldots, x_p{}^0),$$
$$(b_{hi})_0 = b_{hi}(x_1, \ldots, x_i ; x^0_{i+1}, \ldots, x_p{}^0 ; x_{p+1}, \ldots, x_{p+m}).$$

Les fonctions $f_{11}, \ldots, f_{m1}$ de la variable x_1 sont les intégrales du système d'équations différentielles

$$\frac{\partial x_{p+1}}{\partial x_1} = (b_{11})_0, \qquad \ldots, \qquad \frac{\partial x_{p+m}}{\partial x_1} = (b_{m1})_0,$$

déduit de la première colonne du tableau (2), qui prennent les valeurs initiales $x^0_{p+1}, \ldots, x_m{}^0$ pour $x_1 = x_1{}^0$. De même les fonctions $f_{21}(x_1, x_2), f_{22}(x_1, x_2), \ldots, f_{m2}(x_1, x_2)$ sont les intégrales du système d'équations différentielles

$$\frac{\partial x_{p+1}}{\partial x_2} = (b_{12})_0, \qquad \frac{\partial x_{p+2}}{\partial x_2} = (b_{22})_0, \qquad \ldots, \qquad \frac{\partial x_{p+m}}{\partial x_2} = (b_{m2})_0,$$

qui se réduisent respectivement à $f_{11}, f_{21}, \ldots, f_{m1}$ pour $x_2 = x_2{}^0$; les seconds membres de ces équations dépendent de la variable x_1 que l'on doit considérer comme un paramètre dans l'intégration. D'une façon générale, les fonctions

$$f_{1i}(x_1, \ldots, x_i), \qquad f_{2i}(x_1, \ldots, x_i), \qquad \ldots, \qquad f_{mi}(x_1, \ldots, x_i)$$

sont les intégrales du système d'équations différentielles

$$\frac{\partial x_{p+1}}{\partial x_i} = (b_{1i})_0, \qquad \frac{\partial x_{p+2}}{\partial x_i} = (b_{2i})_0, \qquad \ldots, \qquad \frac{\partial x_{p+m}}{\partial x_i} = (b_{mi})_0,$$

qui se réduisent aux fonctions déjà obtenues $f_{1, i-1}, \ldots, f_{m, i-1}$ pour $x_i = x_i{}^0$. Il est clair qu'on obtiendra les intégrales demandées après p intégrations successives de p systèmes d'équations différentielles du premier ordre à une seule variable indépendante, et on peut évidemment effectuer les intégrations dans un ordre arbitraire, ce qui revient à changer l'ordre des indices. Remarquons aussi que les systèmes successifs que l'on doit intégrer peuvent être écrits immédiatement, et sont indépendants les uns des autres.

On peut encore opérer d'une autre façon, en effectuant un chan-

gement de variables après chaque intégration. Nous présenterons
d'abord quelques remarques. Si dans une fonction quelconque
$U(x_1, x_2, ..., x_{p+m})$ on remplace $x_{p+1}, ..., x_{p+m}$ par des intégrales
du système (1), U devient une fonction des seules variables x_1, x_2,
..., x_p, dont la différentielle totale a pour expression, d'après les
équations (1) elles-mêmes,

$$dU = X_1(U)dx_1 + X_2(U)dx_2 + ... + X_p(U)dx_p;$$

cela étant, imaginons que l'on prenne pour nouvelles fonctions
inconnues, à la place de $x_{p+1}, ..., x_{p+m}$, m fonctions

$$(5) \qquad u_1 = \varphi_1(x_1, ..., x_{p+m}), ..., u_m = \varphi_m(x_1, ..., x_{m+p})$$

telles que le jacobien $\dfrac{D(\varphi_1, ..., \varphi_m)}{D(x_{p+1}, ..., x_{p+m})}$ ne soit pas nul. Le système (1) est remplacé par le nouveau système d'équations aux dif-
férentielles totales

$$(6) \quad \begin{cases} du_1 = X_1(\varphi_1)dx_1 + ... + X_p(\varphi_1)dx_p, \\ du_2 = X_1(\varphi_2)dx_1 + ... + X_p(\varphi_2)dx_p, \\ \quad . \quad . \quad . \quad . \quad . \quad . \quad . \quad . \quad . \\ du_m = X_1(\varphi_m)dx_1 + ... + X_p(\varphi_m)dx_p, \end{cases}$$

où l'on suppose que, dans les coefficients $X_i(\varphi_k)$, on ait remplacé
$x_{p+1}, ..., x_{p+m}$ par leurs valeurs tirées des formules (5) qui définissent le changement de variables. On vérifierait aisément, en s'appuyant sur les relations (3), que le nouveau système (6) est complètement intégrable. Mais cela résulte de la signification même des
conditions d'intégrabilité; en effet, si le système (1) est complètement intégrable, on peut choisir arbitrairement les valeurs de
$x_{p+1}, ..., x_{p+m}$ qui correspondent à un système de valeurs données
de $x_1, x_2, ..., x_p$. On peut donc aussi choisir arbitrairement les
valeurs de $u_1, ..., u_m$ qui correspondent à ce même système de
valeurs de $x_1, ..., x_p$, et par suite le système (6) est complètement
intégrable.

Cela posé, supposons que l'on ait intégré le système

$$\frac{\partial x_{p+1}}{\partial x_1} = b_{11}, \qquad ..., \qquad \frac{\partial x_{p+m}}{\partial x_1} = b_{m1},$$

formé par les équations de la première colonne du tableau (2), où l'on regarde $x_2, \ldots, x_p$ comme des paramètres, et soient

$$(7) \qquad \varphi_1(x_1, \ldots, x_p \,;\, x_{p+1}, \ldots, x_{p+m}) = C_1, \ldots, \varphi_m = C_m$$

l'intégrale générale de ce système ; $\varphi_1, \ldots, \varphi_m$ sont m intégrales distinctes de l'équation $X_1(\varphi) = 0$, telles que le jacobien $\dfrac{D(\varphi_1, \ldots, \varphi_m)}{D(x_{p+1}, \ldots, x_{p+m})}$ soit différent de zéro. Si l'on prend pour nouvelles fonctions inconnues $u_1 = \varphi_1, \ldots, u_m = \varphi_m$, le système (1) est donc remplacé par un nouveau système complètement intégrable où la différentielle dx_1 ne figure pas

$$(8) \qquad \left\{ \begin{aligned} du_1 &= X_2(\varphi_1)dx_2 + \ldots + X_p(\varphi_1)dx_p, \\ du_2 &= X_2(\varphi_2)dx_2 + \ldots + X_p(\varphi_2)dx_p, \\ &\;\cdot\;\cdot\;\cdot\;\cdot\;\cdot\;\cdot\;\cdot\;\cdot\;\cdot\;\cdot \\ du_m &= X_2(\varphi_m)dx_2 + \ldots + X_p(\varphi_m)dx_p. \end{aligned} \right.$$

Or, lorsque tous les coefficients b_{h1} sont nuls dans un système complètement intégrable, les conditions d'intégrabilité

$$X_1(b_{hi}) = X_i(b_{h1})$$

se réduisent à $\dfrac{\partial b_{hi}}{\partial x_1} = 0$, et par suite tous les autres coefficients sont indépendants de x_1. Tous les coefficients $X_h(\varphi_i)$ sont donc indépendants de x_1 après la substitution, et l'on est ramené, par ce changement de variables, à *un nouveau système complètement intégrable où figure une variable indépendante de moins.*

Il est clair qu'en recommençant les mêmes opérations sur le nouveau système, et ainsi de suite, on obtiendra l'intégrale générale du système (1) après p intégrations successives de systèmes formés de m équations différentielles ordinaires du premier ordre, suivies de changements de variables. On a le même nombre d'intégrations que dans la première méthode, mais il est à remarquer que les systèmes à intégrer successivement ne sont plus indépendants les uns des autres ; $\varphi_1, \ldots, \varphi_m$ sont m intégrales distinctes quelconques de $X_1(\varphi) = 0$, et de même pour les suivants

REMARQUE. — Quand on a obtenu les intégrales prenant un système de valeurs arbitraires $x^0_{p+1}, \ldots, x^0_{p+m}$ pour des valeurs initiales de $x_1, \ldots, x_p$, il suffit de considérer $x^0_{p+1}, \ldots, x^0_{p+m}$ comme des constantes arbitraires pour avoir l'intégrale générale du système (1). Inversement, connaissant une famille d'intégrales dépendant de m constantes arbitraires, toutes les intégrales du système sont comprises dans cette famille, si l'on peut disposer des m constantes dont elle dépend de façon que, pour un système de valeurs des variables indépendantes $x_1, \ldots, x_p$, les fonctions $x_{p+1}, \ldots, x_{p+m}$ puissent prendre des valeurs arbitraires données à l'avance. Il n'y a donc pas lieu de distinguer la solution du problème de Cauchy de la recherche de l'intégrale générale.

EXEMPLE. — Considérons le système complètement intégrable (*Forsyth*)

$$(v - u)\,du = (1 - uy)\,dx + (1 - ux)\,dy,$$
$$(v - u)\,dv = (vy - 1)\,dx + (vx - 1)\,dy,$$

où x et y sont les variables indépendantes, u et v les inconnues, et proposons-nous de déterminer les intégrales $u(x, y)$, $v(x, y)$ qui, pour $x = y = 0$, prennent les valeurs $u = u_0$, $v = v_0$. Les fonctions $u_1 = u(x, 0)$, $v_1 = v(x, 0)$ sont les intégrales du système

$$(v - u)\,du = dx$$
$$(v - u)\,dv = - dx$$

qui prennent les valeurs $u = u_0$, $v = v_0$ pour $x = 0$. On a les deux intégrales premières $u + v = C$, $uv - x = C'$, d'où l'on déduit que u_1 et v_1 sont fournies par les deux équations

$$u_1 + v_1 = u_0 + v_0. \qquad u_1 v_1 = u_0 v_0 + x.$$

Les fonctions cherchées u et v sont de même les intégrales du système d'équations différentielles

$$(v - u)\,\frac{\partial u}{\partial y} = 1 - ux, \qquad (v - u)\,\frac{\partial v}{\partial y} = vx - 1$$

qui se réduisent à u_1 et v_1 pour $y = 0$. On a encore les intégrales premières

$$u + v = xy + C, \qquad uv = y + C',$$

d'où l'on déduit $C = u_1 + v_1 = u_0 + v_0$, $C' = u_1 v_1 = u_0 v_0 + x$, et les intégrales cherchées u et v sont données par les deux équations simultanées

$$u + v = xy + u_0 + v_0, \qquad uv = u_0 v_0 + x + y.$$

L'intégrale générale du système est donc représentée par les deux relations $u + v - xy = \mathrm{C}$, $x + y - uv = \mathrm{C}'$, C et C' étant deux constantes arbitraires.

Prenons maintenant la seconde méthode. On a d'abord à intégrer le système

$$(v - u)\frac{\partial u}{\partial x} = 1 - uy, \qquad (v - u)\frac{\partial v}{\partial x} = vy - 1,$$

dont l'intégrale générale est

$$u + v = xy + \alpha, \qquad uv = x + \beta.$$

En prenant $\alpha = u + v - xy$ et $\beta = uv - x$ pour nouvelles fonctions inconnues, le système proposé devient

$$d\alpha = 0, \qquad d\beta = dy$$

et l'on obtient le même résultat que tout à l'heure.

22. Méthode de Mayer. — La méthode de Mayer (¹) permet de remplacer ces p intégrations successives par une seule. Désignons toujours par

$$(9) \qquad x_{p+1} = \mathrm{F}_1(x_1, \ldots, x_p), \ldots, x_{p+m} = \mathrm{F}_m(x_1, \ldots, x_p)$$

les intégrales qui prennent les valeurs $x^0_{p+1}, \ldots, x^0_{p+m}$ pour $x_1 = x_1^0, \ldots, x_p = x_p^0$. Si l'on pose

$$(10) \qquad x_1 = x_1^0 + y_1, \qquad x_2 = x_2^0 + y_1 y_2, \ldots, x_p = x_p^0 + y_1 y_p,$$

$\mathrm{F}_1, \mathrm{F}_2, \ldots, \mathrm{F}_m$ deviennent des fonctions $\Phi_1, \Phi_2, \ldots, \Phi_m$ de $y_1, y_2, \ldots, y_p$, qui se réduisent à $x^0_{p+1}, \ldots, x^0_{p+m}$ respectivement pour $y_1 = 0$, et qui satisfont à un système complètement intégrable qui se déduit du premier par le changement de variables indépendantes (10).

On a en particulier

$$(11) \qquad \frac{\partial \Phi_i}{\partial y_1} = \frac{\partial \mathrm{F}_i}{\partial x_1} + \frac{\partial \mathrm{F}_i}{\partial x_2} y_2 + \ldots + \frac{\partial \mathrm{F}_i}{\partial x_p} y_p$$
$$= \mathrm{B}_{i1} + \mathrm{B}_{i2} y_2 + \ldots + \mathrm{B}_{ip} y_p, \qquad (i = 1, 2, \ldots, m)$$

(¹) Voir nᵒˢ **6**, page 38, et **17**, page 81.

B_{ik} désignant le coefficient b_{ik} où l'on a fait le changement de variables (10) et remplacé $x_{p+1}, \ldots, x_{p+m}$ par $\Phi_1, \ldots, \Phi_m$ respectivement. Or les équations (11) forment un système d'équations différentielles ordinaires, qui admet un seul système d'intégrales se réduisant à $x^0_{p+1}, \ldots, x^0_{p+m}$ pour $y_1 = 0$. D'où l'on déduit la règle suivante :

Pour avoir les intégrales du système (1) *qui prennent les valeurs* $x^0_{p+1}, \ldots, x^0_{p+m}$ *pour* $x_1 = x_1{}^0, \ldots, x_p = x_p{}^0$, *on détermine les intégrales du système d'équations différentielles* (11),

$$x_{p+1} = \Phi_1(y_1, \ldots, y_p), \ldots, x_{p+m} = \Phi_m(y_1, \ldots, y_p),$$

qui prennent les valeurs $x^0_{p+1}, \ldots, x^0_{p+m}$ *pour* $y_1 = 0$, *puis on remplace dans ces intégrales* $y_1, y_2, \ldots, y_p$ *par*

$$x_1 - x_1{}^0, \qquad \frac{x_2 - x_2{}^0}{x_1 - x_1{}^0}, \ldots, \frac{x_p - x_p{}^0}{x_1 - x_1{}^0}.$$

L'interprétation géométrique est analogue à celle qui a déjà été donnée (n° **7**). Les équations (9) représentent une multiplicité M_p à p dimensions dans l'espace à $n + p$ dimensions, que l'on peut regarder comme le lieu des multiplicités μ_1 à une dimension définies par les équations (9) et (12)

$$(12) \qquad \frac{x_2 - x_2{}^0}{x_1 - x_1{}^0} = y_2, \ldots, \frac{x_p - x_p{}^0}{x_1 - x_1{}^0} = y_p,$$

où $y_2, \ldots, y_p$ ont des valeurs constantes quelconques, quand on donne à ces paramètres $y_2, \ldots, y_p$ tous les systèmes de valeurs possibles. Le long de l'une de ces multiplicités μ_1, les variables $x_{p+1}, \ldots, x_{p+m}$ sont des fonctions de la variable indépendante $y_1 = x_1 - x_1{}^0$, qui vérifient le système d'équations différentielles (11) et prennent les valeurs $x^0_{p+1}, \ldots, x^0_{p+m}$ pour $y_1 = 0$. Ces intégrales une fois obtenues, il n'y a plus qu'à éliminer les paramètres $y_2, \ldots, y_p$ entre les équations qui définissent la multiplicité μ_1, ce qui conduit bien à la règle précédente.

On peut aussi rattacher la méthode de Mayer au changement d'inconnues employé dans le paragraphe précédent. Au lieu de prendre pour $\varphi_1, \varphi_2, \ldots, \varphi_m$ m intégrales distinctes quelconques de l'équation $X_1(\varphi) = 0$, supposons que $\varphi_1, \varphi_2, \ldots, \varphi_m$ forment un système *d'intégrales principales*, se réduisant respectivement à $x_{p+1}, \ldots, x_{p+m}$ pour $x_1 = x_1^0$:

$$(13)\qquad \begin{cases} \varphi_1 = x_{p+1} + (x_1 - x_1^0)\Psi_1, \\ \varphi_2 = x_{p+2} + (x_1 - x_1^0)\Psi_2, \\ \cdots\cdots\cdots\cdots\cdots \\ \varphi_m = x_{p+m} + (x_1 - x_1^0)\Psi_m. \end{cases}$$

Si nous prenons pour nouvelles inconnues $u_1 = \varphi_1, \ldots, u_m = \varphi_m$, le système (1) est remplacé par un nouveau système d'équations aux différentielles totales où x_1 et dx_1 ne figurent pas. Or on a

$$du_i = dx_{p+i} + \Psi_i dx_1 + (x_1 - x_1^0)d\Psi_i$$
$$= b_{i1}dx_1 + \ldots + b_{ip}dx_p + \Psi_i dx_1 + (x_1 - x_1^0)d\Psi_i.$$

Nous savons *a priori* qu'après la substitution (13) les coefficients de $dx_2, \ldots, dx_p$ dans le second membre sont indépendants de x_1. Pour avoir ces coefficients, on peut donc donner à x_1 une valeur arbitraire, par exemple supposer $x_1 = x_1^0$; $x_{p+1}, \ldots, x_{p+m}$ sont alors égaux aux nouvelles inconnues $u_1, u_2, \ldots, u_m$, et par suite le nouveau système d'équations aux différentielles totales est

$$(14)\qquad \begin{cases} du_1 = (b_{12})_0 dx_2 + \ldots + (b_{1p})_0 dx_p, \\ du_2 = (b_{22})_0 dx_2 + \ldots + (b_{2p})_0 dx_p, \\ \cdots\cdots\cdots\cdots\cdots \\ du_m = (b_{m2})_0 dx_2 + \ldots + (b_{mp})_0 dx_p, \end{cases}$$

$(b_{ik})_0$ étant ce que devient b_{ik} quand on y fait $x_1 = x_1^0$ et qu'on y remplace $x_{p+1}, \ldots, x_{p+m}$ par $u_1, u_2, \ldots, u_m$ respectivement. Ce système (14) peut être formé avant toute intégration, et on reconnaît aussitôt que les conditions d'intégrabilité sont vérifiées pour le nouveau système.

Le système (14) s'intègre immédiatement dans le cas particulier où tous les nouveaux coefficients $(b_{ik})_0$ sont nuls. Son intégrale générale est évidemment

$$u_1 = C_1, \qquad u_2 = C_2, \qquad \ldots, \qquad u_m = C_m,$$

$C_1, C_2, ..., C_m$ étant des constantes arbitraires, et par suite l'intégrale générale du système (1) est représentée par les équations

$$(15) \qquad \varphi_1 = C_1, \qquad \varphi_2 = C_2, \qquad ..., \qquad \varphi_m = C_m$$

$\varphi_1, \varphi_2, ..., \varphi_m$ étant les intégrales principales de l'équation $X_1(\varphi) = 0$, qui se réduisent à $x_{p+1}, ..., x_{p+m}$ pour $x_1 = x_1^0$; les constantes $C_1, C_2, ..., C_m$ représentent précisément les valeurs initiales des intégrales $x_{p+1}, ..., x_{p+m}$ pour $x_1 = x_1^0$.

La transformation de Mayer permet de ramener le cas général à ce cas particulier. En effet, on tire des formules (10) qui définissent le changement de variables

$$dx_1 = dy_1, \ dx_2 = y_1 dy_2 + y_2 dy_1, ..., dx_p = y_1 dy_p + y_p dy_1,$$

et on voit aussitôt que tous les coefficients de $dy_2, ..., dy_p$ dans le nouveau système contiennent y_1 en facteur. Il suffira donc d'intégrer le système d'équations différentielles ordinaires obtenu en prenant les équations de la première colonne du tableau qui remplace le tableau (2) pour en déduire l'intégrale générale du nouveau système. C'est bien le résultat obtenu directement.

EXEMPLE. — Considérons un système d'équations linéaires

$$(S) \begin{cases} dz_1 = (a_{11}z_1 + a_{12}z_2 + a_{13}z_3)dx + (b_{11}z_1 + b_{12}z_2 + b_{13}z_3)dy, \\ dz_2 = (a_{21}z_1 + a_{22}z_2 + a_{23}z_3)dx + (b_{21}z_1 + b_{22}z_2 + b_{23}z_3)dy, \\ dz_3 = (a_{31}z_1 + a_{32}z_2 + a_{33}z_3)dx + (b_{31}z_1 + b_{32}z_2 + b_{33}z_3)dy, \end{cases}$$

où les coefficients a_{ik}, b_{ik} sont fonctions des deux variables indépendantes x et y. Si ces coefficients vérifient les conditions d'intégrabilité, et sont holomorphes dans le domaine du point $x = x_0$, $y = y_0$, la transformation de Mayer $x = x_0 + u$, $y = y_0 + uv$ permet de remplacer le système S par un système d'équations différentielles ordinaires linéaires

$$(S') \begin{cases} \dfrac{dz_1}{du} = (a_{11} + vb_{11})z_1 + (a_{12} + vb_{12})z_2 + (a_{13} + vb_{13})z_3, \\[2mm] \dfrac{dz_2}{du} = (a_{21} + vb_{21})z_1 + (a_{22} + vb_{22})z_2 + (a_{23} + vb_{23})z_3, \\[2mm] \dfrac{dz_3}{du} = (a_{31} + vb_{31})z_1 + (a_{32} + vb_{32})z_2 + (a_{33} + vb_{33})z_3. \end{cases}$$

Les intégrales du système S′ qui prennent les valeurs C_1, C_2, C_3 pour $u = 0$ sont de la forme

$$z_1 = C_1 Z_{11} + C_2 Z_{12} + C_3 Z_{13},$$
$$z_2 = C_1 Z_{21} + C_2 Z_{22} + C_3 Z_{23},$$
$$z_3 = C_1 Z_{31} + C_2 Z_{32} + C_3 Z_{33},$$

Z_{11}, Z_{12}, ..., Z_{33} étant des fonctions de u, v, que l'on peut transformer en des fonctions de x, y, en y remplaçant u par $x - x_0$ et v par $\dfrac{y - y_0}{x - x_0}$. On en conclut que les formules qui donnent l'intégrale générale du système linéaire S complètement intégrable sont des fonctions linéaires des constantes d'intégration, et la conclusion s'étend évidemment à tout système linéaire complètement intégrable, à un nombre quelconque de variables indépendantes, et à un nombre quelconque de fonctions inconnues.

23. Multiplicités caractéristiques d'un système complet.

— La théorie des systèmes complètement intégrables d'équations aux différentielles totales présente la plus grande analogie avec la théorie des systèmes complets qui a été exposée au chapitre précédent. Les conditions d'intégrabilité (3) expriment précisément que le système des p équations simultanées

$$(16) \qquad X_1(f) = 0, \ldots, X_p(f) = 0,$$

où $X_h(f)$ a le sens défini plus haut (n° **20**), est un système jacobien. Nous allons montrer, pour expliquer cette analogie, que les propriétés des systèmes complètement intégrables (1), qui ont été établies directement, peuvent se déduire très facilement des propriétés des systèmes complets de p équations à $n = m + p$ variables indépendantes.

Le système (16), étant un système jacobien, admet m intégrales distinctes $f_1, f_2, \ldots, f_m$, et les équations

$$(17) \qquad f_1 = C_1, \ldots, f_m = C_m$$

définissent $x_{p+1}, \ldots, x_{p+m}$ en fonction de $x_1, \ldots, x_p$ et des m constantes $C_1, \ldots, C_m$, puisque, comme nous l'avons remarqué (n° **15**, p. 76) le jacobien des m intégrales f_i du système (16) par rapport à $x_{p+1}, \ldots, x_{p+m}$ est différent de zéro. Soient

$$(18) \qquad x_{p+h} = \varphi_h(x_1, \ldots, x_p; C_1, \ldots, C_m) \qquad (h = 1, 2, \ldots, m)$$

ces fonctions : *ce sont des intégrales du système* (1). En effet, on tire des équations (17), en les différentiant, les relations

$$(19) \qquad \frac{\partial f_h}{\partial x_1} dx_1, + \ldots + \frac{\partial f_h}{\partial x_{p+m}} dx_{p+m} = 0, \qquad (h = 1, 2, \ldots, m)$$

et il faut vérifier que, si l'on résout ces équations par rapport à $dx_{p+1}, \ldots, dx_{p+m}$, les formules obtenues sont identiques aux formules (1). Au lieu d'opérer ainsi, nous montrerons, ce qui revient au même, que, si l'on porte dans les équations (19) les valeurs de $dx_{p+1}, \ldots, dx_{p+m}$ tirées des équations (1), on aboutit à des identités. Or on a remarqué que lorsque l'on remplace, dans la différentielle $d\Phi$ d'une fonction quelconque $\Phi(x_1, \ldots, x_{p+m})$, $dx_{p+1}, \ldots, dx_{p+m}$ par les expressions (1) on obtient pour résultat

$$d\Phi = X_1(\Phi)dx_1 + \ldots + X_p(\Phi)dx_p = 0.$$

La substitution dans les premiers membres des équations (19) conduira donc à des résultats identiquement nuls, puisque $f_1, \ldots, f_m$ sont des intégrales du système (16).

Les fonctions $\varphi_1, \ldots, \varphi_m$ forment donc un système d'intégrales des équations (1), quelles que soient les valeurs des constantes C_i et, comme on peut disposer de ces constantes de façon que $x_{p+1}, \ldots, x_{p+m}$ prennent des valeurs arbitraires pour un système de valeurs données de $x_1, \ldots, x_p$, le système (1) est *complètement intégrable*. Pour retrouver le théorème d'existence démontré plus haut (n° **20**) sous sa forme précise, il suffira de supposer que l'on a pris pour $f_1, \ldots, f_m$ un système d'intégrales principales du système jacobien (16) se réduisant à $x_{p+1}, \ldots, x_{p+m}$ respectivement pour $x_1 = x_1^0, \ldots, x_p = x_p^0$. Les fonctions φ_h obtenues par la résolution des équations (17) prennent les valeurs $C_1, \ldots, C_m$ respectivement pour $x_1 = x_1^0, \ldots, x_p = x_p^0$.

Inversement, supposons qu'on ait obtenu l'intégrale générale du système complètement intégrable (1). Ces intégrales dépendent de m constantes arbitraires et, si on a résolu les formules qui donnent ces intégrales par rapport à ces constantes,

$$f_1 = C_1, \ldots, f_m = C_m,$$

on doit avoir identiquement

$$df_i = X_1(f_i)dx_1 + \ldots + X_p(f_i)dx_p = 0,$$

puisque les valeurs de $x_{p+1}, \ldots, x_{p+m}$ qui correspondent à un système de valeurs données de $x_1, \ldots, x_p$ sont arbitraires. Il faut donc que l'on ait $X_1(f_i) = X_2(f_i) = \ldots = X_p(f_i) = 0$, puisque $x_1, \ldots, x_p$ sont p variables indépendantes. D'une façon plus générale, toute combinaison intégrable des équations (1) fournira une intégrale du système complet (16).

L'intégration du système (1) ou celle du système jacobien (16) constituent donc deux problèmes équivalents ; en particulier, l'application de la méthode de Mayer conduit aux mêmes calculs dans les deux cas. Tout système complet de p équations à $m + p = n$ variables pouvant être ramené à un système jacobien de forme normale, on voit qu'il lui correspond un système complètement intégrable de m équations aux différentielles totales, et il y a la même liaison entre les deux systèmes qu'entre une équation unique

$$X(f) = A_1 \frac{\partial f}{\partial x_1} + \ldots + A_n \frac{\partial f}{\partial x_n} = 0$$

et le système d'équations différentielles qui lui est asssocié

$$\frac{dx_1}{A_1} = \frac{dx_2}{A_2} = \ldots = \frac{dx_n}{A_n} .$$

Si $f_1, f_2, \ldots, f_m$ sont m intégrales du système complet, les équations

$$(20) \qquad f_1 = C_1, \ldots, f_m = C_m$$

représentent l'intégrale générale du système associé d'équations aux différentielles totales. Les équations (20) représentent dans l'espace à $n = m + p$ dimensions une famille de multiplicités M_p à p dimensions que nous appellerons les *multiplicités caractéristiques* du système complet. Par chaque point de l'espace $(x_1^0, \ldots, x_n^0)$ il passe une de ces multiplicités

$$f_1 = (f_1)_0, \ldots, f_m = (f_m)_0,$$

et l'espace à n dimensions se trouve ainsi décomposé en ∞^m multiplicités à p dimensions M_p. Appelons pour abréger *surface intégrale* du système complet toute multiplicité M_{n-1} à $n-1$ dimensions représentée par une équation de la forme

$$F(f_1, f_2, \ldots, f_m) = 0.$$

Si cette surface passe par un point $(x_1^0, \ldots, x_n^0)$, on a

$$F((f_1)_0, (f_2)_0, \ldots, (f_m)_0) = 0,$$

et par suite la multiplicité caractéristique qui passe par ce point est située tout entière sur la surface. Donc, *toute surface intégrale passant par un point de l'espace contient la multiplicité caractéristique qui passe par ce point.*

Nous voyons en outre que toute surface intégrale s'obtient en associant les multiplicités caractéristiques suivant une loi arbitraire.

Il est facile de se rendre compte du rôle de ces multiplicités. Prenons, pour fixer les idées, un système complet de trois équations

$$X_1(f) = 0, \quad X_2(f) = 0, \quad X_3(f) = 0.$$

Par un point quelconque $x_1^0, \ldots, x_n^0$ passe une courbe caractéristique Γ_1 de la première équation $X_1(f) = 0$ (n° **12**).

De tous les points de cette courbe Γ_1 partent des courbes caractéristiques Γ_2 de l'équation $X_2(f) = 0$, dont l'ensemble forme une multiplicité à deux dimensions M_2 ; de tous les points de M_2 sont issues des courbes caractéristiques de $X_3(f) = 0$, et ces nouvelles courbes forment une multiplicité à trois dimensions M_3. Il est clair que toute surface intégrale passant par le point $x_1^0, \ldots, x_n^0$ contiendra la multiplicité M_3, et que cette multiplicité ne doit pas dépendre de l'ordre dans lequel on prend les caractéristiques des trois équations. En supposant ces trois équations résolues par rapport à trois dérivées partielles $\frac{\partial f}{\partial x_1}$, $\frac{\partial f}{\partial x_2}$, $\frac{\partial f}{\partial x_3}$, un calcul analogue à celui qui sera développé au paragraphe suivant nous donne les relations

$$X_i(X_k(f)) - X_k(X_i(f)) = 0 \qquad (i, k = 1, 2, 3)$$

comme conditions nécessaires et suffisantes pour qu'il en soit ainsi, et toutes ces considérations s'étendent au cas d'un nombre quelconque d'équations [1].

---

[1] Pour plus de détails sur ce sujet, voir Sophus Lie, *Theorie der Transformationsgruppen*, t. I, p. 95 et suivantes.

24. Equations à trois variables. — L'intégration de l'équation aux différentielles totales

$$(21) \qquad dz = A(x, y, z)dx + B(x, y, z)dy$$

revient, comme l'on sait (*Cours d'Analyse*, tome II, page 375, 3ᵉ édit.), à la résolution du problème suivant de Géométrie :

A chaque point M (x, y, z) de l'espace on fait correspondre le plan Π *qui a pour équation*

$$Z - z = A(x, y, z)(X - x) + B(x, y, z)(Y - y) ;$$

trouver une famille de surfaces telle que celle de ces surfaces qui passe au point M soit tangente au plan Π *correspondant.*

Nous allons montrer comment, en partant de cet énoncé, on retrouve la condition d'intégrabilité connue. Soient (C) et (D) les deux familles de courbes planes qui satisfont respectivement aux deux systèmes d'équations différentielles

$$\text{(C)} \qquad \frac{dx}{1} = \frac{dy}{0} = \frac{dz}{A(x, y, z)} \, ,$$

$$\text{(D)} \qquad \frac{dx}{0} = \frac{dy}{1} = \frac{dz}{B(x, y, z)} \, .$$

Les courbes (C) sont les courbes caractéristiques de l'équation

$$X(f) = \frac{\partial f}{\partial x} + A \frac{\partial f}{\partial z} = 0,$$

et les courbes (D) les courbes caractéristiques de l'équation

$$Y(f) = \frac{\partial f}{\partial y} + B \frac{\partial f}{\partial z} = 0.$$

Il est clair que toute surface intégrale S de l'équation (21) contient les courbes (C) et (D) issues de l'un quelconque de ses points [1]. Soient M un point de la surface S, (C) et (D) les courbes issues de M ; la surface S peut être considérée, soit comme le lieu des courbes (D′) issues des différents points de (C), soit comme le lieu des courbes (C′) issues des différents points de (D). Il faut donc,

[1] Le lecteur est prié de faire la figure.

pour que la surface S existe, qu'une courbe (D') issue d'un point de (C) rencontre la courbe (C') issue d'un point de (D), ce qui n'aura pas lieu évidemment si les fonctions A et B sont quelconques.

Soit N un point voisin de M pris sur la courbe C, de coordonnées

$$x + \Delta x, \quad y, \quad z_1 ;$$

puis, soit P un point voisin de N et pris sur la courbe (D') passant par N ; ses coordonnées seront

$$x + \Delta x, \quad y + \Delta y, \quad Z.$$

D'autre part considérons le point N' de (D) dont l'ordonnée est $y + \Delta y$, il aura pour coordonnées

$$x, \quad y + \Delta y, \quad z_2 ;$$

puis le point P' situé sur la courbe (C') qui passe par N', dont l'abscisse est $x + \Delta x$; ses coordonnées seront

$$x + \Delta x, \quad y + \Delta y, \quad Z'.$$

Pour que les deux courbes (C') et (D') se rencontrent, il faut, et il suffit que les deux points P et P' soient confondus, c'est-à-dire que

$$Z = Z'.$$

D'une manière plus générale, soit Φ une fonction quelconque des trois variables x, y, z et désignons par Φ_M la valeur de cette fonction pour les coordonnées (x, y, z) d'un point quelconque M. Il faudra que l'on ait identiquement

$$\Phi_P = \Phi_{P'}.$$

Calculons Φ_P et $\Phi_{P'}$; un calcul facile nous donne d'abord, en remarquant que, le long de la courbe C, $dy = 0$, $dz = A\,dx$,

$$\Phi_N = \Phi_M + \frac{\Delta x}{1} X(\Phi_M) + \frac{(\Delta x)^2}{2} X(X(\Phi_M)) + \dots + \frac{(\Delta x)^p}{1 \cdot 2 \cdot \ldots \cdot p} X^p(\Phi_M) + \dots ,$$

$X^p(f)$ désignant le résultat de l'opération $X(f)$ appliquée p fois. On trouve de même

$$\Phi_p = \Phi_N + \frac{\Delta y}{1} Y(\Phi_N) + \ldots + \frac{(\Delta y)^p}{1.2. \ldots p} Y^p(\Phi_N) + \ldots$$

et, par suite,

$$\Phi_P = \Phi_M + \frac{\Delta x}{1} X(\Phi_M) + \frac{\Delta y}{1} Y(\Phi_M) + \frac{(\Delta x)^2}{1.2} X^2(\Phi_M) + \Delta y \Delta x Y(X(\Phi_M))$$

$$+ \frac{(\Delta y)^2}{1.2} Y^2(\Phi_M) + \ldots + \frac{1}{p!} [\Delta y Y(\Phi_M) + \Delta x X(\Phi_M)]^p + \ldots,$$

en employant la notation symbolique

$$[\Delta y Y(f) + \Delta x X(f)]^p = (\Delta y)^p Y^p(f) + \frac{p}{1} (\Delta y)^{p-1} \Delta x Y^{p-1}(X(f)) + \ldots.$$

On aura, d'une manière analogue,

$$\Phi_{P'} = \Phi_M + \frac{\Delta x}{1} X(\Phi_M) + \frac{\Delta y}{1} Y(\Phi_M) + \frac{(\Delta y)^2}{1.2} Y^2(\Phi_M) + \Delta x \Delta y X(Y(\Phi_M))$$

$$+ \frac{(\Delta x)^2}{1.2} X^2(\Phi_M) + \ldots + \frac{1}{p!} [\Delta x X(\Phi_M) + \Delta y Y(\Phi_M)]^p + \ldots,$$

d'où

$$\Phi_{P'} - \Phi_P = \Delta x \Delta y \left\{ X(Y(\Phi_M)) - Y(X(\Phi_M)) \right\} + \ldots$$

$$+ \frac{1}{p!} \left\{ [\Delta x X(\Phi_M) + \Delta y Y(\Phi_M)]^p - [\Delta y Y(\Phi_M) + \Delta x X(\Phi_M)]^p \right\} + \ldots.$$

Pour que cette différence soit nulle, quels que soient les accroissements Δx et Δy, il faut d'abord que l'on ait

$$X(Y(\Phi_M)) - Y(X(\Phi_M)) = 0$$

identiquement, car, si on regarde Δx et Δy comme infiniment petits du premier ordre, le second membre ne contiendra qu'un seul terme du second ordre; il faut donc que le système des équations $X(f) = 0$, $Y(f) = 0$ soit *jacobien*. Cette condition nécessaire est d'ailleurs suffisante, car elle exprime qu'on peut intervertir les deux opérations $X(\ )$ et $Y(\ )$ sans altérer le résultat final et, par suite, que l'on a toujours identiquement

$$X^\alpha(Y^\beta(\Phi)) = Y^\beta(X^\alpha(\Phi));$$

la différence $\Phi_{p'} - \Phi_p$ qui est une somme d'expressions de la forme

$$(\Delta x)^\alpha (\Delta y)^\beta [X^\alpha(Y^\beta(\Phi)) - Y^\beta(X^\alpha(\Phi))]$$

est donc identiquement nulle.

On peut rattacher aux considérations précédentes une question de géométrie qui a fait l'objet d'un grand nombre de travaux. Étant donnée une famille de surfaces $\alpha = f(x,\ y,\ z)$, J. C. Bouquet a remarqué le premier qu'il n'était pas toujours possible de trouver deux autres familles de surfaces $\beta = \varphi(x,\ y,\ z)$, $\gamma = \psi(x,\ y,\ z)$, formant avec la première un système triple orthogonal. Pour qu'il en soit ainsi, il faut et il suffit, comme l'a démontré G. Darboux, que f satisfasse à *une seule* équation aux dérivées partielles du troisième ordre (¹), équation qui a d'abord été calculée par A. Cayley.

Supposons, en effet, que la famille considérée de surfaces S fasse partie d'un système triple orthogonal $f = \alpha$, $\varphi = \beta$, $\psi = \gamma$. Soit MN la normale à celle des surfaces S qui passe au point M. MT et MT' les axes de l'indicatrice de la surface S au point M. D'après le théorème de Dupin, l'une des surfaces S'($\varphi = \beta$) ou S''($\psi = \gamma$), qui passent en M, devra être tangente au plan MNT' et l'autre au plan MNT ; par exemple, S' sera tangente au plan MNT. La famille S étant donnée, le plan MNT est bien déterminé dès qu'on se donne le point M ; pour déterminer la famille S', il faudra donc trouver une famille de surfaces tangentes en chacun de leurs points au plan MNT correspondant, ce qui, en général, nous venons de le voir, n'est pas possible. Les coefficients de l'équation du plan MNT dépendent évidemment des dérivées premières et secondes de la fonction $f(x,\ y,\ z)$ et, en écrivant la condition d'intégrabilité, il est clair qu'on sera conduit à une équation aux dérivées partielles du troisième ordre, linéaire par rapport aux dérivées du troisième ordre.

En prenant de même le plan MNT', il semble qu'on obtiendra une nouvelle équation du troisième ordre. En réalité, ces deux équations se réduisent à une seule (²).

25. Systèmes de forme générale. — Tout système (1) complètement intégrable est équivalent, comme on l'a vu, à un système de m équations

$$(22) \qquad df_1 = 0, \qquad df_2 = 0, \qquad \dots \qquad df_m = 0,$$

(¹) Darboux. *Théorie générale des surfaces*, t. II, 2ᵉ édit. p. 276, n° 441 et *Leçons sur les systèmes orthogonaux*, liv. I, chap. I.

(²) Darboux, *Sur les surfaces orthogonales* (*Annales de l'École normale supérieure*, 1ʳᵉ série, t. III, 1866).

où $f_1, f_2, \ldots, f_m$ sont m fonctions distinctes des variables $x_1, \ldots, x_{m+p}$. D'une façon générale, soit S un système de m équations aux différentielles totales, linéairement distinctes,

$$(23) \quad \begin{cases} \omega_2 = a_{11}dx_1 + a_{12}dx_2 + \ldots + a_{1n}dx_n = 0, \\ \omega_2 = a_{21}dx_1 + a_{22}dx_2 + \ldots + a_{2n}dx_n = 0, \\ \cdot \quad \cdot \quad \cdot \quad \cdot \quad \cdot \quad \cdot \quad \cdot \quad \cdot \quad \cdot \quad \cdot \\ \omega_m = a_{m1}dx_1 + a_{m2}dx_2 + \ldots + a_{mn}dx_n = 0, \end{cases}$$

dont les coefficients a_{ik} sont des fonctions des n variables $x_1, \ldots, x_n$.

Nous dirons encore que ce système (23) est *complètement intégrable* s'il est équivalent à un système de la forme (22), c'est-à-dire s'il existe m combinaisons linéaires distinctes

$$\lambda_1 \omega_1 + \lambda_2 \omega_2 + \ldots + \lambda_m \omega_m$$

qui sont des différentielles exactes. Les m équations (23) étant linéairement distinctes, on peut les résoudre par rapport à m des différentielles $dx_1, \ldots, dx_m$ par exemple, et remplacer le système (23) par un système équivalent de la forme (1). Le jacobien $\dfrac{D(f_1, \ldots, f_m)}{D(x_1, \ldots, x_m)}$ doit être dans ce cas différent de zéro, car on pourrait alors déduire des équations (22), ou du système équivalent (23) une relation linéaire entre $dx_{m+1}, \ldots, dx_n$, ce qui n'est pas possible. Les équations $f_1 = C_1, \ldots, f_m = C_m$ peuvent donc être résolues par rapport à $x_1, \ldots, x_m$, et le nouveau système de forme normale obtenu en résolvant les équations (23) par rapport à $dx_1, \ldots, dx_m$ est complètement intégrable.

On peut reconnaître directement si le système (23) est complètement intégrable sans le ramener à la forme normale (1). Proposons-nous pour cela une question un peu plus générale. Étant donné un système quelconque S de la forme (23), soit $df = 0$ une combinaison intégrable de ces équations ; la relation

$$(24) \qquad df = \frac{\partial f}{\partial x_1} dx_1 + \ldots + \frac{\partial f}{\partial x_n} dx_n = 0$$

doit être une conséquence des équations (23). Il faut et il suffit pour cela que tous les déterminants d'ordre $n + 1$ déduits du tableau

$$(25) \qquad \begin{vmatrix} a_{11} & a_{12} & \dots & a_{1n} \\ a_{21} & a_{22} & \dots & a_{2n} \\ \cdot & \cdot & \cdot & \cdot \\ a_{m1} & a_{m2} & \dots & a_{mn} \\ \dfrac{\partial f}{\partial x_1} & \dfrac{\partial f}{\partial x_2} & \dots & \dfrac{\partial f}{\partial x_n} \end{vmatrix}$$

soient nuls. Comme par hypothèse tous les déterminants d'ordre m déduits du tableau obtenu en supprimant la dernière ligne ne sont pas nuls, les conditions obtenues se réduisent à $p = n - m$ équations linéaires distinctes

$$(26) \qquad X_1(f) = 0, \quad X_2(f) = 0, \quad \dots, \quad X_p(f) = 0.$$

Si le système (23) est complètement intégrable, le système (26) est un système complet, et réciproquement. Lorsque le système (23) n'est pas complètement intégrable, le système (26) admet au plus $m - 1$ intégrales distinctes.

Inversement tout système de p équations linéaires simultanées tel que (26) peut être obtenu en cherchant les combinaisons intégrables d'un système d'équations linéaires aux différentielles totales. En effet les équations (26), étant linéairement distinctes, permettent d'exprimer linéairement $\dfrac{\partial f}{\partial x_1}, \dots, \dfrac{\partial f}{\partial x_n}$ au moyen de $m = n - p$ paramètres arbitraires λ_i,

$$\frac{\partial f}{\partial x_1} = \lambda_1 a_{11} + \lambda_2 a_{21} + \dots + \lambda_m a_{m1},$$

$$\frac{\partial f}{\partial x_2} = \lambda_1 a_{12} + \lambda_2 a_{22} + \dots + \lambda_m a_{m2},$$

$$\cdot \quad \cdot \quad \cdot \quad \cdot \quad \cdot \quad \cdot \quad \cdot \quad \cdot$$

$$\frac{\partial f}{\partial x_n} = \lambda_1 a_{1n} + \lambda_2 a_{2n} + \dots + \lambda_m a_{mn},$$

d'où l'on déduit que, pour toute intégrale f du système (26), on a identiquement

$$df = \lambda_1 \omega_1 + \lambda_2 \omega_2 + \dots + \lambda_m \omega_m,$$

où

$$\omega_i = a_{i1} dx_1 + \dots + a_{in} dx_n \qquad (i = 1, 2, \dots, m).$$

On est donc conduit au système (26) en cherchant les combinaisons intégrables des m équations $\omega_i = 0$.

Tout ce qui précède peut être étendu au cas où les m équations (23) ne seraient pas linéairement distinctes. Si ces équations se réduisent à $q < m$ équations distinctes, ce système est encore complètement intégrable si on peut en déduire q combinaisons intégrables distinctes, c'est-à-dire si ce système est équivalent à q équations $df_1 = 0, \ldots, df_q = 0$, où $f_1, f_2, \ldots, f_q$ sont des fonctions indépendantes. Pour que $df = 0$ soit une combinaison intégrable des équations (23), lorsqu'elles se réduisent à q équations distinctes, il faut encore que f soit une intégrale des équations obtenues en égalant à zéro tous les déterminants d'ordre $q + 1$ déduits du tableau (25). Ces équations se réduisent à $n - q$ équations distinctes dans l'hypothèse où nous nous plaçons, où tous les déterminants d'ordre $q + 1$ déduits du tableau (25) où l'on a supprimé la dernière ligne sont nuls, l'un au moins des déterminants d'ordre q déduits du même tableau n'étant pas nul.

REMARQUE. — Étant donnés deux systèmes complètement intégrables S, S', le système S + S' obtenu en réunissant les équations des deux systèmes est lui-même complètement intégrable. Supposons en effet que le système S soit équivalent à q équations $df_1 = 0, \ldots, df_q = 0$, et le système S' à r équations $d\varphi_1 = 0, \ldots, d\varphi_r = 0$. Le système S + S' est équivalent au système formé par les $q + r$ équations $df_1 = 0, \ldots, df_q = 0$, $d\varphi_1 = 0, \ldots, d\varphi_r = 0$. Si les $q + r$ fonctions f_i, φ_k sont indépendantes, les $q + r$ équations $df_i = 0$, $d\varphi_k = 0$ sont linéairement distinctes. Si ces fonctions f_i, φ_k vérifient s relations distinctes $\Phi(f_1 f_2, \ldots, f_q ; \varphi_1, \varphi_2, \ldots, \varphi_r) = 0$, s de ces fonctions peuvent s'exprimer au moyen des $p + q - s$ restantes et les $p + q$ équations $df_i = 0$, $d\varphi_k = 0$ se réduisent aux $p + q - s$ relations correspondantes.

26. Facteur intégrant. — Considérons en particulier une seule équation aux différentielles totales

$$(27) \qquad dx_n = A_1 dx_1 + A_2 dx_2 + \ldots + A_{n-1} dx_{n-1},$$

qui est équivalente à un système de $n - 1$ équations

$$(28) \qquad \frac{\partial x_n}{\partial x_1} = A_1, \quad \frac{\partial x_n}{\partial x_2} = A_2, \quad \ldots, \quad \frac{\partial x_n}{\partial x_{n-1}} = A_{n-1}.$$

Les conditions pour que cette équation soit complètement intégrable sont

$$(29) \quad \frac{\partial A_i}{\partial x_k} + \frac{\partial A_i}{\partial x_n} A_k = \frac{\partial A_k}{\partial x_i} + \frac{\partial A_k}{\partial x_n} A_i, \quad (i, k = 1, 2, \ldots, n - 1);$$

si elles sont vérifiées, l'intégration de l'équation (27) est équivalente à celle du système complet

$$(30) \qquad \mathcal{A}_i(f) = \frac{\partial f}{\partial x_i} + \Lambda_i \frac{\partial f}{\partial x_n} = 0, \qquad (i = 1, 2, \ldots, n-1).$$

Prenons plus généralement l'équation aux différentielles totales

$$(31) \qquad X_1 dx_1 + X_2 dx_2 + \ldots + X_n dx_n = 0 ;$$

si X_n n'est pas nul, on la ramène à la forme (27) en posant

$$\Lambda_1 = -\frac{X_1}{X_n}, \Lambda_2 = -\frac{X_2}{X_n}, \ldots, \Lambda_{n-1} = -\frac{X_{n-1}}{X_n},$$

et les conditions d'intégrabilité (29) deviennent

$$X_n \left(\frac{\partial X_i}{\partial x_k} - \frac{\partial X_k}{\partial x_i} \right) + X_i \left(\frac{\partial X_k}{\partial x_n} - \frac{\partial X_n}{\partial x_k} \right) + X_k \left(\frac{\partial X_n}{\partial x_i} - \frac{\partial X_i}{\partial x_n} \right) = 0.$$

Comme on aurait pu prendre pour inconnue une autre des variables x_h, pourvu que X_h ne soit pas nul, il est clair que les coefficients $X_1, \ldots, X_n$ doivent vérifier toutes les conditions

$$(32) \qquad X_{hik} = X_h \left(\frac{\partial X_i}{\partial x_k} - \frac{\partial X_k}{\partial x_i} \right) + X_i \left(\frac{\partial X_k}{\partial x_h} - \frac{\partial X_h}{\partial x_k} \right)$$
$$+ X_k \left(\frac{\partial X_h}{\partial x_i} - \frac{\partial X_i}{\partial x_h} \right) = 0$$
$$(h, i, k = 1, 2, \ldots, n).$$

D'après la démonstration même, toutes ces relations ne sont pas distinctes. On le vérifie aisément en observant que l'on a identiquement

$$(33) \qquad X_l X_{hik} - X_h X_{ikl} + X_i X_{hlk} - X_k X_{lhi} = 0 ;$$

si X_n n'est pas nul, toutes les relations (33) sont donc des conséquences des relations $X_{nik} = 0$.

On est conduit aux mêmes conditions (32) en cherchant dans quels cas l'expression $\displaystyle\sum_{i=1}^{n} X_i dx_i$ admet un facteur intégrant μ.

Ce facteur doit satisfaire à toutes les relations

$$(34) \quad X_i \frac{\partial \mu}{\partial x_k} - X_k \frac{\partial \mu}{\partial x_i} = \mu \left(\frac{\partial X_k}{\partial x_i} - \frac{\partial X_i}{\partial x_k} \right), \quad (i, k = 1, 2, \ldots, n);$$

en prenant successivement les trois relations correspondant aux trois combinaisons d'indices (i, k), (k, h), (h, i), on en déduit une relation qui contient μ en facteur, ce qui conduit précisément à la condition $X_{hik} = 0$.

Ces conditions sont suffisantes. En effet, supposons, pour fixer les idées, que X_n ne soit pas nul ; les équations (34) se réduisent alors aux $n - 1$ équations

$$X_i \frac{\partial \mu}{\partial x_n} - X_n \frac{\partial \mu}{\partial x_i} = \mu \left(\frac{\partial X_n}{\partial x_i} - \frac{\partial X_i}{\partial x_n} \right) \quad (i = 1, 2, \ldots, n - 1).$$

Nous pouvons, sans diminuer la généralité, supposer $X_n = -1$, ce qui revient à prendre l'équation aux différentielles totales sous la forme (27). Les conditions (32) se réduisent aux conditions (29) et, en posant $\mu = e^{-\lambda}$, on a, pour déterminer λ, le système d'équations

$$(35) \quad \mathcal{A}_i(\lambda) = \frac{\partial \lambda}{\partial x_i} + A_i \frac{\partial \lambda}{\partial x_n} = \frac{\partial A_i}{\partial x_n}, \quad (i = 1, 2, \ldots, n - 1).$$

Ce système est un système complet. En effet, les équations sans seconds membres forment un système complet, et, en différentiant par rapport à x_n les deux membres de la relation (29), on obtient la nouvelle relation

$$\mathcal{A}_i \left(\frac{\partial A_k}{\partial x_n} \right) = \mathcal{A}_k \left(\frac{\partial A_i}{\partial x_n} \right).$$

D'après un théorème général (n° **18**), l'intégration complète du système (35) se ramène à l'intégration du système sans seconds membres (30), suivie d'une quadrature. Dans le cas particulier considéré ici, la quadrature peut être évitée ; en effet, si f est une intégrale du système (30) on a aussi

$$(36) \quad \frac{\partial^2 f}{\partial x_i \partial x_n} + A_i \frac{\partial^2 f}{\partial x_n^2} + \frac{\partial A_i}{\partial x_n} \frac{\partial f}{\partial x_n} = 0,$$

et, en posant $\dfrac{\partial f}{\partial x_n} = e^{-\lambda}$, on voit que λ est une intégrale particulière des équations (35).

Tous ces résultats s'expliquent aisément. Si l'équation (27) est complètement intégrable, elle est équivalente à une relation $dF = 0$, ce qui exige que l'on ait

$$\frac{\dfrac{\partial F}{\partial x_1}}{A_1} = \ldots = \frac{\dfrac{\partial F}{\partial x_{n-1}}}{A_{n-1}} = \frac{\dfrac{\partial F}{\partial x_n}}{-1},$$

ce qui prouve que $\mu = -\dfrac{\partial F}{\partial x_n}$ est un facteur intégrant, et tout autre facteur intégrant est de la forme $\mu \Pi(F)$, Π étant une fonction arbitraire [1].

En résumé l'intégration du système (30) et celle du système (35) constituent deux problèmes absolument équivalents. Mais il peut arriver, dans quelques cas spéciaux, que l'on puisse trouver une intégrale particulière du système (35); l'intégration de l'équation (27) est alors ramenée à des quadratures. Il peut arriver par exemple que l'équation (27) admette un facteur intégrant ne dépendant pas des variables x_{α_1}, x_{α_2}, ..., x_{α_r}. On reconnaît qu'il en est ainsi si en adjoignant aux relations (35) les équations

$$\frac{\partial f}{\partial x_{\alpha_1}} = 0, \ldots, \frac{\partial f}{\partial x_{\alpha_r}} = 0,$$

on obtient un nouveau système complet.

La théorie du multiplicateur sera étendue plus loin aux systèmes d'équations aux différentielles totales complètement intégrables (chap. XIII).

27. Systèmes non complètement intégrables. — Un système d'équations aux différentielles totales pour lequel les conditions d'intégrabilité ne sont pas vérifiées identiquement, peut cependant admettre des intégrales, mais ces intégrales, s'il en existe, ne peuvent pas dépendre de m constantes arbitraires. Par exemple, l'équation $dz = z\,dx + z^2\,dy$ admet la solution évidente $z = 0$, et n'en admet pas d'autre, car, en

---

[1] COLLET, *Annales de l'École normale supérieure*, 1re série, t. VII, 1870, p. 59-88.

égalant les deux expressions de $\dfrac{\partial^2 z}{\partial x \partial y}$, on est conduit à la relation $z^2 = 0$.

On peut toujours reconnaître par des différentiations et des éliminations si un système non complètement intégrable admet des intégrales et, dans le cas de l'affirmative, la recherche de ces intégrales se ramène à l'intégration d'un système complètement intégrable ayant moins d'inconnues que le système primitif, à moins que ces intégrales ne dépendent d'aucune constante arbitraire, et on les obtient alors sans aucune intégration [1]. Pour plus de clarté, nous désignerons les fonctions inconnues par u_1, u_2, ..., u_m, et nous supposerons que ces fonctions inconnues et les variables indépendantes x_1, ..., x_p doivent vérifier en outre certaines relations où les dérivées ne figurent pas. Il s'agit donc en définitive de trouver m fonctions u_1, ..., u_m des p variables indépendantes x_1, ..., x_p, satisfaisant aux mp équations différentielles

$$(37) \qquad \frac{\partial u_i}{\partial x_k} = f_{ik}, \qquad (i = 1, 2, \ldots, m ; \; k = 1, 2, \ldots, p),$$

et aux h relations (h pouvant être nul)

$$(38) \qquad \varphi_1 (x_1, \ldots, x_p ; u_1, u_2, \ldots, u_m) = 0, \ldots, \varphi_h = 0.$$

Si le système (37) n'est pas complètement intégrable, on peut adjoindre aux relations (38) les relations

$$(39) \qquad X_k(f_{hi}) = X_i(f_{hk})$$

obtenues en égalant les deux expressions de $\dfrac{\partial^2 u_h}{\partial x_i \partial x_k}$. Si les relations (38) et (39) sont incompatibles, ou si l'on peut en déduire une relation ne renfermant que les variables x_1, ..., x_p, on en conclut que le problème n'admet pas de solution. Dans le cas contraire, supposons que ces relations se réduisent à $m - r$ relations distinctes, pouvant être résolues par rapport à $m - r$ des fonctions inconnues u_{r+1}, ..., u_{r-m},

$$(40) \quad u_{r+1} = \Psi_1(x_1, \ldots, x_p ; u_1, \ldots, u_r), \ldots, u_m = \Psi_{m-r}(x_1, \ldots, x_p ; u_1, \ldots, u_r).$$

En remplaçant u_{r+1}, ..., u_m par les expressions précédentes dans le système (37), on a d'abord un système d'équations de la forme

$$(41) \qquad \frac{\partial u_i}{\partial x_k} = \mathcal{F}_{ik}, \quad (i = 1, 2, \ldots r ; k = 1, 2, \ldots, p),$$

[1] C. BOURLET, Sur les équations aux dérivées particlles simultanées qui contiennent plusieurs fonctions inconnues, *Annales de l'Ecole normale supérieure*, t. VIII, 3ᵉ Série, Supplément, *1891*.

dont les seconds membres ne dépendent que de $x_1, \ldots, x_p, u_1, \ldots, u_r$.

En substituant dans les équations (37), où l'indice i est plus grand que r, et en remplaçant les dérivées partielles de $u_1, \ldots, u_r$ par leurs valeurs tirées des formules (41), on obtient de nouvelles relations entre $x_1, \ldots, x_p$; $u_1, \ldots, u_r$. Si ces relations sont identiquement satisfaites, le système (41) est complètement intégrable, car les relations qui expriment que ce système est complètement intégrable sont précisément les relations qu'on obtient en remplaçant $u_{r+1}, \ldots, u_m$ par leurs valeurs tirées des formules (39) dans les relations en question qui, par suite, sont vérifiées identiquement. Ayant obtenu l'intégrale générale de ce système, qui dépend de r constantes arbitraires, les formules (40) donnent ensuite $u_{r+1}, \ldots, u_m$.

Si le second groupe de relations n'est pas vérifié identiquement, on est ramené à un problème de même nature que le premier, mais avec un nombre moindre d'inconnues.

En continuant ainsi, le nombre des inconnues va en diminuant à chaque transformation, cette série d'opérations ne pourra se terminer que de deux façons : ou bien on arrivera à un système incompatible, ou bien on arrivera à un système complètement intégrable pour déterminer s des inconnues $u_1, \ldots, u_s$, les autres inconnues $u_{s+1}, \ldots, u_m$ s'exprimant au moyen de celles-là et des variables indépendantes. Comme cas particulier, il peut se faire que le nombre s soit nul ; c'est ce qui aura lieu si l'on arrive, après un certain nombre de transformations, à un système de m équations donnant pour $u_1, \ldots, u_m$ des fonctions satisfaisant aux équations proposées.

Exemple. — Soit le système

$$dz = pdx + qdy, \quad dp = f'(z)(adx + dy), \quad adq = f'(z)(adx + dy);$$

en égalant les valeurs des dérivées secondes, on est conduit à la relation $p = aq$, et il reste à intégrer le système complètement intégrable

$$adz = p(adx + dy), \quad dp = f'(z)(adx + dy),$$

que l'on peut écrire, en posant $u = ax + y$,

$$a\frac{dz}{du} = p, \qquad \frac{dp}{du} = f'(z).$$

L'intégrale générale dépend de deux constantes arbitraires et s'obtient par une quadrature ; z est donnée par la formule

$$\int \frac{dz}{\sqrt{\frac{2}{a}f(z) + C}} = ax + y + C_1.$$

Exercices

1⁰ Intégrer les équations aux différentielles totales :

1⁰ $x_1(x_2 - 1)(x_3 - 1)dx_1 + x_2(x_3 - 1)(x_1 - 1)dx_2 +$
$$x_3(x_1 - 1)(x_2 - 1)dx_3 = 0 ;$$

2⁰ $dx_1 + \dfrac{x_1}{x_2} dx_2 - \dfrac{x_1}{2x_3} dx_3 = 0 ;$

3⁰ $dx_1 + \dfrac{x_1}{2x_2} dx_2 - \dfrac{x_3 x_4}{x_1 x_2} dx_3 - \dfrac{x_3^2}{2x_1 x_2} dx_4 = 0 ;$

4⁰ $dx_1 + \dfrac{x_1 dx_2}{x_2 \log(x_2 x_3)} + \dfrac{x_1 dx_3}{x_3 \log(x_2 x_3)} + \dfrac{x_1}{x_3} \operatorname{Cotg}\left(\dfrac{x_4}{x_5}\right) dx_4$
$$- \dfrac{x_1 x_4}{x_5^2} \operatorname{Cotg}\left(\dfrac{x_4}{x_5}\right) dx_5 = 0$$

(COLLET).

2⁰ Intégrer les systèmes d'équations aux différentielles totales :

(1) $\begin{cases} (vy - ux)du = (u^2 + y^2)dx + (uv + xy)dy, \\ (ux - vy)dv = (uv + xy)dx + (v^2 + x^2)dy ; \end{cases}$

(FORSYTH).

(2) $\begin{cases} \dfrac{(u - v)(u - w)du}{(ux - 1)(uy - 1)(uz - 1)} = \dfrac{dx}{ux - 1} + \dfrac{dy}{uy - 1} + \dfrac{dz}{uz - 1}, \\[2ex] \dfrac{(v - u)(v - w)dv}{(vx - 1)(vy - 1)(vz - 1)} = \dfrac{dx}{vx - 1} + \dfrac{dy}{vy - 1} + \dfrac{dz}{vz - 1}, \\[2ex] \dfrac{(w - u)(w - v)dw}{(wx - 1)(wy - 1)(wz - 1)} = \dfrac{dx}{wx - 1} + \dfrac{dy}{wy - 1} + \dfrac{dz}{wz - 1} \end{cases}$

(FORSYTH).

(3) $\begin{cases} du_1 = u_1 \dfrac{-2x_1 + x_2 + a}{(x_1 - x_2)(x_1 - a)} dx_1 + u_2 \dfrac{a - x_2}{(x_1 - x_2)(x_1 - a)} dx_2. \\[2ex] du_2 = u_1 \dfrac{a - x_1}{(x_2 - x_1)(x_2 - a)} dx_1 + u_2 \dfrac{-2x_2 + x_1 + a}{(x_2 - x_1)(x_2 - a)} dx_2, \\[2ex] du_3 = u_1 \dfrac{x_2 - x_1}{(a - x_1)(a - x_2)} dx_1 + u_2 \dfrac{x_1 - x_2}{(a - x_1)(a - x_2)} dx_2 ; \end{cases}$

(MAXIMOWITCH).

(4) $\begin{cases} dz_1 = \dfrac{1}{(x_1 - x_2)(x_1 - x_3)} [z_1(-2x_1 + x_2 + x_3)dx_1 + \\ \qquad\qquad z_2(x_3 - x_2)dx_2 + z_3(x_2 - x_3)dx_3], \\[2ex] dz_2 = \dfrac{1}{(x_2 - x_1)(x_2 - x_3)} [z_1(x_3 - x_1)dx_1 + \\ \qquad\qquad z_2(-2x_2 + x_1 + x_3)dx_2 + z_3(x_1 - x_3)dx_3], \\[2ex] dz_3 = \dfrac{1}{(x_3 - x_1)(x_3 - x_2)} [z_1(x_2 - x_1)dx_1 + z_2(x_1 - x_2)dx_2 + \\ \qquad\qquad z_3(-2x_3 + x_1 + x_2)dx_3] \end{cases}$

(MAXIMOWITCH).

$$(5) \begin{cases} du = udx + vdy + wdz, \\ dv = vdx + wdy + udz, \\ dw = wdx + udy + vdz \ ; \end{cases}$$

(Stodokiewicz).

$$(6) \begin{cases} du = (u + x)dx + (v + y + 1)dy + (w + z + 1)dz, \\ dv = (v + y + 1)dx + (w + z)dy + (u + x + 1)dz, \\ dw = (w + z + 1)dx + (u + x + 1)dy + (v + y)dz \ ; \end{cases}$$

(Stodokiewicz).

3° Trouver les combinaisons intégrables des systèmes

$$(1) \begin{cases} dz = (t + xy + xz)dx + (xzt + y - xy)dy, \\ dt = (y + z - 3x)\,dx + (zt - y)dy \ ; \end{cases}$$

$$(2) \begin{cases} dx + dy + dz + (x + 1)dt = 0, \\ xdx + ydy + zdz - xdt = 0. \end{cases}$$

(Forsyth).

4° Si les coefficients X_i d'une équation complètement intégrable $\Sigma X_i dx_i = 0$ sont des fonctions homogènes et du même degré, l'expression

$$(X_1 x_1 + \ldots + X_n x_n)^{-1}$$

est un facteur intégrant. Examiner le cas où l'on a

$$\Sigma X_i x_i = 0.$$

5° Intégrer les systèmes non complètement intégrables

$$(1) \begin{cases} dz = pdx + qdy, \\ dp = qdx + sdy, \\ dq = sdx + pdy, \\ ds = pdx + qdy \ ; \end{cases}$$

(Valyi)

$$(2) \begin{cases} dz = pdx + qdy, \\ dp = rdx + \left(az^2 + \dfrac{pq}{z} \right) dy, \\ dq = \left(az^2 + \dfrac{pq}{z} \right) dx + rdy, \\ dr = \left(3aqz + \dfrac{pr}{z} \right) dx + \left(3apz + \dfrac{qr}{z} \right) dy \end{cases}$$

(Bourlet).

CHAPITRE IV

INTÉGRALES COMPLÈTES
MÉTHODE DE LAGRANGE ET CHARPIT

28. Equations à deux variables indépendantes. — Considérons maintenant une équation aux dérivées partielles du premier ordre de forme quelconque, avec deux variables indépendantes seulement. Lagrange a obtenu sur ce sujet des résultats très importants que nous allons d'abord exposer. Soit

$$(1) \qquad F(x, y, z, p, q) = 0$$

l'équation proposée ; le résultat fondamental obtenu par Lagrange est le suivant : si l'on connaît une famille d'intégrales, dépendant de *deux* paramètres arbitraires, on peut en déduire toutes les autres intégrales par des différentiations et des éliminations. Soit en effet

$$(2) \qquad V(x, y, z, a, b) = 0$$

une relation renfermant deux constantes a et b, et définissant, quelles que soient les valeurs attribuées à ces constantes, une intégrale de l'équation (1). De cette relation, on déduit les valeurs des dérivées partielles p et q de cette intégrale :

$$(3) \qquad \frac{\partial V}{\partial x} + p\frac{\partial V}{\partial z} = 0, \qquad \frac{\partial V}{\partial y} + q\frac{\partial V}{\partial z} = 0.$$

Par hypothèse, la fonction z satisfait toujours à l'équation (1), quels que soient a et b : l'élimination des deux paramètres a et b entre les trois relations (1) et (2) conduira donc à l'équation (3), et à *celle-là seulement* ([1]). Il s'en suit que cette équation (3) exprime la condition nécessaire et suffisante pour que les trois équations (1) et (2) soient vérifiées par un système de trois fonctions z, a. b des deux variables x et y, p et q désignant les dérivées partielles de z. Le problème de l'intégration de l'équation unique (1) est donc équivalent au problème suivant : *Trouver trois fonctions z, a, b des deux variables indépendantes x et y, satisfaisant aux trois équations* (2) *et* (3).

Si $z = f_1(x, y)$, $a = f_2(x, y)$, $b = f_3(x, y)$ forment un système de solutions de ces trois équations, la fonction $f_1(x, y)$ satisfait aussi à l'équation (1), qui est une conséquence de ces trois relations. Inversement, si $f_1(x, y)$ est une intégrale de l'équation (1), les trois relations (2) et (3) sont compatibles quand on y remplace z par $f_1(x, y)$, p et q par les dérivées partielles de $f_1(x, y)$. On en déduira donc pour a et b deux autres fonctions $a = f_2(x, y)$, $b = f_3(x, y)$, qui forment avec $f_1(x, y)$ un système de solutions des relations (2) et (3).

Le raisonnement peut être présenté sous forme géométrique. Si $z = f_1(x, y)$ est l'équation d'une surface intégrale S, en chaque point M de cette surface il passe une intégrale de la famille (1) tangente à S, et les valeurs correspondantes de a et de b sont des fonctions $a = f_2(x, y)$, $b = f_3(x, y)$ des coordonnées du point M.

Le nouveau problème, quoique d'une apparence plus compliquée que le premier, se résout aisément. En effet, si l'on différentie la relation (2), par rapport à x et à y, en considérant maintenant z, a, b comme des fonctions inconnues de x et de y, les relations obtenues se réduisent, en tenant compte des équations (3), aux deux suivantes :

$$(4) \qquad \frac{\partial V}{\partial a}\frac{\partial a}{\partial x} + \frac{\partial V}{\partial b}\frac{\partial b}{\partial x} = 0, \qquad \frac{\partial V}{\partial a}\frac{\partial a}{\partial y} + \frac{\partial V}{\partial b}\frac{\partial b}{\partial y} = 0,$$

et le système formé par les équations (2) et (4) est équivalent au système formé par les équations (2) et (3).

---

[1] En effet, si l'élimination de a et de b conduisait à une autre relation $\Phi(x, y, z, p, q) = 0$, différente de $F = 0$, les deux équations simultanées $F = 0$, $\Phi = 0$ admettraient une intégrale commune $V = 0$, dépendant de deux constantes arbitraires a et b, ce qui est impossible. L'intégrale considérée ne dépendrait donc en réalité que d'un *seul* paramètre.

On voit immédiatement que l'on satisfait à ce système en prenant pour les fonctions inconnues a et b deux constantes quelconques. Nous retrouvons ainsi pour z l'intégrale connue *a priori*, que Lagrange appelle *intégrale complète*. Pour traiter la question d'une façon générale, remarquons que les équations (4) sont linéaires et homogènes en $\frac{\partial V}{\partial a}$, $\frac{\partial V}{\partial b}$. On satisfait donc au système des trois équations (2) et (4) en posant

$$(5) \qquad V = 0, \qquad \frac{\partial V}{\partial a} = 0, \qquad \frac{\partial V}{\partial b} = 0.$$

Si ces trois équations sont compatibles, elles définissent trois fonctions z, a, b des deux variables x et y. L'intégrale $z = f_1(x, y)$ de l'équation (1) ainsi obtenue ne dépend d'aucun paramètre arbitraire ; on l'appelle aujourd'hui *l'intégrale singulière*.

Si $\frac{\partial V}{\partial a}$ et $\frac{\partial V}{\partial b}$ ne sont pas nuls à la fois, on doit avoir, d'après les équations (4),

$$\frac{D(a, b)}{D(x, y)} = 0,$$

ce qui prouve qu'il existe entre les fonctions a et b au moins une relation indépendante de x et de y. S'il existe deux relations de cette espèce, a et b se réduisent à des constantes, nous retrouvons l'intégrale complète. S'il existe une seule relation entre a et b, l'une au moins des fonctions a et b ne se réduit pas à une constante. Supposons que ce soit a ; nous pouvons alors écrire la relation entre a et b

$$(6) \qquad b = \varphi(a),$$

et les deux formules (4) deviennent

$$\frac{\partial a}{\partial x}\left[\frac{\partial V}{\partial a} + \frac{\partial V}{\partial b}\varphi'(a)\right] = 0, \qquad \frac{\partial a}{\partial y}\left[\frac{\partial V}{\partial a} + \frac{\partial V}{\partial b}\varphi'(a)\right] = 0.$$

Comme a n'est pas constant par hypothèse, ces deux relations se réduisent à une seule, et les trois équations

$$(7) \quad V(x, y, z, a, b) = 0, \qquad b = \varphi(a), \qquad \frac{\partial V}{\partial a} + \frac{\partial V}{\partial b}\varphi'(a) = 0$$

définissent un nouveau système de solutions des équations (2) et (3). En particulier, la fonction $z = f_1(x, y)$ ainsi obtenue est une intégrale de l'équation proposée (1); cette intégrale dépend évidemment de la fonction arbitraire $\varphi(a)$; nous l'appellerons *l'intégrale générale*.

Pour avoir la relation entre x, y, z, il faudrait éliminer le paramètre arbitraire a entre les deux équations

$$(8) \qquad V[x, y, z, a, \varphi(a)] = 0. \qquad \frac{\partial V}{\partial a} + \frac{\partial V}{\partial \varphi(a)} \varphi'(a) = 0 ;$$

cette élimination ne peut être faite que si l'on a choisi la fonction $\varphi(a)$, mais les équations (8) permettent toujours d'exprimer deux des coordonnées d'un point d'une surface intégrale en fonction de la troisième coordonnée et du paramètre a.

La méthode précédente se rattache très simplement à la théorie des surfaces enveloppes. Considérons, en effet, la famille de surfaces S dépendant de deux constantes a et b, qui forment l'intégrale complète (2). Si l'on établit entre les deux paramètres a et b une relation de forme arbitraire $b = \varphi(a)$, on obtient une famille de surfaces ne dépendant plus que d'un paramètre arbitraire a, et l'enveloppe de cette famille de surfaces s'obtient précisément en éliminant a entre les deux équations (8). Le procédé qui permet de déduire l'intégrale générale de l'intégrale complète consiste donc à prendre l'enveloppe d'une suite simplement infinie d'intégrales complètes, obtenue en établissant entre les deux paramètres a et b une relation de forme arbitraire. L'intégrale singulière s'obtient de même en prenant l'enveloppe de toutes les intégrales complètes, quand on fait varier les deux paramètres a et b de toutes les manières possibles.

Il semblerait, d'après ce qui précède, que l'on doit distinguer trois catégories d'intégrales : l'intégrale complète, l'intégrale générale et l'intégrale singulière. Mais la théorie même de Lagrange prouve qu'il existe une infinité d'intégrales complètes. Si, en effet, on établit entre les deux paramètres a et b une relation d'une forme déterminée $b = \pi(a, a', b')$, renfermant deux constantes a' et b', l'intégrale générale correspondante dépendra de ces deux constantes a', b', et pourra jouer le rôle d'intégrale complète.

L'ancienne intégrale complète sera maintenant comprise dans l'intégrale générale, et correspondra à la relation $b = \pi(a, a', b')$ établie entre les deux paramètres a' et b'. Il n'y a donc pas de distinction essentielle entre l'intégrale générale et l'intégrale complète. Au contraire, l'intégrale singulière, d'après sa signification géométrique, ne dépend pas du choix de l'intégrale complète.

On obtient des formules plus symétriques pour représenter l'intégrale générale en prenant pour a et b des fonctions arbitraires $a = \varphi(\lambda)$, $b = \psi(\lambda)$ d'un paramètre auxiliaire λ, les formules (8) sont alors remplacées par les formules équivalentes

$$(9) \quad V(x, y, z, \varphi(\lambda), \psi(\lambda)) = 0, \qquad \frac{\partial V}{\partial \varphi}\varphi'(\lambda) + \frac{\partial V}{\partial \psi}\psi'(\lambda) = 0,$$

qui permettent d'exprimer deux des coordonnées x, y, z au moyen de la dernière et de λ.

Exemples. — 1° Soit l'équation de Clairaut généralisée

$$z = px + qy + f(p, q);$$

on vérifie aisément qu'elle admet l'intégrale complète

$$z = ax + by + f(a, b).$$

Cette intégrale complète se compose d'une famille de plans dépendant de deux paramètres arbitraires a et b ; ces plans enveloppent une surface non développable Σ, qui est l'intégrale singulière de l'équation proposée. Pour avoir l'intégrale générale, nous devons établir entre a et b une relation de forme arbitraire, soit $b = \varphi(a)$, et chercher l'enveloppe du plan ainsi obtenu ; cette enveloppe, qui est représentée par le système des deux équations

$$z = ax + y\varphi(a) + f[a, \varphi(a)], \quad x + y\varphi'(a) + \frac{\partial f}{\partial a} + \frac{\partial f}{\partial \varphi(a)}\varphi'(a) = 0,$$

est une surface développable tangente à la surface Σ tout le long d'une courbe Γ, et l'on peut évidemment choisir la fonction arbitraire $\varphi(a)$ de façon que la courbe de contact Γ soit une courbe donnée à l'avance de Σ.

$2°$ Soit l'équation

$$q = f(p),$$

qui admet l'intégrale complète

$$z = ax + f(a)y + b.$$

Cette équation représente encore un plan, et l'intégrale générale, qui est donnée par le système des deux équations

$$(10) \quad z = ax + yf(a) + \varphi(a), \qquad 0 = x + yf'(a) + \varphi'(a),$$

se compose de surfaces développables, que l'on peut définir géométriquement d'une façon très simple. En effet, si par un point fixe de l'espace, l'origine par exemple, on mène des plans parallèles aux plans qui forment l'intégrale complète, ces plans ne dépendent que d'un paramètre variable a, et enveloppent par conséquent un cône (T) ayant son sommet à l'origine. L'arête de rebroussement de la surface développable (10) a donc son plan osculateur qui reste constamment parallèle à un plan tangent au cône (T), et par suite les génératrices de cette surface sont parallèles aux génératrices du même cône.

Les équations (5), qui déterminent l'intégrale singulière, sont dans ce cas incompatibles, car la dernière se réduit à $1 = 0$. Il n'y a donc pas d'intégrale singulière.

$3°$ Considérons une famille de sphères de rayon donné R, dont le centre reste dans un plan fixe. Ces sphères dépendent bien de deux paramètres arbitraires, et, si nous prenons un système d'axes rectangulaires avec le plan fixe pour plan des xy, elles sont représentées par l'équation

$$(x - a)^2 + (y - b)^2 + z^2 - R^2 = 0.$$

L'équation aux dérivées partielles correspondante s'obtient en éliminant a et b entre cette équation et les deux suivantes

$$x - a + pz = 0, \qquad y - b + qz = 0,$$

ce qui donne la relation

$$(1 + p^2 + q^2)z^2 - R^2 = 0,$$

dont la signification géométrique est la suivante. Elle exprime que la portion de normale, comprise entre un point quelconque de la surface et le plan des xy, est constante et égale à R. L'intégrale générale est une surface canal, enveloppe d'une sphère de rayon R dont le centre décrit une courbe arbitraire dans le plan des xy. Il y a une intégrale singulière formée des deux plans $z = \pm R$. Il est évident que ces deux plans sont tangents à toutes les autres surfaces intégrales.

29. Détermination d'une intégrale complète. — En résumé, pour pouvoir déterminer toutes les intégrales d'une équation du premier ordre.

$$(11) \qquad F(x, y, z, p, q) = 0,$$

il suffit de connaître une intégrale complète, c'est-à-dire une intégrale dépendant de deux constantes arbitraires. Pour déterminer une intégrale complète, supposons que, par un moyen quelconque, on ait obtenu une autre fonction $\Phi(x, y, z, p, q)$ telle que les deux équations

$$(12) \qquad F = 0, \qquad \Phi = a$$

puissent être résolues par rapport à p et q et forment un **système** complètement intégrable, quelle que soit la valeur de la constante a. S'il en est ainsi, en résolvant les deux équations précédentes par rapport à p et à q, et en portant ces valeurs de p et de q dans l'équation $dz = pdx + qdy$, on obtient une équation aux différentielles totales complètement intégrable

$$(13) \qquad dz = f(x, y, z, a)dx + \varphi(x, y, z, a)dy.$$

L'intégration de cette équation introduit une nouvelle constante arbitraire b, et nous avons ainsi une intégrale de l'équation proposée, dépendant de deux constantes arbitraires a et b.

Pour certaines formes particulières de la fonction F, on aperçoit aisément une autre relation $\Phi = a$ formant avec la première un système complètement intégrable.

1^0 Soit une équation ne renfermant que p, q et l'une des variables indépendantes, telle que

$$F(y, p, q) = 0 \; ;$$

si l'on prend $p = a$, a étant une constante arbitraire, on tire de l'équation elle-même $q = f(y, a)$, et l'on est conduit à une équation complètement intégrable

$$dz = adx + f(y, a)dy,$$

d'où l'on tire une intégrale complète

$$z = ax + \int f(y, a)dy + b,$$

formée de cylindres dont les génératrices sont parallèles au plan des xy

2^0 Les équations de la forme

$$F(z, p, q) = 0$$

se ramènent à la forme précédente en prenant y et z par exemple pour variables indépendantes et x pour la fonction inconnue. On peut encore remarquer que si l'on adjoint à l'équation la relation $q = ap$, où a est une constante, on déduit de ce système

$$p = f(z, a), \qquad q = af(z, a),$$

et l'on est conduit à l'équation aux différentielles totales

$$dz = f(z, a)(dx + ady),$$

d'où l'on déduit l'intégrale complète

$$\int \frac{dz}{f(z, a)} = x + ay + b.$$

3^0 Si une équation est mise sous la forme

$$f(x, p) = f_1(y, q),$$

on dit que *les variables sont séparées*. En égalant les deux membres à une constante a, on tire de ces égalités

$$p = \varphi(x, a), \qquad q = \varphi_1(y, a),$$

et par suite une intégrale complète

$$z = \int \varphi(x, a)dx + \int \varphi_1(y, a)dy + b.$$

4^0 Considérons encore une équation

$$z = f(x, p) + f_1(y, q);$$

on peut obtenir une intégrale complète de la forme

$$z = \varphi(x, a) + \varphi_1(y, b),$$

a et b étant deux constantes arbitraires. Les fonctions φ et φ_1 sont déterminées par deux équations différentielles du premier ordre

$$\varphi = f\left(x, \frac{\partial \varphi}{\partial x}\right), \qquad \varphi_1 = f_1\left(y, \frac{\partial \varphi_1}{\partial y}\right).$$

D'une façon générale [1], pour trouver comment on doit prendre la fonction Φ de telle façon que les deux équations (12) forment un système complètement intégrable, imaginons que l'on ait tiré de deux équations quelconques

$$(13) \qquad\qquad F = 0, \qquad \Phi = 0,$$

(telles que $\dfrac{D(F, \Phi)}{D(p, q)}$ ne soit pas nul pour tous les systèmes de solutions) les expressions de p et de q

$$p = f(x, y, z), \qquad q = \varphi(x, y, z).$$

Les deux équations (13) forment un système complètement intégrable si les deux fonctions f et φ satisfont à la condition

$$\frac{\partial f}{\partial y} + \frac{\partial f}{\partial z}\varphi = \frac{\partial \varphi}{\partial x} + \frac{\partial \varphi}{\partial z} f.$$

Mais on peut reconnaître si la condition d'intégrabilité est vérifiée sans qu'il soit nécessaire d'avoir d'abord résolu les équations (13) par rapport à p et q ; il suffit d'appliquer les règles qui permettent de calculer les dérivées des fonctions implicites. Considérons en effet les relations (13) comme définissant deux fonctions

---

[1] Le principe de la méthode est dû à Lagrange : *Mémoires de l'Académie de Berlin*, 1772, p. 35 ; *Œuvres*, t. III, p. 549-577. Elle n'a été complètement élucidée que par Charpit, dont le mémoire, présenté en 1784 à l'Académie des Sciences, n'a pas été publié. Voir Lacroix, *Calcul différentiel et intégral*, t. II, 2ᵉ édition, p. 548 ; Jacobi, *Journal de Crelle*, t. XXIII, p. 1-104 (1841) ; *Gesammelte Werke*, t. IV, p. 151.

implicites $p = f(x, y, z)$, $q = \varphi(x, y, z)$ des trois variables x, y, z.
En différentiant par rapport à x, il vient

$$\frac{\partial F}{\partial x} + \frac{\partial F}{\partial p}\frac{\partial p}{\partial x} + \frac{\partial F}{\partial q}\frac{\partial q}{\partial x} = 0, \qquad \frac{\partial \Phi}{\partial x} + \frac{\partial \Phi}{\partial p}\frac{\partial p}{\partial x} + \frac{\partial \Phi}{\partial q}\frac{\partial q}{\partial x} = 0,$$

et par suite

$$\frac{D(F, \Phi)}{D(p, q)}\frac{\partial q}{\partial x} + \frac{D(F, \Phi)}{D(p, x)} = 0.$$

On trouve de même

$$\frac{D(F, \Phi)}{D(p, q)}\frac{\partial p}{\partial y} + \frac{D(F, \Phi)}{D(y, q)} = 0, \qquad \frac{D(F, \Phi)}{D(p, q)}\frac{\partial p}{\partial z} + \frac{D(F, \Phi)}{D(z, q)} = 0,$$

$$\frac{D(F, \Phi)}{D(p, q)}\frac{\partial q}{\partial z} + \frac{D(F, \Phi)}{D(p, z)} = 0.$$

En portant les valeurs de $\dfrac{\partial p}{\partial y}$, $\dfrac{\partial p}{\partial z}$, $\dfrac{\partial q}{\partial x}$, $\dfrac{\partial q}{\partial z}$ dans la condition d'intégrabilité

$$\frac{\partial p}{\partial y} + \frac{\partial p}{\partial z} q = \frac{\partial q}{\partial x} + \frac{\partial q}{\partial z} p,$$

cette condition développée devient

$$\frac{\partial F}{\partial p}\left(\frac{\partial \Phi}{\partial x} + p\frac{\partial \Phi}{\partial z}\right) + \frac{\partial F}{\partial q}\left(\frac{\partial \Phi}{\partial y} + q\frac{\partial \Phi}{\partial z}\right)$$
$$- \frac{\partial \Phi}{\partial p}\left(\frac{\partial F}{\partial x} + p\frac{\partial F}{\partial z}\right) - \frac{\partial \Phi}{\partial q}\left(\frac{\partial F}{\partial y} + q\frac{\partial F}{\partial z}\right) = 0.$$

Posons, d'une façon générale, u et v étant des fonctions de x, y, z, p, q :

$$\frac{d}{dx} = \frac{\partial}{\partial x} + p\frac{\partial}{\partial z}, \qquad \frac{d}{dy} = \frac{\partial}{\partial y} + q\frac{\partial}{\partial z},$$

$$[u, v] = \frac{\partial u}{\partial p}\frac{dv}{dx} - \frac{\partial v}{\partial p}\frac{du}{dx} + \frac{\partial u}{\partial q}\frac{dv}{dy} - \frac{\partial v}{\partial q}\frac{du}{dy};$$

l'expression $[u, v]$ est appelée un crochet, et la condition précédente peut alors s'écrire sous forme abrégée

$$(14) \qquad\qquad [F, \Phi] = 0.$$

Pour que les deux équations (13) forment un système complètement intégrable, il faut d'abord que ces deux équations puissent être résolues par rapport à p et à q, et de plus que la condition $[F, \Phi] = o$ soit une conséquence des deux relations (13). Si le crochet $[F, \Phi]$ est nul identiquement, les deux équations $F = a$, $\Phi = b$ forment un système complètement intégrable, quelles que soient les constantes a et b. Si la relation $[F, \Phi] = o$ est une conséquence de la seule équation $F = o$, les deux équations $F = o$, $\Phi = a$ forment un système complètement intégrable, quelle que soit la constante a. C'est précisément le cas que nous avons à examiner.

Lorsque les deux fonctions F et Φ ne renferment pas z, l'expression du crochet $[F, \Phi]$ se simplifie. On appelle parenthèse (u, v) l'expression suivante, où u et v sont des fonctions quelconques de x, y, z, p, q :

$$(u, v) = \frac{\partial u}{\partial p}\frac{\partial v}{\partial x} - \frac{\partial v}{\partial p}\frac{\partial u}{\partial x} + \frac{\partial u}{\partial q}\frac{\partial v}{\partial y} - \frac{\partial v}{\partial q}\frac{\partial u}{\partial y}.$$

La condition pour que les deux équations $F = o$, $\Phi = o$ forment un système complètement intégrable est, d'après cela, que l'on ait

$$(F, \Phi) = o,$$

soit identiquement, soit en tenant compte de ces équations elles-mêmes.

La fonction F étant connue, la fonction inconnue Φ doit donc satisfaire à une équation linéaire aux dérivées partielles du premier ordre que l'on peut écrire, en développant le crochet $[F, \Phi]$,

$$(15)\ P\frac{\partial \Phi}{\partial x} + Q\frac{\partial \Phi}{\partial y} + (Pp + Qq)\frac{\partial \Phi}{\partial z} - (X + pZ)\frac{\partial \Phi}{\partial p} - (Y + qZ)\frac{\partial \Phi}{\partial q} = o,$$

où l'on a posé, pour abréger l'écriture,

$$X = \frac{\partial F}{\partial x},\ Y = \frac{\partial F}{\partial y},\ Z = \frac{\partial F}{\partial z},\ P = \frac{\partial F}{\partial p},\ Q = \frac{\partial F}{\partial q}.$$

L'intégration de l'équation linéaire (15) se ramène à son tour à celle du système d'équations différentielles ordinaires

$$(16) \qquad \frac{dx}{P} = \frac{dy}{Q} = \frac{dz}{Pp + Qq} = \frac{-dp}{X + pZ} = \frac{-dq}{Y + qZ} ;$$

mais, pour l'objet que nous avons en vue, il n'est pas nécessaire d'avoir l'intégrale générale de ce système. Il suffit de connaître une intégrale Φ de ce système telle que l'on puisse résoudre le système des deux équations $F = o$, $\Phi = a$ par rapport à p et à q. Nous pouvons donc énoncer la règle générale suivante : ·

Pour avoir une intégrale complète de l'équation (11), on cherche d'abord une intégrale Φ du système (16), [telle que le jacobien $\dfrac{D(F, \Phi)}{D(p, q)}$ ne soit pas nul en tenant compte de l'équation $F = o$], puis on résout les deux équations $F = o$, $\Phi = a$ par rapport à p et à q. En portant les expressions obtenues pour p et q dans l'équation $dz = pdx + qdy$, on arrive à une équation complètement intégrable aux différentielles totales. L'intégrale générale de cette équation renferme une seconde constante arbitraire b; c'est une intégrale complète de l'équation (11).

On connaît *a priori* une intégrale de l'équation (15), la fonction F elle-même. Cette intégrale ne peut nous être d'aucune utilité à elle seule, mais cela nous montre que l'intégration du système (16) se ramène à l'intégration d'un système de *trois* équations différentielles du premier ordre. La difficulté du problème est ainsi précisée.

Lorsque la fonction F ne dépend pas de la fonction inconnue z, on peut supposer aussi que la fonction Φ ne dépend pas de z, et la condition pour que le système (12) soit complètement intégrable est alors

$$(F, \Phi) = o,$$

ou

$$(15 \; bis) \qquad P\frac{\partial\Phi}{\partial x} + Q\frac{\partial\Phi}{\partial y} - X\frac{\partial\Phi}{\partial p} - Y\frac{\partial\Phi}{\partial q} = o \; ;$$

le système auxiliaire (16) devient de même

$$(16 \; bis) \qquad \frac{dx}{P} = \frac{dy}{Q} = \frac{-dp}{X} = \frac{-dq}{Y} \; .$$

Si l'on connaît une intégrale première $\Phi = a$ de ce système telle que $\dfrac{D(F, \Phi)}{D(p, q)}$ ne soit pas nul, on est conduit à une équation aux différentielles totales de la forme

$$dz = f(x, y, a)dx + \varphi(x, y, a)dy,$$

qui s'intègre par une quadrature. La difficulté de la seconde partie du problème est donc diminuée dans ce cas. Il en est de même pour la première partie, car on connaît encore une intégrale première $F = C$ du système (16 *bis*); on peut donc remplacer ce système par un système de *deux* équations différentielles du premier ordre.

En résumé, *la détermination d'une intégrale complète par la méthode de Lagrange exige les opérations 3 et 1, lorsque la fonction F contient z ; elle exige une opération 2 et une quadrature lorsque F ne contient pas z.*

30. Exemples. Remarques diverses. — 1°. En appliquant la méthode générale aux cas particuliers qui ont été traités directement, on retrouve bien les mêmes résultats. Il est évident en effet, que pour une équation $F(y, p, q) = 0$, les équations (16) admettent la combinaison intégrable $dp = 0$; pour une équation $F(z, p, q) = 0$, les deux derniers rapports (16) donnent la combinaison intégrable

$$\frac{dp}{p} = \frac{dq}{q}$$

ou $d\left(\dfrac{p}{q}\right) = 0$. De même, pour une équation à variables séparées. $f(x, p) - f_1(x, q) = 0$, les équations (16 *bis*)

$$\frac{dx}{\dfrac{\partial f}{\partial p}} = \frac{dy}{-\dfrac{\partial f_1}{\partial q}} = \frac{-dp}{\dfrac{\partial f}{\partial x}} = \frac{dq}{\dfrac{\partial f_1}{\partial y}}$$

admettent les deux intégrales évidentes $f(x, p)$, $f_1(y, q)$. Remarquons aussi que pour une équation de Clairaut généralisée

$$F(p, q, z - px - qy) = 0,$$

on a $X + pZ = Y + qZ = 0$; on peut donc adjoindre à l'équation proposée la relation $p = a$, et l'on est conduit à intégrer une équation de Clairaut

$$F\left(a, \frac{\partial z}{\partial y}, z - ax - y\frac{\partial z}{\partial y}\right) = 0,$$

dont l'intégrale générale est donnée par la relation

$$F(a, b, z - ax - by) = 0,$$

où b est une nouvelle constante.

2° La méthode qui a permis plus haut de trouver une intégrale de l'équation $z = f(x, p) + f_1(y, q)$ ne semble pas, à première vue, se rattacher à la méthode de Lagrange. Cependant il est facile de vérifier que les intégrations qu'exige cette méthode sont équivalentes à celles que l'on a à effectuer pour intégrer le système correspondant (16) qui est ici

$$\frac{dx}{\dfrac{\partial f}{\partial p}} = \frac{dy}{\dfrac{\partial f_1}{\partial q}} = \frac{dz}{p\dfrac{\partial f}{\partial p} + q\dfrac{\partial f_1}{\partial q}} = \frac{-dp}{\dfrac{\partial f}{\partial x} - p} = \frac{-dq}{\dfrac{\partial f_1}{\partial y} - q}.$$

On tire de ces relations deux équations différentielles à deux variables

$$(17) \qquad dp = \left(\frac{p - \dfrac{\partial f}{\partial x}}{\dfrac{\partial f}{\partial p}}\right) dx, \qquad dq = \left(\frac{q - \dfrac{\partial f_1}{\partial y}}{\dfrac{\partial f_1}{\partial q}}\right) dy,$$

et le système obtenu en adjoignant aux relations (17) l'équation

$$(18) \qquad\qquad dz = p\,dx + q\,dy$$

est un système complètement intégrable qui admet, on le reconnaît immédiatement, l'intégrale première

$$z - f(x, p) - f_1(y, q) = C.$$

On obtiendra donc l'intégrale générale de ce système en intégrant séparément les deux équations différentielles du premier ordre (17). Soient $p = \Psi(x, a)$, $q = \Psi_1(y, b)$ les intégrales générales de ces deux équations ; il est clair que $z = f(x, \Psi(x, a)) + f_1(y, \Psi_1(y, b))$ est une intégrale complète de l'équation proposée *(page 138)*. Les intégrations sont au fond les mêmes que par la première méthode ; on sait en effet qu'une transformation classique ramène l'intégration de l'équation $\varphi = f\left(x, \dfrac{\partial \varphi}{\partial x}\right)$ à celle de l'équation

$$p = \frac{\partial f}{\partial x} + \frac{\partial f}{\partial p}\,\frac{dp}{dx},$$

obtenue en différentiant et en posant $\dfrac{\partial \varphi}{\partial x} = p$. Si $p = \Psi(x, a)$ est l'intégrale générale de cette dernière équation, l'intégrale générale de la première est précisément $\varphi = f(x, \Psi(x, a))$. L'intégration de l'équation

$$\varphi_1 = f_1\left(y, \frac{\partial \varphi_1}{\partial y}\right)$$

se ramène de la même façon à celle de la seconde équation (17).

En réalité, le procédé d'intégration se rattache plutôt à une méthode d'intégration plus générale que celle de Lagrange, et qui sera exposée plus loin (Chap. VIII).

3° A chaque intégrale du système (16), (satisfaisant à la condition subsidiaire) correspond une intégrale complète de l'équation (11). Prenons par exemple l'équation $pq - z = 0$; en lui adjoignant la relation $q = ap$, on en tire $p = \sqrt{\dfrac{z}{a}}$, $q = a\sqrt{\dfrac{z}{a}}$,

$$dz = \sqrt{\frac{z}{a}}\,(dx + ady),$$

et l'on a une intégrale complète

$$az = (x + ay + b)^2,$$

formée de cylindres tangents au plan des xy tout le long d'une génératrice. Le plan des xy est une intégrale singulière. Dans ce cas particulier, les équations (16) admettent aussi l'intégrale $p - y = a$. En partant de cette intégrale, on est conduit à l'équation aux différentielles totales

$$dz = (y + a)dx + \frac{zdy}{y + a},$$

que l'on peut aussi écrire $dx = d\left(\dfrac{z}{y + a}\right)$, ce qui fournit une nouvelle intégrale complète $z = (x + b)(y + a)$, formée de paraboloïdes tangents au plan des xy. Mais il est à remarquer que l'on obtiendrait la même intégrale complète en partant de l'intégrale $q - x = b$ du système (16) (*voir* Exerc. 4, p. 161).

4° Proposons-nous de trouver les équations $F(x, y, p, q) = 0$ telles que le système (16 *bis*) correspondant admette l'intégrale $py - qx = a$. Il faut et il suffit pour cela que la relation $pdy + ydp - qdx - xdq = 0$ soit une conséquence des relations (16 *bis*), c'est-à-dire que la fonction F soit elle-même une intégrale de l'équation linéaire

$$p\frac{\partial F}{\partial q} - y\frac{\partial F}{\partial x} + x\frac{\partial F}{\partial y} - q\frac{\partial F}{\partial p} = 0.$$

Le système correspondant d'équations différentielles

$$\frac{dx}{-y} = \frac{dy}{x} = \frac{dp}{-q} = \frac{dq}{p}$$

admet les trois intégrales premières

$$x^2 + y^2 = C, \qquad p^2 + q^2 = C', \qquad py - qx = C'',$$

et la fonction F est donc de la forme $F(py - qx, x^2 + y^2, p^2 + q^2)$. La recherche d'une intégrale complète de l'équation $F = o$ est ramenée à l'intégration de deux équations simultanées de la forme

$$p^2 + q^2 = f(x^2 + y^2, py - qx), \qquad py - qx = a.$$

En tenant compte de l'identité

$$(p^2 + q^2)(x^2 + y^2) = (py - qx)^2 + (px + qy)^2,$$

on déduit des deux équations précédentes

$$px + qy = \sqrt{(x^2 + y^2)f(x^2 + y^2, a) - a^2} = \varphi(x^2 + y^2, a),$$

ce qui nous donne les valeurs suivantes de p et de q :

$$p = \frac{ay + x\varphi(x^2 + y^2, a)}{x^2 + y^2}, \qquad q = \frac{-ax + y\varphi(x^2 + y^2, a)}{x^2 + y^2},$$

et l'on a une intégrale complète par une quadrature

$$z = -a \operatorname{arc\,tang}\left(\frac{y}{x}\right) + \int \frac{\varphi(u, a)}{2u}\, du + b,$$

où $u = x^2 + y^2$.

Il est quelquefois possible de trouver *a priori*, par des considérations géométriques, certaines combinaisons intégrables des équations différentielles (16). Supposons, par exemple, que l'on veuille obtenir les surfaces S dont le plan tangent en un point quelconque M coupe sous un angle constant V le plan passant par M et par Oz. Il est clair que, si une surface S répond à la question, toutes les surfaces qu'on déduira de celle-là en lui imprimant un mouvement hélicoïdal autour de Oz, le pas des hélices étant égal à h, répondront aussi à la question, et par conséquent la surface enveloppe Σ sera aussi une intégrale de la même équation. Or cette enveloppe Σ est évidemment une surface hélicoïdale de pas h ; comme on peut la déplacer d'une longueur quelconque parallèlement à Oz, il s'ensuit que l'équation aux dérivées partielles du problème et l'équation aux dérivées partielles des surfaces hélicoïdes $py - qx = a$ admettent, quel que soit a, une infinité d'intégrales communes dépendant d'une constante arbitraire. Par conséquent, les équations différentielles (16) des caractéristiques de l'équation aux dérivées partielles des surfaces S admettent l'intégrale première $py - qx = a$, et l'on aura une intégrale complète par une quadrature.

REMARQUE. — Il est à remarquer qu'il n'est pas nécessaire que la relation (15) soit vérifiée identiquement pour que le système (12) soit complètement intégrable ; il suffit qu'elle soit vérifiée en tenant compte de la relation $F = o$ elle-même. On peut quelquefois se servir de cette circonstance dans la recherche de la fonction Φ. En effet, trouver une combinaison intégrable des équations (16) revient au fond à trouver cinq fonctions λ_x, λ_y, λ_z, λ_p, λ_q, des variables x, y, z, p, q, telles que

$$\lambda_x dx + \lambda_y dy + \lambda_z dz + \lambda_p dp + \lambda_q dq$$

soit une différentielle exacte $d\Phi$ et que l'on ait en outre

$$P\lambda_x + Q\lambda_y + (Pp + Qq)\lambda_z - (X + pZ)\lambda_p - (Y + pZ)\lambda_q = 0.$$

Si cette dernière relation n'est vérifiée qu'en tenant compte de l'équation $F = 0$, la fonction Φ n'est plus à proprement parler une intégrale première du système (16). Cependant les multiplicateurs λ_x, λ_y, ... étant égaux aux dérivées partielles de Φ, les deux équations $F = 0$, $\Phi = a$ forment encore un système complètement intégrable, car l'équation (15) est alors une conséquence de $F = 0$ [1]. Une remarque analogue s'applique au système (16 *bis*).

31. Application au problème de Cauchy.

— On peut résoudre le problème de Cauchy (n° **3**) par des calculs d'élimination quand on connaît une intégrale complète de l'équation (11) ; nous verrons en même temps que ce problème est en général déterminé, ce qui est bien d'accord avec la théorie générale,

Soient

$$V(x, y, z, a, b) = 0$$

[1] Lorsque l'équation $F = 0$ peut être résolue par rapport à l'une des variables x, y, z, p, q, on peut supposer que la fonction Φ ne renferme pas cette variable, et elle ne figure pas non plus dans les coefficients X, Y, Z, P, Q. Pour fixer les idées, prenons une équation de la forme

$$p + f(x, y, z, q) = 0 ;$$

pour en trouver une intégrale complète, il suffit de lui adjoindre une autre équation $\varphi(x, y, z, q) = a$, formant avec la première un système complètement intégrable. La condition $[p + f, \varphi] = 0$ devient ici

$$\frac{\partial \varphi}{\partial x} + \frac{\partial f}{\partial q}\frac{\partial \varphi}{\partial y} + \left(q\frac{\partial f}{\partial q} - f \right)\frac{\partial \varphi}{\partial z} - \left(\frac{\partial f}{\partial y} + q\frac{\partial f}{\partial z} \right)\frac{\partial \varphi}{\partial q} = 0,$$

et la lettre p n'y figure pas.

Plus généralement, supposons qu'on puisse satisfaire à la relation $F = 0$ en posant

$$p = f(x, y, z, \lambda), \qquad q = \varphi(x, y, z, \lambda),$$

λ désignant un paramètre auxiliaire. Il suffit de remplacer λ par une fonction de x, y, z telle que l'équation $dz = f dx + \varphi dy$ soit complètement intégrable, ce qui conduit encore à une équation linéaire pour déterminer $\lambda(x, y, z)$,

$$\frac{\partial f}{\partial y} + \frac{\partial f}{\partial z}\varphi + \frac{\partial f}{\partial \lambda}\left(\frac{\partial \lambda}{\partial y} + \frac{\partial \lambda}{\partial z}\varphi \right) = \frac{\partial \varphi}{\partial x} + \frac{\partial \varphi}{\partial z}f + \frac{\partial \varphi}{\partial \lambda}\left(\frac{\partial \lambda}{\partial x} + \frac{\partial \lambda}{\partial z}f \right).$$

(ANTOMARI, *Bulletin de la Société Math.*, t. XIX, p. 154, 1891.)

une intégrale complète et Γ une courbe donnée, n'étant pas située sur l'intégrale singulière ni sur une des intégrales obtenues en donnant à a et à b des valeurs constantes. Le problème proposé revient à déterminer la fonction $\varphi(a)$ de telle façon que cette courbe Γ soit située sur la surface S définie par les deux équations

$$(19) \qquad V[x, y, z, a, \varphi(a)] = 0, \qquad \frac{\partial V}{\partial a} + \frac{\partial V}{\partial \varphi(a)} \varphi'(a) = 0.$$

Supposons les cordonnées x, y, z d'un point de Γ exprimées en fonction d'un paramètre auxiliaire λ,

$$(20) \qquad x = f_1(\lambda), \qquad y = f_2(\lambda), \qquad z = f_3(\lambda),$$

et soit $U(\lambda, a, b)$ le résultat obtenu en remplaçant x, y, z par les expressions précédentes dans $V(x, y, z, a, b)$. Les deux équations simultanées

$$(21) \qquad U[\lambda, a, \varphi(a)] = 0, \qquad \frac{\partial U}{\partial a} + \frac{\partial U}{\partial \varphi(a)} \varphi'(a) = 0$$

déterminent les valeurs de λ et de a qui correspondent aux points d'intersection de la courbe Γ et de la surface S. Si la surface S passe par la courbe Γ, ces deux équations doivent former un système indéterminé, et par suite, en éliminant λ entre ces deux relations, on doit arriver à une identité. Cette élimination conduit à une relation entre a, $\varphi(a)$, $\varphi'(a)$,

$$(22) \qquad \Pi[a, \varphi(a), \varphi'(a)] = 0,$$

c'est-à-dire à une équation différentielle du premier ordre pour déterminer $\varphi(a)$. Il semblerait donc que le problème admet une infinité de solutions, contrairement au résultat de Cauchy. Mais il est facile de déduire des équations (21) une autre relation ne renfermant pas $\varphi'(a)$. En effet, supposons la courbe Γ située tout entière sur la surface S ; quand on se déplace sur Γ, a est une fonction de λ qui satisfait à la fois aux deux équations (21), et, si l'on différentie la première de ces deux équations par rapport à λ, il vient en tenant compte de la seconde,

$$(23) \qquad \frac{\partial U}{\partial \lambda} = 0.$$

Cette relation ne contient que λ, a, $\varphi(a)$, et en éliminant λ entre $U = 0$, $\dfrac{\partial U}{\partial \lambda} = 0$, on aboutit à une équation qui détermine la fonction $\varphi(a)$. On peut aussi, ce qui revient au même, tirer des deux équations $U = 0$, $\dfrac{\partial U}{\partial \lambda} = 0$, les expressions des paramètres a et b en fonction de λ. La méthode à laquelle on est conduit a une signification géométrique évidente. En effet, l'équation $U(\lambda, a, b) = 0$ détermine les valeurs de λ qui correspondent aux points d'intersection de la courbe Γ avec l'intégrale complète ; si l'on a aussi $\dfrac{\partial U}{\partial \lambda} = 0$, cette équation a une racine double, et l'intégrale complète est tangente à Γ. En éliminant λ entre les deux relations $U(\lambda, a, b) = 0$, $\dfrac{\partial U}{\partial \lambda} = 0$, la condition obtenue $\Phi(a, b) = 0$ exprime donc que l'intégrale complète est tangente à Γ, et *l'intégrale cherchée passant par Γ peut être définie comme l'enveloppe des intégrales complètes tangentes à cette courbe Γ* ; résultat que la géométrie rend presque intuitif ([1]).

La méthode s'applique aussi lorsque la courbe donnée Γ est située sur une intégrale complète $V(x, y, z, a_0, b_0) = 0$. Dans ce cas, l'équation $U(\lambda, a, b) = 0$ est vérifiée, quel que soit λ, quand on prend $a = a_0$, $b = b_0$; il en est de même de l'équation $\dfrac{\partial U}{\partial \lambda} = 0$, et par suite les deux relations $U = 0$, $\dfrac{\partial U}{\partial \lambda} = 0$ admettent un système de solutions $a = a_0$, $b = b_0$, *indépendantes de λ.* Inversement, si les deux équations précédentes sont vérifiées, quel que soit λ, pour

---

([1]) Il est facile d'avoir l'intégrale générale de l'équation différentielle (22). En effet, si l'on remplace λ par une constante arbitraire λ_0, la fonction $\varphi(a)$ définie par l'équation

$$(e) \qquad U[\lambda_0, a, \psi(a)] = 0$$

satisfait aussi à l'équation

$$(e') \qquad \frac{\partial U}{\partial a} + \frac{\partial U}{\partial \varphi(a)} \, \varphi'(a) = 0,$$

et par suite à l'équation obtenue en éliminant λ_0 entre (e) et (e'), qui n'est autre que l'équation (22). La relation (e) représente donc l'intégrale générale de l'équation (22) ; il y a en outre une intégrale singulière, qui donne précisément la solution du problème proposé.

$a = a_0$, $b = b_0$, il est évident que la courbe Γ est située sur l'intégrale complète $V(x, y, z, a_0, b_0) = 0$.

Exemple. — L'équation $pq = xy$ peut s'écrire, en séparant les variables, $\dfrac{p}{x} = \dfrac{y}{q}$, et, en égalant les deux membres de cette relation à une constante donnée a, on en déduit immédiatement l'intégrale complète

$$z = \frac{ax^2}{2} + \frac{y^2}{2a} + b.$$

Proposons-nous, en partant de cette intégrale complète, de trouver l'intégrale qui se réduit à $\varphi(y)$ pour $x = x_0$. L'équation

$$\varphi(y) = \frac{ax_0^2}{2} + \frac{y^2}{2a} + b,$$

qui détermine les points d'intersection de l'intégrale complète avec la courbe représentée par les deux équations $x = x_0$, $z = \varphi(y)$, doit avoir une racine double $y = u$, qui satisfait aussi à la relation $\varphi'(y) = \dfrac{y}{a}$. On peut exprimer a et b en fonction de cette racine commune,

$$a = \frac{u}{\varphi'(u)}, \qquad b = \varphi(u) - \frac{ux_0^2}{2\varphi'(u)} - \frac{u\varphi'(u)}{2},$$

et l'on est ramené à chercher l'enveloppe de l'intégrale dépendant d'un paramètre u

$$(24) \qquad z = \varphi(u) + \frac{u}{2\varphi'(u)}(x^2 - x_0^2) + \frac{\varphi'(u)}{2u}(y^2 - u^2).$$

En différentiant par rapport à u, Il reste, après suppression du facteur $\varphi'(u) - u\varphi''(u)$, la relation

$$(25) \qquad u^2(x^2 - x_0^2) = \varphi'^2(u)(y^2 - u^2),$$

et l'intégrale cherchée est représentée par le système des deux équations (24) et (25), qui permettent d'exprimer deux des coordonnées x, y, z au moyen de la troisième et du paramètre u. Dans le cas particulier où l'on a $\varphi'(u) = u\varphi''(u)$, la fonction $\varphi(u)$ est de la forme $\varphi'u) = \alpha u^2 + \beta$; les valeurs de a et de b sont indépendantes de u, $a = \dfrac{1}{2\alpha}$, $b = \beta - \dfrac{x_0^2}{4\alpha}$, et la courbe donnée est située sur l'intégrale complète

$$z = \alpha y^2 + \frac{1}{4\alpha}(x^2 - x_0^2) + \beta.$$

32. Équations à n variables indépendantes. — Considérons maintenant, d'une manière plus générale, une équation définissant z en fonction de n variables $x_1, x_2 \dots, x_n$, et de n paramètres $a_1, a_2, \dots, a_n$:

$$(26) \qquad V(z, x_1, x_2, \dots, x_n, a_1, a_2, \dots, a_n) = 0.$$

Si on attribue à ces paramètres des valeurs constantes, on déduit de l'équation (26)

$$(27) \qquad \frac{\partial V}{\partial x_i} + p_i \frac{\partial V}{\partial z} = 0, \qquad (i = 1, 2, \dots, n),$$

où on pose $\frac{\partial z}{\partial x_i} = p_i$. L'élimination de $a_1, a_2, \dots, a_n$ entre les $(n+1)$ équations (26) et (27) conduit, *en général*, à une seule relation

$$(28) \qquad F(z, x_1, x_2, \dots x_n, p_1, p_2, \dots, p_n) = 0.$$

Lagrange désigne encore sous le nom d'*intégrale complète* de l'équation (28) l'intégrale définie par l'équation (26). Nous allons montrer que, comme dans le cas de deux variables indépendantes, la connaissance d'une intégrale complète permet de trouver toutes les autres intégrales.

Puisque l'équation (28) est le résultat de l'élimination de $a_1, a_2, \dots, a_n$ entre les équations (26) et (27), intégrer l'équation (28) revient à trouver toutes les fonctions $z, a_1, a_2, \dots, a_n$ des variables $x_1, x_2, \dots, x_n$ qui satisfont aux équations (26) et (27). Ces fonctions satisferont évidemment à l'équation obtenue en différentiant l'équation (26) ; et, en tenant compte des relations (27), on en conclut qu'elles satisfont à l'équation

$$(29) \qquad \frac{\partial V}{\partial a_1} da_1 + \frac{\partial V}{\partial a_2} da_2 + \dots + \frac{\partial V}{\partial a_n} da_n = 0.$$

Il est bien clair, d'ailleurs, que le système des équations (26) et (27) est équivalent au système des équations (26) et (29) ; on est donc ramené à trouver des fonctions $z, a_1, a_2, \dots, a_n$ satisfaisant aux équations (26) et (29). On peut satisfaire à ces équations de plusieurs manières :

1º En prenant $a_1 = C^{te}$, $a_2 = C^{te}$, $\dots$, $a_n = C^{te}$. On retrouve *l'intégrale complète* d'où l'on est parti.

2° En choisissant z, a_1, a_2, ..., a_n de façon que l'on ait simultanément

$$V = 0,$$

$$\frac{\partial V}{\partial a_1} = 0, \quad \frac{\partial V}{\partial a_2} = 0, \quad \ldots, \quad \frac{\partial V}{\partial a_n} = 0 \ ;$$

en éliminant a_1, a_2, ..., a_n entre ces $n+1$ équations on trouve une intégrale z qui ne contient rien d'arbitraire et que l'on appelle encore l'*intégrale singulière*.

3° Si l'une des quantités $\frac{\partial V}{\partial a_i}$ est différente de 0, l'équation (29) exprime qu'il existe *au moins une* relation entre les n quantités a_1, a_2, ..., a_n. Supposons, pour prendre le cas général, qu'il y ait k équations distinctes ($k \geqslant 1$) entre les quantités a_1, a_2, ... a_n et k seulement :

$$(3o) \quad f_1(a_1, a_2, ..., a_n) = 0, \quad \ldots, \quad f_k(a_1, a_2, ..., a_n) = 0.$$

Les différentielles da_1, da_2, ..., da_n satisferont alors aux relations

$$df_1 = 0, \quad df_2 = 0, \quad \ldots, \quad df_k = 0,$$

et à celles-là seulement ; donc, la relation (29) doit être une conséquence de celles-ci et on doit pouvoir trouver k facteurs λ_1, λ_2, ..., λ_k tels que l'on ait *identiquement*

$$\frac{\partial V}{\partial a_1} da_1 + \ldots + \frac{\partial V}{\partial a_n} da_n = \lambda_1 df_1 + \ldots + \lambda_k df_k,$$

c'est-à-dire

$$(31) \quad \begin{cases} \dfrac{\partial V}{\partial a_1} = \lambda_1 \dfrac{\partial f_1}{\partial a_1} + \ldots + \lambda_k \dfrac{\partial f_k}{\partial a_1}, \\[1em] \cdot \ \cdot \ \cdot \ \cdot \ \cdot \ \cdot \ \cdot \ \cdot \ \cdot \ \cdot \\[0.5em] \dfrac{\partial V}{\partial a_n} = \lambda_1 \dfrac{\partial f_1}{\partial a_n} + \ldots + \lambda_k \dfrac{\partial f_k}{\partial a_n}. \end{cases}$$

Les équations (26), (3o) et (31) sont au nombre de $n+k+1$: il y aura donc, en général, un système de fonctions z, a_1, a_2, ..., a_n, λ_1, λ_2, ..., λ_k satisfaisant à ces équations. En éliminant a_1, a_2, ..., a_n, λ_1, λ_2, ..., λ_k entre ces équations, on aura donc une relation qui donnera une intégrale z dépendant de k fonctions arbitraires. C'est l'*intégrale générale* de Lagrange.

EXEMPLES. — 1° Considérons la fonction

$$z = a_1 x_1 + a_2 x_2 + \ldots + a_n x_n + f(a_1, a_2, \ldots, a_n).$$

Cette fonction satisfait à l'équation du premier ordre

$$z = p_1 x_1 + p_2 x_2 + \ldots + p_n x_n + f(p_1, p_2, \ldots, p_n),$$

qui est l'équation de Clairaut généralisée, et elle en est une intégrale complète. On pourra donc en déduire toutes les autres intégrales de la même équation

2° Toute équation de la forme

$$F(p_1, p_2, \ldots, p_n) = 0$$

admet pour intégrale complète

$$z = a_1 x_1 + a_2 x_2 + \ldots + a_{n-1} x_{n-1} + b x_n + a_n,$$

où b désigne une constante liée aux constantes arbitraires a_1, a_2, ..., a_{n-1} par la relation

$$F(a_1, a_2, \ldots, a_{n-1}, b) = 0.$$

D'après ce qui précède, nous voyons que, si $k = 1$, on a une intégrale générale dépendant d'une fonction arbitraire de $(n-1)$ variables ; pour $k = 2$, l'intégrale dépend de deux fonctions arbitraires de $(n-2)$ variables, etc... Il semble donc, au premier abord, qu'on ait ainsi $(n-1)$ catégories distinctes d'intégrales générales. Nous montrerons plus loin qu'en réalité il n'y a aucune différence essentielle entre ces diverses intégrales. Nous ferons voir aussi plus tard que l'intégrale *singulière* définie tout à l'heure satisfait aux équations que nous avons prises plus haut pour définition des intégrales singulières (n° **9**, page 46).

REMARQUE. — Nous avons supposé, dans ce qui précède, que l'élimination de $a_1, a_2, \ldots, a_n$ entre les équations (26) et (27) ne conduisait qu'à *une seule* relation entre $z, x_1, \ldots, x_n, p_1, \ldots, p_n$. Les raisonnements qui précèdent ne sont valables que si cette condition est satisfaite. Il est donc utile, étant donnée une intégrale qui dépend de n paramètres, de savoir reconnaître si c'est une véritable intégrale complète. Soit

$$(32) \qquad z = \Phi(x_1, \ldots, x_n, a_1, \ldots, a_n)$$

une intégrale contenant n paramètres ; les relations (27) prendront alors la forme

$$(33) \qquad p_1 = \frac{\partial \Phi}{\partial x_1}, \qquad \dots, \qquad p_n = \frac{\partial \Phi}{\partial x_n} .$$

1° Supposons que le déterminant fonctionnel

$$I = \frac{D\left(\dfrac{\partial \Phi}{\partial x_1}, \dfrac{\partial \Phi}{\partial x_2}, \dots, \dfrac{\partial \Phi}{\partial x_n} \right)}{D(a_1, a_2, \dots, a_n)}$$

ne soit pas identiquement nul, on pourra résoudre les équations (33) par rapport à $a_1, a_2, \dots, a_n$ et, en portant ces valeurs dans l'équation (32), on aura une équation et *une seule* qui *contiendra explicitement* z.

2° Supposons $I = 0$; tous les mineurs du premier ordre de I ne pourront pas être nuls *à la fois*, car, sans cela, on pourrait déduire des relations (33') *deux* relations au moins entre $x_1, \dots, x_n, p_1, \dots, p_n$. Supposons, par exemple, que le mineur

$$\frac{D\left(\dfrac{\partial \Phi}{\partial x_1}, \dfrac{\partial \Phi}{\partial x_2}, \dots, \dfrac{\partial \Phi}{\partial x_{n-1}} \right)}{D(a_1, a_2, \dots, a_{n-1})}$$

soit *différent de* 0 ; on pourra résoudre les équations

$$p_1 = \frac{\partial \Phi}{\partial x_1} \quad, \dots, \quad p_{n-1} = \frac{\partial \Phi}{\partial x_{n-1}},$$

par rapport à $a_1, a_2, \dots, a_{n-1}$ et, en portant ces valeurs dans

$$p_n = \frac{\partial \Phi}{\partial x_n},$$

a_n disparaîtra. On aura ainsi une relation

$$F(x_1, x_2, \dots, x_n, p_1, p_2, \dots, p_n) = 0,$$

qui ne contiendra pas z. D'ailleurs, il faudra qu'en portant les valeurs de $a_1, a_2, \dots, a_{n-1}$ dans l'équation (32), a_n ne disparaisse pas, car, sans cela, on aurait une nouvelle relation entre $z, x_1, \dots, x_n, p_1, \dots, p_n$. Il faut alors que le déterminant

$$\frac{D\left(\dfrac{\partial \Phi}{\partial x_1}, \dots, \dfrac{\partial \Phi}{\partial x_{n-1}}, \Phi \right)}{D(a_1, \dots, a_{n-1}, a_n)}$$

soit différent de 0.

Prenons par exemple la fonction

$$z = \sqrt{(x_1 - a_1)^2 + (x_2 - a_2)^2} + x_3 - a_3.$$

Les équations (33′) sont alors

$$p_1 = \frac{x_1 - a_1}{\sqrt{(x_1 - a_1)^2 + (x_2 - a_2)^2}}, \quad p_2 = \frac{x_2 - a_2}{\sqrt{(x_1 - a_1)^2 + (x_2 - a_2)^2}}, \quad p_3 = 1.$$

Il est aisé de vérifier que, dans ce cas, tous les mineurs du premier ordre de I sont nuls. D'ailleurs, on voit immédiatement que z satisfait aux deux équations du premier ordre

$$p_1{}^2 + p_2{}^2 = 1, \quad p_3 = 1.$$

Considérons en particulier les équations de la forme

$$F(x_1, x_2, \ldots, x_n, p_1, p_2, \ldots, p_n) = 0,$$

qui ne contiennent pas z. Si on connaît une intégrale dépendant de $(n-1)$ constantes arbitraires, on aura encore une intégrale en ajoutant à celle-ci une constante arbitraire quelconque. On aura alors une intégrale de la forme

$$z = \Phi(x_1, x_2, \ldots, x_n, a_1, a_2, \ldots, a_{n-1}) + a_n.$$

Pour que ce soit une intégrale complète, on voit de suite, d'après ce qui précède, qu'il faut et qu'il suffit que l'un des déterminants fonctionnels de $(n-1)$ des quantités $\dfrac{\partial \Phi}{\partial x_i}$, par rapport à a_1, a_2, $\ldots$, a_{n-1}, soit différent de 0, par exemple que l'on ait

$$\frac{D\left(\dfrac{\partial \Phi}{\partial x_1}, \dfrac{\partial \Phi}{\partial x_2}, \ldots, \dfrac{\partial \Phi}{\partial x_{n-1}}\right)}{D(a_1, a_2, \ldots, a_{n-1})} \gtrless 0,$$

Ceci nous permet de compléter ce que nous avons dit sur l'artifice employé pour faire disparaître la fonction inconnue dans une équation aux dérivées partielles du premier ordre.

Étant donnée une équation du premier ordre

$$(34) \qquad F(z, x_1, x_2, \ldots, x_n, p_1, p_2, \ldots, p_n) = 0,$$

à n variables, contenant la fonction inconnue z, nous avons vu
(n° **9**, p. 48) que la recherche d'une intégrale donnée par l'équation

$$V(z, x_1, x_2, \ldots, x_n) = 0$$

se ramène à l'intégration de l'équation

$$(35) \qquad F\left(z, x_1, x_2, \ldots, x_n, -\frac{\dfrac{\partial V}{\partial x_1}}{\dfrac{\partial V}{\partial z}}, -\frac{\dfrac{\partial V}{\partial x_2}}{\dfrac{\partial V}{\partial z}}, \ldots, -\frac{\dfrac{\partial V}{\partial x_n}}{\dfrac{\partial V}{\partial z}}\right) = 0$$

à $(n + 1)$ variables, qui ne contient plus la fonction inconnue V, et
que ce procédé pouvait laisser échapper les intégrales singulières.
Nous allons montrer que, si on connaît une intégrale complète de
l'équation (35), on en déduira une intégrale complète de l'équation (34). En effet, soit

$$V(z, x_1, \ldots, x_n, a_1, a_2, \ldots, a_n) + a_{n+1}$$

une intégrale complète de (35), et supposons, d'après ce qui précède, que l'on ait

$$\frac{D\left(\dfrac{\partial V}{\partial x_1}, \dfrac{\partial V}{\partial x_2}, \ldots, \dfrac{\partial V}{\partial x_n}\right)}{D(a_1, a_2, \ldots, a_n)} \lessgtr 0;$$

je dis que $V = 0$ donnera une intégrale complète de l'équation (34).
C'est bien, en effet, une intégrale de (34) dépendant de n paramètres arbitraires ; de plus, le déterminant fonctionnel des premiers
membres des équations (27) correspondantes, par rapport à
$a_1, a_2, \ldots, a_n$, n'est pas identiquement nul, car si on y fait
$p_1 = p_2 = \ldots = p_n = 0$, ce déterminant se réduit au précédent qui
est différent de 0.

Tout ce qui précède nous montre donc que l'intégration de
l'équation (28) est ramenée à la recherche d'*une* intégrale complète
de cette équation. Supposons l'équation (28) résolue par rapport
à p_n :

$$(36) \qquad p_n = f(z, x_1, x_2, \ldots, x_n, p_1, \ldots, p_{n-1});$$

pour avoir une intégrale complète, il suffira de pouvoir trouver des fonctions $p_1, p_2, \ldots, p_{n-1}$ de $z, x_1, x_2, \ldots, x_n$ et de $(n-1)$ paramètres $a_1, a_2, \ldots, a_{n-1}$ telles que l'éqation

$$(37) \qquad dz = p_1 dx_1 + p_2 dx_2 + \ldots, + p_{n-1} dx_{n-1} + f dx_n$$

soit *complètement intégrable*. L'intégration de cette équation introduira une nouvelle constante arbitraire a_n et on aura ainsi une intégrale complète.

Il y a des cas simples où l'on voit immédiatement une solution. Considérons, par exemple, une équation de la forme

$$f_1(p_1, x_1) f_2(p_2, x_2) \ldots f_n(p_n, x_n) = 1 \, ;$$

posons

$$f_1(p_1, x_1) = a_1, \quad \ldots, \quad f_{n-1}(p_{n-1}, x_{n-1}) = a_{n-1},$$

et par suite,

$$f_n(p_n, x_n) = \frac{1}{a_1 a_2 \ldots a_{n-1}}.$$

En résolvant par rapport à $p_1, p_2, \ldots, p_n$, on en tire

$$p_1 = \varphi_1(x_1, a_1), \quad \ldots, \quad p_n = \varphi_n(x_n, a_1 a_2 \ldots a_{n-1}),$$

la fonction

$$z = \int \varphi_1(x_1, a_1) dx_1 + \ldots + \int \varphi_{n-1}(x_{n-1}, a_{n-1}) dx_{n-1}$$
$$+ \int \varphi_n(x_n, a_1 a_2 \ldots a_{n-1}) dx_n + a_n$$

sera une intégrale complète. C'est ainsi qu'on trouve, pour l'équation

$$p_1 p_2 \ldots p_n = x_1 x_2 \ldots x_n,$$

l'intégrale complète

$$2z = a_1 x_1^2 + \ldots + a_{n-1} x_{n-1}^2 + \frac{x_n^2}{a_1 a_2 \ldots a_{n-1}} + a_n.$$

D'une manière générale, pour étendre la méthode de Lagrange et Charpit aux équations à plus de trois variables, il conviendra de poser le problème comme il suit : étant donnée l'équation $F = 0$, trouver $n - 1$ autres relations entre z, x_1, ..., x_n, p_1, ..., p_n, contenant chacune une constante arbitraire, telles que les valeurs de p_1, ..., p_n déduites de ces n relations rendent l'équation

$$dz = p_1 dx_1 + \ldots + p_n dx_n$$

complètement intégrable. En réalité, cette extension n'a été faite que longtemps après Lagrange ; elle constitue la seconde méthode de Jacobi, qui sera exposée dans un des chapitres suivants.

Exercices

1^0 Trouver une intégrale complète des équations

$$F(z - px, y, p, q) = 0, \quad p^2 + q^2 - 2px - 2qy + 2xy = 0,$$

$$p^2 + q^2 - 2px - 2qy + 1 = 0,$$

$$2(pq + py + qx) + x^2 + y^2 = 0, \quad xp^2 + yq^2 = 2pq,$$

$$z^2(p^2 + q^2) = x^2 + y^2, \quad q = xp + p^2, \quad p = (qy + z)^2,$$

$$p^3 - y^3 q = x^2 - y^2.$$

2^0 Trouver les surfaces dont les normales appartiennent au complexe de droites formé par les normales à une famille de surfaces homofocales du second degré.

3^0 Trouver les surfaces telles que la trace de la normale sur un plan fixe P soit à une distance constante l de la trace du plan tangent sur le même plan P.

4^0 De toute intégrale complète $V(x, y, z, a, b) = 0$, on peut déduire une infinité d'intégrales du système (16) qui conduisent toutes à la même intégrale complète.

R. En tenant compte de la condition $F(x, y, z, p, q) = 0$, les trois équations $V = 0$, $\dfrac{\partial V}{\partial x} + p\dfrac{\partial V}{\partial z} = 0$, $\dfrac{\partial V}{\partial y} + q\dfrac{\partial V}{\partial z} = 0$ sont compatibles, et on en tire

$$a = \varphi(x, y, z, p, q), \quad b = \psi(x, y, z, p, q).$$

Toute équation $\Phi(\varphi, \psi) = C$ forme avec $F = 0$ un système complètement intégrable.

G. *Leçons.*　　　　　　　　　　　　　　　　　11

CHAPITRE V

MÉTHODE DE CAUCHY. CARACTÉRISTIQUES

La première méthode générale d'intégration des équations aux dérivées partielles du premier ordre, à un nombre quelconque n de variables indépendantes, est due à Pfaff [1]. Considérant la question comme un cas particulier d'un problème plus général que, nous étudierons plus loin (chap. XII), il ramène la solution de ce nouveau problème à l'intégration complète de plusieurs systèmes d'équations différentielles simultanées, d'ordre $2n-1$, $2n-3...$, $3, 1$. Quelques années plus tard, en 1819 [2], Cauchy a montré que, pour le problème spécial de l'intégration des équations aux dérivées partielles du premier ordre, il suffisait d'intégrer le premier système que l'on rencontre dans la méthode de Pfaff. Nous allons exposer la méthode de Cauchy, avec les développements géométriques qu'elle a reçus depuis lors.

33. Changement de variables de Cauchy. — Considérons d'abord l'équation à trois variables

$$(1) \qquad F(x, y, z, p, q) = 0,$$

et proposons-nous de trouver l'intégrale de cette équation qui, pour $x = x_0$, se réduit à une fonction donnée $\varphi(y)$. Si l'on suppose que l'on ait exprimé x, y, z au moyen de deux variables indépendantes quelconques α et β, intégrer l'équation (1) revient à trouver

---

[1] *Abhandlungen der K. P. Akademie der Wissenschaften zu Berlin* (1814-1815), p. 76-136.

[2] *Bulletin de la Société Philomathique de France*, 1819, p. 10-21. Le Mémoire primitif de 1819 a été reproduit et complété dans le tome II des *Exercices d'Analyse et de Physique Mathématique*, p. 238-272; 1841. *Œuvres*, t. XII, 2ᵉ série, p. 272-309.

cinq fonctions x, y, z, p, q de α et de β vérifiant l'équation (1) et la relation

$$(2) \qquad\qquad dz = pdx + qdy.$$

Cauchy, appliquant une transformation dont Ampère s'était déjà servi (¹), conserve la variable x et remplace y par une nouvelle variable u qui sera déterminée plus loin. L'équation (2) s'écrit alors

$$\frac{\partial z}{\partial x}\,dx + \frac{\partial z}{\partial u}\,du = pdx + q\left(\frac{\partial y}{\partial x}\,dx + \frac{\partial y}{\partial u}\,du\right).$$

On doit donc avoir

$$(3) \qquad \begin{cases} \dfrac{\partial z}{\partial x} = p + q\,\dfrac{\partial y}{\partial x}, \\[2mm] \dfrac{\partial z}{\partial u} = q\,\dfrac{\partial y}{\partial u}. \end{cases}$$

D'ailleurs, puisque les fonctions y, z, p, q de x et u satisfont à l'équation (1), elles satisfont aussi aux deux équations qu'on en déduit en la dérivant par rapport à x et par rapport à u :

$$(4) \qquad \begin{cases} X + Y\,\dfrac{\partial y}{\partial x} + Z\,\dfrac{\partial z}{\partial x} + P\,\dfrac{\partial p}{\partial x} + Q\,\dfrac{\partial q}{\partial x} = 0, \\[2mm] Y\,\dfrac{\partial y}{\partial u} + Z\,\dfrac{\partial z}{\partial u} + P\,\dfrac{\partial p}{\partial u} + Q\,\dfrac{\partial q}{\partial u} = 0. \end{cases}$$

Il s'agit donc de trouver quatre fonctions y, z, p, q des variables x et u satisfaisant aux équations (3) et (4). L'artifice de Cauchy consiste à choisir la variable u de façon à obtenir un système de quatre équations où ne figurent que des dérivées partielles par rapport à la variable x. Nous avons déjà deux équations dans les systèmes (3) et (4), satisfaisant à cette condition ; pour en avoir d'autres, nous nous servirons de la relation

$$\frac{\partial^2 z}{\partial x\,\partial u} = \frac{\partial^2 z}{\partial u\,\partial x}.$$

Des équations (3) on tire

$$\frac{\partial^2 z}{\partial x\,\partial u} = \frac{\partial p}{\partial u} + \frac{\partial q}{\partial u}\,\frac{\partial y}{\partial x} + q\,\frac{\partial^2 y}{\partial x\,du}$$

et

$$\frac{\partial^2 z}{\partial u\,\partial x} = \frac{\partial q}{\partial x}\,\frac{\partial y}{\partial u} + q\,\frac{\partial^2 y}{\partial u\,\partial x}.$$

(¹) *Considérations générales sur les intégrales des équations aux différentielles partielles* (Journal de l'École Polytechnique, 17ᵉ cahier ; pages 5-67 ; 1814).

et, par suite,

$$\frac{\partial p}{\partial u} = \frac{\partial q}{\partial x}\frac{\partial y}{\partial u} - \frac{\partial q}{\partial u}\frac{\partial y}{\partial x}.$$

Portons les valeurs de $\dfrac{\partial p}{\partial u}$ et $\dfrac{\partial z}{\partial u}$ dans la seconde des relations (4) ; il vient, en ordonnant par rapport à $\dfrac{\partial y}{\partial u}$, $\dfrac{\partial q}{\partial u}$,

$$\frac{\partial y}{\partial u}\left[Y + qZ + P\frac{\partial q}{\partial x} \right] + \frac{\partial q}{\partial u}\left[Q - P\frac{\partial y}{\partial x} \right] = 0.$$

Choisissons alors la variable u de façon que l'on ait

$$Q - P\frac{\partial y}{\partial x} = 0,$$

ce qui est toujours possible ; en effet, sur une surface intégrale déterminée, P et Q sont des fonctions déterminées de x et y ; si on considère cette équation comme une équation différentielle entre y et x et si

$$\psi\,(x,\,y) = C^{\text{te}}$$

en est l'intégrale générale, il suffira de définir la nouvelle variable u en posant

$$\psi\,(x,\,y) = \Pi\,(u),$$

Π étant une fonction quelconque. La variable u étant choisie ainsi, comme $\dfrac{\partial y}{\partial u}$ ne peut être identiquement nul, il faut nécessairement que l'on ait aussi

$$Y + qZ + P\frac{\partial q}{\partial x} = 0.$$

En adjoignant ces deux nouvelles équations aux deux premières des équations (3) et (4), on voit que les fonctions y, z, p, q de x et de u satisfont au système d'équations

$$(5)\qquad
\begin{cases}
P\dfrac{\partial y}{\partial x} = Q,\\[2mm]
P\dfrac{\partial z}{\partial x} = Pp + Qq,\\[2mm]
P\dfrac{\partial q}{\partial x} = -\,Y - qZ,\\[2mm]
P\dfrac{\partial p}{\partial x} = -\,X - pZ.
\end{cases}$$

La variable u ne figurant pas dans ces équations, les intégrales y, z, p, q ne peuvent dépendre de u que par l'intermédiaire des valeurs initiales y_0, z_0, p_0, q_0 correspondant à la valeur x_0 de x. Les équations (5) peuvent s'écrire

$$(5') \qquad \frac{dx}{P} = \frac{dy}{Q} = \frac{dz}{Pp + Qq} = \frac{-dp}{X + pZ} = \frac{-dq}{Y + qZ} \, ;$$

nous retrouvons précisément le système auquel on est conduit dans la méthode de Lagrange et Charpit. Ces équations (5'), comme nous l'avons déjà remarqué, admettent l'intégrale évidente

$$F(x, y, z, p, q) = F(x_0, y_0, z_0, p_0, q_0).$$

Si donc les valeurs initiales satisfont à la relation

$$(6) \qquad F(x_0, y_0, z_0, p_0, q_0) = 0,$$

les fonctions y, z, p, q vérifieront l'équation

$$F(x, y, z, p, q) = 0.$$

Soit alors

$$(7) \qquad \begin{cases} y = f_1(x, x_0, y_0, z_0, p_0, q_0), \\ z = f_2(x, \ldots, q_0), \\ p = f_3(x, \ldots, q_0), \\ q = f_4(x; \ldots, q_0) \end{cases}$$

les formules qui représentent les intégrales du système (5), correspondant aux valeurs initiales y_0, z_0, p_0, q_0, vérifiant l'équation (6). Toute intégrale de l'équation (1) s'obtiendra en remplaçant, dans ces expressions, y_0, z_0, p_0, q_0 par des fonctions convenables de u, choisies de telle façon que les équations (3) soient satisfaites. Or, la première des équations (3) est vérifiée, car c'est une des équations du système (5); par conséquent, il faut et il suffit que l'on ait

$$\frac{\partial z}{\partial u} = q \frac{\partial y}{\partial u} \cdot$$

Cauchy satisfait à cette équation en prenant

$$y_0 = u, \qquad z_0 = \varphi(u), \qquad q_0 = \varphi(u),$$

p_0 étant déterminé par la condition (6). Pour démontrer que la relation précédente est bien vérifiée de cette façon, posons

$$U = \frac{\partial z}{\partial u} - q \frac{\partial y}{\partial u},$$

on aura

$$\frac{\partial U}{\partial x} = \frac{\partial^2 z}{\partial x \partial u} - \frac{\partial q}{\partial x} \frac{\partial y}{\partial u} - q \frac{\partial^2 y}{\partial u \partial x};$$

d'ailleurs, puisque

$$\frac{\partial z}{\partial x} = p + q \frac{\partial y}{\partial x},$$

on a aussi

$$\frac{\partial^2 z}{\partial x \partial u} = \frac{\partial p}{\partial u} + \frac{\partial q}{\partial u} \frac{\partial y}{\partial x} + q \frac{\partial^2 y}{\partial x \partial u}.$$

Portons dans $\frac{\partial U}{\partial x}$ cette valeur de $\frac{\partial^2 z}{\partial x \partial u}$, il vient

$$\frac{\partial U}{\partial x} = \frac{\partial p}{\partial u} + \frac{\partial q}{\partial u} \frac{\partial y}{\partial x} - \frac{\partial q}{\partial x} \frac{\partial y}{\partial u}.$$

Remplaçons encore, dans cette expression, $\frac{\partial y}{\partial x}$ et $\frac{\partial q}{\partial x}$ par leurs expressions tirées de (5) et nous aurons

$$\frac{\partial U}{\partial x} = \frac{1}{P} \left[P \frac{\partial p}{\partial u} + Q \frac{\partial q}{\partial u} + Y \frac{\partial y}{\partial u} + qZ \frac{\partial y}{\partial u} \right].$$

Enfin, puisque les fonctions y, z, p, q satisfont à l'équation

$$F(x, y, z, p, q) = 0.$$

on a, en différentiant par rapport à u,

$$P \frac{\partial p}{\partial u} + Q \frac{\partial q}{\partial u} + Y \frac{\partial y}{\partial u} = - Z \frac{\partial z}{\partial u},$$

et, par suite,

$$\frac{\partial U}{\partial x} = - \frac{Z}{P} \left\{ \frac{\partial z}{\partial u} - q \frac{\partial y}{\partial u} \right\} = - \frac{Z}{P} U;$$

d'où, en intégrant,

$$U = U_0\, e^{-\int_{x_*}^{x} \frac{Z}{P}\, dx},$$

U_0 désignant la valeur de U pour $x = x_0$. Or, pour $x = x_0$, on a

$$U_0 = \frac{\partial z_0}{\partial u} - q_0 \frac{\partial y_0}{\partial u} = \varphi'(u) - \varphi'(u) = 0.$$

On a donc, pour toute valeur de x,

$$U = 0.$$

REMARQUE. — J. Bertrand a fait remarquer que le raisonnement

précédent n'est exact que si le facteur $e^{-\int_{x_0}^{x} \frac{Z}{P}\, dx}$ n'est pas infini-

ment grand. Or, pour qu'il en fût ainsi, il faudrait que $\int_{x_0}^{x} \frac{Z}{P}\, dx$

fût lui-même infiniment grand, ce qui ne peut arriver, au moins si

on suppose x suffisamment voisin de x_0, que si $\frac{Z}{P}$ est infini pour

les valeurs initiales, c'est-à-dire si $P_0 = 0$. D'ailleurs, en vertu des

équations (5'), on a $\frac{dx}{P} = \frac{dy}{Q}$; on peut donc remplacer l'intégrale

$\int_{x_0}^{x} \frac{Z}{P}\, dx$ par l'intégrale $\int_{y_0}^{y} \frac{Z}{Q}\, dy$ qui restera finie si Q_0 est diffé-

rent de 0, et, si Q_0 était nul, on prendrait un des deux autres rapports

$$\frac{-dp}{X + pZ}, \qquad \frac{-dq}{Y + qZ} ;$$

on voit donc que le raisonnement précédent ne pourra tomber
réellement en défaut que si les valeurs initiales vérifient les quatre
équations

$$P = 0, \quad Q = 0, \quad X + pZ = 0, \quad Y + qZ = 0.$$

S'il en est ainsi, le facteur considéré pourra réellement être infini.
Mais si on laisse à la constante x_0 et à la fonction $\varphi(y)$ toute leur
généralité, on voit que les seules intégrales auxquelles ne s'applique
pas la méthode précédente sont celles dont tous les éléments vérifient les quatre équations écrites plus haut. c'est-à-dire les intégrales
singulières.

EXEMPLE. — Prenons l'équation traitée par Cauchy

$$pq - xy = 0 ;$$

le système d'équations différentielles correspondant est

$$\frac{dx}{q} = \frac{dy}{p} = \frac{dz}{2pq} = \frac{dp}{y} = \frac{dq}{x}.$$

En réduisant au même dénominateur $pq = xy$ et en supprimant ce dénominateur, il vient

$$pdx = qdy = \frac{dz}{2} = xdp = ydq.$$

On tire successivement de ces équations

$$\frac{dp}{p} = \frac{dx}{x}, \quad \frac{dq}{q} = \frac{dy}{y}, \quad dz = \frac{p}{x}\, 2x\, dx = \frac{q}{y}\, 2y dy\,;$$

puis, en intégrant,

$$\frac{p}{p_0} = \frac{x}{x_0}, \quad \frac{q}{q_0} = \frac{y}{y_0}, \quad z - z_0 = \frac{p_0}{x_0}\,(x^2 - x_0{}^2) = \frac{q_0}{y_0}\,(y^2 - y_0{}^2).$$

Pour avoir l'intégrale qui, pour $x = x_0$ se réduit à $\varphi\,(y)$, nous prendrons $y_0 = u$, $z_0 = \varphi(u)$, $q_0 = \varphi'(u)$, et, par suite, $p_0 = \dfrac{x_0 u}{\varphi'(u)}$. L'intégrale demandée sera représentée par les équations

$$z - \varphi(u) = \frac{u}{\varphi'(u)}\,(x^2 - x_0{}^2) = \frac{\varphi'(u)}{u}\,(y^2 - u^2),$$

que l'on peut encore écrire

$$[z - \varphi(u)]^2 = (x^2 - x_0{}^2)\,(y^2 - u^2),$$
$$[z - \varphi(u)]\varphi'(u) = u(x^2 - x_0{}^2)\,;$$

nous retrouvons la solution déjà obtenue en partant d'une intégrale complète (n⁰ **31**, p. 153).

34. Caractéristiques. — Au premier abord, l'artifice de Cauchy ne semble se justifier que par le succès. La méthode devient au contraire singulièrement lumineuse, quand on a pénétré sa signification géométrique, et nous allons reprendre l'exposition à ce point de vue. Étant donnée une équation aux dérivées partielles du premier ordre, de forme quelconque,

$$(8) \qquad\qquad F(x, y, z, p, q) = 0,$$

les coefficients angulaires p, q, du plan tangent à une surface intégrale S passant par un point donné (x, y, z) de l'espace sont liés par la relation précédente. Ce plan tangent ne peut donc être un plan quelconque passant par le point (x, y, z) ; puisque sa position ne dépend que d'un seul paramètre arbitraire, il enveloppe en général un cône (T) ayant son sommet au point (x, y, z) et l'équation (8) exprime que *le plan tangent en un point quelconque* M *de l'espace à toute surface intégrale* S *passant par ce point est aussi tangent à un certain cône* (T) *ayant son sommet en ce point.*

Le cône (T) dépend naturellement de la fonction F, et aussi de la position de son sommet. Pour avoir l'équation du cône (T) de sommet (x, y, z), il faut, d'après sa définition, chercher l'enveloppe du plan

$$(9) \qquad Z - z = p(X - x) + q(Y - y),$$

les paramètres p et q étant liés par la relation (8). On doit pour cela éliminer p et q entre ces deux équations et la nouvelle relation

$$(10) \qquad (Y - y)\frac{\partial F}{\partial p} - (X - x)\frac{\partial F}{\partial q} = o.$$

Les deux équations (9) et (10) représentent la caractéristique, c'est-à-dire la génératrice de contact du plan tangent avec le cône (T). Si l'on suppose les axes de coordonnées rectangulaires, on a immédiatement l'équation du cône (N), supplémentaire du cône (T), qui est engendré par les normales aux diverses surfaces intégrales passant par le point M. Les équations de la normale étant en effet

$$X - x + p(Z - z) = o, \qquad Y - y + q(Z - z) = o,$$

on obtient, en éliminant p et q, l'équation du cône (N)

$$(11) \qquad F\left(x, y, z, -\frac{X - x}{Z - z}, -\frac{Y - y}{Z - z}\right) = o.$$

Lorsque l'équation proposée (8) est linéaire en p et q, le cône (N) est un plan, et le cône (T) se réduit à une droite Δ. Nous avons vu (n° **12**) que l'intégration se ramène dans ce cas à la recherche des courbes qui sont tangentes en chacun de leurs points à la droite Δ correspondante. On est conduit à la méthode de Cauchy en étendant ce procédé aux équations non linéaires.

Soit S une surface intégrale, représentée par l'équation

$$z = f(x, y).$$

En chaque point M de cette surface, le plan tangent est aussi tangent au cône (T) suivant une génératrice (G). Nous appellerons courbe *caractéristique*, toute courbe C de la surface S qui, en chacun de ses points, est tangente à la génératrice G correspondante. Par chaque point de S (exception faite pour les points singuliers, s'il en existe), il passe une courbe de cette espèce et une seule. Le nom de *caractéristiques* donné à ces courbes sera justifié plus loin (n° **36**). Nous allons d'abord montrer, ce qui est la clef de la méthode de Cauchy, que ces courbes peuvent être déterminées par un système d'équations différentielles ordinaires, sans qu'il soit nécessaire de connaître la fonction $f(x, y)$. Nous savons d'abord que la tangente à la courbe C coïncide avec la droite G représentée par les deux équations (9) et (10), que l'on peut encore écrire

$$\frac{X - x}{P} = \frac{Y - y}{Q} = \frac{Z - z}{Pp + Qq},$$

avec les notations déjà employées. Le long d'une caractéristique, x, y, z, p, q sont des fonctions d'une seule variable indépendante, et nous pouvons déjà écrire entre les différentielles dx, dy, dz les relations

$$(12) \qquad \frac{dx}{P} = \frac{dy}{Q} = \frac{dz}{Pp + Qq} = du,$$

u étant une variable auxiliaire fictive, qui est introduite uniquement pour plus de symétrie dans les raisonnements. Le long de cette courbe C, on a aussi

$$dp = r\,dx + s\,dy, \quad dq = s\,dx + t\,dy,$$

r, s, t, étant les dérivées du second ordre de la fonction $f(x, y)$. D'autre part, puisque $z = f(x, y)$ est une intégrale de l'équation proposée (8), les dérivées partielles r, s, t satisfont aussi aux deux relations

$$X + pZ + Pr + Qs = 0, \qquad Y + qZ + Ps + Qt = 0,$$

obtenues en différentiant cette équation par rapport à x et par rapport à y. En remplaçant, dans dp et dq, les différentielles dx et dy par $P\,du$ et $Q\,du$, il vient

$$dp = (Pr + Qs)du, \qquad dq = (Ps + Qt)du,$$

c'est-à-dire, d'après les relations précédentes,

$$dp = -(X + pZ)du, \qquad dq = -(Y + qZ)du.$$

En adjoignant ces équations aux équations (12), nous parvenons à un système d'équations différentielles ordinaires

$$(13) \qquad \frac{dx}{P} = \frac{dy}{Q} = \frac{dz}{Pp + Qq} = \frac{-dp}{X + pZ} = \frac{-dq}{Y + qZ} = du,$$

qui est identique au système (16) du n° **29**, p. 144, auquel on est conduit par la méthode de Lagrange.

Ce système d'équations différentielles est absolument indépendant de l'intégrale considérée. On en déduit les conclusions suivantes. Soient (x_0, y_0, z_0) les coordonnées d'un point M_0 de S, p_0 et q_0 les coefficients angulaires du plan tangent en ce point. Si la fonction F est holomorphe dans le voisinage de ce système de valeurs, et si tous les dénominateurs des rapports (13) ne sont pas nuls à la fois pour x_0, y_0, z_0, p_0, q_0, les équations (13) admettent un système d'intégrales et un seul prenant les valeurs x_0, y_0, z_0, p_0, q_0 pour $u = 0$. Il s'ensuit que *si deux surfaces intégrales sont tangentes en un point* (x_0, y_0, z_0), *elles sont tangentes tout le long d'une courbe caractéristique commune passant par ce point*. Pour la commodité du langage, nous appellerons *élément* tout système de valeurs attribuées aux cinq variables x, y, z, p, q ; un élément se compose, si l'on veut, de l'ensemble d'un point de coordonnées (x, y, z) et d'un plan de coefficients angulaires p, q, passant par ce point. Tout le long d'une courbe caractéristique, x, y, z, p et q sont des fonctions d'une variable indépendante u. A chaque point d'une courbe caractéristique correspond donc un élément composé de ce point et du plan de coefficients angulaires p, q, passant par ce point. Mais on a, d'après les équations (13), $\dfrac{dz}{du} = p\,\dfrac{dy}{du} + q\,\dfrac{dy}{du}$, de sorte que ce plan contient la tangente à la courbe au point $(x,\ y,\ z)$. Lorsque le point $(x,\ y,\ z)$ décrit la courbe caractéristique, le plan correspondant enveloppe une surface développable passant par cette courbe ; c'est la *développable caractéristique*. A chaque courbe caractéristique correspond ainsi une développable caractéristique passant par cette courbe : nous appellerons désormais *caractéristique* l'ensemble de la courbe et de la développable, ou la courbe seule, quand il n'y aura aucune ambiguïté à craindre. Une caractéristique se compose, d'après cela, d'une infinité d'éléments, dépendant d'une variable indépendante, les variations infiniment petites de x, y, z, p, q étant liées par les relations (13). Une caractéristique est donc complètement définie si l'on se donne un de ses éléments, et le théorème énoncé tout à l'heure peut encore s'énoncer sous la forme suivante absolument équivalente :

Si deux surfaces intégrales ont un élément commun, elles ont en commun tous les éléments de la caractéristique issue de cet élément.

Les caractéristiques dépendent de *trois* paramètres arbitraires. En effet, une caractéristique est déterminée si l'on se donne les coordonnées $(x_0,\ y_0,\ z_0,\ p_0,\ q_0)$ d'un de ses éléments ; on peut regarder l'une de ces coordonnées, x_0 par exemple, comme ayant une valeur numérique donnée, et, d'autre part, d'après la définition même des caractéristiques, on a, entre les coordonnées d'un élément quelconque, la relation $F(x_0,\ y_0,\ z_0,\ p_0,\ q_0) = 0$. Il reste donc seulement trois paramètres arbitraires.

Pour déterminer ces caractéristiques, remarquons d'abord que les équations (13) admettent l'intégrale première $F = $ const., de sorte que si $F(x,\ y,\ z,\ p,\ q)$ est nul pour les coordonnées $(x_0,\ y_0,\ z_0,\ p_0\ q_0)$ de l'élément initial, F est nul tout le long de la caractéristique issue de cet élément, ce qu'il était aisé de prévoir d'après la façon même dont on a obtenu les équations (13). Pour trouver les caractéristiques de l'équation proposée, on peut donc adjoindre au système (13), la relation $F = 0$ elle-même, ce qui ramène ce système à un système de trois équations différentielles du premier ordre.

Supposons qu'on ait obtenu les équations en termes finis des caractéristiques ; soient, pour fixer les idées,

$$(14) \begin{cases} y = f_1(x, x_0, y_0, z_0, p_0, q_0), & z = f_2(x, x_0, y_0, z_0, p_0, q_0), \\ p = f_3(x, x_0, y_0, z_0, p_0, q_0), & q = f_4(x, x_0, y_0, z_0, p_0, q_0) \end{cases}$$

les équations de la caractéristique issue de l'élément $(x_0, y_0, z_0, p_0, q_0)$. Les deux premières équations (14) représentent la courbe caractéristique elle-même, et toute surface intégrale, étant un lieu de courbes caractéristiques, s'obtiendra en supposant que x_0, y_0, z_0, p_0, q_0 sont fonctions d'un paramètre auxiliaire v. Nous sommes donc conduits à rechercher comment on doit prendre ces cinq fonctions de v, pour que la surface engendrée par les courbes caractéristiques soit une surface intégrale. Pour traiter cette question d'une façon plus symétrique, nous introduirons avec M. Darboux la variable auxiliaire u.

Soient

$$(15) \begin{cases} x = \varphi_1(u, x_0, y_0, z_0, p_0, q_0), \\ y = \varphi_2(u, x_0, y_0, z_0, p_0, q_0), \\ z = \varphi_3(u, x_0, y_0, z_0, p_0, q_0), \end{cases}$$

$$(16) \begin{cases} p = \varphi_4(u, x_0, y_0, z_0, p_0, q_0), \\ q = \varphi_5(u, x_0, y_0, z_0, p_0, q_0) \end{cases}$$

les formules qui représentent les intégrales du système (13) prenant pour $u = 0$ les valeurs x_0, y_0, z_0, p_0, q_0 respectivement. Quand on remplace dans ces formules x_0, y_0, z_0, p_0, q_0 par des fonctions d'une seconde variable auxiliaire v, les équations (15) représentent en général une surface S, u et v étant regardées comme deux variables indépendantes. Pour que cette surface S soit une surface intégrale, dont les courbes $v = $ const. soient les caractéristiques, il faut que les formules (16) donnent précisément les coefficients angulaires du plan tangent à cette surface, et en outre que l'on ait, en tout point de S, la relation $F = 0$. Les cinq fonctions x, y, z, p, q, des deux variables u et v doivent donc satisfaire aux trois conditions

$$(17) \qquad F(x, y, z, p, q) = 0,$$

$$(18) \qquad \frac{\partial z}{\partial u} - p \frac{\partial x}{\partial u} - q \frac{\partial y}{\partial u} = 0,$$

$$(19) \qquad \frac{\partial z}{\partial v} - p \frac{\partial x}{\partial v} - q \frac{\partial y}{\partial v} = 0.$$

Les cinq fonctions φ_i étant des intégrales du système (13), on a, comme on l'a déjà remarqué, $F(x, y, z, p, q) = F(x_0, y_0, z_0, p_0, q_0)$, et par suite la relation (17) sera satisfaite pourvu que l'on ait

$$(20) \qquad F(x_0, y_0, z_0, p_0, q_0) = 0.$$

La relation (18) est satisfaite d'elle-même, car c'est une conséquence des équations différentielles (13). Quant à la condition (19), on peut lui appliquer la transformation de Cauchy (n° **33**).

En désignant par H le premier membre de cette relation, nous avons, en différentiant par rapport à u,

$$\frac{\partial H}{\partial u} = \frac{\partial^2 z}{\partial u \partial v} - p \frac{\partial^2 x}{\partial u \partial v} - q \frac{\partial^2 y}{\partial u \partial v} - \frac{\partial x}{\partial v} \frac{\partial p}{\partial u} - \frac{\partial y}{\partial v} \frac{\partial q}{\partial u}.$$

D'autre part, en différentiant par rapport à v la relation (18), nous avons aussi

$$0 = \frac{\partial^2 z}{\partial u \partial v} - p \frac{\partial^2 x}{\partial u \partial v} - q \frac{\partial^2 y}{\partial u \partial v} - \frac{\partial p}{\partial v} \frac{\partial x}{\partial u} - \frac{\partial q}{\partial v} \frac{\partial y}{\partial u}.$$

En retranchant membre à membre, il vient encore

$$\frac{\partial H}{\partial u} = \frac{\partial p}{\partial v} \frac{\partial x}{\partial u} + \frac{\partial q}{\partial v} \frac{\partial y}{\partial u} - \frac{\partial x}{\partial v} \frac{\partial p}{\partial u} - \frac{\partial y}{\partial v} \frac{\partial q}{\partial u},$$

ou, en remplaçant les dérivées par rapport à u par leurs valeurs tirées des formules (13),

$$\frac{\partial H}{\partial u} = X \frac{\partial x}{\partial v} + Y \frac{\partial y}{\partial v} + P \frac{\partial p}{\partial v} + Q \frac{\partial q}{\partial v} + Z \left(p \frac{\partial x}{\partial v} + q \frac{\partial y}{\partial v} \right).$$

Nous effectuerons une dernière transformation on observant que les cinq fonctions x, y, z, p, q de v satisfont à la relation

$$F(x, y, z, p, q) = 0,$$

et que, par suite, on a aussi

$$X\frac{\partial x}{\partial v} + Y\frac{\partial y}{\partial v} + Z\frac{\partial z}{\partial v} + P\frac{\partial p}{\partial v} + Q\frac{\partial q}{\partial v} = 0\,;$$

la valeur précédente de $\dfrac{\partial H}{\partial u}$ peut donc s'écrire

$$(21)\qquad \frac{\partial H}{\partial u} = Z\left(p\frac{\partial x}{\partial v} + q\frac{\partial y}{\partial v} - \frac{\partial z}{\partial v}\right) = -\,ZH.$$

On tire de cette relation la valeur suivante de H,

$$(22)\qquad H = H_0 e^{-\int_0^u Zdu},$$

H_0 désignant la valeur de H pour $u = 0$, c'est-à-dire quand x, y, z, p, q se réduisent respectivement à x_0, y_0, z_0, p_0, q_0. La fonction F, et par suite la dérivée partielle Z, étant supposées holomorphes dans le voisinage des valeurs x_0, y_0, z_0, p_0, q_0, pour que H soit nul, il faut et il suffit que H_0 soit nul, c'est-à-dire que l'on ait

$$\frac{\partial z_0}{\partial v} = p_0\frac{\partial x_0}{\partial v} + q_0\frac{\partial y_0}{\partial v}\,.$$

En résumé, *pour obtenir une surface intégrale* ([1]), *il suffit de*

([1]) Le raisonnement suppose toutefois que les dénominateurs P, Q, $X + pZ$, $Y + qZ$ ne sont pas tous nuls pour les valeurs initiales x_0, y_0, z_0, p_0, q_0. Dans ce cas, les formules (15) et (16) se réduisent à $x = x_0$, $y = y_0$, $z = z_0$, $p = p_0$, $q = q_0$, tandis que, si l'on supprime la variable auxiliaire u, les équations (13) peuvent admettre des intégrales prenant les valeurs initiales données. Les intégrales de l'équation proposée qui satisfont en même temps aux quatre équations

$$P = 0, \qquad Q = 0, \qquad X + pZ = 0, \qquad Y + qZ = 0$$

échappent donc à la méthode générale. De telles intégrales, s'il y en a, sont des intégrales *singulières* : il n'en existe pas d'une façon normale pour une équation donnée *a priori*, et non formée par l'élimination des constantes (Voir le chapitre suivant).

On peut encore préciser les raisonnements de façon à bien mettre en évidence les hypothèses nécessaires pour la validité des conclusions. Nous supposons tout d'abord que la fonction $F(x, y, z, p, q)$ est une fonction *analytique* de x, y, z, p, q. Pour montrer que toute intégrale $z = f(x, y)$ est un lieu de caractéristiques, il n'est pas nécessaire de supposer que cette intégrale est analytique ; il suffit d'admettre qu'elle a des dérivées continues du second ordre r, s, t, puisque ces dérivées interviennent seules dans la démonstration. Les caractéristiques, étant définies par un système d'équations différen-

remplacer, dans les formules (14) *ou* (15), x_0, y_0, z_0, p_0, q_0 *par des fonctions d'une variable auxiliaire* v, *satisfaisant aux deux conditions*

$$(23) \qquad F(x_0, y_0, z_0, p_0, q_0) = 0 \qquad \frac{\partial z_0}{\partial v} = p_0 \frac{\partial x_0}{\partial v} + q_0 \frac{\partial y_0}{\partial v}.$$

35. Discussion du problème de Cauchy. — La méthode donne très facilement la solution du problème général de Cauchy, et permet de prévoir les cas exceptionnels. Pour déterminer une surface intégrale passant par une courbe donnée Γ, on peut prendre pour x_0, y_0, z_0 les coordonnées d'un point de cette courbe supposées exprimées en fonction d'un paramètre v, et les équations (23) déterminent p_0 et q_0. La solution peut aussi être énoncée en langage géométrique ; en effet, la première des relations (23) exprime que le plan de coefficients angulaires p_0, q_0, passant par le point (x_0, y_0, z_0) est tangent au cône (T) ayant son sommet en ce point, et la seconde exprime que ce plan passe par la tangente à la courbe donnée Γ. La marche à suivre peut donc être formulée ainsi : *Par la tangente à la courbe* Γ *en un point* M *de cette courbe, on fait passer un plan tangent au cône* (T) *de sommet* M. *Soit* C *la caractéristique issue de l'élément de contact déterminé par le point* M *et ce plan tangent ; la surface engendrée par cette caractéristique lorsque le point* M *décrit la courbe* Γ *est une surface intégrale passant par cette courbe.*

tielles analytiques sont nécessairement des courbes analytiques et, par suite, sur toute intégrale, analytique ou non, il existe une famille de courbes analytiques, les caractéristiques. Les fonctions $\varphi_1, \varphi_2, \ldots, \varphi_5$, qui représentent l'intégrale générale des équations (13) sont des fonctions analytiques de u, et des valeurs initiales x_0, y_0, z_0, p_0, q_0. Pour que les calculs qui suivent et leur conclusion soient rigoureux, il suffit que ces valeurs initiales soient des fonctions continues d'un paramètre v, admettant des dérivées continues, mais il n'est pas nécessaire qu'elles soient des fonctions analytiques de v.

Ceci est bien d'accord avec la méthode de la variation des constantes. Si l'intégrale complète $V(x, y, z, a, b)$ est une fonction analytique de ses arguments, il en sera de même de $F(x, y, z, p, q)$, mais rien n'exige dans la suite du raisonnement que la fonction arbitraire $b = \varphi(a)$ soit une fonction analytique de a. Une remarque analogue s'applique à l'intégrale générale d'une équation linéaire. Pour plus de détails sur ce sujet, voir E.-R. Hedrick, *Ueber den analytischen Character des Losungen von Differentialgleichungen* (*Inaugural-Dissertation, Gœttingen*, 1901).

Il y aura autant de surfaces intégrales passant par Γ qu'on peut mener de plans tangents au cône (T) par la tangente à la courbe Γ. Il est clair qu'on doit associer ces plans tangents de façon à ce qu'ils forment une suite continue.

Considérons d'abord le cas général où la tangente à la courbe Γ n'est pas une génératrice du cône (T) ; p_0 et q_0 étant les coefficients angulaires du plan tangent au cône (T) mené par cette droite, les cosinus directeurs de la génératrice de contact sont proportionnels à $P_0, Q_0, P_0 p_0 + Q_0 q_0$ [formules (9) et (10)] ; nous supposons que ce plan tangent n'est pas parallèle à l'axe Oz ; on peut toujours ramener le cas particulier où il en serait ainsi au cas général par un changement d'axes de coordonnées, c'est-à-dire par un change-

ment de la fonction inconnue. La différence $P_0 \dfrac{\partial y_0}{\partial v} - Q_0 \dfrac{\partial x_0}{\partial v}$

n'étant pas nulle, les valeurs de p_0 et de q_0 tirées des relations (23) sont des fonctions holomorphes de v dans le domaine de la valeur v_0 qui correspond à un point déterminé de Γ. D'un autre côté, on peut résoudre les deux premières équations (15) par rapport à u et à v,

car le déterminant fonctionnel $\dfrac{D(x, y)}{D(u, v)}$ se réduit pour $u = 0$ à

$\left(\dfrac{\partial x}{\partial u}\right)_0 \dfrac{\partial y_0}{\partial v} \quad \left(\dfrac{\partial y}{\partial u}\right)_0 \dfrac{\partial x_0}{\partial v}$, c'est-à-dire à $P_0 \dfrac{\partial y_0}{\partial v} - Q_0 \dfrac{\partial x_0}{\partial v}$. En portant

les valeurs de u et de v dans la troisième formule (15), on voit que z est une fonction holomorphe de x et de y dans le voisinage du point considéré de la courbe Γ.

Lorsque la tangente à la courbe Γ se confond avec la génératrice de contact du plan de coefficients angulaires p_0, q_0 avec le cône (T) en *un point particulier* de cette courbe, ce point est en général un point singulier pour l'intégrale correspondante. Lorsque cela a lieu en *tous les points de* Γ, nous avons deux cas à distinguer suivant que la courbe Γ est une courbe caractéristique, ou non.

Si la courbe Γ est une courbe caractéristique, elle est tangente en chacun de ses points à une génératrice G du cône (T) ayant ce point pour sommet, et la développable caractéristique est l'enveloppe du plan tangent au cône (T) suivant la génératrice G, lorsque le sommet M décrit Γ. La courbe caractéristique issue de chacun des éléments ainsi déterminés se confond avec la courbe Γ elle-même, et les formules (15) ne définissent pas une surface. Mais il est clair que, dans ce cas, le problème est indéterminé. Soient en effet M un point de Γ, P le plan tangent au cône (T) de sommet M suivant la tangente G à Γ, et Γ′ une autre courbe passant par M dont la tangente en M soit une droite du plan P différente de G. D'après ce que nous venons de démontrer, la surface intégrale passant par Γ′ renferme la courbe Γ.

Si l'équation proposée (8) n'est pas linéaire en p et q, comme nous le supposons, la courbe Γ peut être tangente en chacun de ses points à une génératrice G du cône (T) correspondant, sans être une caractéristique. Les courbes les plus générales jouissant de cette propriété dépendent en effet d'une *fonction arbitraire*. Soit

$$\Phi\left(x, y, z; \frac{Y-y}{X-x}, \frac{Z-z}{X-x}\right) = 0$$

l'équation du cône (T) de sommet (x, y, z). Pour qu'une courbe Γ soit tangente en chacun de ses points à une génératrice de (T), les coordonnées x, y, z d'un point de cette courbe doivent être des fonctions d'une variable v satisfaisant à la condition

$$(24) \qquad \Phi\left(x, y, z; \frac{dy}{dx}, \frac{dz}{dx}\right) = 0.$$

Si l'on prend par exemple x pour variable indépendante, on peut choisir arbitrairement $y = f(x)$, et, en remplaçant y par $f(x)$ dans la relation précédente, on a une équation différentielle du premier ordre pour déterminer z en fonction de x. On appelle *courbe intégrale* toute courbe satisfaisant à la condition (24), sans être une courbe caractéristique.

Cela posé, supposons que la courbe Γ, pour laquelle on veut résoudre le problème de Cauchy, soit une courbe intégrale. De chaque point M de Γ part une courbe caractéristique tangente à Γ, et il résulte du calcul fait plus haut que la surface S engendrée par ces caractéristiques est une surface intégrale; il suffit en effet de prendre pour x_0, y_0, z_0 les coordonnées d'un point de Γ et pour p_0, q_0 les coefficients angulaires du plan tangent au cône (T) le long de la tangente à Γ. Mais cette courbe Γ est une ligne singulière de surface S. En effet, s'il n'en était pas ainsi, les dérivées r, s, t auraient des valeurs finies en un point de Γ et, comme on a déjà $Q_0 dx_0 = P_0 dy_0$, les calculs faits à la page 171 pour établir les équations (13) s'appliqueraient sans modification, et l'on en conclurait que la courbe Γ est une caractéristique, ce qui est contraire à l'hypothèse. Cette courbe Γ, qui est l'enveloppe des caractéristiques de la surface S, est analogue à l'arête de rebroussement d'une surface développable. On reviendra sur ce sujet au chapitre suivant (pages 214-219).

Les propositions qui ont été établies au n° **3** (pages 21-25) sont bien d'accord avec les résultats de cette discussion. Ainsi nous avons vu que

le problème de Cauchy est déterminé pour une courbe Γ à moins que
les valeurs de p et q déduites des deux équations suivantes, où x, y, z
sont les coordonnées d'un point de Γ,

$$F(x, y, z, p, q) = 0, \qquad dz = pdx + qdy,$$

ne vérifient en même temps la relation

$$\frac{\partial F}{\partial p}\, dy - \frac{\partial F}{\partial q}\, dx = 0 ;$$

or cette relation exprime précisément que la tangente à Γ se confond
avec la génératrice de contact du plan $(Z - z) = p(X - x) + q(Y - y)$
avec le cône (T).

Une équation de la forme

$$(25) \quad p = F(x, y, z, q) = \varphi_{010}z + \varphi_{200}y^2 + \varphi_{110}yz + \dots + \varphi_{ikl}y^i z^k q^l + \dots$$

où le second membre est une série entière en y, z, q, dont les coefficients sont des fonctions holomorphes de x dans le domaine de l'origine, convergente dans un certain domaine, admet une infinité d'intégrales tangentes au plan des xy tout le long de l'axe Ox; on obtient
une surface intégrale de cette espèce en cherchant une intégrale de
l'équation (25) se réduisant pour $x = 0$ à une fonction holomorphe $f(y)$
telle que $f(0) = f'(0) = 0$. Avec la théorie des caractéristiques, ce résultat s'explique de lui-même, car les équations

$$y = z = p = q = 0$$

représentent une caractéristique, et par conséquent toute surface intégrale tangente à l'origine au plan des xy est tangente à ce plan tout le
long de Ox.

Reprenons encore l'équation $p + q^2 - y = 0$; l'équation du cône (T)
en un point $(x, 0, 0)$ de l'axe Ox est

$$Y^2 - 4Z(X - x) = 0 ;$$

ce cône est donc tangent au plan des xy suivant Ox. L'axe des x lui-
même est une courbe intégrale; pour que cet axe fût une caractéristique,
il faudrait que les équations $y = z = p = q = 0$ définissent une solution des équations différentielles des caractéristiques

$$\frac{dx}{1} = \frac{dy}{2q} = \frac{dz}{p + 2q^2} = \frac{dp}{0} = \frac{dq}{1},$$

ce qui n'a pas lieu. Il existe bien une intégrale passant par Ox,
$z = \frac{2}{3}\, y^{\frac{3}{2}}$, mais cette droite Ox est une génératrice de rebroussement
pour le cylindre (page 22).

36. **Les caractéristiques déduites d'une intégrale complète.** — Au premier abord, la méthode de Cauchy et la méthode de Lagrange et Charpit paraissent absolument distinctes, quoiqu'elles conduisent au même système d'équations différentielles. Mais ce n'est là qu'une apparence. Nous allons montrer que la notion de caractéristiques se déduit d'une façon très naturelle de la théorie de Lagrange. Nous avons vu en effet que, si $V(x, y, z, a, b) = 0$ est une intégrale complète de l'équation (88), on obtient une surface intégrale en cherchant l'enveloppe de la surface

$$V(x, y, z, a, \varphi(a)) = 0,$$

où $\varphi(a)$ est une fonction arbitraire de a ; cette surface est aussi le lieu des courbes représentées par les deux relations

$$(26) \qquad V(x, y, z, a, \varphi(a)) = 0, \qquad \frac{\partial V}{\partial a} + \frac{\partial V}{\partial \varphi(a)} \varphi'(a) = 0,$$

quand on fait varier le paramètre a. Or ces courbes font partie du *complexe* de courbes

$$(27) \qquad V(x, y, z, a, b) = 0, \qquad \frac{\partial V}{\partial a} + \frac{\partial V}{\partial b} c = 0,$$

et nous voyons que les surfaces qui forment l'intégrale générale sont engendrées par les courbes de ce complexe associées suivant une loi convenable. Le nom de *caractéristiques* donné à ces courbes s'explique de lui-même, puisque ce sont les courbes de contact de l'intégrale complète avec son enveloppe. Les développables caractéristiques s'introduisent tout aussi naturellement. Considérons une courbe caractéristique correspondant aux valeurs a_0, b_0, c_0 des paramètres a, b, c, ; toutes les surfaces intégrales obtenues au moyen de fonctions φ, telles que l'on ait $b_0 = \varphi(a_0)$, $c_0 = \varphi'(a_0)$, passent par cette courbe et sont tangentes entre elles tout le long de cette courbe, car les valeurs de p et de q qui, pour un point quelconque d'une surface intégrale, sont données par les formules

$$(28) \cdot \qquad \frac{\partial V}{\partial x} + p \frac{\partial V}{\partial z} = 0, \qquad \frac{\partial V}{\partial y} + q \frac{\partial V}{\partial z} = 0,$$

sont les mêmes pour toutes ces surfaces. Il est donc naturel d'associer à chaque courbe caractéristique une développable caractéristique passant par cette courbe. Les quatre équations (27) et (28) permettent d'exprimer quatre des variables x, y, z, p, q au moyen de l'une d'elles et des trois constantes arbitraires a, b, c. Pour démontrer l'identité des multiplicités ainsi définies avec les caractéristiques déduites de la méthode de Cauchy, supposons que l'intégrale complète soit représentée par une équation de la forme $z = \Phi(x, y, a, b)$. Les équations (27) et (28) deviennent

$$(29) \qquad z = \Phi(x, y, a, b), \qquad \frac{\partial \Phi}{\partial a} + \frac{\partial \Phi}{\partial b} c = 0,$$

$$(30) \qquad p = \frac{\partial \Phi}{\partial x}, \qquad q = \frac{\partial \Phi}{\partial y}.$$

Les relations (29) et (30) permettent d'exprimer les cinq variables (x, y, z, p, q) au moyen de l'une d'elles (x par exemple), et des trois constantes arbitraires a, b, c. Tout revient à démontrer que ces fonctions satisfont aux équations différentielles (13). La fonction $\Phi(x, y, a, b)$ étant une intégrale complète de l'équation $F = 0$, on a déjà entre ces fonctions les deux relations

$$(31) \qquad F(x, y, z, p, q) = 0, \qquad dz = pdx + qdy.$$

D'autre part, on déduit de la seconde des équations (29)

$$(32) \qquad \left(\frac{\partial^2 \Phi}{\partial a \partial x} + c\, \frac{\partial^2 \Phi}{\partial b \partial x} \right) dx + \left(\frac{\partial^2 \Phi}{\partial a \partial y} + c\, \frac{\partial^2 \Phi}{\partial b \partial y} \right) dy = 0.$$

Or, si l'on différentie par rapport aux constantes a et b l'identité

$$F\left(x, y, \Phi, \frac{\partial \Phi}{\partial x}, \frac{\partial \Phi}{\partial y} \right) = 0,$$

il vient

$$Z \frac{\partial \Phi}{\partial a} + P \frac{\partial^2 \Phi}{\partial a \partial x} + Q \frac{\partial^2 \Phi}{\partial a \partial y} = 0,$$

$$Z \frac{\partial \Phi}{\partial b} + P \frac{\partial^2 \Phi}{\partial b \partial x} + Q \frac{\partial^2 \Phi}{\partial b \partial y} = 0,$$

et par suite, en éliminant Z,

$$(33) \qquad P \left(\frac{\partial^2 \Phi}{\partial a \partial x} + c\, \frac{\partial^2 \Phi}{\partial b \partial x} \right) + Q \left(\frac{\partial^2 \Phi}{\partial a \partial y} + c\, \frac{\partial^2 \Phi}{\partial b \partial y} \right) = 0.$$

La comparaison des deux relations (32) et (33) prouve que l'on a
$\dfrac{dx}{\mathrm{P}} = \dfrac{dy}{\mathrm{Q}}$. Les dernières équations (13) s'établissent comme au
n° **34**, en rapprochant les relations

$$dp = \frac{\partial^2 \Phi}{\partial x^2}\, dx + \frac{\partial^2 \Phi}{\partial x \partial y}\, dy, \qquad dq = \frac{\partial^2 \Phi}{\partial x \partial y}\, dx + \frac{\partial^2 \Phi}{\partial y^2}\, dy,$$

déduites des équations (30), des relations

$$\mathrm{X} + \mathrm{Z}\frac{\partial \Phi}{\partial x} + \mathrm{P}\frac{\partial^2 \Phi}{\partial x^2} + \mathrm{Q}\frac{\partial^2 \Phi}{\partial x \partial y} = 0,$$

$$\mathrm{Y} + \mathrm{Z}\frac{\partial \Phi}{\partial y} + \mathrm{P}\frac{\partial^2 \Phi}{\partial x \partial y} + \mathrm{Q}\frac{\partial^2 \Phi}{\partial y^2} = 0,$$

obtenues en différentiant l'identité $\mathrm{F}\left(x, y, \Phi, \dfrac{\partial \Phi}{\partial x}, \dfrac{\partial \Phi}{\partial y}\right) = 0$, par rapport aux variables x et y.

REMARQUE I. — La théorie de l'intégrale complète s'applique
aussi bien aux équations linéaires qu'aux équations non linéaires.
Il semble, au contraire, à première vue, que la méthode de Cauchy
se présente d'une façon tout à fait différente pour les équations
linéaires et pour les équations non linéaires. En effet, les caractéristiques d'une équation linéaire, ou d'une équation qui se décompose en plusieurs équations linéaires, forment une congruence et
non un complexe. Mais, si l'on associe à chaque courbe caractéristique une développable caractéristique, l'anomalie disparaît.
Chaque courbe caractéristique appartient en effet à une infinité de
développables caractéristiques dépendant d'une constante arbitraire, de sorte que cet ensemble dépend bien de trois constantes
arbitraires. Reprenons par exemple l'équation des surfaces coniques $px + qy - z = 0$. L'équation $z = ax + by$ représente
une intégrale complète formée de plans P passant par l'origine.
Les courbes caractéristiques sont des droites passant par l'origine,
et les développables caractéristiques sont les plans P eux-mêmes.
On obtiendra donc une caractéristique en associant à une droite
passant par l'origine un plan passant par cette droite; cet ensemble
dépend bien de trois constantes arbitraires. Nous reviendrons au

chapitre suivant sur les propriétés des caractéristiques, et sur quelques questions qui s'y rattachent.

Remarque II. — Pour intégrer l'équation $F(x, y, z, p, q) = 0$, soit par la méthode de Lagrange et Charpit, soit par celle de Cauchy, on a d'abord à rechercher une intégrale, autre que F, du système (13) ; cette intégrale étant obtenue, les intégrations à effectuer paraissent toutes différentes dans les deux méthodes. Tandis que la méthode de Lagrange exige les opérations 3 et 1, la méthode de Cauchy exige l'intégration complète du système (13), c'est-à-dire les opérations 3, 2, 1. D'un autre côté, quand on a obtenu une intégrale complète par la méthode de Lagrange, nous venons de voir que l'on peut en déduire les caractéristiques, et par suite l'intégrale générale du système (13). En réalité, les deux méthodes donnent bien l'intégrale générale de ce systène, et nous arrivons à ce résultat que *l'intégration du système* (13) *n'exige que les opérations* 3 *et* 1. C'est un exemple de simplification dans l'intégration de certains systèmes d'équations différentielles de forme spéciale. Nous en verrons d'autres de même espèce, mais plus généraux, dans la suite de cet ouvrage.

Remarque III. — La théorie des caractéristiques explique aussi de la façon la plus simple pourquoi les deux équations $F = 0$, $\Phi = K$, forment un système complètement intégrable, quelle que soit la constante K, lorsque Φ est une intégrale du système (13). Il suffit de montrer que, par un point quelconque (x_0, y_0, z_0) de l'espace, passe une surface intégrale de ce système. Or, on peut évidemment trouver, d'une infinité de manières, un système de cinq fonctions x, y, z, p, q d'un paramètre v, satisfaisant aux relations

$$(34) \quad F(x, y, z, p, q) = 0, \quad \Phi(x, y, z, p, q) = K, \quad dz = pdx + qdy,$$

et telles que, pour $v = 0$, on ait $x = x_0$, $y = y_0$, $z = z_0$. On peut prendre par exemple $x = x_0$; en tirant p et q des deux premières équations $F = 0$, $\Phi = K$, et en portant q dans la dernière relation $dz = qdy$, on a une équation différentielle du premier ordre entre y et z, qui admet une intégrale $z = f(y)$ prenant la valeur z_0 pour $y = y_0$. Considérons une suite simplement infinie d'éléments satisfaisant aux relations (34). Le lieu des caractéristiques issues de ces éléments est, d'après la théorie de Cauchy, une surface intégrale S de l'équation $F = o$. Chaque élément de cette surface satisfait aussi à la relation $\Phi = K$, puisque la fonction Φ, d'après sa définition, conserve une valeur constante tout le long d'une caractéristique. Or il est évident que cette surface passe par le point (x_0, y_0, z_0). On verrait de même que les deux équations $F = o$, $\Phi = K$ ne peuvent former un système complètement intégrable, quel que soit K, que si $\Phi(x, y, z, p, q)$ est une iatégrale du système (13).

REMARQUE IV. — On satisfait aux conditions (23) en posant $x_0 = a$, $y_0 = b$, $z_0 = c$, a, b, c étant trois constantes, p_0 et q_0 étant liées par la relation $F(a, b, c, p_0, q_0) = o$. Si l'équation $F = o$ n'est pas linéaire, et ne se décompose pas en plusieurs équations linéaires, l'intégrale ainsi obtenue est le lieu des caractéristiques issues du point (a, b, c), qui est évidemment un point conique pour cette intégrale. Il suffit d'attribuer à l'une des constantes a, b, c une valeur numérique pour avoir une intégrale complète.

37. Extension de la méthode à une équation à n variables. — La généralisation de la méthode de Lagrange et Charpit pour une équation à plus de deux variables indépendantes présentait des difficultés qui n'ont été surmontées que longtemps après Lagrange. Au contraire, l'extension de la méthode de Cauchy n'offre aucune difficulté, et a été faite par Cauchy lui-même. Il est commode, pour simplifier l'exposition, d'étendre immédiatement à une équation à n variables indépendantes la notion de caractéristique ; c'est ce que nous ferons, en adoptant la méthode suivie par G. Darboux [1]. Considérons l'équation

$$(35) \qquad F(x_1, x_2, \ldots, x_n, z ; p_1, \ldots, p_n) = o,$$

et soit $z = \Phi(x_1, x_2, \ldots, x_n)$ une intégrale quelconque de cette équation ; nous appellerons *élément* de cette intégrale l'ensemble

---

[1] *Mémoire sur les solutions singulières des équations aux dérivées partielles du premier ordre* (*Mémoires des Savants étrangers à l'Académie des Sciences, t. XXVII, p. 133 et suivantes*).

d'un système de valeurs particulières $x_1^0, x_2^0, \ldots, x_n^0$ des variables indépendantes et des valeurs correspondantes $z^0, p_1^0, \ldots, p_n^0$ de la fonction Φ et de ses dérivées partielles. Supposons qu'on fasse varier les éléments de l'intégrale à partir de certaines valeurs initiales x_i^0, z^0, p_i^0, de façon à satisfaire constamment aux équations différentielles

$$(36) \qquad \frac{dx_1}{P_1} = \frac{dx_2}{P_2} = \ldots = \frac{dx_n}{P_n},$$

où l'on a posé

$$X_i = \frac{\partial F}{\partial x_i}, \qquad P_k = \frac{\partial F}{\partial p_k}, \qquad Z = \frac{\partial F}{\partial z}.$$

Il est clair que ces équations déterminent complètement une famille de courbes (ou multiplicités à une dimension) sur chaque intégrale. En effet, si z est connue en fonction de $x_1, x_2, \ldots, x_n$, il en est de même des dérivées partielles p_i et par suite des fonctions P_i. Ces relations (36) forment donc un système de $(n-1)$ équations différentielles du premier ordre entre les n variables $(x_1, x_2, \ldots, x_n)$. D'après la théorie des équations différentielles, par chaque point de la surface intégrale, il passe en général une de ces multiplicités et une seule. Si à chaque point $(x_1, x_2, \ldots x_n, z)$ de l'une de ces multiplicités on associe les valeurs correspondantes de $p_1, p_2, \ldots, p_n$, on a une suite simplement infinie d'éléments, qu'on appelle encore *caractéristique*. Nous allons montrer que, sans connaître l'expression de la fonction z, on peut adjoindre aux relations (36) d'autres équations différentielles permettant de définir complètement la variation des variables x_i, z, p_k le long d'une caractéristique.

Partons d'un élément de l'intégrale (x_i^0, z^0, p_k^0) et considérons la caractéristique issue de cet élément. Le long de cette caractéristique, les variables x_i, z, p_k sont des fonctions d'une seule variable indépendante, vérifiant la relation $F = 0$, et dont les différentielles satisfont aux équations (36) et en outre aux équations

$$dz = p_1 dx_1 + \ldots + p_n dx_n,$$

$$dp_i = p_{i1} dx_1 + \ldots + p_{in} dx_n, \qquad p_{ik} = \frac{\partial^2 z}{\partial x_i \partial x_k} \qquad (i = 1, 2, \ldots n),$$

qui résultent de la définition. En différentiant la relation $F = o$ par rapport à la variable x_i, il vient

$$X_i + p_i Z + P_1 p_{i_1} + \ldots + P_n p_{in} = o \, ;$$

désignons par du la valeur commune des rapports (36), et remplaçons dans la formule précédente P_i par $\dfrac{dx_i}{du}$; nous trouvons

$$(X_i + p_i Z)du + p_{i_1}dx_1 + \ldots + p_{in}dx_n = o,$$

c'est-à-dire

$$(X_i + p_i Z)du + dp_i = o.$$

Ceci nous montre que les éléments d'une intégrale satisfont, tout le long d'une caractéristique, au système d'équations différentielles

$$(37) \quad \frac{dx_i}{P_i} = \frac{dz}{P_1 p_1 + \ldots + P_n p_n} = \frac{-dp_k}{X_k + Z p_k} = du \quad (i, k = 1, \ldots, n).$$

Ces équations ne dépendent pas de la fonction Φ et, par suite, on peut déterminer les éléments successifs d'une caractéristique, pourvu que l'on connaisse un seul élément (x_i^0, z^0, p_k^0). On en conclut, comme plus haut (n° 34), que, *si deux intégrales ont un élément commun, elles ont en commun tous les éléments de la caractéristique issue de cet élément.*

Si les dénominateurs des équations (37) restent finis et ne sont pas tous nuls pour les valeurs initiales, ce que nous supposerons, on tirera de ces équations

$$(38) \qquad x_i = f_i(u, x_i^0, z^0, p_k^0), \quad p_k = \varphi_k(u, x_i^0, z^0, p_k^0),$$
$$z = \psi(u, x_i^0, z^0, p_k^0),$$

x_i^0, z^0, p_k^0 désignant les valeurs initiales correspondant à la valeur initiale $u = o$ de la variable auxiliaire u ; les fonctions f_i, φ_k, ψ sont des fonctions continues de u et des valeurs initiales, admettant des dérivées, au moins entre certaines limites.

Puisque chaque intégrale est un lieu de caractéristiques, il est clair que toute intégrale sera représentée par les formules (38) où $x_i{}^0$, z^0, $p_k{}^0$ doivent être des fonctions de $n - 1$ variables indépendantes, de façon que ces formules représentent bien une multiplicité à n dimensions. Mais il faut en outre que ces $2n + 1$ fonctions x_i. z, p_k de n variables indépendantes vérifient les relations

$$(39) \qquad \begin{cases} F(x_i, z, p_k) = F(x_1, \ldots, x_n, z\,; p_1, \ldots, p_n) = 0, \\ dz - p_1 dx_1 - p_2 dx_2 - \ldots - p_n dx_n = 0. \end{cases}$$

Comme les équations différentielles (37) admettent la combinaison intégrale $dF = 0$. il suffira qu'on ait $F(x_i{}^0, z^0, p_k{}^0) = 0$ pour que la première des relations (39) soit vérifiée. D'autre part, on a aussi, d'après les équations (37),

$$\frac{dz}{du} = p_1 \frac{dx_1}{du} + \ldots + p_n \frac{dx_n}{du} \,.$$

Les valeurs initiales $x_i{}^0$, z^0, $p_k{}^0$ étant fonctions de $n - 1$ variables indépendantes v_1. v_2, ..., v_{n-1}, il faudra qu'on ait aussi

$$U = \delta z - p_1 \delta x_1 - \ldots - p_n \delta x_n = 0,$$

la lettre δ désignant les différentielles correspondant à des accroissements arbitraires $\delta v_1, \ldots, \delta v_{n-1}$ de ces variables. En procédant comme dans le cas de $n = 2$, nous avons successivement

$$dU = d\delta z - p_1 d\delta x_1 - \ldots - p_n d\delta x_n - dp_1 \delta x_1 - \ldots - dp_n \delta x_n.$$
$$dz = p_1 dx_1 + \ldots + p_n dx_n,$$
$$\delta dz = p_1 \delta dx_1 + \ldots + p_n \delta dx_n + \delta p_1 dx_1 + \ldots + \delta p_n dx_n,$$

et, comme on peut intervertir l'ordre des opérations d et δ,

$$dU = \sum_{n}^{i=1} \left\{ \delta p_i dx_i - dp_i \delta x_i \right\},$$

$$= \sum_{i=1}^{n} \left\{ P_i \delta p_i + (X_i + p_i Z) \delta x_i \right\} du\,;$$

puisque z, x_i, p_k vérifient l'équation $F = 0$, on aura

$$\sum_i (P_i \delta p_i + X_i \delta x_i) = - Z \delta z,$$

et, par suite,

$$dU = -\ ZU\,du.$$

On en conclut l'expression suivante de U

$$U = U_0 e^{\displaystyle -\int_0^u Z\,du}.$$

Pour que U soit nul, il faut et il suffit que U_0 soit nul, c'est-à-dire qu'on ait

$$\delta z^0 - p_1^0 \delta x_1^0 - \ldots - p_n^0 \delta x_n^0 = 0.$$

En résumé, *pour que les formules* (38) *représentent une intégrale, il faut et il suffit que les valeurs initiales* (x_i^0, z^0, p_k^0) *soient des fonctions de* $n-1$ *variables indépendantes, satisfaisant identiquement aux conditions*

$$(40) \qquad\qquad F(x_i^0, z^0, p_k^0) = 0,$$

$$(41) \qquad \delta z^0 - p_1^0 \delta x_1^0 - p_2^0 \delta x_2^0 - \ldots - p_n^0 \delta x_n^0 = 0.$$

Tout système de $2n+1$ fonctions (x_i^0, z^0, p_k^0) de $n-1$ variables, vérifiant ces conditions, définit une multiplicité à $(n-1)$ dimensions d'éléments ; on peut dire encore que toute intégrale de l'équation $F = 0$ est engendrée par les caractéristiques issues des divers éléments d'une multiplicité de cette espèce.

En particulier, si l'on veut avoir l'intégrale de Cauchy, qui, pour $x_1 = x_1^0$, se réduit à une fonction donnée $\Phi(x_2, \ldots, x_n)$, on prendra $x_2^0, x_3^0, \ldots, x_n^0$ pour variables indépendantes (x_1^0 étant supposé constant), et la relation (41) donne les valeurs de $z^0, p_2^0, \ldots, p_n^0$,

$$z^0 = \Phi(x_2^0, \ldots, x_n^0), \qquad p_2^0 = \frac{\partial \Phi}{\partial x_2^0}, \qquad \ldots, \qquad p_n^0 = \frac{\partial \Phi}{\partial x_n^0}.$$

La valeur de p_1^0 se tirera de la relation (40) ; si P_1^0 n'est pas nul, ainsi que nous devons le supposer pour que le théorème général d'existence soit applicable (n° **1**), p_1^0 sera une fonction holomorphe de $x_2^0, \ldots, x_n^0$ dans un certain domaine, et les équations (38) donneront pour z, x_i, p_k des fonctions holomorphes de u, x_2^0, ..., x_n^0. D'ailleurs, le jacobien

$$\frac{\mathrm{D}(x_1,\ x_2,\ \ldots,\ x_n)}{\mathrm{D}(u,\ x_2^0,\ \ldots,\ x_n^0)}$$

n'est pas nul, car il se réduit à P_1^0 pour $u = 0$. On pourra donc résoudre les n premières équations (38) par rapport à u, x_2^0, ..., x_n^0, et en portant ces expressions dans la dernière, on obtiendra pour z une fonction holomorphe des variables x_1, x_2, ..., x_n.

Pour obtenir toutes les intégrales de l'équation (35), il nous faut résoudre de la façon la plus générale les équations (40) et (41), question analogue à celle qui a été traitée plus haut (n° **32**). Les $n+1$ fonctions z^0, x_1^0, ..., x_n^0 dépendant de $n-1$ variables seulement, il y aura au moins deux relations distinctes entre ces fonctions, et z^0 entrera nécessairement dans l'une de ces relations, d'après la seconde des équations (41). Cauchy a pris les suivantes :

$$x_1^0 = \mathrm{C}^{\mathrm{te}}, \qquad z^0 = \Phi(x_2^0, \ldots, x_n^0).$$

Prenons-en un nombre quelconque k et supposons-les résolues par rapport à z^0, x_1^0, ..., x^0_{k-1},

$$z^0 = \omega_1(x_k^0, \ldots, x_n^0), \qquad x_1^0 = \omega_2(x_k^0, \ldots, x_n^0).$$
$$x^0_{k-1} = \omega_k(x_k^0, \ldots, x_n^0).$$

En remplaçant dans la seconde des équations (41) et en égalant à zéro les coefficients de dx_k^0, ..., dx_n^0, on obtient $n-k+1$ relations

$$\frac{\partial \omega_1}{\partial x_k^0} - p_1^0 \frac{\partial \omega_2}{\partial x_k^0} - \cdots - p_k^0 = 0,$$

$$\frac{\partial \omega_1}{\partial x^0_{k+1}} - p_1^0 \frac{\partial \omega_2}{\partial x^0_{k+1}} - \cdots - p^0_{k+1} = 0,$$

$$\ldots\ldots\ldots\ldots\ldots\ldots\ldots\ldots\ldots\ldots\ldots$$

$$\frac{\partial \omega_1}{\partial x_n^0} - p_1^0 \frac{\partial \omega_2}{\partial x^0_{k+1}} - \cdots - p_n^0 = 0,$$

qui, jointes à la relation $\mathrm{F}(z^0, x_i^0, p_k^0) = 0$, permettront d'exprimer

$p_1^0, \ldots, p_n^0$ en fonction de $k - 2$ d'entre elles. On voit que toutes les valeurs initiales s'expriment en fonction de $n - 1$ variables.

Les relations (41) étant satisfaites, les fonctions z, x_i, p_k de n variables représentées par les formules (38) vérifient les équations

$$F(z, x_i, p_k) = 0, \qquad dz - p_1 dx_1 - \ldots - p_n dx_n = 0.$$

Elles donnent donc une intégrale de l'équation proposée. Toutefois, la méthode donne lieu aux remarques suivantes :

1^0 Il pourrait arriver que les fonctions ψ, φ_i, f_i, qui contiennent les n variables indépendantes, se réduisent à des fonctions d'un moindre nombre de variables. Il est facile de voir dans quels cas cette circonstance se présentera. Les relations établies entre les valeurs initiales z^0, x_i^0, p_k^0 déterminent une multiplicité à $(n - 1)$ dimensions composée d'éléments. De chaque élément de cette mul·tiplicité part une caractéristique, et l'ensemble de ces caractéristiques forme précisément l'intégrale. Il est clair que cet ensemble forme, en général, une multiplicité à n dimensions, sauf dans le cas particulier où la multiplicité des valeurs initiales serait elle-même composée de caractéristiques.

2^0 Ce cas exceptionnel écarté, l'élimination de t, u_1, …, u_{n-1} entre les relations (38)

$$z = f, \qquad x_i = f_i,$$

conduira, en général, à une seule relation

$$z = \Phi(x_1, x_2, \ldots, x_n),$$

et la fonction Φ sera évidemment une intégrale. Il n'en serait plus de même si des équations (38) on pouvait déduire plusieurs relations entre les variables z, x_i. Cependant, par une extension du mot *intégrale*, due à Sophus Lie, nous ne rejetterons pas ces solutions. D'une manière générale, nous désignerons sous le nom d'*intégrale* tout système d'éléments vérifiant les relations

$$F(z, x_i, p_k) = 0, \qquad dz = p_1 dx_1 + \ldots + p_n dx_n,$$

et dépendant de n variables indépendantes.

Nous reviendrons plus loin sur cette définition nouvelle de l'intégrale.

Cas particulier. — On satisfait aux équations (40) et (41) en prenant pour x_i^0, z^0 des constantes, les valeurs initiales étant liées par la seule relation

$$F(z^0, x_i^0, p_k^0) = 0.$$

L'intégrale ainsi obtenue, qui est formée par l'ensemble des caractéristiques issues d'un point, dépend de $n + 1$ constantes arbitraires. Si on attribue à l'une d'elles une valeur déterminée, on aura une intégrale complète de l'équation (35). Ce sera d'ailleurs une véritable intégrale complète, car, si les éléments de cette intégrale vérifiaient une autre équation que l'équation (35),

$$F_1(z, x_i, p_k) = 0,$$

on devrait avoir, puisque, pour $u = 0$, z, x_i, p_k se réduisent respectivement à z^0, x_i^0, p_k^0,

$$F_1(z^0, x_i^0, p_k^0) = 0,$$

ce qui ne peut pas être, puisque les valeurs initiales $p_1^0, \ldots, p_n^0$ sont liées par la *seule* relation

$$F(z^0, x_i^0, p_k^0) = 0.$$

REMARQUE I. — Il pourra arriver, dans certains cas, que cette intégrale ne soit pas une intégrale proprement dite, mais une intégrale au sens plus large de Lie. Supposons que $F(x_i, p_k)$ soit homogène par rapport aux variables p_k et ne renferme pas z ; dans ce cas, des équations qui représentent l'ensemble des caractéristiques issues d'un point $(z^0, x_1^0, \ldots, x_n^0)$, on pourra déduire au moins deux relations entre les variables z, x_1, ..., x_n. Des équations différentielles des caractéristiques on tire d'abord, puisque

$$p_1 P_1 + \ldots + p_n P_n = \mu F(x_i, p_k) = 0,$$

$z = z^0$. D'un autre côté, ces équations ne changent pas quand on change p_k en λp_k, λ désignant une constante quelconque. On peut donc, sans restreindre la généralité, supposer la valeur initiale de p_1, égale à l'unité par exemple, $p_1^0 = 1$. Alors $x_1, \ldots, x_n$ dans les formules (38), dépendront de u et des $n - 1$ variables $p_2^0, \ldots, p_n^0$ qui sont liées par la relation $F_0 = 0$. Ces n fonctions ne renferment donc que $n - 1$ variables indépendantes, et l'élimination de ces variables conduira au moins à une relation entre x_1, x_2, ... x_n. Il en sera encore de même si la fonction F, tout en contenant z, était homogène par rapport à p_1, ..., p_n. En effet, si le lieu des caractéristiques issues d'un point $(z^0, x_1^0, ... x_n^0)$ était représenté par une seule relation entre z, x_1, ..., x_n, cette relation serait nécessairement $z = z^0$, et on aurait, pour tous les éléments de cette intégrale, $p_k = 0$, équations qui ne résultent pas de la relation $F(z, x_i, p_k) = 0$.

REMARQUE II. — On pourra toujours obtenir une infinité d'intégrales complètes par la méthode de Cauchy ; on cherchera pour cela une intégrale se réduisant, pour $x_1 = x_1^0$, à une fonction donnée à l'avance

$$f(x_2, ..., x_n, a_1, ..., a_n).$$

contenant n paramètres variables a_1, a_2, ..., a_n.

REMARQUE III. — Etant donné une équation du premier ordre

$$p_1 = F(x_1, ..., x_n, z ; p_2, ..., p_n) + f(x_1)z$$

où la fonction F peut être développée en série entière ordonnée suivant les puissances de x_2, ..., x_n, z, p_2, ..., p_n, dont les coefficients sont des fonctions de x_1, et ne renfermant que des termes du second degré au moins, on a vu plus haut (n° **3**, p. 25) que le développement d'une intégrale se réduisant, pour $x_1 = 0$, à une fonction $f(x_2, ..., x_n)$ qui est nulle ainsi que toutes ses dérivées partielles du premier ordre pour $x_2 = 0$, ..., $x_n = 0$, ne renferme lui-même aucun terme indépendant de x_2, ..., x_n, ni aucun terme du premier degré en x_2, ..., x_n. Ce résultat se rattache très simplement à la théorie des caractéristiques, car les équations

$$z = 0, \quad x_2 = x_3 = ... = x_n = 0, \quad p_1 = 0, p_2 = 0, ..., p_n = 0$$

représentent la caractéristique issue de l'élément initial

$$x_1 = x_2 = ... = x_n = z = 0, \quad p_1 = p_2 = ... = p_n = 0.$$

Donc toute intégrale renfermant cet élément initial doit contenir tous les autres éléments de la caractéristique.

38. Equations générales des caractéristiques. — On peut aussi, comme dans le cas d'une équation à 3 variables, déduire les caractéristiques d'une intégrale complète. Soit $z = \Phi(x_i; a_1, ... a_n)$ une intégrale complète de l'équation

$$F(z, x_i, p_k) = 0.$$

Résolvons les équations

$$z = \Phi, \quad p_i = \frac{\partial \Phi}{\partial x_i}, \qquad (i = 1, 2, \dots, n),$$

qui sont compatibles, pourvu que z, x_i, p_k vérifient la relation $F(z, x_i, p_k) = 0$, par rapport à $a_1, a_2, \dots, a_n$; on en tire

$$a_1 = \varphi_1(z, x_i, p_k), \quad \dots, \quad a_n = \varphi_n(z, x_i, p_k).$$

Posons en outre

$$b_2 \frac{\partial \Phi}{\partial a_1} + \frac{\partial \Phi}{\partial a_2} = 0, \quad \dots, \quad b_n \frac{\partial \Phi}{\partial a_1} + \frac{\partial \Phi}{\partial a_n} = 0.$$

Si nous portons dans ces expressions les valeurs de $a_1, a_2, \dots, a_n$, nous en déduirons pour $b_2, b_3, \dots, b_n$ des fonctions de z, x_i, p_k,

$$b_2 = \psi_2(z, x_i, p_k), \quad \dots, \quad b_n = \psi_n(z, x_i, p_k).$$

Les $2n$ équations

$$(42) \qquad \begin{cases} F(z, x_i, p_k) = 0, \\ a_i = \varphi_i(z, x_i, p_k), & (i = 1, 2, \dots, n), \\ b_h = \psi_h(z, x_i, p_k), & (h = 2, 3, \dots, n), \end{cases}$$

déterminent une multiplicité à *une* dimension composée d'éléments, quand on y regarde a_i et b_h comme des constantes ayant des valeurs déterminées. Par tout *élément* z^0, x_i^0, p_k^0, vérifiant la relation $F_0 = 0$, il passe une de ces multiplicités, et une seule, donnée par les équations

$$F = 0, \quad \varphi_i = \varphi_i^0, \quad \psi_h = \psi_h^0.$$

Appelons *caractéristiques* les multiplicités qui viennent d'être définies. Pour démontrer que toute surface intégrale est un lieu de caractéristiques, il suffit évidemment de prouver que toute surface intégrale qui passe par un élément contient la multiplicité caractéristique issue de cet élément. Pour cela, reprenons le procédé de Lagrange pour déduire de l'intégrale complète $z = \Phi$ une nouvelle intégrale. Soient

$$(43) \qquad \begin{cases} a_1 = \Pi_1(a_{l+1}, \dots, a_n), \\ \cdot \ \cdot \ \cdot \ \cdot \ \cdot \ \cdot \ \cdot \ \cdot \\ a_l = \Pi_l(a_{l+1}, \dots, a_n). \end{cases}$$

les relations qui lient $a_1, a_2, \ldots, a_n$, que nous supposerons résolues par rapport à $a_1, \ldots, a_l$. La relation

$$\frac{\partial \Phi}{\partial a_1}\, da_1 + \frac{\partial \Phi}{\partial a_2}\, da_2 + \ldots + \frac{\partial \Phi}{\partial a_n}\, da_n = 0,$$

qui doit être satisfaite, peut s'écrire

$$da_1 - b_2 da_2 - \ldots - b_n da_n = 0.$$

Remplaçons $a_1, \ldots, a_l$ par leurs valeurs tirées des formules (43) et égalons à zéro les coefficients des différentielles $da_{l+1}, \ldots, da_n$; il vient

$$(44) \quad \begin{cases} \dfrac{\partial \Pi_1}{\partial a_{l+1}} - b_2 \dfrac{\partial \Pi_2}{\partial a_{l+1}} - \ldots - b_l \dfrac{\partial \Pi_l}{\partial a_{l+1}} - b_{l+1} = 0, \\[2mm] \dfrac{\partial \Pi_1}{\partial a_{l+2}} - b_2 \dfrac{\partial \Pi_2}{\partial a_{l+2}} - \ldots - b_l \dfrac{\partial \Pi_l}{\partial a_{l+2}} - b_{l+2} = 0, \\[2mm] \cdot \quad \cdot \quad \cdot \quad \cdot \quad \cdot \quad \cdot \quad \cdot \quad \cdot \quad \cdot \quad \cdot \\[2mm] \dfrac{\partial \Pi_1}{\partial a_n} - b_2 \dfrac{\partial \Pi_2}{\partial a_n} - \ldots - b_l \dfrac{\partial \Pi_l}{\partial a_n} - b_n = 0. \end{cases}$$

L'intégrale cherchée s'obtient en éliminant $a_1, a_2, \ldots a_n$ entre l'équation $z - \Phi = 0$ et les équations (43) et (44) où

$$b_k \frac{\partial \Phi}{\partial a_1} + \frac{\partial \Phi}{\partial a_k} = 0, \qquad (k = 2, 3, \ldots, n).$$

Les valeurs correspondantes de $p_1, p_2, \ldots, p_n$ seront fournies par les relations

$$p_i = \frac{\partial \Phi}{\partial x_i}.$$

On peut dire encore que l'on obtiendra toutes les relations qui lient les éléments de cette intégrale en éliminant $a_1, a_2, \ldots, a_n$ entre les équations (43) et (44) et les équations

$$(45) \qquad\qquad z = \Phi, \qquad p_i = \frac{\partial \Phi}{\partial x_i}.$$

Or cette élimination peut se faire comme il suit : des $(n + 1)$ équations (45) on tire d'abord la relation $F = 0$, puis $a_i = \varphi_i(z, x_i, p_k)$, et par suite $b_h = \psi_h(z, x_i, p_k)$. De sorte que l'intégrale considérée sera représentée par les équations (43) et (44), où on suppose a_i et b_h remplacées par les fonctions φ_i et ψ_h, jointes à la relation $F = o$. Les équations (43) et (44) ne dépendent que des $(2n - 1)$ fonctions $\varphi_1, \ldots, \varphi_n, \psi_2, \ldots, \psi_n$; par conséquent, si elles sont vérifiées par les coordonnées d'un élément z^0, x_i^0, p_k^0, elles seront encore vérifiées par tous les éléments tels que les fonctions φ_i, ψ_h conservent la même valeur, c'est-à-dire par tous les éléments de la multiplicité

$$F = o, \qquad \varphi_i = \varphi_i^0, \qquad \psi_h = \psi_h^0, \qquad \begin{pmatrix} i = 1, 2, \ldots, n \\ h = 2, 3, \ldots, n \end{pmatrix}.$$

En résumé, sauf les intégrales singulières de Lagrange auxquelles le raisonnement ne s'applique plus, toutes les intégrales s'obtiennent en associant suivant une certaine loi les multiplicités caractéristiques, loi qui est exprimée par les relations (43) et (44).

Pour montrer l'identité des deux définitions des caractéristiques, nous allons établir les équations différentielles des multiplicités précédentes. Puisque $z = \Phi$ est une intégrale complète de l'équation $F = o$, on aura, quels que soient x_i, a_i,

$$F\left(\Phi, x_i, \frac{\partial \Phi}{\partial x_k} \right) = o \; ;$$

en différentiant par rapport à x_i et par rapport à a_i, il vient

$$(46) \quad \begin{cases} Z \dfrac{\partial \Phi}{\partial x_i} + X_i + \displaystyle\sum_{k=1}^{k=n} P_k \dfrac{\partial^2 \Phi}{\partial x_k \partial x_i} = o, \\[4mm] Z \dfrac{\partial \Phi}{\partial a_i} + \displaystyle\sum_{k=1}^{k=n} P_k \dfrac{\partial^2 \Phi}{\partial x_k \partial a_i} = o, \end{cases} \quad (i = 1, 2, \ldots, n).$$

Écrivons les équations de la multiplicité sous la forme équivalente à la forme (42)

$$z = \Phi, \qquad p_i = \frac{\partial \Phi}{\partial x_i}, \qquad b_h \frac{\partial \Phi}{\partial a_1} + \frac{\partial \Phi}{\partial a_h} = o,$$
$$(i = 1, 2, \ldots, n),$$
$$(h = 2, 3, \ldots, n),$$

a_i et b_h étant des constantes arbitraires. Nous distinguerons deux cas :

1^0 Le déterminant fonctionnel

$$I = \frac{D\left(\frac{\partial \Phi}{\partial x_1}, \ldots, \frac{\partial \Phi}{\partial x_n}\right)}{D(a_1, \ldots, a_n)} \gtrless 0.$$

Dans ce cas, on pourra mettre les équations de la multiplicité sous la forme équivalente

$$(47) \qquad \left\{ \begin{array}{c} z = \Phi, \qquad p_i = \dfrac{\partial \Phi}{\partial x_i}, \qquad \dfrac{\partial \Phi}{\partial a_i} = c_i\, t, \\[2mm] (i = 1, 2, \ldots, n), \end{array} \right.$$

en introduisant une variable auxiliaire t, $c_1, c_2, \ldots, c_n$ désignant de nouvelles constantes. Les dernières équations donneront $x_1, x_2, \ldots, x_n$ en fonction de t, et les premières donneront ensuite $z, p_1, \ldots, p_n$. On aura alors

$$\frac{dp_i}{dt} = \sum_{k=1}^{k=n} \frac{\partial^2 \Phi}{\partial x_i\, \partial x_k} \frac{dx_k}{dt},$$

$$\sum_{k=1}^{k=n} \frac{\partial^2 \Phi}{\partial a_i \partial x_k} \frac{dx_k}{dt} = c_i = \frac{1}{t} \frac{\partial \Phi}{\partial a_i}.$$

Remplaçons dans cette dernière expression $\dfrac{\partial \Phi}{\partial a_i}$ par sa valeur tirée des équations (46), il vient

$$\sum_{k=1}^{k=n} \frac{\partial^2 \Phi}{\partial a_i \partial x_k} \left[\frac{dx_k}{dt} + \frac{P_k}{tZ} \right] = 0, \qquad (i = 1, 2, \ldots, n).$$

Le déterminant des coefficients des expressions $\dfrac{dx_k}{dt} + \dfrac{P_k}{tZ}$ est le déterminant I, qui est différent de o ; il faut donc que l'on ait

$$\frac{dx_k}{dt} + \frac{P_k}{tZ} = 0,$$

c'est-à-dire

$$\frac{dx_k}{P_k} = -\frac{dt}{tZ}.$$

On aura ensuite

$$\frac{dp_i}{dt} = -\sum_{k=1}^{k=n} \frac{\partial^2 \Phi}{\partial x_i \partial x_k} \frac{P_k}{tZ},$$

et, en tenant compte des relations (46),

$$\frac{dp_i}{dt} = \frac{1}{tZ} \left\{ X_i + p_i Z \right\},$$

d'où

$$\frac{- dp_i}{X_i + p_i Z} = - \frac{dt}{tZ} \, .$$

Enfin, on aura

$$\frac{dz}{dt} = p_1 \frac{dx_1}{dt} + \ldots + p_n \frac{dx_n}{dt} \, ;$$

nous retrouvons bien les équations (37).

$2°$ Supposons $I = 0$. Nous savons que, dans ce cas, tous les déterminants mineurs du premier ordre ne peuvent être nuls. Supposons par exemple,

$$\frac{D\left(\frac{\partial \Phi}{\partial x_1}, \ldots, \frac{\partial \Phi}{\partial x_{n-1}}\right)}{D(a_1, \ldots, a_{n-1})} \gtrless 0.$$

La condition $I = 0$ exprime qu'il y a une relation entre les quantités $\frac{\partial \Phi}{\partial a_1}, \ldots, \frac{\partial \Phi}{\partial a_n}$, car on peut aussi l'écrire

$$I = \frac{D\left(\frac{\partial \Phi}{\partial a_1}, \ldots, \frac{\partial \Phi}{\partial a_n}\right)}{D(x_1, \ldots, x_n)} = 0.$$

Soit

$$\psi\left(\frac{\partial \Phi}{\partial a_1}, \ldots, \frac{\partial \Phi}{\partial a_n}\right) = 0$$

cette relation. Si on y remplace les quantités $\frac{\partial \Phi}{\partial a_h}$, $(h = 2, 3, \ldots, n)$, par leurs valeurs $- b_h \frac{\partial \Phi}{\partial a_1}$, on en conclut que $\frac{\partial \Phi}{\partial a_1}$ et, par suite. toutes les quantités $\frac{\partial \Phi}{\partial a_i}$ sont constantes le long d'une multiplicité. Les équations de la caractéristique peuvent donc s'écrire

$$z = \Phi, \qquad p_i = \frac{\partial \Phi}{\partial x_i}, \qquad \frac{\partial \Phi}{\partial a_i} = c_i,$$

$c_1, c_2, \ldots, c_n$ étant des contantes liées par la relation $\psi(c_1, c_2, \ldots, c_n) = 0$. Les $n - 1$ équations

$$\frac{\partial \Phi}{\partial a_1} = c_1, \qquad \ldots, \qquad \frac{\partial \Phi}{\partial a_{n-1}} = c_{n-1}$$

permettent d'exprimer $x_1, \ldots, x_{n-1}$ en fonction de x_n, et on aura ensuite $z, p_1, \ldots, p_n$, au moyen des premières relations.

Des équations précédentes on tire

$$(48) \quad \begin{cases} dp_i = \sum_{k=1}^{k=n} \dfrac{\partial^2 \Phi}{\partial x_i \partial x_k} \, dx_k, \\[2mm] \sum_{k=1}^{k=n} \dfrac{\partial^2 \Phi}{\partial a_i \partial x_k} \, dx_k = 0, \end{cases} \qquad (i = 1, 2, \ldots, n).$$

Nous savons, d'ailleurs, que, dans ce cas, F ne dépend pas de z, c'est-à-dire que l'on a $Z = 0$. Les relations (46) prennent donc la forme plus simple

$$(49) \quad \begin{cases} X_i + \sum_{k=1}^{k=n} P_k \, \dfrac{\partial^2 \Phi}{\partial x_i \partial x_k} = 0, \\[2mm] \sum_{k=1}^{k=n} P_k \, \dfrac{\partial^2 \Phi}{\partial x_k \partial a_i} = 0, \end{cases} \qquad (i = 1, 2, \ldots, n).$$

Les dernières équations (48) sont des équations homogènes et linéaires en dx_k dont le déterminant I est nul, mais dont un mineur du premier ordre est différent de 0 ; par suite, ces équations admettent un système de solutions où les inconnues ne sont déterminées qu'à un facteur de proportionnalité près. Les dernières équations (49) montrent que les quantités P_k forment aussi un système de solutions ; on doit donc avoir

$$\frac{dx_1}{P_1} = \frac{dx_2}{P_2} = \ldots = \frac{dx_n}{P_n} = dt,$$

en désignant par dt la valeur commune de ces rapports. On a alors immédiatement

$$dp_i = \sum_{k=1}^{k=n} \frac{\partial^2 \Phi}{\partial x_i \partial x_k} \, P_k dt = -X_i dt,$$

en tenant compte des premières relations (49). Quant à dz, on a toujours la relation

$$dz = p_1 dx_1 + \ldots + p_n dx_n.$$

Il suit de là que les multiplicités définies en dernier lieu satisfont aux mêmes équations différentielles que les caractéristiques. D'ailleurs, on peut disposer des $2n-1$ constantes a_i, b_h, de façon que l'une de ces multiplicités passe par un élément quelconque z^0, x_i^0, p_k^0, pourvu que l'on ait $F(z^0, x_i^0, p_k^0) = 0$. Ce sont donc bien les caractéristiques.

Considérons, maintenant, une intégrale complète définie par l'équation

$$V(z, x_1, \ldots, x_n, a_1, a_2, \ldots, a_n) = 0,$$

et soit

$$z = \Phi(x_1, \ldots, x_n, a_1, \ldots, a_n)$$

la valeur de z obtenue en résolvant cette équation. Les caractéristiques auront pour équations, nous l'avons vu,

$$z = \Phi, \qquad p_i = \frac{\partial \Phi}{\partial x_i}, \qquad b_h \frac{\partial \Phi}{\partial a_1} + \frac{\partial \Phi}{\partial a_h} = 0.$$

D'autre part, on a

$$\left\{ \begin{array}{l} \dfrac{\partial V}{\partial z} \dfrac{\partial \Phi}{\partial x_i} + \dfrac{\partial V}{\partial x_i} = 0, \\[2ex] \dfrac{\partial V}{\partial z} \dfrac{\partial \Phi}{\partial a_i} + \dfrac{\partial V}{\partial a_i} = 0. \end{array} \right.$$

En portant ces valeurs de $\dfrac{\partial \Phi}{\partial x_i}$, $\dfrac{\partial \Phi}{\partial a_i}$ dans les équations précédentes, on en conclut que, *si*

$$V(z, x_1, \ldots, x_n, a_1, \ldots, a_n) = 0$$

est une intégrale complète, les équations

$$V = 0 \qquad \frac{\partial V}{\partial z} p_i + \frac{\partial V}{\partial x_i} = 0, \qquad \frac{\partial V}{\partial a_1} b_h + \frac{\partial V}{\partial a_h} = 0,$$
$$(i = 1, 2, \ldots, n), \qquad\qquad (h = 2, 3, \ldots, n),$$

représentent les caractéristiques.

Nous avons vu que, si on connaît les caractéristiques, on peut en déduire l'intégrale générale de l'équation (35); ce qui précède nous montre que, *réciproquement*, si on connaît une intégrale complète, on a immédiatement les caractéristiques. L'intégration d'une équation aux dérivées partielles du premier ordre ou la détermination des caractéristiques de cette équation sont donc deux problèmes absolument équivalents.

Connaissant une intégrale complète d'une équation du premier ordre, on peut se proposer de déterminer une intégrale satisfaisant à des conditions initiales données. En passant par l'intermédiaire des caractéristiques, le problème ne présente aucune difficulté. Proposons-nous, par exemple, connaissant une intégrale complète

$$z = \Phi(x_1, \ldots, x_n, a_1, \ldots, a_n),$$

de trouver une intégrale se réduisant, pour $x_1 = x_1^0$, à une fonction donnée $f(x_2, \ldots, x_n)$. La caractéristique passant par un élément (z^0, x_i^0, p_k^0) sera représentée par les équations

$$z = \Phi, \quad p_i = \frac{\partial \Phi}{\partial x_i}, \quad b_h \frac{\partial \Phi}{\partial a_1} + \frac{\partial \Phi}{\partial a_h} = 0, \quad \left(\begin{array}{l} i = 1, 2, \ldots, n \\ h = 2, 3, \ldots, n \end{array} \right),$$

les constantes a_i, b_h étant déterminées par les relations

$$z^0 = \Phi_0, \quad p_i^0 = \frac{\partial \Phi_0}{\partial x_i^0}, \quad b_h \frac{\partial \Phi_0}{\partial a_1} + \frac{\partial \Phi_0}{\partial a_h} = 0.$$

Pour avoir l'intégrale demandée, il faudra trouver le lieu des caractéristiques, lorsque l'élément initial satisfait aux relations

$$z^0 = f(x_2^0, \ldots, x_n^0), \quad p_2^0 = \frac{\partial f_0}{\partial x_2^0}, \quad \ldots, \quad p_n^0 = \frac{\partial f_0}{\partial x_n^0}.$$

L'élimination de $p_2^0, \ldots, p_n^0, b_2, \ldots, b_n$ entre les équations précédentes conduit aux relations

$$z = \Phi, \quad f_0 = \Phi_0, \quad \frac{\partial \Phi_0}{\partial a_i} = \lambda \frac{\partial \Phi}{\partial a_i}, \quad \frac{\partial f_0}{\partial x^0_k} = \frac{\partial \Phi_0}{\partial x^0_k}, \quad \left(\begin{array}{l} i = 1, 2, \ldots, n \\ k = 2, 3, \ldots, n \end{array} \right),$$

entre lesquelles il suffira d'éliminer $a_1, \ldots, a_n, x_2^0, \ldots, x_n^0$ et λ. On en déduit la règle pratique suivante [1] :

Connaissant une intégrale complète d'une équation du premier ordre

$$z = \Phi(x_1, \ldots, x_n, a_1, \ldots, a_n),$$

---

[1] MAYER, *Mathematische Annalen*, t. III, p. 452.

*pour obtenir une intégrale de la même équation se réduisant,
pour $x_1 = x_1^0$, à une fonction donnée $f(x_2, \ldots, x_n)$ des autres
variables, on éliminera $a_1, \ldots, a_n, x_2^0, \ldots, x_n^0, \lambda$ entre les $(2n + 1)$
équations*

$$z = \Phi, \quad f_0 = \Phi_0, \quad \frac{\partial \Phi_0}{\partial a_i} = \lambda \frac{\partial \Phi}{\partial a_i}, \quad \frac{\partial f_0}{\partial x^0_k} = \frac{\partial \Phi_0}{\partial x^0_k}, \quad \left(\begin{matrix} i = 1, 2, \ldots, n \\ k = 2, 3, \ldots, n \end{matrix}\right),$$

REMARQUE. — Il n'est pas nécessaire, pour intégrer l'équation (35), d'avoir l'intégrale générale du système (37); il suffit de connaître les intégrales de ce système dont les valeurs initiales vérifient la relation $F(z^0, x_i^0, p_k^0) = 0$. Si on a intégré complètement le système (37), on aura intégré par là-même l'équation $F = a_0$, où a_0 désigne une constante quelconque. *Réciproquement,* soit

$$z = \Phi(x_1, x_2, \ldots, x_n, a_1, a_2, \ldots, a_n, a_0)$$

une intégrale complète de l'équation

$$F(z, x_i, p_k) = a_0.$$

Les caractéristiques seront représentées par les relations

$$z - \Phi = 0, \quad p_i = \frac{\partial \Phi}{\partial x_i}, \quad \frac{\partial \Phi}{\partial a_1} b_h + \frac{\partial \Phi}{\partial a_h} = 0,$$
$$(i = 1, 2, \ldots, n), \quad (h = 2, 3, \ldots, n).$$

Ces équations donnent un système d'intégrales du système (37), dépendant de $2n$ paramètres arbitraires, et on voit aisément qu'on peut disposer de ces $2n$ constantes de façon que z, x_i, p_k prennent des valeurs quelconques données à l'avance; elles représentent donc l'intégrale *générale* du système (37). D'ailleurs, l'intégration du système (37) équivaut à celle de l'équation linéaire du premier ordre

$$(50) \quad (p_1 P_1 + \ldots + p_n P_n) \frac{\partial \Phi}{\partial z} + \sum_{i=1}^{i=n} \left\{ P_i \frac{\partial \Phi}{\partial x_i} - (X_i + p_i Z) \frac{\partial \Phi}{\partial p_i} \right\} = 0;$$

donc l'intégration de l'équation $F = a_0$ et celle de l'équation linéaire (50) sont deux problèmes équivalents.

CHAPITRE VI

ÉTUDE GÉOMÉTRIQUE DES ÉQUATIONS
A TROIS VARIABLES.
COURBES INTÉGRALES. SOLUTIONS SINGULIÈRES [1]

39. Les cônes (T) et les courbes (C). — La signification géométrique d'une équation aux dérivées partielles du premier ordre

$$(1) \qquad \qquad \mathrm{F}(x, y, z, p. q) = 0$$

a déjà été indiquée (n° **34**). *Le plan tangent à une surface intégrale passant par un point* $\mathrm{M}(x, y, z)$ *de l'espace doit être tangent à un cône* (T) *ayant son sommet en ce point ou, ce qui revient au même, la normale à la surface doit se trouver sur un cône* (N) *supplémentaire du premier.* Lorsque les axes de coordonnées sont rectangulaires (ce que nous supposerons dans la suite), les équations de la normale sont

$$\frac{\mathrm{X} - x}{p} = \frac{\mathrm{Y} - y}{q} = \frac{\mathrm{Z} - z}{-1} ,$$

et l'on a immédiatement l'équation du cône **(N)**

$$\mathrm{F}\left(x, y, z, -\frac{\mathrm{X} - x}{\mathrm{Z} - z}, -\frac{\mathrm{Y} - y}{\mathrm{Z} - z}\right) = 0.$$

[1] Le contenu de ce chapitre est extrait en grande partie du Mémoire de G. DARBOUX sur les *Solutions singulières des équations aux dérivées partielles du premier ordre* (*Mémoires présentés par divers savants étrangers à l'Académie*, tome XXVII, n° 2, 1883, pp. 1-143).

On pourra consulter aussi un important Mémoire de SOPHUS LIE, *Ueber Complexe, imbesondere Linien und Kugel Complexe, mit Anwendung auf die Theorie partieller Differentialgleichungen* (*Mathematische Annalen*, t. V, 1872, pp. 144-256), et l'ouvrage célèbre de MONGE, *Application de l'Analyse à la Géométrie*.

En particulier, si l'équation proposée se décompose en m équations linéaires en p et q, le cône (N) se compose d'un système de m plans, et le cône (T) se réduit à un système de m droites. Nous écarterons d'abord ce cas particulier, qui a déjà été étudié (Chapitre II, p. 61), et sur lequel on reviendra à la fin du chapitre.

De même, considérons toutes les surfaces intégrales tangentes à un plan donné P

$$z = \alpha x + \beta y + \gamma ;$$

au point de contact, on devra avoir

$$\alpha = p, \qquad \beta = q,$$

par suite, les coordonnées du point de contact vérifieront les deux équations

$$F(x, y, z, \alpha, \beta) = 0,$$
$$z = \alpha x + \beta y + \gamma,$$

qui définissent une courbe (C) située dans le plan donné. Donc, *si l'on considère les surfaces intégrales tangentes à un plan* P, *les points de contact sont situés sur une certaine courbe* (C) *de ce plan.*

A chaque point de l'espace correspond ainsi un cône (T) ayant son sommet en ce point et, à chaque plan, une courbe (C) située dans ce plan. D'ailleurs, on peut établir entre les courbes et les cônes une liaison géométrique indépendante de toute intégrale. Il est clair, en effet, que la courbe (C) située dans un plan P est le lieu des points M de ce plan pour lesquels le cône (T) est tangent au plan P. De même, le cône (T) relatif à un point M est l'enveloppe des plans P pour lesquels la courbe (C) passe au point M. On pourra donc déduire les courbes (C) des cônes (T) et inversement.

Les deux propriétés précédentes se transforment l'une dans l'autre quand on soumet les surfaces intégrales à une transformation par polaires réciproques. Prenons, par exemple, la première, d'après laquelle toutes les surfaces passant en M doivent toucher un cône (T); aux surfaces passant en M correspondent des surfaces tangentes à un plan P, et au cône (T) une certaine courbe du plan P. On voit, par conséquent, que, si des surfaces satisfont à une même équation aux dérivées partielles du premier ordre, il en sera de même de leurs transformées par polaires réciproques. Ceci explique le succès de la transformation de Legendre qui consiste à prendre pour nouvelles variables

$$p, q, \quad u = px + qy - z;$$

on aura

$$du = pdx + qdy + xdp + ydq - dz,$$

c'est-à-dire

$$du = xdp + ydq;$$

par suite, si on prend p et q pour variables indépendantes, il vient

$$x = \frac{\partial u}{\partial p}, \quad y = \frac{\partial u}{\partial q}.$$

Les formules de transformations sont, par conséquent,

$$x = \frac{\partial u}{\partial p}, \quad y = \frac{\partial u}{\partial q}, \quad z = p\frac{\partial u}{\partial p} + q\frac{\partial u}{\partial q} - u,$$

et l'équation du premier ordre

$$F(x, y, z, p, q) = 0$$

se change en une nouvelle équation du premier ordre

$$F\left(\frac{\partial u}{\partial p}, \frac{\partial u}{\partial q}, p\frac{\partial u}{\partial p} + q\frac{\partial u}{\partial q} - u, p, q\right) = 0.$$

On reconnaît immédiatement que p, q, u sont les coordonnées du pôle du plan tangent

$$Z - z = p(X - x) + q(Y - y)$$

par rapport au paraboloïde

$$2Z = X^2 + Y^2,$$

de sorte que la transformation précédente revient bien à une transformation par polaires réciproques.

REMARQUE. — Si les courbes (C) sont des droites pour l'équation primitive, les cônes (T) seront composés d'un système de droites dans l'équation transformée qui, par suite, se décomposera en plusieurs équations linéaires. Prenons, par exemple, une équation de la forme

$$f(p, q, y) = 0.$$

Les courbes (C) sont données par les relations

$$\begin{cases} z = \alpha x + \beta y + \gamma, \\ f(\alpha, \beta, y) = 0 ; \end{cases}$$

ce sont donc des droites parallèles au plan des xz. La transformation de Legendre conduit à l'équation

$$f\left(p, q, \frac{\partial u}{\partial q}\right) = 0,$$

que l'on peut traiter comme une équation différentielle ordinaire. De même, prenons l'équation

$$xf_1(p, q, z - px - qy) + yf_2(p, q, z - px - qy)$$
$$+ f_3(p, q, z - px - qy) = 0.$$

Les équations des courbes (C) sont

$$z = \alpha x + \beta y + \gamma,$$
$$xf_1(\alpha, \beta, \gamma) + yf_2(\alpha, \beta, \gamma) + f_3(\alpha, \beta, \gamma) = 0 ;$$

ce sont donc des droites. La transformation de Legendre nous conduit, en effet, à l'équation

$$\frac{\partial u}{\partial p} f_1(p, q, u) + \frac{\partial u}{\partial q} f_2(p, q, u) + f_3(p, q, u) = 0,$$

qui est l'équation linéaire la plus générale.

Il est aisé dans bien des cas de se rendre compte de la position du cône (T) et de la courbe (C). Ainsi, dans le cas de l'équation de Clairaut généralisée, nous avons vu que l'intégrale complète était formée par l'ensemble des plans tangents à une certaine surface non développable (Σ) ; le cône (T), relatif à un point M, est évidemment le cône circonscrit à (Σ) et ayant le point M pour sommet ; il n'y a pas lieu de considérer la courbe (C), sauf dans le cas où le plan donné est tangent à (Σ) et alors elle est déterminée. Prenons encore l'équation de premier ordre qui admet pour intégrale complète des sphères du rayon constant ayant leurs centres dans un plan P (p. 139); on voit aisément que les cônes (T) sont des cônes de révolution et les courbes (C) des lignes droites parallèles au plan P. L'équation que l'on déduit de l'équation $(1 + p^2 + q^2)z^2 = R^2$ par la transformation de Legendre se décompose bien en un système de deux équations linéaires. De même, lorsque l'intégrale complète est formée de sphères passant par un point fixe O et tangentes à un plan fixe, les plans tangents en un point M aux sphères de cette famille qui passent en M enveloppent un cône de révolution, et les courbes (C) sont des circonférences. On le voit facilement en effectuant une transformation par polaires réciproques, le point O étant le pôle de la transformation.

40. Etude géométrique des caractéristiques. — Le raisonnement par lequel nous avons établi que l'on peut déduire d'une intégrale complète toutes les autres intégrales de l'équation (1) peut être présenté sous forme géométrique. Soit

$$(2) \qquad\qquad V(x, y, z, a, b) = 0$$

une intégrale complète. L'équation (1) exprime, comme on l'a remarqué (n° **28**) que les trois relations (2) et (3)

$$(3) \qquad \frac{\partial V}{\partial x} + p\,\frac{\partial V}{\partial z} = 0, \qquad \frac{\partial V}{\partial y} + q\,\frac{\partial V}{\partial z} = 0,$$

sont compatibles en a et b, c'est-à-dire qu'en tout point (x, y, z) d'une surface intégrale Σ passe une intégrale complète tangente à Σ. On peut dire encore, ce qui revient au même, que tout élément de contact (x, y, z, p, q), dont les coordonnées satisfont à l'équation (1), appartient à une intégrale complète.

La surface Σ, étant tangente en chacun de ses points à une surface de la famille (2), est évidemment une enveloppe de surfaces de cette famille. Mais deux cas peuvent se présenter :

1° La surface Σ peut être tangente à toutes les intégrales complètes ; elle est alors définie par les trois relations

$$V = 0, \qquad \frac{\partial V}{\partial a} = 0, \qquad \frac{\partial V}{\partial b} = 0.$$

C'est l'intégrale singulière.

2^0 Si la surface Σ n'est tangente qu'à une suite simplement infinie d'intégrales complètes, on l'obtient en établissant entre a et b une relation de forme arbitraire $b = \varphi(a)$, et en cherchant l'enveloppe de la famille de surfaces à un paramètre

$$V(x, y, z, a, \varphi, (a)) = 0.$$

On obtient ainsi l'intégrale générale dont on va d'abord s'occuper.

Pour cela, nous allons reprendre l'étude des caractéristiques, en partant de la définition géométrique qui a été indiquée rapidement (n° **36**). Soit Σ la surface intégrale représentée par le système des deux équations

$$(4) \qquad V(x, y, z, a, \varphi(a)) = 0, \qquad \frac{\partial V}{\partial a} + \frac{\partial V}{\partial \varphi(a)} \varphi'(a) = 0,$$

où a est un paramètre variable. Cette surface est évidemment obtenue en associant les courbes du complexe

$$(5) \qquad V(x, y, z, a, b) = 0, \qquad \frac{\partial V}{\partial a} + \frac{\partial V}{\partial b} c = 0,$$

dépendant de trois constantes a, b, c, suivant une loi convenable. Ce sont les courbes caractéristiques.

Sur toute intégrale complète, il y a une infinité de courbes caractéristiques (5), correspondant aux différentes valeurs de c. Mais par tout point d'une telle surface passe *une seule* courbe caractéristique, comme on le voit immédiatement d'après les équations (5). Soit M un point d'une intégrale complète Σ, la caractéristique située sur Σ et qui passe au point M n'est autre chose que la limite de l'intersection de la surface S avec une intégrale complète S′ infiniment voisine, lorsque S′ se rapproche de S suivant une loi quelconque, mais de telle façon que cette intersection limite passe au point M. En particulier, si la surface S′ se rapproche de S en passant constamment par le point M, la limite de l'intersection des deux plans tangents en M aux surfaces S et S′ est évidemment la génératrice de contact du plan tangent en M à la surface S avec le cône (T) correspondant au point M. Donc, étant donnée une surface intégrale quelconque et une caractéristique située sur cette surface, comme il existe toujours une intégrale complète tangente à cette surface tout le long de cette courbe, on peut énoncer la proposition suivante : *Les courbes caractéristiques sont des courbes tracées sur une surface intégrale et tangentes en chacun de leurs points à la génératrice G de contact du cône* (T) *correspondant avec le plan tangent à la surface en ce point* (Cf. n⁰ **34**). D'ailleurs, comme en chaque point d'une surface intégrale il passe une seule courbe possédant la propriété précédente, on en conclut que les courbes caractéristiques sont les seules courbes jouissant de cette propriété. La définition précédente des caractéristiques a l'avantage d'être indépendante de toute intégrale complète.

Le lieu des caractéristiques passant en un point M peut être considéré comme l'enveloppe des intégrales complètes qui passent en ce point ; ce lieu est donc une surface intégrale (p. 184).

Soient M un point, P un plan passant en M et tangent au cône (T) correspondant, S l'intégrale complète tangente au plan P au point M ; toute surface intégrale tangente en M au plan P pourra être considérée comme l'enveloppe d'une suite simplement infinie d'intégrales complètes parmi lesquelles se trouvera la surface S. La surface intégrale sera donc tangente à S tout le long de la caractéristique issue de M. On en conclut que *si deux surfaces intégrales sont tangentes à un même plan en un même point* M, *elles sont tangentes tout le long de la caractéristique issue du point* M, *et tangente au plan tangent commun à ces deux surfaces.*

Ceci nous conduit à associer aux courbes caractéristiques les *développables caractéristiques*, c'est-à-dire les développables circonscrites aux surfaces intégrales le long d'une caractéristique. La caractéristique étant représentée par les équations

$$V = o, \qquad \frac{\partial V}{\partial a} + c\frac{\partial V}{\partial b} = o,$$

les valeurs de p et de q relatives au plan tangent à la développable caractéristique seront fournies par les relations

$$\frac{\partial V}{\partial x} + p\frac{\partial V}{\partial z} = o, \qquad \frac{\partial V}{\partial y} + q\frac{\partial V}{\partial z} = o,$$

qui ne dépendent que de a et de b. De même qu'une courbe caractéristique peut être considérée comme la limite de l'intersection de deux intégrales complètes infiniment voisines, une développable caractéristique peut être considérée comme la limite de la développable circonscrite à deux intégrales complètes infiniment voisines.

Prenons, par exemple, deux intégrales voisines S, S' tangentes à un plan P en deux points m, m' de la courbe (C) ; la droite mm' est une génératrice de la surface développable circonscrite à S et à S'. Si m' se rapproche indéfiniment de m, la droite mm' a pour limite la tangente mt à la courbe (C) en m et la surface développable circonscrite à S et à S' a pour limite la développable caractéristique passant par la caractéristique issue de m et tangente au plan P. On en conclut que les génératrices de contact des développables caractéristiques, tangentes à un plan P, avec ce plan, sont les tangentes à la courbe (C) relative à ce plan. Ce théorème est précisément la proposition corrélative de la proposition établie plus haut, d'après laquelle les tangentes aux courbes caractéristiques issues d'un point engendrent le cône (T) relatif à ce point. A toute propriété des courbes caractéristiques correspond, par la méthode des polaires réciproques, une propriété des développables caractéristiques. Ainsi, les courbes caractéristiques qui passent en un point engendrent une surface intégrale ; on en conclut que les développables caractéristiques tangentes à un plan enveloppent une surface intégrale. Cette surface n'est autre chose que l'enveloppe des intégrales complètes tangentes au plan P, ou le lieu des caractéristiques tangentes à ce plan en tous les points de la courbe (C).

L'étude du procédé de Lagrange permet, comme on voit, de retrouver très simplement tous les résultats essentiels de la méthode de Cauchy. Nous avons indiqué déjà comment on pouvait déduire de la défininition géométrique des caractéristiques leurs équations différentielles (n° **36**).

On peut appliquer aussi ces considérations géométriques à la recherche des intégrales satisfaisant à des conditions déterminées. Proposons-nous, par exemple, de trouver une intégrale passant par une courbe Γ donnée, non située sur l'intégrale singulière et n'étant pas une courbe caractéristique. Soit S l'intégrale cherchée et m un point de la courbe Γ; en m il passe une intégrale complète tangente à S; d'ailleurs, le plan tangent en m passe par la tangente mt à la courbe Γ en m et est tangent au cône (T) correspondant au point m. On en déduit la génération suivante de l'intégrale S : par mt on mène un plan tangent au cône (T) relatif au point m; on fait ainsi correspondre à chaque point m un plan P, puis on cherche l'intégrale complète passant en m et tangente au plan P : l'intégrale S sera l'enveloppe de toutes ces intégrales complètes lorsque le point m décrit la courbe Γ. Si on peut mener plusieurs plans tangents au cône (T) par mt, on aura plusieurs nappes de surfaces intégrales passant par (Γ). Soit G la génératrice de contact du plan P avec le cône (T); la surface S est aussi le lieu de la caractéristique issue de m et tangente à G quand m décrit la courbe Γ.

En traduisant analytiquement cette construction, on retrouve précisément la méthode de Cauchy (n° **35**). Nous avons vu que la valeur de z est développable pourvu que la quantité

$$P_0 \frac{\partial y_0}{\partial u} - Q_0 \frac{\partial x_0}{\partial u}$$

ne soit pas nulle. Mais le raisonnement ne s'applique plus si cette expression est nulle pour un point de la courbe Γ; il est aisé de s'en rendre compte. Les cosinus directeurs de mt sont proportionnels à $\frac{\partial x_0}{\partial u}$, $\frac{\partial y_0}{\partial u}$, $\frac{\partial z_0}{\partial u}$, ceux de la génératrice G à $P_0, Q_0, P_0 p_0 + Q_0 q_0$; si donc l'expression précédente était nulle, mt coïnciderait avec G. Supposons qu'en un point particulier m de la courbe Γ, mt soit une génératrice du cône (T); en un point infiniment voisin m' pris sur Γ, on peut mener par la tangente $m't'$ deux plans tangents à (T) infiniment voisins, qui coïncident quand m' vient en m. A chacun de ces plans tangents correspond une nappe de surface intégrale passant par Γ, et ces deux nappes viennent se raccorder au point m qui doit être, par conséquent, un point singulier de la surface intégrale.

Un cas particulier intéressant, déjà signalé au n° **35**, est celui où la courbe Γ est tangente en chacun de ses points au cône (T) correspondant; on obtiendra une intégrale passant par cette courbe en prenant le lieu des caractéristiques tangentes à Γ.

Si la courbe Γ était située sur l'intégrale singulière, il y aurait deux intégrales répondant à la question, tangentes l'une à l'autre ; d'abord l'intégrale singulière, et ensuite l'enveloppe des intégrales complètes tangentes à l'intégrale singulière tout le long de la courbe Γ. Enfin, si la courbe Γ est une courbe caractéristique, il y aura, nous l'avons vu, une infinité d'intégrales répondant à la question.

Proposons-nous, de même, de trouver une intégrale tangente à une surface donnée (Σ) qui n'est pas elle-même une surface intégrale. On cherchera pour cela une courbe Γ située sur la surface donnée et telle que (Σ) soit tangente en chacun de ses points au cône (T) correspondant. L'intégrale demandée sera l'enveloppe des intégrales complètes tangentes à la surface Σ le long de la courbe Γ. Si la surface (Σ) était elle-même une surface intégrale, il y aurait évidemment une infinité de solutions.

41. Caractéristiques d'ordre supérieur. — Le théorème établi plus haut (page 208) peut être généralisé comme il suit : *Si deux surfaces intégrales ont un contact d'ordre m en un point, elles ont un contact d'ordre m tout le long de la caractéristique issue de ce point et tangente en ce point au plan tangent commun aux deux surfaces.* En effet, soit S une surface intégrale représentée par l'ensemble des deux équations

$$V = 0, \qquad \frac{\partial V}{\partial a} + \frac{\partial V}{\partial b} f'(a) = 0,$$

où $b = f(a)$. Considérons la caractéristique correspondant à la valeur a_0 du paramètre a ; les valeurs de p et de q en un point x, y, z de cette caractéristique sont données par les formules

$$\frac{\partial V}{\partial x} + p \frac{\partial V}{\partial z} = 0, \qquad \frac{\partial V}{\partial y} + \frac{\partial V}{\partial z} q = 0,$$

et par suite ne dépendant que de a et de $f(a)$. En différentiant ces équations, on verra de même que les valeurs des dérivées secondes r, s, t ne dépendent que de $a, f(a), f'(a)$, et, d'une manière générale, les dérivées jusqu'à celles d'ordre m de z par rapport à x et à y ne dépendent, en un point (x, y, z) de la caractéristique, que de $a, f(a)$, et des m premières dérivées de $f(a)$.

Soit alors S' une autre surface intégrale obtenue en prenant $b = \varphi(a)$; pour que ces deux surfaces aient un contact d'ordre m en un point de la caractéristique qui correspond à la valeur a_0 de a, il faudra que l'on ait

$$\varphi(a_0) = f(a_0), \quad \varphi'(a_0) = f'(a_0), \quad \ldots, \quad \varphi^{(m)}(a_0) = f^{(m)}(a_0) ;$$

si ces conditions sont vérifiées, les deux surfaces ont un contact d'ordre m tout le long de la caractéristique.

Ce théorème conduit à une nouvelle notion importante, celle des *caractéristiques d'ordre supérieur*. Nous posons pour abréger

$$p_{ik} = \frac{d^{i+k} z}{\partial x^i \partial y^k},$$

et nous désignerons par

$$\left(\frac{d^{i+k} F}{dx^i dy^k} \right)$$

l'expression obtenue en différentiant $F(x, y, z, p, q)$ (où z est regardée comme une fonction de x et de y dont les dérivées sont p et q) i fois par rapport à x, k fois par rapport à y, et négligeant les deux termes où figurent les dérivées d'ordre $i + k$. Si z est une intégrale de l'équation $F = 0$, les dérivées partielles de z vérifient toutes les relations

$$(6) \qquad \left(\frac{d^{i+k} F}{dx^i dy^k} \right) + P p_{i+1,k} + Q p_{i,k+1} = 0. \quad (i, k = 1, 2, \ldots, \infty).$$

Cela posé, appelons *élément du second ordre* d'une surface intégrale l'ensemble des valeurs de $x, y, z, p, q, p_{20}, p_{11}, p_{02}$ correspondant à un point de cette surface ; les coordonnées d'un élément quelconque du second ordre vérifient les relations

$$(7) \quad F = 0, \quad X + pZ + Pp_{20} + Qp_{11} = 0, \quad Y + qZ + Pp_{11} + Qp_{02} = 0,$$

de sorte que tout élément du premier ordre appartient à une infinité d'éléments du second ordre dépendant d'une constante arbitraire, et l'on peut choisir arbitrairement la valeur d'une dérivée du second ordre, ce qui est bien d'accord avec la démonstration des théorèmes d'existence. Supposons que l'élément (x, y, z, p, q) décrive une caractéristique sur une surface intégrale ; en associant à chaque élément du premier ordre l'élément du second ordre correspondant de la surface, on a une infinité simple d'éléments du second ordre qui forme une *caractéristique du second ordre*. Le long de cette caractéristique x, y, z, p, q, p_{20}, p_{11}, p_{02} sont des fonctions d'une variable indépendante qui vérifient les équations (7) et les équations différentielles (n° **34**)

$$(8) \qquad \frac{dx}{P} = \frac{dy}{Q} = \frac{dz}{Pp+Qq} = \frac{-dp}{X+pZ} = \frac{-dq}{Y+qZ} = du.$$

Les valeurs de dp_{20}, dp_{11}, dp_{02} s'obtiennent comme au n° **38**; on a les deux systèmes de relations

$$(9) \qquad \begin{cases} \left(\dfrac{d^2F}{dx^2}\right) + Pp_{30} + Qp_{21} = 0, \\[2mm] \left(\dfrac{d^2F}{dxdy}\right) + Pp_{21} + Qp_{12} = 0, \\[2mm] \left(\dfrac{d^2F}{dy^2}\right) + Pp_{12} + Qp_{03} = 0, \end{cases}$$

$$(10) \qquad dp_{20} = p_{20}dx + p_{21}dy, \quad dp_{11} = p_{21}dx + p_{12}dy,$$
$$dp_{02} = p_{12}dx + p_{03}dy.$$

Remplaçons dans les trois dernières dx et dy par Pdu et Qdu, elles deviennent

$$dp_{20} = (Pp_{30} + Qp_{21})\,du, \quad dp_{11} = (Pp_{21} + Qp_{12})\,du,$$
$$dp_{02} = (Pp_{12} + Qp_{03})\,du;$$

en tenant compte des relations (9), on voit que l'on peut joindre aux équations différentielles (8) les suivantes

$$(8') \qquad \frac{-dp_{20}}{\left(\dfrac{d^2F}{dx^2}\right)} = \frac{-dp_{11}}{\left(\dfrac{d^2F}{dxdy}\right)} = \frac{-dp_{02}}{\left(\dfrac{d^2F}{dy^2}\right)} = du.$$

Les équations (8) et (8') forment un système d'équations différentielles du premier ordre, qui définissent les variations infiniment petites de x, y, z, p, q, p_{20}, p_{11}, p_{02} le long d'une caractéristique du second ordre. Les conséquences sont les mêmes que celles que l'on a déduites du système (8) pour les caractéristiques du premier ordre.

Tout élément du second ordre appartient en général à une caractéristique du second ordre et à une seule. C'est au fond le théorème que nous avons établi directement au début de ce paragraphe pour $m = 2$.

Puisque tout élément du premier ordre appartient à une infinité d'éléments du second ordre dépendant d'une constante arbitraire, on voit aussi que *toute caractéristique du premier ordre appartient à une infinité de caractéristiques du second ordre, dépendant d'une constante arbitraire.*

Plus généralement, on appelle *élément d'ordre m* d'une surface intégrale l'ensemble des valeurs de x, y, z, et des dérivées partielles de z jusqu'à celles d'ordre m en un point de cette surface, et *caractéristique d'ordre m* l'ensemble des éléments d'ordre m obtenus en faisant décrire au point (x, y, z) une caractéristique sur cette surface. Les éléments d'une caractéristique d'ordre m satisfont à un système d'équations différentielles du premier ordre que l'on obtient en adjoignant aux équations différentielles des caractéristiques d'ordre $m - 1$ les équations suivantes :

$$(11) \qquad \frac{dp_{m_0}}{\left(\dfrac{d^m F}{dx^m}\right)} = \frac{dp_{m-1,1}}{\left(\dfrac{d^m F}{dx^{m-1}\,dy}\right)} = \ldots = \frac{dp_{m_0}}{\left(\dfrac{d^m F}{dy^m}\right)} = -\,du.$$

Les conclusions sont les mêmes que pour $m = 2$.

1^0 *Tout élément d'ordre m appartient, en général, à une caractéristique d'ordre m et à une seule*, et par conséquent *toutes les surfaces intégrales qui ont en commun un élément d'ordre m ont en commun tous les éléments de la caractéristique d'ordre m qui contient le premier.* C'est, sous une autre forme, le théorème général de la page 211 ;

2^0 *Toute caractéristique d'ordre m — 1 est contenue dans une infinité de caractéristiques d'ordre m, dépendant d'une constante arbitraire.* On déduit, en effet, des relations (11) que tout élément d'ordre $m - 1$ est contenu dans une infinité d'éléments d'ordre m, dépendant d'une constante arbitraire.

42. Courbes intégrales. — Lorsque l'équation $F = 0$ n'est pas linéaire en p et q, les courbes caractéristiques ne sont pas les courbes les plus générales qui soient tangentes en chacun de leurs points à une génératrice du cône (T) ayant son sommet en ce point. Cette propriété appartient à une infinité d'autres courbes, dépendant d'une fonction arbitraire, que l'on appelle *courbes intégrales* (n° **35**, p. 178).

Monge (¹) a montré que l'on peut obtenir les équations générales des courbes intégrales par des calculs d'élimination, si l'on connaît une intégrale complète. Considérons, en effet, une famille de caractéristiques représentées par les deux équations

$$(12) \qquad V(x, y, z, a, \varphi(a)) = 0, \qquad \frac{\partial V}{\partial a} + \varphi'(a)\frac{\partial V}{\partial \varphi(a)} = 0;$$

____

(¹) *Mémoires de l'Académie des sciences*, 1784.

ces courbes ont une enveloppe, que l'on obtiendra en joignant aux équations précédentes la nouvelle relation obtenue en différentiant de nouveau par rapport au paramètre a

$$(13) \qquad \frac{\partial^2 V}{\partial a^2} + 2\,\frac{\partial^2 V}{\partial a \partial b}\,\varphi'(a) + \frac{\partial^2 V}{\partial b^2}\left[\varphi'(a)\right]^2 + \frac{\partial V}{\partial b}\,\varphi''(a) = 0,$$

et cette enveloppe est évidemment une courbe intégrale.

D'un autre côté, on a vu (n° **35**) que les caractéristiques tangentes à une courbe intégrale engendrent une surface intégrale. Les formules (12) et (13), résolues par rapport à x, y, z, représentent donc toutes les courbes intégrales. Ces formules dépendent explicitement d'une fonction arbitraire φ et de ses dérivées φ' et φ'' ; mais il est à remarquer qu'en général, quelle que soit la fonction φ, elles ne donneront jamais les caractéristiques. La courbe intégrale n'est autre chose que l'enveloppe des courbes caractéristiques situées sur la surface intégrale définie par les deux équations

$$V = 0, \qquad \frac{\partial V}{\partial a} + \varphi'(a)\frac{\partial V}{\partial b} = 0 ;$$

par analogie avec le cas des surfaces développables, on l'appelle encore l'*arête de rebroussement* de la surface. G. Darboux a d'ailleurs montré que c'est bien effectivement une arête de rebroussement de la surface, c'ést-à-dire une ligne suivant laquelle deux nappes de la surface se raccordent. Ce qui précède nous montre, en outre, que la condition nécessaire et suffisante pour qu'une infinité simple de caractéristiques engendre une surface intégrale est que ces caractéristiques aient une enveloppe.

EXEMPLE. — Considérons l'équation du premier ordre qui admet pour intégrale complète les plans

$$(1 - a^2)x + k(1 + a^2)z + 2ay + b = 0,$$

qui sont les plans parallèles aux plans tangents du cône

$$x^2 + y^2 = k^2 z^2 ;$$

les caractéristiques sont les parallèles aux génératrices de ce cône et les courbes intégrales vérifient l'équation

$$dx^2 + dy^2 = k^2 dz^2.$$

Pour avoir ces courbes, je pose $b = 4f(a)$, et les formules (12) et (13) deviennent

$$\left\{ \begin{aligned} &(1 - a^2)\, x + k\,(1 + a^2)\, z + 2\,ay + 4f(a) = 0, \\ &\quad - ax + kaz + y + 2f'(a) = 0, \\ &\quad - x + kz + 2f''(a) = 0. \end{aligned} \right.$$

On en tire

$$\left\{ \begin{aligned} x &= (1 - a^2)f''(a) + 2af'(a) - 2f(a), \\ y &= 2af''(a) - 2f'(a), \\ kz &= -(1 + a^2)f''(a) + 2af'(a) - 2f(a). \end{aligned} \right.$$

Ces équations, comme il est aisé de s'en rendre compte, ne peuvent pas représenter les parallèles aux génératrices du cône. Si on prend $k = 1$, ces formules donnent les coordonnées d'un point d'une courbe plane et l'arc de cette courbe exprimés au moyen d'un paramètre sans aucune quadrature. Si on prend $k^2 = -1$, on a les courbes dites *courbes minima* qui satisfont à la relation

$$dx^2 + dy^2 + dz^2 = 0,$$

et qui jouent un rôle très important dans la théorie des surfaces minima.

Dans le tome V des *Mathematische Annalen*, Sophus Lie a signalé un certain nombre de propriétés des courbes intégrales. Une des plus curieuses est la suivante : *Toute courbe intégrale a un contact du second ordre avec les surfaces intégrales qui lui sont tangentes* [1].

Soient, en effet,

$$(14) \qquad\qquad F(x, y, z, p, q) = 0$$

une équation du premier ordre et

$$z = \varphi(x, y)$$

[1] D'une manière générale, si une courbe intégrale a un contact d'ordre n avec une caractéristique, elle a un contact d'ordre $(n + 1)$ avec toute surface intégrale passant par cette caractéristique. Étant donnée une équation quelconque du premier ordre, il y aura, d'une manière normale, des courbes intégrales ayant en chacun de leurs points un contact du second ordre avec la caractéristique tangente et par suite un contact du troisième ordre avec les surfaces intégrales qui leur sont tangentes (Darboux, *loc. cit.*, p. 47).

Prenons, par exemple, pour intégrale complète les sphères S qui ont un contact du second ordre avec une courbe gauche donnée Γ. Les caractéristiques sont des cercles tangents à Γ, et sur chaque enveloppe de sphères S l'enveloppe des caractéristiques se compose de Γ et d'une autre courbe. Il y a exception pour les sphères osculatrices à Γ, dont les caractéristiques sont les cercles osculateurs qui ont un contact du second ordre avec Γ.

une surface intégrale S de cette équation. Soit M un point de cette surface, P le plan tangent en M, G la génératrice de contact du plan P avec le cône (T) relatif au point M, et I une courbe intégrale passant en M et tangente à la droite G. La courbe I satisfait au système d'équations différentielles

$$(15) \qquad \frac{dx}{P} = \frac{dy}{Q} = \frac{dz}{Pp + Qq} = du,$$

où p et q désignent des fonctions de x et y définies par la relation (14) jointe à une autre relation de *forme arbitraire*

$$(16) \qquad \Phi(x, y, z, p, q) = o,$$

qui dépend de la courbe intégrale considérée. Soient d^2x, d^2y, d^2z les différentielles secondes de x, y, z relatives à un déplacement sur la courbe I ; on aura

$$dz = pdx + qdy,$$
$$d^2z - pd^2x - qd^2y = dpdx + dqdy,$$

et par suite,

$$d^2z - pd^2x - qd^2y = \left\{ Pdp + Qdq \right\} du.$$

Puisque p, q satisfont à la relation (14), on a

$$Xdx + Ydy + Zdz + Pdp + Qdq = o,$$

d'où

$$d^2z - pd^2x - qd^2y = - \left\{ Xdx + Ydy + Zdz \right\} du.$$

Soient, d'autre part, r, s, t les dérivées secondes de z pour un point de la surface S ; on aura

$$\begin{cases} X + pZ + Pr + Qs = o, \\ Y + qZ + Ps + Qt = o, \end{cases}$$

ou

$$(X + pZ)\,du + rdx + sdy = o,$$
$$(Y + qZ)\,du + sdx + tdy = o,$$

en remplaçant P, Q par leurs valeurs tirées des équations (15). On en conclut, en multipliant les deux relations par dx et dy respectivement et en les ajoutant,

$$du \left\{ Xdx + Ydy + Zdz \right\} + rdx^2 + 2sdxdy + tdy^2 = 0.$$

On a donc les deux relations suivantes :

$$\left\{ \begin{aligned} dz - pdx - qdy &= 0, \\ d^2z - pd^2x - qd^2y - rdx^2 - 2sdxdy - tdy^2 &= 0. \end{aligned} \right.$$

Ces deux équations expriment qu'il y a un contact du second ordre entre la courbe I et la surface S au point M ; car, si on pose

$$\mathfrak{F} = z - \varphi(x, y),$$

z, x, y étant supposées remplacées par les coordonnées d'un point de la courbe I, ces deux relations expriment que l'on a, pour le point M,

$$d\mathfrak{F} = 0, \qquad d^2\mathfrak{F} = 0.$$

On tire de cette proposition des conséquences intéressantes. Considérons un complexe de courbes

$$\left\{ \begin{aligned} f\,(x, y, z, a, b, c) &= 0, \\ f_1(x, y, z, a, b, c) &= 0. \end{aligned} \right.$$

Par chaque point de l'espace il passe une infinité de courbes de ce complexe, dont les tangentes forment un cône (T) ayant ce point pour sommet. Les surfaces tangentes en chacun de leurs points au cône (T) correspondant vérifient une équation aux dérivées partielles du premier ordre, dont les courbes du complexe sont des courbes intégrales ; d'ailleurs, il est évident qu'il existe une infinité de complexes conduisant à la même équation aux dérivées partielles. Prenons, en particulier, un complexe de droites ; le cône (T) sera dans ce cas le cône formé par l'ensemble des droites qui passent en un point. Soient S une surface intégrale, M un point de cette surface et MT la tangente en ce point à la courbe caractéristique située sur la surface qui passe en M ; MT, étant une courbe intégrale, d'après ce que nous venons de dire, aura un contact du second ordre avec la surface S. Les caractéristiques sont donc des courbes telles qu'en chacun de leurs points la tangente a un contact du second ordre avec la surface S : ce sont par conséquent des *lignes asymptotiques* de la surface. Il y a un autre cas où les caractéristiques sont des lignes asymptotiques des surfaces intégrales ; c'est celui des équations linéaires dont les caractéristiques forment une congruence de droites. S. Lie a d'ailleurs montré que les deux cas que nous venons de citer sont les seuls où cette circonstance se présente. (*Voir*, Exerc. 7, p. 251).

Revenons au cas précédent ; les différentielles dx, dy, dz sont les mêmes pour la courbe intégrale I tangente en M à la caractéristique C et pour la courbe C elle-même. Puisque la caractéristique est une ligne asymptotique de la surface S, on a

$$rdx^2 + 2sdxdy + tdy^2 = 0 ;$$

par suite, on a pour la courbe I

$$d^2z - pd^2x - qd^2y = 0,$$

relation qui exprime que le plan tangent au cône (T)

$$Z - z = p(X - x) + q(Y - y)$$

est le plan osculateur à la courbe I au point M. On peut donc énoncer la proposition suivante : *Lorsque les tangentes d'une courbe appartiennent à un complexe de droites, le plan osculateur en un point de cette courbe est le plan tangent au cône du complexe suivant la tangente à la courbe en ce point.*

43. Complexes de caractéristiques. — Etant donné un complexe quelconque de courbes dans l'espace, il est évident, d'après ce qui précède, qu'il n'existe pas, *en général*, d'équation aux dérivées partielles du premier ordre dont ces courbes soient les caractéristiques. En effet, à ce complexe de courbes correspond un système de cônes (T) et par suite une équation aux dérivées partielles bien déterminée

$$(17) \qquad\qquad F(x, y, z, p, q) = 0,$$

dont les courbes proposées seront simplement, en général, des courbes intégrales.

Mais on peut donner des courbes caractéristiques une définition géométrique, indépendante de toute surface intégrale, qui les distingue des autres courbes intégrales. A tout complexe de courbes correspond un système de cônes (T) et, par suite, un système de courbes planes (C). En chaque point M d'une des courbes du complexe précédent menons le plan tangent P au cône (T) suivant la tangente à cette courbe. Quand on se déplace sur cette courbe, ce plan P enveloppe une surface développable ; *pour que la courbe considérée soit une caractéristique, il faut et il suffit que la génératrice de cette surface développable qui passe en M soit précisément la tangente en M à la courbe (C) du plan P.* D'après ce qu'on a vu plus haut sur les développables caractéristiques, cette propriété appartient bien aux courbes caractéristiques. Elle n'appartient pas à d'autres courbes intégrales, car, si on l'exprime analytiquement, on est conduit précisément aux équations différentielles des caractéristiques.

Pour toute courbe intégrale on a d'abord

$$(18) \qquad \frac{dx}{\dfrac{\partial F}{\partial p}} = \frac{dy}{\dfrac{\partial F}{\partial q}} = \frac{dz}{p\,\dfrac{\partial F}{\partial p} + q\,\dfrac{\partial F}{\partial q}}.$$

Le plan tangent au cône (T) suivant la tangente à cette courbe a pour équation

$$Z - z = p(X - x) + q(Y - y),$$

et la génératrice de contact de ce plan avec son enveloppe s'obtiendra en joignant à l'équation précédente la relation

$$- dz = dp(X - x) + dq(Y - y) - p\,dx - q\,dy,$$

c'est-à-dire

$$dp(X - x) + dq(Y - y) = 0.$$

Cherchons de même la tangente à la courbe (C) du plan P, représentée par les équations

$$F(X, Y, Z, p, q) = 0,$$
$$Z - z = p(X - x) + q(Y - y),$$

X, Y, Z désignant les coordonnées courantes. La tangente à cette courbe au point (x, y, z) sera définie par les deux relations

$$\frac{\partial F}{\partial x}\,dX + \frac{\partial F}{\partial y}\,dY + \frac{\partial f}{\partial z}\,dZ = 0,$$
$$dZ = p\,dX + q\,dY,$$

d'où l'on tire

$$\left(\frac{\partial F}{\partial x} + p\,\frac{\partial F}{\partial z}\right) dX + \left(\frac{\partial F}{\partial y} + q\,\frac{\partial F}{\partial z}\right) dY = 0.$$

Pour que cette tangente coïncide avec la génératrice précédente, il faudra que l'on ait

$$\frac{dp}{\dfrac{\partial F}{\partial x} + p\,\dfrac{\partial F}{\partial z}} = \frac{dq}{\dfrac{\partial F}{\partial y} + q\,\dfrac{\partial F}{\partial z}} \ ;$$

ces relations, jointes aux formules (18) et à l'équation $dF = 0$, conduisent précisément aux équations différentielles des caractéristiques.

Sophus Lie (*Mathematische Annalen*, t. V) a donné sous une forme analytique très simple la condition nécessaire et suffisante pour qu'un complexe de courbes dans l'espace soit formé des caractéristiques d'une équation aux dérivées partielles du premier ordre. Soient, d'une manière générale,

$$(19) \qquad F_1(x, y, z, a, b, c) = 0, \qquad F_2(x, y, z, a, b, c) = 0$$

les équations d'un complexe de courbes ; pour que les deux courbes infiniment voisines de ce complexe, correspondant aux valeurs (a, b, c) et $(a + da,\ b + db,\ c + dc)$ des paramètres se rencontrent, on a une condition

$$(20) \qquad \Phi(a, b, c\ ; da, db, dc) = 0,$$

homogène en da, db, dc, que l'on obtient en éliminant x, y, z entre les relations (19) et les suivantes

$$(21) \quad \frac{\partial F_1}{\partial a}\,da + \frac{\partial F_1}{\partial b}\,db + \frac{\partial F_1}{\partial c}\,dc = 0, \qquad \frac{\partial F_2}{\partial a}\,da + \frac{\partial F_2}{\partial b}\,db + \frac{\partial F_2}{\partial c}\,dc = 0.$$

Le premier membre $\Phi(a, b, c\ ; da, db, dc)$ est la *forme fondamentale* relative à ce complexe de courbes. Si l'on prend pour a, b, c des fonctions d'un paramètre variable satisfaisant à la relation $\Phi = 0$, les courbes obtenues qui ne dépendent plus que d'un paramètre ont une enveloppe ; et inversement, pour qu'une famille de ∞^1 courbes du complexe aient une enveloppe, il faut et il suffit que a, b, c soient des fonctions d'une seule variable satisfaisant à l'équation (20).

Il est clair que, quand on fait un changement de paramètres,

$$a = \varphi_1(\alpha, \beta, \gamma), \qquad b = \varphi_2(\alpha, \beta, \gamma), \qquad c = \varphi_3(\alpha, \beta, \gamma),$$

α, β, γ étant les nouveaux paramètres, la forme fondamentale $\Phi(a, b, c\ ; da, db, dc)$ se change en une nouvelle forme $\Phi(\alpha, \beta, \gamma\ ; d\alpha, d\beta, d\gamma)$ *de même degré que la première* par rapport aux différentielles.

Cela posé, *pour qu'un complexe de courbes soit formé des caractéristiques d'une équation aux dérivées partielles du premier ordre non linéaire, il est nécessaire que la forme fondamentale* $\Phi(a, b, c; da, db, dc)$ *soit divisible par un facteur linéaire par rapport aux différentielles. Cette condition est* EN GÉNÉRAL *suffisante.*

La condition est *nécessaire*. En effet, tout complexe de caractéristiques est représenté par un système de deux équations de la forme

$$V(x, y, z; a, b) = 0, \qquad \frac{\partial V}{\partial a} + \frac{\partial V}{\partial b} c = 0 \, ;$$

si l'on prend pour b une fonction arbitraire $\varphi(a)$, et pour c la dérivée $\varphi'(a)$, la famille de caractéristiques ainsi obtenue a une enveloppe [1]. La forme fondamentale correspondante est donc divisible par le facteur $db - cda$.

Inversement, supposons que la forme fondamentale du complexe de courbes (19) soit divisible par un facteur linéaire $Ada + Bdb + Cdc$. On verra plus loin (Chap. XII) que l'on peut, par un changement de paramètres ramener la condition $Ada + Bdb + Cdc = 0$ à la forme

$$(22) \qquad d\beta - \gamma d\alpha = 0,$$

α, β, γ étant des fonctions distinctes des paramètres a, b, c.

Ecrivons les équations du complexe sous la forme :

$$(23) \qquad V(x, y, z, \alpha) + \beta = 0, \qquad V_1(x, y, z, \alpha) + \gamma = 0.$$

Les quatre équations (23) et (23′)

$$(23') \qquad \frac{\partial V}{\partial \alpha} d\alpha + d\beta = 0, \qquad \frac{\partial V_1}{\partial \alpha} d\alpha + d\gamma = 0$$

---

[1] D'une façon générale, pour que les quatre équations

$$V = 0, \qquad \frac{\partial V}{\partial a} da + \frac{\partial V}{\partial b} db = 0, \qquad \frac{\partial V}{\partial a} + \frac{\partial V}{\partial b} c = 0,$$

$$\frac{\partial^2 V}{\partial a^2} da + \frac{\partial^2 V}{\partial a \partial b} db + c \left(\frac{\partial^2 V}{\partial a \partial b} da + \frac{\partial^2 V}{\partial b^2} db \right) + \frac{\partial V}{\partial b} dc = 0,$$

soient compatibles, il faut que l'on ait $db - cda = 0$, ou $\frac{\partial V}{\partial a} = \frac{\partial V}{\partial b} = 0$. En éliminant x, y, z entre les relations

$$V = 0, \qquad \frac{\partial V}{\partial a} = 0, \qquad \frac{\partial V}{\partial b} = 0,$$

et la dernière des équations précédentes, on obtient un autre facteur de la forme fondamentale, qui est lui-même décomposable en un produit de facteurs linéaires en da, db, dc, correspondant aux enveloppes des caractéristiques situées sur l'intégrale singulière.

doivent être compatibles en x, y, z si l'on suppose $\gamma = \dfrac{d\beta}{d\alpha}$, ce qui exige évidemment que l'on ait

$$(24) \qquad\qquad V_1 = \frac{\partial V}{\partial \alpha},$$

et les équations (23) représentent les caractéristiques de l'équation aux dérivées partielles qui admet l'intégrale complète $V + \beta = 0$.

Le raisonnement est en défaut dans les deux cas suivants :

1° Lorsque la forme linéaire $A\,da + B\,db + C\,dc$ admet un facteur intégrant: En changeant les paramètres, la forme fondamentale est divisible par un facteur $d\alpha$. C'est ce qui arrive si les courbes du complexe rencontrent une courbe fixe, ou sont situées sur une famille de surfaces ne dépendant que du paramètre α;

2° Pour que la relation (24) soit une identité, il faut que le point de contact (x, y, z) d'une courbe du complexe avec son enveloppe puisse varier arbitrairement. La conclusion est en défaut si ces points de contact sont assujettis à rester sur une surface déterminée Σ ou sur une courbe Γ. Il en est ainsi lorsque les courbes du complexe restent tangentes à une surface fixe ou rencontrent une courbe fixe. Dans le premier cas, par exemple, la formule fondamentale admet un facteur linéaire qui correspond aux enveloppes des courbes du complexe situées sur cette surface.

Exemple. — Les droites tangentes à une surface non développable ou rencontrant une courbe forment un complexe de caractéristiques (n° 28). *Ce sont les seuls complexes de caractéristiques composés de lignes droites.*

Soient, en effet

$$x = az + p, \qquad y = bz + q$$

les équations d'une droite du complexe défini par la relation

$$q = f(a, b, p).$$

La forme fondamentale

$$da\,dq - db\,dp = \frac{\partial f}{\partial a}\,da^2 + \frac{\partial f}{\partial b}\,da\,db + \frac{\partial f}{\partial p}\,da\,dp - db\,dp$$

se décompose en deux facteurs linéaires pourvu que l'on ait

$$(24') \qquad\qquad \frac{\partial f}{\partial a} + \frac{\partial f}{\partial b}\,\frac{\partial f}{\partial p} = 0,$$

et dans ce cas seulement.

Cette équation s'intègre aisément, mais le calcul est inutile. En effet, si l'on établit une autre relation arbitraire entre a, b, p, on obtient une congruence de droites, et l'on vérifie immédiatement que l'un des points focaux est indépendant de la relation établie entre les paramètres a, b, p, et a pour coordonnées

$$x_0 = p - a\,\frac{\partial f}{\partial b}\,, \qquad y_0 = f - b\,\frac{\partial f}{\partial b}\,, \qquad z_0 = -\,\frac{\partial f}{\partial b}\,.$$

Le lieu de ces points focaux est une surface ou une courbe, car, en tenant compte de l'équation aux dérivées partielles à laquelle satisfait la fonction f, on trouve que le déterminant fonctionnel $\dfrac{D(x_0, y_0, z_0)}{D(a, b, p)}$ est identiquement nul.

Lorsque la relation (24') est vérifiée, la condition $da\,dq - db\,dp = o$ se décompose en deux équations distinctes

$$dp - \frac{\partial f}{\partial b}\,da = o, \qquad db - \frac{\partial f}{\partial p}\,da = o,$$

dont la première correspond aux enveloppes de caratéristiques situées sur l'intégrale singulière, tandis que la seconde donne les arêtes de rebroussement des surfaces développables circonscrites à l'intégrale singulière.

On peut arriver plus simplement au même résultat. Soit

$$F(x, y, z, p, q) = o$$

une équation *non linéaire*, dont les caractéristiques sont des lignes droites. Les cônes (T) sont des intégrales, puisque le cône (T) de sommet M est le lieu des caractéristiques issues du point M. Les développables caractéristiques sont donc des plans, et par suite les équations différentielles (13), (page 131) doivent admettre les deux intégrales $p = C$, $q = C'$, ce qui exige que l'on ait

$$X + pZ = o, \qquad Y + qZ = o.$$

L'équation $F = o$ est donc de la forme $F(p, q, z - px - qy) = o$; c'est une équation de Clairaut généralisée, dont les caractéristiques sont évidemment des lignes droites.

Pour avoir toutes les équations aux dérivées partielles dont les caractéristiques sont des droites, il faut joindre aux précédentes les équations linéaires dont la congruence caractéristique est une congruence de droites. Les surfaces intégrales sont les surfaces réglées engendrées par les droites de cette congruence. A moins que cette surface réglée ne soit développable, il n'y a plus, à proprement parler, de développable *caractéristique*, l'enveloppe des plans tangents le long d'une génératrice se réduisant à la droite elle-même. Une multiplicité caractéristique se compose toujours d'une suite simplement infinie d'éléments, dont chacun s'obtient en associant à chaque point d'une génératrice un plan passant par cette droite.

44. Propriétés des solutions singulières. — Soit

$$V(x, y, z, a, b) = 0 \tag{25}$$

une intégrale complète d'une équation du premier ordre ; supposons que ces surfaces admettent une enveloppe définie par l'équation (25) jointe aux équations

$$\frac{\partial V}{\partial a} = 0, \qquad \frac{\partial V}{\partial b} = 0, \tag{26}$$

et qu'elles touchent cette enveloppe en un point ou en un nombre fini de points. A tout système de valeurs des paramètres a et b correspond un point M de cette enveloppe Σ, où cette enveloppe est touchée par la surface V correspondante. En tout point M (a_0, b_0) de Σ passe une infinité de caractéristiques tangentes à Σ, car si on considère la caractéristique définie par les équations

$$V(x, y, z, a_0, b_0) = 0, \qquad \frac{\partial V}{\partial a_0} + c\,\frac{\partial V}{\partial b_0} = 0,$$

cette caractéristique passe au point M, quel que soit c, et est évidemment tangente en ce point à Σ. A toute direction de tangente à la surface Σ au point M correspond un système de valeurs des différentielles da et db qui définissent cette direction. Soient C et C' deux courbes tracées sur la surface Σ et passant au point M, da, db; δa, δb les différentielles correspondant respectivement aux tangentes en M à C et à C'. L'intégrale complète tangente à Σ en un point M', infiniment voisin de M, situé sur C', coupe l'intégrale complète, tangente à Σ en M, suivant la caractéristique que l'on obtient en prenant pour la constante c la valeur $c = \dfrac{\delta b}{\delta a}$. Cherchons la relation qui doit exister entre les différentielles db, da, δb, δa pour que cette caractéristique soit tangente à la courbe C au point M. Les différentielles dx, dy, dz relatives à un déplacement le long de C sont données par les relations

$$(27) \begin{cases} \dfrac{\partial V}{\partial x}\,dx + \dfrac{\partial V}{\partial y}\,dy + \dfrac{\partial V}{\partial z}\,dz = 0, \\[2ex] \dfrac{\partial^2 V}{\partial a\,\partial x}\,dx + \dfrac{\partial^2 V}{\partial a\,\partial y}\,dy + \dfrac{\partial^2 V}{\partial a\,\partial z}\,dz + \dfrac{\partial^2 V}{\partial a^2}\,da + \dfrac{\partial^2 V}{\partial a\,\partial b}\,db = 0, \\[2ex] \dfrac{\partial^2 V}{\partial b\,\partial x}\,dx + \dfrac{\partial^2 V}{\partial b\,\partial y}\,dy + \dfrac{\partial^2 V}{\partial b\,\partial z}\,dz + \dfrac{\partial^2 V}{\partial a\,\partial b}\,da + \dfrac{\partial^2 V}{\partial b^2}\,db = 0. \end{cases}$$

Pour un déplacement le long de la caractéristique, on a

$$(28) \begin{cases} \dfrac{\partial V}{\partial x}\,dx + \dfrac{\partial V}{\partial y}\,dy + \dfrac{\partial V}{\partial z}\,dz = 0, \\[2ex] \dfrac{\partial^2 V}{\partial a\,\partial x}\,dx + \dfrac{\partial^2 V}{\partial a\,\partial y}\,dy + \dfrac{\partial^2 V}{\partial a\,\partial z}\,dz \\[2ex] \qquad\qquad + \dfrac{\delta b}{\delta a}\left[\dfrac{\partial^2 V}{\partial b\,\partial x}\,dx + \dfrac{\partial^2 V}{\partial b\,\partial y}\,dy + \dfrac{\partial^2 V}{\partial b\,\partial z}\,dz \right] = 0. \end{cases}$$

Les valeurs de dx, dy, dz tirées des formules (27) et (28) devront être les mêmes, ce qui donne la relation

$$\dfrac{\partial^2 V}{\partial a^2}\,da\,\delta a + \dfrac{\partial^2 V}{\partial a\,\partial b}\,[da\,\delta b + db\,\delta a] + \dfrac{\partial^2 V}{\partial b^2}\,db\,\delta b = 0.$$

Cette relation fait correspondre à toute tangente Mμ issue du point M une autre tangente Mμ' et, comme elle est symétrique par rapport aux différentielles d et δ, cette correspondance est réciproque. On définit ainsi sur la surface Σ un système de lignes analogues aux lignes conjuguées sur une surface quelconque. Pour que les deux tangentes correspondantes se confondent, il faut avoir

$$\dfrac{\partial^2 V}{\partial a^2}\,da^2 + 2\,\dfrac{\partial^2 V}{\partial a\,\partial b}\,da\,db + \dfrac{\partial^2 V}{\partial b^2}\,db^2 = 0,$$

et on a ainsi deux séries de lignes, tracées sur la surface Σ, analogues aux lignes asymptotiques. La théorie qu'on vient d'indiquer se réduit d'ailleurs à la théorie ordinaire des lignes conjuguées si l'intégrale complète est un plan.

REMARQUE. — Dans ce qui précède, nous avons supposé implici-
tement que la relation

$$\left(\frac{\partial^2 V}{\partial a \partial b}\right)^2 - \frac{\partial^2 V}{\partial a^2}\frac{\partial^2 V}{\partial b^2} = 0$$

n'était pas satisfaite, car, si elle avait lieu, le rapport $\dfrac{db}{da}$, qui est
donné par la formule

$$\frac{db}{da} = - \frac{\dfrac{\partial^2 V}{\partial a \partial b}\dfrac{\delta b}{\delta a} + \dfrac{\partial^2 V}{\partial a^2}}{\dfrac{\partial^2 V}{\partial b^2}\dfrac{\delta b}{\delta a} + \dfrac{\partial^2 V}{\partial a \partial b}},$$

serait indépendant de $\dfrac{\delta a}{\delta b}$. Dans ce cas, toutes les caractéristiques
passant en M seraient tangentes ; ce serait un cas analogue à celui
des surfaces développables où la caractéristique du plan tangent
est toujours la génératrice. Considérons, par exemple, une surface
quelconque (Σ), un des systèmes de lignes de courbure de cette
surface, et toutes les sphères tangentes à la surface et ayant pour
centres les centres de courbure principaux correspondant au système de lignes de courbure considéré. Imaginons qu'on ait formé
l'équation du premier ordre qui admet ce système de sphères pour
intégrale complète : (Σ) sera la solution singulière de cette équation.
Soient M un point quelconque de la surface (Σ), C la ligne de courbure du système considéré qui passe en M, MT la tangente à cette
ligne de courbure, O le centre de courbure correspondant, S la
sphère de centre O tangente en M à (Σ), MT' la tangente à la
seconde ligne de courbure qui passe en M. Prenons sur (Σ) un
point M' infiniment voisin de M : soient O' le centre de courbure
principal correspondant et S' la sphère de centre O' tangente en M'.
Les deux sphères S et S' se coupent suivant un cercle c dont le
plan est perpendiculaire à OO'. A la limite, la droite OO' est située
dans le plan tangent en O à la surface lieu des centres de courbure
principaux, c'est-à-dire dans le plan MOT'. La tangente à la caractéristique est donc la droite MT, de quelque façon que le point M'
se rapproche indéfiniment du point M.

L'intégrale singulière de Lagrange possède donc les trois propriétés suivantes : 1° elle est l'enveloppe de toutes les autres intégrales ; 2° par chaque point de cette surface, il passe une *infinité* de caractéristiques qui lui sont *tangentes* ; 3° par toute courbe de cette surface passent *deux* intégrales tangentes l'une à l'autre, cette surface elle-même et l'enveloppe de toutes les intégrales complètes qui lui sont tangentes le long de cette courbe.

Ces deux dernières propriétés permettent facilement de déduire la solution singulière de l'équation aux dérivées partielles elle-même.

1° Soit

$$F(x, y, z, p, q) = 0$$

une équation du premier ordre, x_0, y_0, z_0, p_0, q_0 un élément quelconque de l'intégrale singulière (Σ) de Lagrange ; il faudra que le système d'équations différentielles

$$\frac{dx}{P} = \frac{dy}{Q} = \frac{dz}{Pp + Qq} = \frac{-dp}{X + pZ} = \frac{-dq}{Y + qZ}$$

admette une infinité d'intégrales correspondant aux valeurs initiales x_0, y_0, z_0, p_0, q_0. Il faut évidemment pour cela que cet élément annule tous les dénominateurs, car si, P_0 par exemple, était différent de o, on en tirerait pour $\frac{dy}{dx}$, $\frac{dz}{dx}$, $\frac{dp}{dx}$, $\frac{dq}{dx}$ *un seul* système de valeurs finies et bien déterminées dans le voisinage de ces valeurs initiales et, par suite, un seul système de valeurs pour y, z, p, q. Donc tout élément de (Σ) doit satisfaire à la fois aux cinq équations

$$F = 0, \quad P = 0, \quad Q = 0, \quad X + pZ = 0, \quad Y + qZ = 0.$$

2° Servons-nous de même de la troisième propriété de l'intégrale singulière. Soit C la courbe d'intersection de (Σ) par un plan parallèle au plan des yz, ayant pour équations

$$x = x_0, \quad z = \varphi(y).$$

Tous les éléments x, y, z, p, q de la surface (Σ), le long de la courbe C, sont bien déterminés ; en particulier, on aura $q = \varphi'(y)$. Si ces éléments n'annulaient pas P, on pourrait résoudre l'équation $F = 0$ par rapport à p et la mettre sous la forme

$$p = \psi(x, y, z, q),$$

$\psi(x, y, z, q)$ étant une fonction développable, et alors, en vertu du théorème de Cauchy, il existerait une fonction z, et *une seule*, qui satisferait à cette équation et qui, pour $x = x_0$, se réduirait à $\varphi(y)$. Si donc il passe *deux* intégrales tangentes l'une à l'autre par la courbe C, il faut nécessairement que tous les éléments de (Σ) annulent P. On verrait de même, en coupant la surface (Σ) par un plan parallèle au plan des zx, qu'on doit avoir $Q = 0$. L'intégrale (Σ) doit donc satisfaire aux trois équations

$$(29) \qquad F = 0, \qquad P = 0, \qquad Q = 0.$$

On en conclut aisément, comme nous l'avons vu (n° **9**), qu'elle satisfait aussi aux équations

$$(30) \qquad X + pZ = 0, \qquad Y + qZ = 0.$$

L'intégrale singulière de Lagrange satisfait donc aux équations qui ont été prises plus haut pour définition des intégrales singulières.

45. Recherche des solutions singulières. — S'il existe une intégrale singulière

$$R(x, y, z) = 0,$$

pour tous les points de cette surface les cinq équations

$$F = 0, \quad P = 0, \quad Q = 0, \quad X + pZ = 0, \quad Y + qZ = 0$$

admettront une solution commune en p et q. Réciproquement, s'il existe une surface telle que, pour tout point de cette surface, les cinq équations précédentes admettent une solution commune en p et q, cette surface est une intégrale singulière. En effet, pour tout déplacement sur cette surface, on aura

$$X dx + Y dy + Z dz + P dp + Q dq = 0,$$

ou, en tenant compte de ces relations,

$$Z(dz - p dx - q dy) = 0.$$

Si Z n'est pas nul pour ces valeurs de p et q, on en conclut que

p et q sont les coefficients angulaires du plan tangent à la surface considérée, qui est, par suite, une intégrale singulière. Mais si Z est nul, le raisonnement ne s'applique plus.

Toute intégrale singulière d'une équation aux dérivées partielles

$$F(x, y, z, p, q) = 0$$

devant vérifier les cinq équations (29) et (30), il semble, d'après cela, qu'une équation $F = 0$ prise au hasard n'admettra pas d'intégrale singulière, puisque cinq équations ne déterminent, en général, qu'un nombre fini de systèmes de valeurs pour cinq variables. Cependant, comme ces cinq équations ont été obtenues avec les dérivées partielles d'une même fonction, ce point pourrait donner lieu à quelque incertitude.

On peut rendre le raisonnement plus précis. Si la fonction F n'a pas été prise d'une façon particulière, l'élimination de p et de q entre les trois équations

$$F = 0, \quad P = 0, \quad Q = 0$$

conduira à une certaine relation $R(x, y, z) = 0$ qui donnera l'intégrale singulère de l'équation $F = 0$, si elle existe. Prenons maintenant l'équation

$$F(x, y, z, p + a, q + b) = 0,$$

où a et b désignent des fonctions quelconques de x, y, z. L'élimination de p et de q entre cette équation et les relations

$$\frac{\partial F(x, y, z, p + a, q + b)}{\partial p} = 0, \qquad \frac{\partial F(x, y, z, p + a, q + b)}{\partial q} = 0$$

conduira évidemment au même résultat,

$$R(x, y, z) = 0,$$

Il est clair que la surface représentée par cette équation ne peut satisfaire à l'équation précédente, quels que soient a et b. On conclut de là qu'*une équation aux dérivées partielles prise au hasard ou formée directement d'une manière quelconque n'admet pas d'une façon normale d'intégrale singulière.*

Les conclusions qui précèdent paraissent être en désaccord avec la théorie de Lagrange. En effet, il semble, d'après ce que nous avons dit, qu'en prenant l'enveloppe d'une intégrale complète $V(x, y, z, a, b) = 0$, on a toujours une intégrale singulière. Ce désaccord n'est qu'apparent, car le raisonnement de Lagrange suppose que l'intégrale complète a *effectivement* une enveloppe ou, en d'autres termes, que les fonctions V, $\dfrac{\partial V}{\partial a}$, $\dfrac{\partial V}{\partial b}$ satisfont aux conditions de continuité qu'exige la théorie des enveloppes, ce qui n'arrivera pas nécessairement.

Les théorèmes généraux de Cauchy nous apprennent bien qu'il existe une infinité d'intégrales complètes holomorphes dans un certain domaine, mais rien ne prouve que ces intégrales complètes seront continues dans une étendue suffisante pour qu'on puisse leur appliquer la théorie des enveloppes. Nous pouvons même affirmer, d'après ce qui précède, qu'il n'en sera pas généralement ainsi.

Etudions maintenant d'un peu plus près les diverses circonstances où l'équation du premier ordre

$$F(x, y, z, p, q) = 0$$

admet une intégrale singulière. Nous avons vu dans les paragraphes précédents que cette intégrale satisfait aux cinq équations (29) et (30). Supposons donc qu'il existe une intégrale singulière (Σ) et soit M un point de cette surface. Les équations de la normale MN en $M(x, y, z)$ à (Σ) sont

$$\frac{X - x}{p} = \frac{Y - y}{q} = \frac{Z - z}{-1},$$

où p et q satisfont aux équations (29) et (30). L'équation du cône des normales, relatif au point M, est

$$F\left(x, y, z, -\frac{X - x}{Z - z}, -\frac{Y - y}{Z - z}\right) = 0,$$

et les relations

$$P = 0, \qquad Q = 0$$

expriment que la normale à la surface (Σ) est une génératrice double du cône des normales relatif au point M. Donc, *pour qu'une intégrale soit singulière, il faut et il suffit que la normale en chaque point soit une génératrice double du cône* (N) *relatif à ce point.*

En général, le cône (N) relatif à un point *quelconque* de l'espace n'admettra pas de génératrice double. Pour savoir s'il existe une intégrale singulière, on cherchera donc d'abord le lieu des points de l'espace pour lesquels le cône des normales correspondant admet une droite double. Ce lieu s'obtiendra en éliminant p et q entre les équations (29). Soit $R(x, y, z) = 0$ le résultat de cette élimination. Pour que cette surface soit une intégrale singulière, il faudra, en outre, que la normale en chaque point soit précisément la droite double correspondante, ce qui serait exprimé, il est aisé de le voir, par les relations

$$X + pZ = 0, \qquad Y + qZ = 0,$$

p, q, -1 étant les paramètres directeurs de la droite double.

Si le cône des normales relatif à un point *quelconque* de l'espace a toujours une génératrice double, les équations (29) ne seront pas distinctes et l'élimination de p et de q entre ces équations conduira à une identité. Soient A, B, C les paramètres directeurs de la génératrice double du cône relatif à un point quelconque M. A, B, C seront des fonctions connues de x, y, z, définies par les équations (29). S'il existe une solution singulière, elle devra satisfaire à la relation

$$(31) \qquad A\,dx + B\,dy + C\,dz = 0,$$

c'est-à-dire que z devra vérifier les équations

$$\frac{\partial z}{\partial x} = -\frac{A}{C}, \qquad \frac{\partial z}{\partial y} = -\frac{B}{C}.$$

En écrivant que l'on a

$$\frac{\partial^2 z}{\partial x \partial y} = \frac{\partial^2 z}{\partial y \partial x},$$

on est conduit à la relation

$$(32) \quad \frac{\partial}{\partial y}\left(-\frac{A}{C}\right) + \left(-\frac{B}{C}\right)\frac{\partial}{\partial z}\left(-\frac{A}{C}\right) = \frac{\partial}{\partial x}\left(-\frac{B}{C}\right) + \left(-\frac{A}{C}\right)\frac{\partial}{\partial z}\left(-\frac{B}{C}\right).$$

Si cette équation n'est pas *identiquement* vérifiée, elle fournira une relation $\psi(x, y, z) = o$. Si la fonction z définie par cette relation satisfait à l'équation aux différentielles totales, elle fournira une intégrale singulière ; sinon, il n'y aura pas d'intégrale singulière. Si la condition d'intégrabilité (32) est vérifiée *identiquement*, l'équation aux différentielles totales (31) admettra une intégrale

$$\varphi(x, y, z) = c,$$

dépendant d'une constante arbitraire c, et il y aura une infinité d'intégrales singulières.

Pratiquement voici la marche à suivre pour rechercher les intégrales singulières : on éliminera p et q entre les trois équations (29).

1°. Si cette élimination conduit à une relation

$$R(x, y, z) = o,$$

qui n'est pas vérifiée identiquement, on examinera si la fonction z définie par cette relation satisfait aux trois équations

$$F = o, \quad P = o, \quad Q = o.$$

S'il en est ainsi, elle donne une intégrale singulière ; dans le cas contraire, il n'en existe pas ;

2° Si l'élimination de p et q entre les trois équations

$$F = o, \quad P = o, \quad Q = o,$$

conduit à une identité, on cherchera directement, par l'application de la méthode générale, s'il existe des intégrales communes à ces trois équations.

Exemple I. — Considérons l'équation

$$F = pq - z = o ;$$

on a

$$P = q, \quad Q = p.$$

Donc $z = 0$ est une intégrale singulière. En effet, l'équation du cône des normales est

$$\frac{(X - x)(Y - y)}{(Z - z)^2} = z.$$

Pour $z = 0$, ce cône se décompose en deux plans $X - x = 0$, $Y - y = 0$, dont l'intersection est perpendiculaire au plan $z = 0$. D'ailleurs, nous avons vu (n° **41**) que

$$z = (x - a)(y - b)$$

est une intégrale complète formée de paraboloïdes hyperboliques tangents au plan des xy.

EXEMPLE II. — Soit

$$F = pq - z + ax + by = 0, \qquad ab \gtrless 0 ;$$

on a

$$P = q, \qquad Q = p.$$

L'élimination de p et q entre $F = 0$, $P = 0$, $Q = 0$ donne

$$z = ax + by,$$

qui ne satisfait pas à l'équation proposée ; il n'y a donc pas d'intégrale singulière.

EXEMPLE III. — Soit encore

$$F = \left(z - \frac{p^2}{2}\right)^2 - \frac{q^3}{9} = 0.$$

Il faut lui adjoindre les deux équations

$$P = -2p\left(z - \frac{p^2}{2}\right) = 0, \qquad Q = -\frac{q^2}{3} = 0 ;$$

ces deux équations se décomposent en deux systèmes :

$$1° \qquad p = 0, \qquad q = 0,$$

qui donne l'intégrale singulière $z = 0$;

$$2° \qquad z - \frac{p^2}{2} = 0, \qquad q = 0.$$

Les valeurs de p et q tirées de ce système vérifient l'équation $F = 0$. Cherchons si ces deux équations admettent des intégrales communes. La seconde équation nous montre que z ne dépend pas de y ; z doit alors satisfaire à la relation

$$2z - \left(\frac{dz}{dx}\right)^2 = 0,$$

d'où l'on tire, en intégrant,

$$z = \frac{(x - a)^2}{2} \cdot$$

A ce second système correspond une infinité de solutions singulières. Une intégrale complète de l'équation proposée est

$$z = \frac{(x - a)^2}{2} + \frac{(y - b)^3}{3} \cdot$$

En appliquant le procédé de Lagrange, on trouve, en éliminant a et b entre cette équation et les deux équations

$$x - a = 0, \qquad y - b = 0,$$

l'intégrale singulière

$$z = 0.$$

L'intégrale singulière $z = \dfrac{(x - a)^2}{2}$ rentre dans l'intégrale générale de Lagrange. On l'obtient en prenant l'enveloppe des intégrales complètes pour lesquelles a est une constante et b seule varie.

D'une manière générale, chaque fois qu'une équation du premier ordre est de la forme

$$a(F_1)^m + b(F_2)^n + c(F_3)^p = 0,$$

où m, n, p sont des nombres entiers supérieurs à un, on aura des intégrales singulières en cherchant les intégrales communes aux équations

$$F_1 = 0, \quad F_2 = 0, \quad F_3 = 0.$$

46. Etude directe de la surface des singularités. — Etant donnée une équation différentielle ordinaire du premier ordre

$$F(x, y, y') = 0,$$

on sait que l'élimination de y' entre cette équation et la relation

$$\frac{\partial F}{\partial y'} = 0$$

conduit à une équation

$$R(x, y) = 0,$$

qui représente, *en général*, un lieu de points de rebroussement pour les courbes intégrales [1]. G. Darboux a démontré un théorème tout à fait analogue pour les équations aux dérivées partielles du premier ordre. *Si* $R(x, y, z) = 0$ *est le résultat de l'élimination de p et q entre les trois équations*

$$F = 0, \quad P = 0, \quad Q = 0,$$

la surface $R(x, y, z) = 0$ *est,* EN GÉNÉRAL, *le lieu des points de rebroussement des courbes caractéristiques.*

Il est évident, d'abord, que cette surface, étant le lieu des sommets des cônes (N) qui ont une droite double, est indépendante du choix des axes. Cela posé, prenons pour origine un point de la surface et pour axe des z la droite double correspondante. On devra avoir $F = 0$ pour

$$x = y = z = p = q = 0;$$

F est donc de la forme

$$F = ax + by + cz + p(a'x + b'y + c'z) + q(a''x + b''y + c''z)$$
$$+ \frac{Ap^2}{2} + Bpq + \frac{Cq^2}{2} + \varphi(x, y, z; p, q),$$

$\varphi(x, y, z, p, q)$ ne contenant que des termes d'un degré au moins égal au second. F ne contient pas de termes du premier

---

[1] DARBOUX, *Bulletin des Sciences mathématiques et astronomiques*, t. IV, Ire série, p. 158.

degré en p et q, puisque P et Q doivent aussi s'annuler pour $x = y = z = p = q = 0$. On alors

$$P = a'x + b'y + c'z + Ap + Bq + \frac{\partial \varphi}{\partial p},$$

$$Q = a''x + b''y + c''z + Bp + Cq + \frac{\partial \varphi}{\partial q},$$

$$X = a + a'p + a''q + \frac{\partial \varphi}{\partial x},$$

$$Y = b + b'p + b''q + \frac{\partial \varphi}{\partial y},$$

$$Z = c + c'p + c''q + \frac{\partial \varphi}{\partial z}.$$

Les équations différentielles des caractéristiques sont donc

$$\frac{dx}{dt} = a'x + b'y + c'z + Ap + Bq + \frac{\partial \varphi}{\partial p},$$

$$\frac{dy}{dt} = a''x + b''y + c''z + Bp + Cq + \frac{\partial \varphi}{\partial q},$$

$$\frac{dz}{dt} = p(a'x + b'y + c'z) + q(a''x + b''y + c''z) + Ap^2 + 2Bpq$$
$$+ Cq^2 + p\frac{\partial \varphi}{\partial p} + q\frac{\partial \varphi}{\partial q},$$

$$-\frac{dp}{dt} = a + a'p + a''q + p(c + c'p + c''q) + \frac{\partial \varphi}{\partial x} + p\frac{\partial \varphi}{\partial z},$$

$$-\frac{dq}{dt} = b + b'p + b''q + q(c + c'p + c''q) + \frac{\partial \varphi}{\partial y} + q\frac{\partial \varphi}{\partial z}.$$

Étudions la caractéristique qui correspond aux valeurs initiales $x = y = z = p = q = 0$, et supposons, ce qui est permis, que la valeur initiale de t soit $t = 0$. Les quantités $X + pZ$, $Y + qZ$ se réduisent respectivement à a et b pour l'origine. Nous supposerons que la normale à l'origine à la surface $R(x, y, z) = 0$ n'est pas l'axe des z, ce qui est bien le cas, puisque, par hypothèse, cette surface n'est pas une intégrale singulière. Alors, une au moins des quantités a et b sera différente de zéro. Soit, par exemple, $a \gtrless 0$; les deux dernières équations différentielles donnent, en intégrant,

$$p = -at + \ldots, \qquad q = -bt + \ldots;$$

on voit par suite que, pour $t = 0$, $x, y, z, \dfrac{dx}{dt}, \dfrac{dy}{dt}, \dfrac{dz}{dt}$ et $\dfrac{d^2 z}{dt^2}$ s'annulent et que $\dfrac{d^2 x}{dt^2}, \dfrac{d^2 y}{dt^2}$ se réduisent respectivement à

$$A \left(\frac{dp}{dt}\right)_0 + B \left(\frac{dq}{dt}\right)_0, \quad B \left(\frac{dp}{dt}\right)_0 + C \left(\frac{dq}{dt}\right)_0,$$

c'est-à-dire à

$$- (Aa + Bb), \quad - (Ba + Cb).$$

Les développements de x, y, z suivant les puissances croissantes de t commencent donc de la façon suivante :

$$\begin{cases} x = -\dfrac{1}{2}(Aa + Bb)\, t^2 + \ldots, \\[2mm] y = -\dfrac{1}{2}(Ba + Cb)\, t^2 + \ldots, \\[2mm] z = \dfrac{1}{3}(Aa^2 + 2Bab + Cb^2)\, t^3 + \ldots, \end{cases}$$

On en conclut que, si on prend x comme variable indépendante, les développements de y et z suivant les puissances croissantes de x commenceront de la façon suivante :

$$\begin{cases} y = hx + \ldots \\[2mm] z = h' x^{\frac{3}{2}} + \ldots \end{cases}$$

Ce qui montre bien que la caractéristique qui est tangente à l'origine au plan des xy a, en ce point, un point de rebroussement. Par chaque point de la surface $R(x, y, z) = 0$, il passe donc une caractéristique déterminée, ayant un rebroussement en ce point.

47. Nouvelles démonstrations des propriétés de l'intégrale singulière. — Les propriétés de l'intégrale singulière de Lagrange ont été établies (n° **44**) en admettant l'existence d'une enveloppe pour les intégrales complètes. Nous allons suivre maintenant une méthode plus rigoureuse en nous servant uniquement de l'équation aux dérivées partielles elle-même. Supposons que les trois équations

$$F = 0, \quad P = 0, \quad Q = 0$$

admettent une intégrale commune. Prenons pour origine un point de l'intégrale singulière, pour axe des z la normale en ce point et soit

$$z = \varphi(x, y)$$

l'équation de la surface. Si on pose

$$z = \varphi(x, y) + z',$$

cette transformation n'altère pas les relations de contact et elle change une intégrale singulière en une intégrale singulière de la nouvelle équation. On peut donc supposer que la solution singulière est le plan des xy. Nous admettrons en outre que cette solution ne satisfait pas à la relation $Z = 0$, de sorte qu'on puisse mettre l'équation proposée sous la forme

$$(33) \qquad F = z - \varpi(x, y, p, q) = 0,$$

$\varpi(x, y, p, q)$ étant une fonction holomorphe dans le voisinage des valeurs

$$x = y = p = q = 0.$$

D'ailleurs, les équations

$$F = 0, \qquad P = 0, \qquad Q = 0$$

devant être satisfaites par les valeurs $z = 0$, $p = 0$, $q = 0$, l'équation proposée sera de la forme

$$z = \frac{A p^2}{2} + B pq + \frac{C q^2}{2} + \psi(x, y, p, q),$$

où tous les termes de ψ sont, au moins, du second degré en p et q. Étudions les courbes caractéristiques tangentes à l'élément

$$x = y = z = p = q = 0.$$

Les équations différentielles des caractéristiques sont ici

$$\frac{dx}{P} = \frac{dy}{Q} = \frac{dz}{Pp + Qq} = \frac{-dp}{X - p} = \frac{-dq}{Y - q},$$

où on a posé

$$P = \frac{\partial \varpi}{\partial p}, \qquad Q = \frac{\partial \varpi}{\partial q}, \qquad X = \frac{\partial \varpi}{\partial x}, \qquad Y = \frac{\partial \varpi}{\partial y}.$$

Pour l'élément initial, tous les dénominateurs sont nuls et, par suite, les valeurs initiales des rapports $\dfrac{dy}{dx}$, ..., $\dfrac{dq}{dx}$ sont indéterminées. Pour lever cette indétermination, introduisons une variable auxiliaire u, en représentant la valeur commune de tous ces rapports par $\dfrac{du}{u}$, et faisons le changement de variables suivant :

$$p = p'u, \qquad q = q'u.$$

En remarquant que u^2 sera en facteur dans $\varpi(x,\, y,\, p,\, q)$, on peut poser

$$\varpi(x,\, y, p, q) = u^2 \varpi'(x,\, y, p', q').,$$

$$\frac{\partial \varpi'}{\partial x} = X', \qquad \frac{\partial \varpi'}{\partial y} = Y', \qquad \frac{\partial \varpi'}{\partial p'} = P', \qquad \frac{\partial \varpi'}{\partial q'} = Q'.$$

On aura

$$X = u^2 X', \qquad Y = u^2 Y',$$
$$P = u^2 P' \frac{\partial p'}{\partial p} = u P', \qquad Q = u Q'.$$

Les équations différentielles des caractéristiques deviennent alors

$$\left\{ \begin{aligned} &\frac{dx}{du} = P', \qquad \frac{dy}{du} = Q', \qquad \frac{dz}{du} = u \left\{ p'P' + q'Q' \right\}, \\ &\qquad \frac{dp'}{du} = -X', \qquad \frac{dq'}{du} = -Y', \end{aligned} \right.$$

et, pour l'élément initial, les seconds membres ne sont pas tous nuls. Nous pouvons choisir *arbitrairement* les valeurs initiales de p' et q', car, quelles que soient ces valeurs, on aura toujours $p = 0$, $q = 0$ pour $u = 0$. Soient α et β ces valeurs initiales ; on a

$$P' = Ap' + Bq' + \ldots,$$
$$Q' = Bp' + Cq' + \ldots,$$

et, par suite, les valeurs initiales de P' et Q' sont $A\alpha + B\beta$ et $B\alpha + C\beta$. On en conclut que les développements de x et y ordonnés suivant les puissances croissantes de u commencent de la façon suivante :

$$\left\{ \begin{aligned} x &= (A\alpha + B\beta)\, u + \ldots, \\ y &= (B\alpha + C\beta)\, u + \ldots, \\ z &= ku^2 + \ldots. \end{aligned} \right.$$

Ceci nous montre qu'il existe non seulement une caractéristique tangente en chaque point à la solution singulière, mais bien une *infinité*. Toutes ces caractéristiques paraissent dépendre de deux paramètres arbitraires, mais en réalité elles ne dépendent que du rapport $\frac{\alpha}{\beta}$, car les équations différentielles ne changent pas si on remplace u par hu, h étant une constante quelconque. Le coefficient angulaire de la tangente à la caractéristique à l'origine dans le plan des xy est

$$\frac{B\alpha + C\beta}{A\alpha + B\beta} \, .$$

Si donc $B^2 - AC$ n'est pas nul, cette tangente peut prendre toutes les positions possibles dans le plan des xy autour de l'origine et il existe une caractéristique tangente à toute droite passant par l'origine dans le plan des xy.

Soient

$$x_0 = \varphi(v), \quad y_0 = \psi(v), \quad z_0 = 0$$

les équations d'une courbe quelconque située sur la surface singulière $z = 0$. Par tout point de cette courbe passent une infinité de caractéristiques tangentes au plan des xy. Comment faut-il associer ces caractéristiques pour qu'elles forment une surface intégrale ? Soit

$$\begin{cases} x = f_1\left(x_0, \, y_0, \, \frac{\beta}{\alpha}, \, u\right), \\[2mm] y = f_2\left(x_0, \, y_0, \, \frac{\beta}{\alpha}, \, u\right), \\[2mm] z = f_3\left(x_0, \quad \ldots \quad\right), \\[2mm] p = f_4\left(x_0, \quad \ldots \quad\right), \\[2mm] q = f_5\left(x_0, \quad \ldots \quad\right) \end{cases}$$

l'intégrale générale des équations différentielles des caractéristiques. Nous savons que ces fonctions vérifient l'équation

$$\varpi(x, y, p, q) - z = 0.$$

De plus, on a

$$\frac{\partial z}{\partial u} = p\frac{\partial x}{\partial u} + q\frac{\partial y}{\partial u}.$$

Pour que l'on ait une intégrale, il suffira que l'on ait aussi

$$\frac{\partial z}{\partial v} = p\frac{\partial x}{\partial v} + q\frac{\partial y}{\partial v}.$$

Posons

$$U = \frac{\partial z}{\partial v} - p\frac{\partial x}{\partial v} - q\frac{\partial y}{\partial v};$$

on a

$$\frac{\partial U}{\partial u} = \frac{\partial^2 z}{\partial u \partial v} - p\frac{\partial^2 x}{\partial u \partial v} - q\frac{\partial^2 y}{\partial u \partial v} - \frac{\partial p}{\partial u}\frac{\partial x}{\partial v} - \frac{\partial q}{\partial u}\frac{\partial y}{\partial v}.$$

D'ailleurs, puisque

$$\frac{\partial^2 z}{\partial u \partial v} - p\frac{\partial^2 x}{\partial u \partial v} - q\frac{\partial^2 y}{\partial u \partial v} = \frac{\partial p}{\partial v}\frac{\partial x}{\partial u} + \frac{\partial q}{\partial v}\frac{\partial y}{\partial u},$$

il vient

$$\frac{\partial U}{\partial u} = \frac{\partial p}{\partial v}\frac{\partial x}{\partial u} + \frac{\partial q}{\partial v}\frac{\partial y}{\partial u} - \frac{\partial p}{\partial u}\frac{\partial x}{\partial v} - \frac{\partial q}{\partial u}\frac{\partial y}{\partial v}.$$

Remplaçons dans cette expression $\frac{\partial x}{\partial u}$, $\frac{\partial y}{\partial u}$, $\frac{\partial p}{\partial u}$, $\frac{\partial q}{\partial u}$ par P, Q, $-(X-p)$, $-(Y-q)$ et il vient

$$\frac{\partial U}{\partial u} = \frac{1}{u}\left\{ P\frac{\partial p}{\partial v} + Q\frac{\partial q}{\partial v} + X\frac{\partial x}{\partial v} + Y\frac{\partial y}{\partial v} - p\frac{\partial x}{\partial v} - q\frac{\partial y}{\partial v}\right\},$$

d'où, en tenant compte de la relation $\varpi(x, y, p, q) = z$,

$$(34) \qquad\qquad \frac{\partial U}{\partial u} = \frac{1}{u}U,$$

et

$$U = U_0 e^{\int_0^u \frac{du}{u}}.$$

Comme U_0 est toujours nul pour les valeurs initiales $z^0 = 0$, $p^0 = 0$, $q^0 = 0$, il semblerait d'après cela qu'en associant les caractéristiques tangentes au plan des xy suivant une loi arbitraire, on obtient toujours une intégrale. Mais nous sommes ici dans un cas où l'objection de J. Bertrand s'applique, car le facteur $e^{\int_0^u \frac{du}{u}}$ est infini. Donc, pour que U soit nul, il ne suffit pas que U_0 le soit. En intégrant l'équation (34), il vient

$$U = Cu.$$

Pour que U soit nul, il faut donc qu'on ait C = o. Or,

$$C = \left(\frac{\partial U}{\partial u}\right)_0,$$

ou encore

$$C = -\left(\frac{\partial p}{\partial u}\right)_0 \frac{\partial x_0}{\partial v} - \left(\frac{\partial q}{\partial u}\right)_0 \frac{\partial y_0}{\partial v}.$$

Les développements de p et de q commencent par des termes de la forme

$$p = \alpha u + \ldots, \qquad q = \beta u + \ldots.$$

La condition C = o prend donc la forme

$$\alpha \frac{\partial x_0}{\partial v} + \beta \frac{\partial y_0}{\partial v} = o.$$

Cette condition détermine la valeur du rapport $\frac{\alpha}{\beta}$ tout le long de la courbe donnée. Il existe donc une intégrale différente de $z = o$ et tangente à l'intégrale singulière le long d'une courbe quelconque tracée sur cette surface.

La condition précédente est vérifiée, en particulier, si on prend $x_0 = C^{te}$, $y_0 = C^{te}$. On en conclut que toutes les caractéristiques qui passent par un point de la surface singulière engendrent une surface intégrale, tangente en ce point à la surface singulière. Cette intégrale joue le même rôle que l'intégrale complète dans la théorie de Lagrange. Nous retrouvons ainsi, par une voie plus rigoureuse, les propriétés fondamentales que nous avions recon**nues plus haut** à l'intégrale singulière.

REMARQUE. — Si, dans l'équation

$$z = \varpi(x, y, p, q),$$

on fait la substitution

$$z = z'^2,$$

z'^2 se met en facteur, et la nouvelle équation n'admet plus la solution $z' = 0$, qui se trouve ainsi éliminée de l'équation.

Nous n'avons examiné, dans ce qui précède, que les hypothèses les plus générales où Z et $B^2 - AC$ ne sont pas nuls. Pour une étude plus complète, nous renverrons au Mémoire de G. Darboux.

47. Equations décomposables en facteurs linéaires. — Soit

$$(35) \qquad F(x, y, z, p, q) = 0$$

une équation du premier ordre où F désigne une fonction décomposable en n facteurs linéaires en p, q.

$$F = (u_1 p + v_1 q - w_1)(u_2 p + v_2 q - w_2)\dots(u_n p + v_n q - w_n).$$

Le cône (T) relatif à un point quelconque M de l'espace se compose des n droites $D_1, D_2, \dots, D_n$ qui passent en ce point et ont pour paramètres directeurs u_1, v_1, w_1 ; u_2, v_2, w_2 ; $\dots$; u_n, v_n, w_n, et l'équation (35) exprime que le plan tangent à une surface intégrale qui passe en M contient une de ces n droites. Les courbes caractéristiques forment, dans ce cas, non plus un complexe, mais seulement une *congruence*, car, par tout point de l'espace, il en passe n seulement. Mais il est aisé de se rendre compte, comme on l'a indiqué rapidement (p. 182), que si, au lieu de considérer les courbes caractéristiques seules, on considère l'ensemble formé par une courbe et une développable caractéristique, cet ensemble dépend de *trois* paramètres arbitraires. En effet, soient

$$f(x, y, z) = a, \quad \varphi(x, y, z) = b$$

les équations de la congruence formée par les courbes caractéristiques. Pour avoir une surface intégrale, on établit entre les deux paramètres une relation $a = \Pi(b)$, et l'équation

$$f = \Pi(\varphi)$$

donne une surface intégrale. L'équation du plan tangent à cet surface au point $x\ y,\ z$ est

$$(X - x)\frac{\partial f}{\partial x} + (Y - y)\frac{\partial f}{\partial y} + (Z - z)\frac{\partial f}{\partial z}$$
$$= c\left\{(X - x)\frac{\partial \varphi}{\partial x} + (Y - y)\frac{\partial \varphi}{\partial y} + (Z - z)\frac{\partial \varphi}{\partial z}\right\},$$

en posant

$$c = \frac{\partial \Pi}{\partial \varphi}\,.$$

Cette équation peut s'écrire

$$(36)\qquad \frac{(X - x)\dfrac{\partial f}{\partial x} + (Y - y)\dfrac{\partial f}{\partial y} + (Z - z)\dfrac{\partial f}{\partial z}}{(X - x)\dfrac{\partial \varphi}{\partial x} + (Y - y)\dfrac{\partial \varphi}{\partial y} + (Z - z)\dfrac{\partial \varphi}{\partial z}} = c.$$

On voit que le plan tangent ne dépend que du paramètre c. La forme même de l'équation (36) nous montre que si on considère un point M d'une courbe caractéristique C, par laquelle passent quatre surfaces intégrales S_1, S_2, S_3, S_4, le rapport anharmonique des quatre plans tangents à ces quatre surfaces au point M est égal au rapport anharmonique des quatre valeurs correspondantes de c. Tout le long d'une courbe caractéristique, c gardant la même valeur, on en conclut que le rapport anharmonique des quatre plans tangents est indépendant de la position du point M sur la courbe C. Si donc on se donne trois surfaces intégrales S_1, S_2, S_3, passant par la caractéristique C et le plan tangent en un point de C à la quatrième surface S_4, le plan tangent à S_4 en tous les autres points de C sera déterminé. Donc à chaque valeur de c correspond une développable caractéristique passant par la courbe C. A toute caractéristique on peut associer une infinité de développables caractéristiques dépendant d'un paramètre c.

Appliquons encore à l'équation (35) la méthode générale de recherche des intégrales singulières. Le cône des normales se compose dans ce cas du système des plans $P_1, P_2, \ldots, P_n$ perpendiculaires aux droites $D_1, D_2, \ldots, D_n$. Si les droites $D_1, D_2, \ldots, D_n$ sont *distinctes*, les seules droites doubles du cône des normales sont les intersections des plans $P_1, P_2, \ldots, P_n$, pris deux à deux. Pour qu'une intégrale soit singulière, il faut que le plan tangent en chaque point soit perpendiculaire à l'une de ces droites d'intersection, c'est-à-dire contienne *deux* des droites $D_1, D_2, \ldots, D_n$. Ce plan tangent sera par exemple le plan MD_1D_2 : il sera donc déterminé. En général, il n'y aura pas d'intégrale singulière de cette nature, car les plans MD_1D_2 sont parfaitement déterminés quand on se donne le point M, et il n'y aura pas, en général, comme nous l'avons vu, de surface tangente en chacun de ces points au plan MD_1D_2 correspondant ; une telle intégrale rentre d'ailleurs dans l'intégrale générale ; elle s'en distingue seulement en ce qu'elle admet un double mode de génération par les courbes de la congruence.

Si deux des droites $D_1, D_2, \ldots, D_n$ sont confondues, par exemple D_1 et D_2, toute droite située dans le plan P_1 sera une génératrice double du cône des normales. On cherchera donc le lieu des points de l'espace pour lesquels deux des droites $D_1, D_2, \ldots, D_n$ sont confondues et, si ce lieu est tel qu'en chaque point la droite double correspondante soit située dans le plan tangent, ce lieu sera une intégrale singulière.

Il est aisé de voir que, si la congruence des courbes caractéristiques admet une surface focale, cette surface focale sera une intégrale singulière de la seconde catégorie. Soient, en effet,

$$f(x, y, z, a, b) = 0, \qquad \varphi(x, y, z, a, b) = 0$$

les équations de la congruence. On obtient la surface focale en adjoignant à celles-ci l'équation

$$\frac{D(f, \varphi)}{D(a, b)} = 0.$$

Soit alors x, y, z un point de cette surface. Pour tout déplacement sur cette surface on aura

$$\frac{\partial f}{\partial x}\,dx + \frac{\partial f}{\partial y}\,dy + \frac{\partial f}{\partial z}\,dz + \frac{\partial f}{\partial a}\,da + \frac{\partial f}{\partial b}\,db = 0,$$

$$\frac{\partial \varphi}{\partial x}\,dx + \frac{\partial \varphi}{\partial y}\,dy + \frac{\partial \varphi}{\partial z}\,dz + \frac{\partial \varphi}{\partial a}\,da + \frac{\partial \varphi}{\partial b}\,db = 0,$$

ou, en éliminant da, db entre ces deux équations, ce qui est possible puisque

$$\frac{\mathrm{D}(f, \varphi)}{\mathrm{D}(a, b)} = 0,$$

on a

$$\frac{\partial \varphi}{\partial b}\left\{ \frac{\partial f}{\partial x}\,dx + \frac{\partial f}{\partial y}\,dy + \frac{\partial f}{\partial z}\,dz \right\} - \frac{\partial f}{\partial b}\left\{ \frac{\partial \varphi}{\partial x}\,dx + \frac{\partial \varphi}{\partial y}\,dy + \frac{\partial \varphi}{\partial z}\,dz \right\} = 0.$$

Cette relation est vérifiée, en particulier, pour tout déplacement sur la courbe de la congruence qui passe en ce point, car pour cette courbe on a

$$\frac{\partial f}{\partial x}\,dx + \frac{\partial f}{\partial y}\,dy + \frac{\partial f}{\partial z}\,dz = 0,$$

$$\frac{\partial \varphi}{\partial x}\,dx + \frac{\partial \varphi}{\partial y}\,dy + \frac{\partial \varphi}{\partial z}\,dz = 0.$$

Le plan tangent à la surface focale contient donc la tangente à la caractéristique. Cette surface focale est donc une intégrale de l'équation linéaire. D'ailleurs, c'est une intégrale singulière, car, pour tout point de cette surface, deux des courbes de la congruence sont venues se confondre et, par conséquent, les m droites D ne seront pas distinctes.

Exemple I. — Considérons l'équation

$$(3_7) \qquad (px - z)^2 - q^2(x^2 + z^2 - 1) = 0,$$

qui peut s'écrire

$$px - z = \pm q\,\sqrt{x^2 + z^2 - 1}.$$

Les caractéristiques satisfont au système d'équations différentielles

$$\frac{dx}{x} = \frac{dz}{z} = \frac{dy}{\pm\sqrt{x^2 + z^2 - 1}}.$$

dont on a immédiatement une intégrale première

$$z = ax.$$

Les caractéristiques sont donc des courbes planes dont le plan passe par Oy. Par tout point de l'espace, il passe deux caractéristiques situées dans le plan déterminé par ce point et l'axe des y. Les plans passant par Oy sont donc des intégrales singulières de la première catégorie. Pour avoir les intégrales de la seconde catégorie, cherchons le lieu des points pour lesquels deux droites D sont confondues. Ce lieu est le cylindre

$$x^2 + z^2 - 1 = 0,$$

et la fonction

$$z = \sqrt{1 - x^2},$$

définie par cette équation, ne satisfait pas à l'équation (37). Il n'y a donc pas d'intégrale singulière de la seconde catégorie. Il est aisé de vérifier que les caractéristiques sont données par les deux équations

$$\left\{ \begin{array}{l} z = ax, \\ y = \sqrt{x^2 + z^2 - 1} - \text{arc tg} \sqrt{x^2 + z^2 - 1} + b, \end{array} \right.$$

et que le cylindre

$$x^2 + z^2 - 1 = 0$$

est le lieu des points de rebroussement de ces caractéristiques.

EXEMPLE II. — Soit l'équation

$$(px + qy)^2 = (p^2 + q^2)(1 - z^2).$$

Cette équation exprime que, si on coupe le plan tangent au point (x, y, z) par le plan $Z = z$, la droite d'intersection est tangente à la sphère

$$x^2 + y^2 + z^2 - 1 = 0.$$

Les caractéristiques sont donc des droites parallèles au plan des xy et tangentes à la sphère. Tout plan $z = h$ est une intégrale singulière de la première catégorie et la sphère elle-même est une intégrale singulière de la seconde catégorie.

REMARQUE. — Étant donnée une congruence de courbes

$$f(x, y, z, a, b) = 0, \quad \varphi(x, y, z, a, b) = 0,$$

la surface obtenue en joignant à ces équations la relation

$$\frac{D(f, \varphi)}{D(a, b)} = 0,$$

ou surface focale de la congruence, est tangente, comme on sait, à chacune des courbes de cette congruence. Il semblerait, d'après cela, que toute équation aux dérivées partielles du premier ordre qui se décompose en plusieurs équations linéaires doive admettre une intégrale singulière, la surface focale de la congruence formée par les courbes caractéristiques. Mais l'existence de cette surface focale est évidemment subordonnée à certaines conditions de continuité pour les fonctions f et φ, conditions qui se trouvent remplies dans la théorie ordinaire des congruences, où l'on suppose, en général, ces fonctions algébriques. Mais si ces courbes sont définies par leurs équations différentielles

$$F(x, y, z, y', z') = 0, \qquad \Phi(x, y, z, y', z') = 0,$$

où

$$y' = \frac{dy}{dx}, \qquad z' = \frac{dz}{dx},$$

les fonctions F et Φ étant quelconques, les courbes intégrales n'admettent plus d'une façon normale de surface focale et la surface obtenue en éliminant y' et z' entre les trois équations

$$F = 0, \qquad \Phi = 0, \qquad \frac{D(F, \Phi)}{D(y', z')} = 0,$$

est, *en général*, le lieu des points de rebroussement des courbes intégrales [1].

Exercices et compléments

1. Trouver les surfaces dont le plan tangent en chaque point M fait un angle constant avec la droite qui joint le point M à un point fixe O.

2. Trouver les surfaces dont les normales sont tangentes à une sphère

(MONGE).

3. Trouver les surfaces dont les normales sont tangentes à un cône de révolution, ou plus généralement, à une surface développable.

(MONGE).

[1] Voir, pour la démonstration, *American Journal of Mathematics*, vol. XI, p. 352.

4. Toutes les équations $F(x, y, z, p, q) = 0$ telles que les équations différentielles des caractéristiques admettent une intégrale $U(x, y, z) = C$, indépendante de p et q, sont linéaires en p et q.

5. Trouver toutes les équations pour lesquelles les développables caractéristiques sont des .cylindres ayant leurs génératrices parallèles à un plan fixe. En déduire les équations pour lesquelles les développables caractéristiques sont des cônes ayant leurs sommets sur une droite fixe.

(MONGE).

6. On appelle complexe tétraédral tout complexe formé de droites qui coupent les quatre faces d'un tétraèdre en quatre points dont le rapport anharmonique est constant.

Trouver les surfaces tangentes en chacun de leurs points au cône du complexe tétraédral qui a son sommet en ce point.

Étant donnés deux complexes tétraédraux ayant même tétraèdre fondamental, les équations aux dérivées partielles correspondantes admettent une infinité d'intégrales communes.

(SOPHUS LIE).

7. On donne les deux équations

$$(1) \qquad \begin{aligned} (x - a)(px + qy - 2z) - (z - c)(p - x) &= 0, \\ (y - b)(px + qy - 2z) - (z - c)(q - y) &= 0, \end{aligned}$$

où p et q sont les dérivées partielles de z par rapport à x et à y.

1° Les quantités a, b, c étant supposées constantes, trouver les intégrales communes aux deux équations (1) ;

2° On suppose que a, b, c soient des fonctions données d'un paramètre λ, c'est à-dire que le point M dont les coordonnées sont a, b, c décrive une courbe C. Dans ces conditions, en éliminant le paramètre λ entre les deux équations (1), on obtient une équation aux dérivées partielles

$$(2) \qquad F(x, y, z, p, q) = 0.$$

Comment peut-on intégrer cette équation ?

3° Démontrer que les courbes caractéristiques de l'équation (2) sont des coniques, et que les développables caractéristiques sont des cônes du second degré. Indiquer les principales propriétés de ces systèmes de coniques et de cônes ;

4° Soient A un point d'une surface intégrale, B le pôle du plan tangent en A à cette surface par rapport au paraboloïde P ayant pour équation $x^2 + y^2 - 2z = 0$; démontrer que la droite AB rencontre la courbe C ;

5° Sur la droite AB on prend un point N, tel que le rapport anhar-

monique des points A, N et des deux points de rencontre de la droite AB
avec le paraboloïde P soit constant; démontrer que le point N décrit
une surface intégrale de l'équation (2);

6° La courbe C étant donnée, déterminer les surfaces intégrales telles
que les plans des coniques caractéristiques passent par un point fixe;
déterminer les surfaces intégrales dont toutes les caractéristiques sont
un système de deux droites.

(Agrégation des Sciences Mathématiques, 1899).

7. Théorème de Lie (p. 219). — Soit $p + f(x, y, z, q) = 0$ une équation aux dérivées partielles du premier ordre dont les caractéristiques
sont des lignes asymptotiques des surfaces intégrales. D'après les équations différentielles des caractéristiques, la fonction $f(x, y, z, q)$ doit
satisfaire à l'équation

$$(E) \qquad \frac{\partial f}{\partial x} - f \frac{\partial f}{\partial z} + \frac{\partial f}{\partial q}\left(\frac{\partial f}{\partial y} + q \frac{\partial f}{\partial z} \right) = 0$$

qu'il serait facile d'intégrer par des méthodes régulières. Mais on
arrive plus simplement à l'interprétation géométrique du résultat en
opérant comme il suit. La génératrice de contact du plan

$$Z - z = -f(x, y, z, q)(X - x) + q(Y - y)$$

avec le cône (T) de sommet (x, y, z) a pour équations

$$Y = y - x \frac{\partial f}{\partial q} + \frac{\partial f}{\partial q} X, \qquad Z = z + x\left(f - q \frac{\partial f}{\partial q} \right) + \left(q \frac{\partial f}{\partial q} - f \right) X.$$

Pour que ces génératrices forment un complexe ou une congruence, il
faut et il suffit que l'on ait

$$\Delta = \frac{D\left(\frac{\partial f}{\partial q}, \quad y - x \frac{\partial f}{\partial q}, \quad q \frac{\partial f}{\partial q} - f, \quad z + x\left(f - q \frac{\partial f}{\partial q} \right) \right)}{D(x, y, z, q)} = 0.$$

En faisant le calcul, on trouve, après quelques transformations bien
faciles, l'expression suivante de ce jacobien

$$\Delta = \frac{\partial^2 f}{\partial q^2}\left[\frac{\partial f}{\partial x} - f \frac{\partial f}{\partial z} + \frac{\partial f}{\partial q}\left(\frac{\partial f}{\partial y} + q \frac{\partial f}{\partial z} \right) \right].$$

Si l'équation proposée n'est pas linéaire, l'équation (E) est équivalente
à l'équation $\Delta = 0$. Donc pour que les caractéristiques d'une équation
non linéaire soient des lignes asymptotiques des surfaces intégrales, il
faut et il suffit que les génératrices des cônes (T) forment un complexe

de droites (Cf. p. 42). Ces génératrices ne peuvent évidemment former une congruence si l'équation aux dérivées partielles n'est pas linéaire.

Pour que les caractéristiques d'une équation linéaire soient des lignes asymptotiques des surfaces intégrales, il faut et il suffit que ces caractéristiques soient des lignes droites. En effet, le plan tangent en un point M à l'une de ces courbes peut être un plan quelconque passant par la tangente en ce point. Il faut donc que le plan osculateur soit indéterminé, c'est-à-dire que la caractéristique soit une ligne droite. En appliquant aux équations précédentes une transformation de con·tact qui sera étudiée plus loin (chapitre X), on obtient les équations aux dérivées partielles du premier ordre dont les caractéristiques sont des lignes de courbure des surfaces intégrales.

(Sophus Lie, Mathematische Annalen, t. V, p. 189-196).

8. *Les caractéristiques d'une équation aux dérivées partielles*

$$p\,\frac{\partial H}{\partial x} + q\,\frac{\partial H}{\partial y} - \frac{\partial H}{\partial z} = \sqrt{1 + p^2 + q^2}\;\sqrt{\left(\frac{\partial H}{\partial x}\right)^2 + \left(\frac{\partial H}{\partial y}\right)^2 + \left(\frac{\partial H}{\partial z}\right)^2 - 1}.$$

où H *est une fonction quelconque de* x, y, z, *sont des lignes géodésiques des surfaces intégrales.*

(Sophus Lie, Ibid., p. 196-200).

Ces équations se rattachent à celles dont il est question à la fin de l'Exercice précédent, par une transformation géométrique dont la signification est la suivante : Observons d'abord que si deux surfaces S_1, S_2 sont tangentes le long d'une ligne de courbure commune C, l'arête de rebroussement de la développable engendrée par les normales le long de cette ligne de courbure est une ligne géodésique Γ commune aux développées Σ_1', Σ_2 des deux surfaces S_1 et S_2, et ces deux développées sont tangentes le long de Γ. Cela posé, soit S une intégrale complète d'une équation aux dérivées partielles dont les caractéristiques sont des lignes de courbure ; les développées Σ des surfaces S qui correspondent à cette famille de lignes de courbure forment elles-mêmes une intégrale complète d'une autre équation aux dérivées partielles du premier ordre dont les caractéristiques correspondent aux lignes de courbure des surfaces S, et sont par conséquent des lignes géodésiques des surfaces intégrales.

On n'a pas, d'ailleurs, de cette façon, les équations les plus générales jouissant de cette propriété.

9. Le complexe de droites

$$x = az + 2ac - b,$$
$$y = bz + ac^2,$$

où a, b, c sont des paramètres variables, est formé des caractéristiques d'une équation aux dérivées partielles.

10. Les circonférences qui s'appuient sur les trois arêtes d'un trièdre trirectangle sont les caractéristiques d'une équation aux dérivées partielles.

Si l'on a pris pour axes de coordonnées les trois arêtes du trièdre, les équations de ce complexe de circonférences sont

$$x^2 + y^2 + z^2 = ax + by + cz,$$

$$\frac{x}{a} + \frac{y}{b} + \frac{z}{c} = 1.$$

La forme fondamentale est égale au produit de $dadbdc$ par une forme linéaire.

11. *Trajectoires orthogonales des droites d'un complexe.* — La recherche des surfaces dont les normales font partie d'un complexe de droites conduit à une équation aux dérivées partielles de la forme

$$F(p, q, x + pz, y + qz) = 0.$$

On ramène le problème à l'intégration d'une équation linéaire en p et q et à une quadrature, en cherchant d'abord les congruences de normales dont les droites font partie du complexe. Si l'on écrit les équations d'une droite du complexe

$$x = \frac{\alpha z}{\sqrt{1 - \alpha^2 - \beta^2}} + p,$$

$$y = \frac{\beta z}{\sqrt{1 - \alpha^2 - \beta^2}} + q,$$

p et q étant deux fonctions de trois paramètres α, β, γ, la relation $\gamma = f(\alpha, \beta)$ définit une congruence de normales pourvu que l'on ait

$$\frac{\partial q}{\partial \alpha} + \frac{\partial q}{\partial \gamma} \frac{\partial f}{\partial \alpha} = \frac{\partial p}{\partial \beta} + \frac{\partial p}{\partial \gamma} \frac{\partial f}{\partial \beta}.$$

(*Cours d'Analyse*, tome Ier, 3e édition, page 634).

CHAPITRE VII

PREMIÈRE MÉTHODE DE JACOBI

48. Les parenthèses de Poisson. — Nous avons vu qu'étant donnée l'équation

$$(\text{I}) \qquad F(x_1, x_2, \ldots, x_n, p_1, p_2, \ldots, p_n) = a_0,$$

qui ne contient pas z, l'intégration de cette équation se ramène à celle du système d'équations différentielles

$$\frac{dx_i}{P_i} = \frac{-dp_i}{X_i} = \frac{dz}{P_1 p_1 + \ldots + P_n p_n}\,.$$

Il suffira d'intégrer le système

$$\frac{dx_i}{P_i} = \frac{-dp_i}{X_i}, \qquad (i = 1, 2, \ldots, n),$$

qui ne contient pas z et on aura ensuite z par une quadrature. L'intégration de ce dernier système est équivalente à l'intégration de l'équation du premier ordre

$$\sum_{i=1}^{i=n} \left(P_i \frac{\partial \varphi}{\partial x_i} - X_i \frac{\partial \varphi}{\partial p_i} \right) = 0.$$

D'une manière générale, nous poserons

$$(f, \varphi) = \sum_{i=1}^{i=n} \left\{ \frac{\partial f}{\partial p_i} \frac{\partial \varphi}{\partial x_i} - \frac{\partial f}{\partial x_i} \frac{\partial \varphi}{\partial p_i} \right\} = \sum_{i=1}^{i=n} \frac{D(f, \varphi)}{D(p_i, x_i)}\,.$$

Les expressions (f, φ), que nous rencontrerons souvent dans cette théorie, sont connues sous le nom de *parenthèses de Poisson*. Avec cette notation, l'équation précédente peut s'écrire

$$(2) \qquad\qquad (F, \Phi) = 0,$$

et, à une quadrature près, l'intégration des équations (1) et (2) sont deux problèmes équivalents.

Nous ferons connaître immédiatement quelques-unes des propriétés des expressions (f, φ). On a

$$(c, \varphi) = 0,$$
$$(\varphi, \varphi) = 0,$$
$$(\varphi, f) = -(f, \varphi),$$

c désignant une constante. Soit

$$f = F_1(\alpha, \beta, \gamma, \ldots, \eta, \lambda), \qquad \varphi = F_2(\alpha, \beta, \gamma, \ldots, \eta, \lambda),$$

où $\alpha, \beta, \gamma, \ldots, \lambda$ désignent des fonctions quelconques des variables $x_1, x_2, \ldots, x_n, p_1, p_2, \ldots, p_n$; on aura

$$(f, \varphi) = (\alpha, \beta)\frac{D(F_1, F_2)}{D(\alpha, \beta)} + (\alpha, \gamma)\frac{D(F_1, F_2)}{D(\alpha, \gamma)} + \ldots + (\eta, \lambda)\frac{D(F_1, F_2)}{D(\eta, \lambda)},$$

le nombre des termes du second membre étant égal au nombre des combinaisons des lettres $\alpha, \beta, \gamma, \ldots, \lambda$ deux à deux. La propriété la plus importante de ces parenthèses est la suivante : f, φ, ψ *étant trois fonctions quelconques, on a identiquement* [1]

$$((f, \varphi), \psi) + ((\varphi, \psi), f) + ((\psi, f), \varphi) = 0.$$

En effet, chaque terme du premier membre est le produit d'une **dérivée** du second ordre par deux dérivées du premier ordre ; il **suffit** donc de prouver que ce premier membre ne contient aucune **dérivée** du second ordre. Nous allons montrer, par exemple, qu'il **ne** contient pas de dérivées du second ordre de f. Les termes conte**nant** des dérivées du second ordre de f proviennent tous de

$$((f, \varphi), \psi) + ((\psi, f), \varphi),$$

---

[1] Donkin, *Philosophical Transactions*, 1854.
Jacobi, *Nova Methodus*, p. 42.

qui peut encore s'écrire

$$(\psi, (\varphi, f)) - (\varphi, (\psi, f)).$$

Posons alors

$$(\varphi, f) = X(f), \qquad (\psi, f) = Y(f),$$

puisque ces deux expressions sont linéaires par rapport aux dérivées de f ; l'expression précédente s'écrit

$$Y(X(f)) - X(Y(f)),$$

expression qui, comme nous le savons, ne contient pas de dérivées secondes de f.

On déduit de cette identité l'importante proposition suivante, connue sous le nom de théorème de Poisson :

Si α et β sont deux intégrales de l'équation

$$(2) \qquad\qquad (F, \Phi) = 0,$$

(α, β) est une intégrale de la même équation.

L'identité

$$((F, \alpha), \beta) + ((\alpha, \beta), F) + ((\beta, F), \alpha) = 0$$

devient, puisque $(F, \alpha) = 0$, $(F, \beta) = 0$,

$$((\alpha, \beta), F) = 0,$$

ce qui démontre la proposition.

Il semblerait, d'après cela, qu'il suffirait de connaître deux intégrales de l'équation (2), outre la fonction F, pour pouvoir achever l'intégration, puisque de deux intégrales on en déduit une troisième ; en combinant cette nouvelle intégrale avec une des deux premières, on en aurait une quatrième, et ainsi de suite. Mais il peut arriver que (α, β) se réduise à une constante ou à une fonction des intégrales déjà obtenues. De sorte que, dans la pratique, le théorème, sans être en défaut, n'a pas toute l'importance qu'il paraît avoir d'après son énoncé. On reviendra dans un autre chapitre sur l'application de ce théorème.

Considérons, comme cas particulier, deux fonctions φ et ψ linéaires par rapport aux variables p_k,

$$\psi = a_1 p_1 + a_2 p_2 + \ldots + a_n p_n,$$
$$\varphi = b_1 p_1 + b_2 p_2 + \ldots + b_n p_n,$$

et posons

$$X(f) = a_1 \frac{\partial f}{\partial x_1} + a_2 \frac{\partial f}{\partial x_2} + \ldots + a_n \frac{\partial f}{\partial x_n},$$
$$Y(f) = b_1 \frac{\partial f}{\partial x_1} + b_2 \frac{\partial f}{\partial x_2} + \ldots + b_n \frac{\partial f}{\partial x_n}.$$

L'expression (ψ, φ) se réduit, quand on y remplace p_i par $\frac{\partial f}{\partial x_i}$, à

$$X(Y(f)) - Y(X(f)).$$

Si on a $(\psi, \varphi) = 0$, le système des deux équations $X(f) = 0$, $Y(f) = 0$ est jacobien. Soit f une intégrale de l'équation $X(f) = 0$, f désignant une fonction des seules variables $x_1, x_2, \ldots, x_n$. On aura

$$(\psi, f) = 0 ;$$

par suite f et φ sont deux intégrales de l'équation

$$(\psi, \Phi) = 0,$$

et (φ, f) est aussi une intégrale de cette équation. D'ailleurs

$$(\varphi, f) = Y(f) ;$$

nous retrouvons une propriété connue des systèmes jacobiens (n° **16**, p. 77).

49. Les crochets $[f, \varphi]$. — Considérons maintenant une équation contenant z :

$$(3) \qquad F(z, x_i, p_k) = a_0.$$

Nous avons vu que l'intégration de cette équation se ramène à l'intégration de l'équation linéaire

$$\sum_{i=1}^{i=n} \left\{ P_i \left(\frac{\partial \Phi}{\partial x_i} + p_i \frac{\partial \Phi}{\partial z} \right) - (X_i + p_i Z) \frac{\partial \Phi}{\partial p_i} \right\} = 0,$$

Posons, pour abréger l'écriture,

$$\frac{d}{dx_i} = \frac{\partial}{\partial x_i} + p_i \frac{\partial}{\partial z} ;$$

l'équation précédente pourra s'écrire

$$\sum_{i=1}^{i=n} \left\{ \frac{\partial F}{\partial p_i} \frac{d\Phi}{dx_i} - \frac{\partial \Phi}{\partial p_i} \frac{dF}{dx_i} \right\} = 0,$$

ou, avec une notation analogue à celle des parenthèses précédentes,

(4) $[F, \Phi] = 0.$

en posant d'une manière générale

$$[U, V] = \sum_{i=1}^{i=n} \left\{ \frac{\partial U}{\partial p_i} \frac{dV}{dx_i} - \frac{\partial V}{\partial p_i} \frac{dU}{dx_i} \right\}.$$

Les expressions $[\ ,\ ]$, jouissent de propriétés analogues à celles des parenthèses $(\ ,\ )$; mais la propriété fondamentale ne s'étend pas aux crochets. Si U, V, W sont trois fonctions quelconques de z, x_i, p_k, la somme

$$[[U, V], W] + [[V, W], U] + [[W, U], V]$$

n'est pas nulle. On démontre d'abord, comme pour les parenthèses, que cette somme ne contient aucune dérivée du second ordre. Or, on a

$$[U, V] = (U, V) + \sum_{i=1}^{i=n} p_i \left\{ \frac{\partial V}{\partial z} \frac{\partial U}{\partial p_i} - \frac{\partial U}{\partial z} \frac{\partial V}{\partial p_i} \right\}.$$

Les seuls termes qui ne contiendront pas de dérivées du second ordre dans $[[U, V], W]$ proviendront de

$$\sum_{i=1}^{i=n} p_i \left\{ \frac{\partial V}{\partial z} \frac{\partial U}{\partial p_i} - \frac{\partial U}{\partial z} \frac{\partial V}{\partial p_i} \right\}.$$

et seront

$$\sum_{i=1}^{i=n} \left\{ \frac{\partial V}{\partial z} \frac{\partial U}{\partial p_i} - \frac{\partial U}{\partial z} \frac{\partial V}{\partial p_i} \right\} \frac{dW}{dx_i}.$$

Si on fait la somme des trois expressions analogues, on trouve qu'elle est égale à [1]

$$\frac{\partial U}{\partial z}\,[W, V] + \frac{\partial V}{\partial z}\,[U, W] + \frac{\partial W}{\partial z}\,[V, U]\,;$$

c'est donc une fonction linéaire des crochets $[W, V]$, $[U, W]$, $[V, U]$.

50. Première méthode de Jacobi. — En comparant les travaux d'Hamilton sur la mécanique à la méthode de Pfaff, Jacobi a été conduit à une méthode d'intégration identique au fond à celle de Cauchy, qui était inconnue de Jacobi à cette époque [1]. Nous exposerons cette méthode avec la modification de Mayer [2]. Supposons avec Jacobi qu'on ait fait disparaître la fonction inconnue, et soit

$$(5) \qquad \frac{\partial V}{\partial t} + H\left(t, x_1, \ldots, x_n, \frac{\partial V}{\partial x_1}, \ldots, \frac{\partial V}{\partial x_n}\right) = 0$$

une équation aux dérivées partielles du premier ordre entre la fonction inconnue V et les $(n + 1)$ variables indépendantes $t, x_1, \ldots, x_n$, résolue par rapport à la dérivée $\dfrac{\partial V}{\partial t}$.

Posons $\dfrac{\partial V}{\partial x_i} = p_i$; nous pourrons alors écrire l'équation (5) sous la forme abrégée

$$(5') \qquad \frac{\partial V}{\partial t} + H(t, x_i, p_k) = 0.$$

L'intégration de l'équation (5) se ramène à celle du système d'équations différentielles ordinaires, appelé *système canonique*.

$$(6) \qquad \frac{dx_i}{dt} = \frac{\partial H}{\partial p_i}, \qquad \frac{dp_i}{dt} = -\frac{\partial H}{\partial x_i}, \qquad (i = 1, 2, \ldots, n).$$

[1] Mayer, *Mathematische Annalen*, t. IX, p. 370.
[1] Jacobi, *Über die Reduction der Integration der partiellen Differentialgleichungen erster Ordnung zwischen irgend einer Zahl variabeln auf die Integration eines einzigen Systemes gewöhnlicher Differentialgleichungen* (*Crelle*, t. XVII, p. 97-162 ; *Gesammelte Werke*, t. IV, p. 59-127). Une traduction française de ce mémoire a été publiée dans le tome III du *Journal de Liouville*, 1re série.
Voir aussi *Vorlesungen über Dynamik*, p. 364.
[2] Mayer, *Über die Jacobi-Hamilton'sche Integrationsmethode der partiellen Differentialgleichungen erster Ordnung* (*Mathematische Annalen*, t. III, p. 435).

En effet, soit

$$V(t, x_1, \ldots, x_n, a_1, a_2, \ldots, a_n) + a_{n+1}$$

une intégrale complète de l'équation (5), telle que l'on ait

$$I = \frac{D\left(\dfrac{\partial V}{\partial x_1}, \ldots, \dfrac{\partial V}{\partial x_n}\right)}{D(a_1, \ldots, a_n)} \gtrless 0 ;$$

l'intégrale générale du système (6) sera donnée par les formules

$$(7) \qquad \frac{\partial V}{\partial x_i} = p_i, \quad \frac{\partial V}{\partial a_i} = b_i, \qquad (i = 1, 2, \ldots, n),$$

où b_i désignent des constantes arbitraires. En effet, les $2n$ fonctions $x_1, \ldots, x_n, p_1, \ldots, p_n$ de t, définies par les relations (7), vérifient les équations (6) ; c'est un cas particulier de la proposition plus générale démontrée au chapitre V (n° **38**). D'un autre côté, on peut disposer des $2n$ constantes a_i, b_i de façon que, pour $t = t_0$, x_i, p_k prennent des valeurs données à l'avance x_i^0, p_k^0.

Réciproquement, je dis que si on a intégré le système canonique (6), *on aura une intégrale complète de l'équation (5) par une seule quadrature.* En effet, soit

$$(8) \quad \begin{cases} x_i = \varphi_i\,(t, a_1, a_2, \ldots, a_n, b_1, b_2, \ldots, b_n), \\ p_i = \psi_i\,(t, a_1, a_2, \ldots, a_n, b_1, b_2, \ldots, b_n), \end{cases} \quad (i = 1, 2, \ldots, n),$$

l'intégrale générale du système (6), où $a_1, a_2, \ldots, a_n$ désignent les valeurs initiales de $p_1, p_2, \ldots, p_n$ et $b_1, b_2, \ldots, b_n$ celles de $x_1, x_2, \ldots, x_n$, quand on fait $t = t_0$. Des n premières équations (8) on pourra tirer $b_1, b_2, \ldots, b_n$, car le déterminant $\dfrac{D(x_1, \ldots, x_n)}{D(b_1, \ldots, b_n)}$ se réduit à l'unité pour $t = t_0$, et, en portant ces valeurs dans les n dernières, on aura les quantités p_i exprimées en fonction des variables t, x_i et a_i. Donc, toute fonction des variables t, x_i, p_i, a_i, b_i, pourra s'exprimer soit en fonction des variables t, a_i, b_i, soit au moyen des variables t, x_i, a_i [1]. Imaginons qu'on prenne d'abord

---

[1] Jacobi prenait pour variables indépendantes t, $x_1, \ldots, x_n$, $b_1, b_2, \ldots, b_n$. C'est A. Mayer qui a fait remarquer, dans le travail cité plus haut, que ces $2n + 1$ quantités n'étaient pas nécessairement indépendantes. On pourra consulter sur ce sujet plusieurs articles de G. Darboux (*Comptes rendus*, t. LXXIX, (1874), p. 1488 ; t. LXXX, (1875), p. 160 ; *Bulletin des Sciences mathématiques et astronomiques*, 1re série, t. VIII, (1875), p. 249-255), où, suivant les indications de J. Bertrand, il montre que la modification de Mayer n'est pas indispensable.

pour variables indépendantes t, a_i et b_i. Posons

$$U = \sum_{k=1}^{k=n} p_k \frac{\partial H}{\partial p_k} - H,$$

et considérons la fonction

$$V = \sum_{k=1}^{k=n} a_k b_k + \int_{t_0}^{t} U\, dt.$$

Si on exprime cette fonction V au moyen des variables t, x_i, a_k, on obtient une intégrale complète de l'équation (5). Le calcul suivant n'est au fond qu'un calcul de changement de variables. Nous désignerons par la lettre d une différentielle relative à un accroissement dt de la seule variable t, par δ une différentielle relative à des accroissements δa_i, δb_i des seules variables a_i, b_i, et par Δ la différentielle totale, de telle sorte que l'on a

$$\Delta = d + \delta, \quad \Delta V = dV + \delta V, \quad \Delta x_i = dx_i + \delta x_i.$$

Calculons ΔV :

$$dV = U\, dt,$$

$$\delta V = \sum_{k=1}^{k=n} (a_k \delta b_k + b_k \delta a_k) + \int_{t_0}^{t} \delta U\, dt.$$

D'ailleurs

$$\delta U = \sum_{k=1}^{k=n} \delta p_k \frac{\partial H}{\partial p_k} + \sum_{k=1}^{k=n} p_k \delta \frac{\partial H}{\partial p_k}$$

$$- \sum_{k=1}^{k=n} \frac{\partial H}{\partial x_k} \delta x_k - \sum_{k=1}^{k=n} \frac{\partial H}{\partial p_k} \delta p_k.$$

Remplaçons $\dfrac{\partial H}{\partial x_k}$ et $\dfrac{\partial H}{\partial p_k}$ par leurs valeurs tirées des équations (6) ; il vient

$$\delta U = \sum_{k=1}^{k=n} p_k \delta \frac{dx_k}{dt} + \sum_{k=1}^{k=n} \frac{dp_k}{dt} \delta x_k.$$

et en remarquant que

$$\delta \frac{dx_k}{dt} = \frac{d}{dt}\,\delta x_k, \qquad \delta U = \frac{d}{dt}\left(\sum_{k=1}^{k=n} p_k \delta x_k \right).$$

On a donc

$$\int_{t_0}^{t} \delta U\, dt = \sum_{k=1}^{k=n} p_k \delta x_k - \sum_{k=1}^{k=n} a_k \delta b_k,$$

et, par suite,

$$\Delta V = \left\{ \sum_{k=1}^{k=n} p_k \frac{\partial H}{\partial p_k} - H \right\} dt + \sum_{k=1}^{k=n} p_k \delta x_k + \sum_{k=1}^{k=n} b_k \delta a_k,$$

ou, en réduisant et en remplaçant $\dfrac{\partial H}{\partial p_k}\, dt$ par dx_k.

$$\Delta V = \sum_{k=1}^{k=n} (p_k \Delta x_k + b_k \Delta a_k) - H \Delta t.$$

car

$$\delta a_k = \Delta a_k, \qquad dt = \Delta t, \qquad \Delta x_k = dx_k + \delta x_k.$$

Cette relation entre les différentielles totales subsiste quelles que soient les variables indépendantes ; on doit donc avoir, en supposant V exprimée au moyen de t, x_i, a_i.

$$\frac{\partial V}{\partial x_k} = p_k, \qquad \frac{\partial V}{\partial a_k} = b_k, \qquad \frac{\partial V}{\partial t} + H = 0.$$

Cette fonction V vérifie donc l'équation (5) ; d'ailleurs, pour $t = t_0$, elle doit se réduire à $a_1 x_1 + \ldots + a_n x_n$, et le déterminant I se réduit à l'unité. Par conséquent, $V + a_{n+1}$ est une intégrale complète.

L'intégration de l'équation (5) se ramène donc à celle du système canonique

$$\frac{dx_i}{dt} = \frac{\partial H}{\partial p_i}, \qquad \frac{dp_i}{dt} = -\frac{\partial H}{\partial x_i}.$$

Toute intégrale Φ de ce système doit vérifier l'équation linéaire

$$(9) \qquad\qquad \frac{\partial \Phi}{\partial t} + (H, \Phi) = 0.$$

On aura des intégrales de cette équation indépendantes de t, dans le cas où H ne dépend pas de t, en cherchant les intégrales de l'équation

$$(H, \Phi) = 0.$$

C'est ce qui se présente dans les problèmes de mécanique lorsque la fonction des forces ne dépend pas du temps.

Prenons le cas général : *si α et β sont deux intégrales de l'équation (9), (α, β) est encore une intégrale.* La proposition a déjà été établie lorsque α et β ne contiennent pas t. Si α et β contiennent t, introduisons une nouvelle variable auxiliaire T correspondant à t comme p_i correspond à x_i. Posons

$$((F, \Phi)) = (F, \Phi) + \frac{\partial F}{\partial T}\frac{\partial \Phi}{\partial t} - \frac{\partial F}{\partial t}\frac{\partial \Phi}{\partial T}.$$

et

$$H_1 = H + T.$$

Considérons l'équation

$$((H_1, \Phi)) = 0 ;$$

elle s'écrit

$$(H, \Phi) + \frac{\partial \Phi}{\partial t} - \frac{\partial H}{\partial t}\frac{\partial \Phi}{\partial T} = 0,$$

et se réduit à l'équation (9) si Φ ne dépend pas de T. Donc, si α et β sont des intégrales de l'équation (9), on aura

$$((H_1, \alpha)) = 0, \qquad ((H_1, \beta)) = 0.$$

et, par suite,

$$\left((H_1, (\alpha, \beta))\right) = 0 ;$$

or

$$((\alpha, \beta)) = (\alpha, \beta).$$

et on a la relation qu'il fallait démontrer

$$((H_1, (\alpha, \beta))) = (H, \alpha, \beta)) + \frac{\partial (\alpha, \beta)}{\partial t} = 0.$$

Supposons que les équations (6) soient les équations différentielles d'un problème de mécanique, où t représente le temps ; si $\alpha = \text{Const}$, $\beta = \text{Const}$. sont deux intégrales premières de ce système, l'expression (α, β) sera aussi une intégrale et, par conséquent, conservera une valeur constante pendant toute la durée du mouvement. C'est sous cette forme que Poisson [1] a obtenu son théorème.

REMARQUE. — Nous venons de montrer que, de toute intégrale complète de l'équation (5), on déduit l'intégrale générale du système (6), et réciproquement, lorsqu'on connaît l'intégrale générale du système (6), on a, par une seule quadrature, une intégrale complète de l'équation (5). Mais l'intégrale complète que l'on obtient ainsi n'est pas une intégrale quelconque : c'est l'intégrale complète qui, pour $t = t_0$, se réduit à $a_1 x_1 + a_2 x_2 + \ldots a_n x_n$. Il est aisé de vérifier que, lorsqu'on connaît déjà une intégrale complète quelconque $\psi(t, x_1, x_2, \ldots, x_n, c_1, c_2, \ldots, c_n)$ de l'équation (5), la quadrature précédente s'effectue immédiatement. En effet, l'intégrale générale du système (6) sera donnée par les équations

$$\frac{\partial \psi}{\partial x_i} = p_i, \qquad \frac{\partial \psi}{\partial c_i} = d_i, \qquad (i = 1, 2, \ldots, n).$$

Soient a_i et b_i les valeurs initiales de p_i et x_i ; posons

$$\psi_0 = \psi(t_0, b_1, b_2, \ldots, b_n, c_1, c_2, \ldots, c_n),$$

on devra avoir

$$\frac{\partial \psi_0}{\partial b_i} = a_i, \qquad \frac{\partial \psi_0}{\partial c_i} = d_i.$$

et alors l'intégrale cherchée sera donnée par la formule

$$V = \sum_{k=1}^{k=n} a_k b_k + \int_{t_0}^{t} \left\{ \sum_{k=1}^{k=n} p_k \frac{\partial H}{\partial p_k} - H \right\} dt.$$

ou

$$V = \sum_{k=1}^{k=n} a_k b_k + \int_{t_0}^{t} \left\{ \sum_{k=1}^{k=n} \frac{\partial \psi}{\partial x_k} \frac{dx_k}{dt} + \frac{\partial \psi}{\partial t} \right\} dt;$$

[1] *Journal de l'École polytechnique*, 15e cahier.

en prenant pour variables indépendantes t, c_i, d_i. On aura donc

$$V = \sum_{k=1}^{k=n} a_k b_k + \psi - \psi_0.$$

On en conclut [1] qu'étant donnée une intégrale complète quelconque ψ de l'équation (5), l'intégrale qui, pour $t = t_0$, se réduit à $a_1 x_1 + \ldots + a_n x_n$, a pour expression

$$V = \sum_{k=1}^{n} a_k b_k + \psi - \psi_0,$$

les constantes b_i, c_i se déduisant des équations

$$\frac{\partial \psi_0}{\partial b_i} = a_i, \qquad \frac{\partial \psi}{\partial c_i} = \frac{\partial \psi_0}{\partial c_i}, \qquad (i = 1, 2, \ldots, n).$$

[1] Mayer, *Mathematische Annalen*, (1873), t. VI, p. 167.

CHAPITRE VIII

SECONDE MÉTHODE DE JACOBI. — GÉNÉRALISATIONS DE MAYER ET DE LIE

Les méthodes précédentes, sauf celle de Lagrange et Charpit, ramènent l'intégration d'une équation aux dérivées partielles du premier ordre à l'intégration complète d'un système d'équations différentielles ordinaires. On doit à Jacobi une autre méthode dans laquelle on a à chercher successivement *une seule* intégrale de plusieurs systèmes complets. Jacobi était en possession des principes essentiels de cette nouvelle méthode dès 1836 [1]. Il l'a enseignée pendant longtemps à l'Université de Kœnigsberg, mais ce n'est qu'après sa mort qu'elle a été publiée par les soins de Clebsch, en 1862 [2]. Dans cet intervalle, la plupart des théorèmes de Jacobi avaient été retrouvés par différents géomètres, Liouville [3], Bour [4], Donkin [5], etc. . En particulier, Bour a montré que la méthode de Jacobi s'étendait sans difficulté aux systèmes d'équations simultanées. Néanmoins, on a conservé à cette méthode le nom de méthode de Jacobi. Enfin, les travaux plus récents de

<hr>

[1] Voir une lettre du 29 novembre 1836, adressée à M. le professeur Enke, secrétaire de la classe des Sciences mathématiques de l'Académie de Berlin, *Journal de Crelle*, t. XVII, p. 68-82 : *Gesammelte Werke*, t. IV, p. 41 ; *Journal de Liouville*, t. III, 1re série, p. 44.

[2] Jacobi, *Nova Methodus æquationes differentiales partiales primi ordinis inter numerum variabilium quemcunque propositas integrandi* (*Journal de Crelle*, t. LX, p. 1-181, *Gesammelte Werke IV*, p. 317-609).

Voir aussi *Vorlesungen über Dynamik : passim*.

[3] Cours du Collége de France de 1853. *Journal de Liouville*, t. XX, 1re série, p. 137-138 (1855).

[4] Bour, *Sur l'intégration des équations différentielles partielles du premier et du second ordre* (*Journal de l'École polytechnique*, 39e cahier, p. 148 ; 1862).

[5] Donkin, *On a class of differential equations, including those which occur in Dynamical Problems*. (*Philosophical Transactions*, 1854, p. 7).

Mayer et de Sophus Lie ont permis de diminuer beaucoup le nombre d'intégrations exigé par l'emploi de cette méthode [1].

51. Généralisation de la théorie des intégrales complètes. — Nous commencerons par généraliser la définition de l'intégrale complète de Lagrange. Considérons une équation

$$(1) \qquad V(z, x_1, x_2, \ldots, x_n, a_1, a_2, \ldots, a_{n-r+1}) = 0, \qquad (r > 1),$$

définissant une fonction z des variables $x_1, x_2, \ldots, x_n$ et de $(n - r + 1)$ paramètres arbitraires $a_1, a_2, \ldots, a_{n-r+1}$. Si nous considérons, dans cette équation, les paramètres comme des constantes, l'élimination de ces paramètres entre l'équation (1) et les équations

$$(2) \qquad \frac{\partial V}{\partial x_i} + \frac{\partial V}{\partial z} p_i = 0, \qquad (i = 1, 2, \ldots, n).$$

où on a posé $p_i = \dfrac{\partial z}{\partial x_i}$, donnera, *en général*, r relations distinctes seulement entre $z, x_1, x_2, \ldots, x_n, p_1, p_2, \ldots, p_n$,

$$(3) \qquad \begin{cases} F_1(z, x_1, \ldots, x_n, p_1, \ldots, p_n) = 0, \\ \cdots \cdots \cdots \cdots \cdots \cdots \cdots \\ F_r(z, x_1, \ldots, x_n, p_1, \ldots, p_n) = 0, \end{cases}$$

et nous désignerons encore, comme précédemment, la fonction z définie par la relation (1) sous le nom d'*intégrale complète* du système d'équations aux dérivées partielles simultanées (3). Nous allons voir que, dans ce cas encore, la connaissance d'une intégrale complète du système (3) permet de trouver toutes les autres intégrales. En effet, les équations (3) provenant de l'élimination de $a_1, a_2, \ldots, a_{n-r+1}$ entre les équations (1) et (2), la recherche d'une intégrale commune revient à la recherche d'un système de fonctions $z, a_1, a_2, \ldots, a_{n-r+1}$ de $x_1, x_2, \ldots, x_n$ vérifiant les équa-

[1] On pourra voir aussi un certain nombre de travaux plus récents de M. Saltykoff, qui n'ajoutent rien d'essentiel à la théorie. (*Comptes rendus*, t. 128, 129, 137, 149; *Journal de Mathématiques pures et appliquées*, 5ᵉ série, t. III, 1897; *Bulletin de la Société Mathématique de France*, t. XXIX, 1901).

tions (1) et (2). On peut évidemment remplacer le système (1) et (2) par le système des deux équations (1) et (4).

$$(4) \qquad \frac{\partial V}{\partial a_1} da_1 + \frac{\partial V}{\partial a_2} da_2 + \ldots + \frac{\partial V}{\partial a_{n-r+1}} da_{n-r+1} = 0,$$

cette dernière équation étant obtenue en différentiant l'équation (1) et en tenant compte des équations (2). On peut satisfaire aux équations (1) et (4) de diverses manières :

1° En prenant

$$a_1 = C^{te}, \qquad \ldots, \qquad a_{n-r+1} = C^{te} ;$$

on retrouve l'*intégrale complète*.

2° En prenant pour $z, a_1, \ldots, a_{n-r+1}$ des fonctions satisfaisant aux équations

$$V = 0,$$

$$\frac{\partial V}{\partial a_1} = 0, \qquad \ldots, \qquad \frac{\partial V}{\partial a_{n-r+1}} = 0.$$

L'élimination de $a_1, \ldots, a_{n-r+1}$ entre ces équations fournit une intégrale qui ne contient rien d'arbitraire et que nous appellerons *intégrale singulière.*

3° Si l'une des quantités $\dfrac{\partial V}{\partial a_i}$ est différente de zéro, il existera au moins une relation entre $a_1, a_2, \ldots, a_{n-r+1}$. Supposons qu'il y ait k relations distinctes entre $a_1, \ldots, a_{n-r+1}$ et k seulement :

$$f_1(a_1, \ldots, a_{n-r+1}) = 0, \qquad \ldots, \qquad f_k(a_1, \ldots, a_{n-r+1}) = 0 ;$$

on devra pouvoir trouver k facteurs $\lambda_1, \lambda_2, \ldots, \lambda_k$, tels que l'on ait identiquement

$$\frac{\partial V}{\partial a_1} da_1 + \ldots + \frac{\partial V}{\partial a_{n-r+1}} da_{n-r+1} = \lambda_1 df_1 + \ldots + \lambda_k df_k,$$

c'est-à-dire

$$\begin{cases} \dfrac{\partial V}{\partial a_1} = \lambda_1 \dfrac{\partial f_1}{\partial a_1} + \ldots + \lambda_k \dfrac{\partial f_k}{\partial a_1}, \\ \cdot \quad \cdot \quad \cdot \quad \cdot \quad \cdot \quad \cdot \quad \cdot \\ \dfrac{\partial V}{\partial a_{n-r+1}} = \lambda_1 \dfrac{\partial f_1}{\partial a_{n-r+1}} + \ldots + \lambda_k \dfrac{\partial f_k}{\partial a_{n-r+1}}. \end{cases}$$

En éliminant $a_1, \ldots, a_{n-r+1}, \lambda_1, \ldots, \lambda_k$ entre ces relations, l'équation (1) et les relations $f_1 = 0, \ldots, f_k = 0$, on aura une intégrale du système (3) qui dépend des fonctions arbitraires choisies.

L'ensemble des intégrales ainsi obtenues, en faisant varier le nombre k de 1 à $n - r$, et en prenant arbitrairement les fonctions $f_1, f_2, \ldots, f_k$, constitue l'intégrale générale du système (3). L'intégrale complète s'obtiendrait en supposant $k = n - r + 1$.

52. Théorème fondamental. — Considérons d'abord un système r équations simultanées où ne figure pas la fonction inconnue :

$$(5) \quad \begin{cases} F_1(x_1, \ldots, x_n, p_1, \ldots, p_n) = 0, \\ F_2(x_1, \ldots, x_n, p_1, \ldots, p_n) = 0, \\ \ldots \ldots \ldots \ldots \ldots \ldots \ldots \\ F_r(x_1, \ldots, x_n, p_1, \ldots, p_n) = 0. \end{cases}$$

Nous supposerons que tous les jacobiens des r fonctions $F_1, \ldots, F_r$ par rapport à r quelconques des variables $p_1, \ldots, p_n$ ne sont pas nuls à la fois, soit identiquement, soit en tenant compte des équations (5) elles-mêmes. Nous dirons alors que le système (5) est mis sous *forme normale*. Si tous ces jacobiens étaient nuls identiquement, on pourrait déduire des équations (5) une relation entre les variables indépendantes, et par conséquent le système proposé n'admettrait pas de solutions.

Nous avons déjà démontré au n° **48** que si deux équations du premier ordre

$$F(x_1, \ldots, x_n, p_1, p_2, \ldots, p_n) = 0, \quad H(x_1, \ldots, x_n, p_1, \ldots, p_n) = 0$$

ont une intégrale commune, cette intégrale satisfait à une nouvelle équation du premier ordre qui se déduit des deux premières. Nous allons donner une nouvelle démonstration, plus symétrique, de ce théorème fondamental.

Si les deux équations aux dérivées partielles du premier ordre $F = 0$, $H = 0$, *où ne figure pas la fonction inconnue* z, *ont une intégrale commune, cette intégrale satisfait aussi à l'équation du premier ordre*

$$(F, H) = 0.$$

Soit, en effet, $z = \varphi(x_1, \ldots, x_n)$ une intégrale commune aux deux équations. Les n dérivées partielles $p_i = \dfrac{\partial \varphi}{\partial x_i}$ sont des fonctions de $x_1, \ldots, x_n$ qui satisfont aux deux équations $F = 0$, $H = 0$, et aux conditions $\dfrac{\partial p_i}{\partial x_k} = \dfrac{\partial p_k}{\partial x_i}$. En différentiant la relation F par rapport à x_i, il vient

$$\frac{\partial F}{\partial x_i} + \sum_{k=1}^{i=n} \frac{\partial F}{\partial p_k} \frac{\partial p_k}{\partial x_i} = 0 ;$$

multiplions cette équation par $\dfrac{\partial H}{\partial p_i}$ et ajoutons toutes les équations analogues ; nous trouvons

$$\sum_{i=1}^{i=n} \frac{\partial F}{\partial x_i} \frac{\partial H}{\partial p_i} + \sum_{i=1}^{i=n} \sum_{k=1}^{k=n} \frac{\partial H}{\partial p_i} \frac{\partial F}{\partial p_k} \frac{\partial p_i}{\partial x_k} = 0.$$

Permutons les lettres H et F et observons que, dans la somme double, on peut permuter aussi les indices i et k ; nous aurons de même

$$\sum_{i=1}^{i=n} \frac{\partial H}{\partial x_i} \frac{\partial F}{\partial p_i} + \sum_{i=1}^{i=n} \sum_{k=1}^{k=n} \frac{\partial F}{\partial p_k} \frac{\partial H}{\partial p_i} \frac{\partial p_k}{\partial x_i} = 0.$$

Par suite, en retranchant membre à membre, il vient

$$(F, H) + \sum_{i=1}^{i=n} \sum_{k=1}^{k=n} \frac{\partial F}{\partial p_k} \frac{\partial H}{\partial p_i} \left(\frac{\partial p_k}{\partial x_i} - \frac{\partial p_i}{\partial x_k} \right) = 0 ;$$

$p_1, p_2, \ldots, p_n$ étant les dérivées partielles d'une même fonction, on a $\dfrac{\partial p_i}{\partial x_k} = \dfrac{\partial p_k}{\partial x_i}$, et par suite $(F, H) = 0$.

53. Systèmes en involution. — Cette proposition renferme comme cas particuliers celle qui a été démontrée plus haut sur les intégrales des équations linéaires et homogènes (Ch. II), et on peut en déduire des conséquences analogues. Nous voyons, en effet, que toute intégrale des équations (5) est aussi une intégrale de toutes les équations $(F_\alpha, F_\beta) = 0$, que l'on peut former en combinant deux à deux ces équations. On pourra donc adjoindre au système proposé celles de ces équations qui forment avec elles un nouveau système d'équations distinctes et, en continuant de la sorte, on arrivera nécessairement soit à un système d'équations distinctes en nombre supérieur à n qui, par suite, n'admet pas d'intégrales, soit à un système de m équations $(m \leqslant n)$, tel que toutes les relations $(\mathrm{F}_\alpha, \mathrm{F}_\beta) = 0$ soient vérifiées identiquement, ou soient des conséquences algébriques des précédentes.

De pareils systèmes sont analogues aux systèmes complets. On peut toujours procéder de façon à constater que les équations proposées sont incompatibles, ou à être ramené à un système tel que toutes les parenthèses $(\mathrm{F}_\alpha, \mathrm{F}_\beta)$ soient identiquement nulles. En effet, supposons qu'on ait résolu les r équations (5) par rapport à r des variables $p_1, \ldots, p_m$, ce qui est possible, ainsi qu'on l'a observé, si les équations proposées ne sont pas incompatibles. Soit

$$(5') \quad p_1 - f_1(p_{r+1}, \ldots, p_n; x_1, \ldots, x_n) = 0, \quad \ldots,$$
$$p_r - f_r(p_{r+1}, \ldots, p_n; x_1, \ldots, x_n) = 0$$

le système équivalent ainsi obtenu. Les parenthèses

$$(p_\alpha - f_\alpha, \quad p_\beta - f_\beta)$$

ne renferment aucune des variables $p_1, \ldots, p_r$: les équations obtenues en égalant ces parenthèses à zéro ne peuvent donc pas être des conséquences des premières, et fournissent de nouvelles équations si ces parenthèses ne sont pas identiquement nulles.

En résolvant ces nouvelles équations par rapport à certaines des variables $p_{r+1}, \ldots, p_m$, et en continuant de la sorte, nous arriverons finalement, soit à constater l'impossibilité du problème (si l'on peut déduire des équations obtenues une relation entre les variables indépendantes seulement), soit à former un système de m équations du premier ordre $(m \leqslant n)$.

$$\mathrm{F}_1 = 0, \quad \mathrm{F}_2 = 0, \quad \ldots, \quad \mathrm{F}_m = 0,$$

tel que toutes les parenthèses $(\mathrm{F}_\alpha, \mathrm{F}_\beta)$ soient identiquement nulles. De pareils systèmes, qui sont analogues aux systèmes linéaires jacobiens, sont appelés *systèmes en involution*. Nous dirons aussi souvent, pour abréger, que les fonctions F_1, F_2, ..., F_m sont en involution.

La recherche des intégrales communes à un système d'équations aux dérivées partielles du premier ordre se ramène donc à l'intégration d'un système en involution.

Cette intégration est immédiate si $m = n$, ainsi qu'il résulte de la proposition suivante : *Soient* F_1, F_2, ..., F_n *des fonctions des* $2n$ *variables* x_i, p_k, *telles que toutes les parenthèses* (F_α, F_β) *soient identiquement nulles, et que le jacobien* $\Delta = \dfrac{D(F_1, ..., F_n)}{D(p_1, ...p_n)}$ *ne soit pas nul. Si l'on résout les n équations*

$$(5) \qquad F_1 = a_1, \qquad F_2 = a_2, \qquad ..., \qquad F_n = a_n,$$

où $a_1, a_2, ..., a_n$ *sont des constantes quelconques, par rapport à* $p_1, p_2, ..., p_n$ *l'expression ainsi obtenue* $p_1 dx_1 + ... + p_n dx_n$ *est une différentielle exacte.*

On aura, en effet,

$$(F_\alpha - a_\alpha, \; F_\beta - a_\beta) = (F_\alpha, F_\beta) = 0,$$

et, d'après le calcul qui vient d'être fait, les n fonctions $p_1, p_2, ..., p_n$ des variables $x_1, x_2, ..., x_n$, définies par les n équations (5) doivent vérifier toutes les relations

$$\sum_{i=1}^{i=n} \sum_{k=1}^{k=n} \frac{\partial F_\alpha}{\partial p_i} \frac{\partial F_\beta}{\partial p_k} \left(\frac{\partial p_k}{\partial x_i} - \frac{\partial p_i}{\partial x_k} \right) = 0 \qquad (\alpha, \beta = 1, 2, ..., n),$$

Prenons les n relations de cette espèce où l'indice β conserve la même valeur ; elles peuvent s'écrire

$$\sum_{i=1}^{n} \frac{\partial F_\alpha}{\partial p_i} \sum_{k=1}^{n} \frac{\partial F_\beta}{\partial p_k} \left(\frac{\partial p_k}{\partial x_i} - \frac{\partial p_i}{\partial x_k} \right) = 0.$$

Si l'on prend pour inconnues les n expressions

$$\sum_{k=1}^{n} \frac{\partial F_\beta}{\partial p_k} \left(\frac{\partial p_k}{\partial x_i} - \frac{\partial p_i}{\partial x_k} \right) \qquad (i = 1, 2, ..., n),$$

le déterminant des coefficients de ces inconnues est précisément le déterminant Δ qui, par hypothèse, n'est pas nul identiquement. On aura donc, quels que soient les indices i et β,

$$\sum_{k=1}^{n} \frac{\partial F_\beta}{\partial p_k} \left(\frac{\partial p_k}{\partial x_i} - \frac{\partial p_i}{\partial x_k} \right) = 0.$$

En prenant les n équations de cette espèce où l'indice i a une valeur déterminée, on démontrera de même que l'on a $\dfrac{\partial p_i}{\partial x_k} = \dfrac{\partial p_k}{\partial x_i}$; ce qui démontre la proposition.

La fonction

$$(6)\quad z = \Phi(x_1, \ldots, x_n ; a_1, \ldots, a_{n+1}) = \int (p_1 dx_1 + \ldots + p_n dx_n) + a_{n+1},$$

où a_{n+1} est une nouvelle constante arbitraire, représente l'intégrale générale du système en involution (5). Si l'on regarde les r constantes $a_1, a_2, \ldots, a_r$ comme ayant des valeurs déterminées, les constantes $a_{r+1}, \ldots, a_{n+1}$ restant arbitraires, la formule (6) représente une intégrale complète du système en involution formé par les r premières équations (5). C'est une véritable intégrale complète, car, d'après la façon même dont on a obtenu la fonction Φ, les équations

$$p_1 = \frac{\partial \Phi}{\partial x_1}, \qquad \ldots, \qquad p_n = \frac{\partial \Phi}{\partial x_n}$$

forment un système équivalent au système (5), et les seules relations distinctes, indépendantes de $a_{r+1}, \ldots, a_n$ que l'on puisse en déduire sont évidemment les r premières équations de ce système.

Plus généralement, nous pourrons trouver une intégrale complète de tout système de la forme

$$\begin{cases} \psi_1 (F_1, \ldots, F_n) = 0, \\ \cdots \cdots \cdots \cdots \\ \psi_\mu (F_1, \ldots, F_n) = 0, \end{cases}$$

si $F_1, \ldots, F_n$ forment un système en involution, car il suffira de poser

$$F_1 = a_1, \qquad \ldots, \qquad F_n = a_n,$$

les constantes $a_1, a_2, \ldots, a_n$ étant liées par les relations

$$\left\{ \begin{array}{l} \psi_1 (a_1, a_2, \ldots, a_n) = 0, \\ \cdot \quad \cdot \quad \cdot \quad \cdot \quad \cdot \quad \cdot \\ \psi_\mu (a_1, a_2, \ldots, a_n) = 0, \end{array} \right.$$

pour avoir une intégrale complète du système proposé par une quadrature. Cette remarque s'appliquera, en particulier, chaque fois que F_1 ne dépend que de x_1 et p_1, F_2 de x_2 et p_2, etc .., F_n de x_n et p_n seulement.

54. Méthode générale d'intégration des systèmes en involution. — Revenons au cas général. Nous pouvons conclure de ce qui précède que la recherche d'une intégrale complète du système en involution

$$F_1 = a_1, \quad F_2 = a_2, \quad \ldots, \quad F_m = a_m, \quad (m < n),$$

est ramenée à la détermination de $n - m$ fonctions $F_{m+1}, \ldots, F_n$, formant avec les premières un système en involution et telles que le déterminant fonctionnel

$$\frac{D (F_1, \ldots, F_n)}{D (p_1, \ldots, p_n)}$$

ne soit pas identiquement nul.

La fonction F_{m+1}, par exemple, doit vérifier les m équations linéaires.

$$(F_1, \Phi) = 0, \quad \ldots, \quad (F_m, \Phi) = 0.$$

Ces m équations forment *un système complet*. En effet, on a l'identité

$$\big((F_\alpha, F_\beta), \Phi\big) + \big((F_\beta, \Phi), F_\alpha\big) + \big((\Phi, F_\alpha), F_\beta\big) = 0,$$

c'est-à-dire, puisque

$$(F_\alpha, F_\beta) = 0,$$
$$\big(F_\alpha, (F_\beta, \Phi)\big) - \big(F_\beta, (F_\alpha, \Phi)\big) = 0.$$

Posons

$$(F_\alpha, \Phi) = X_\alpha (\Phi),$$
$$(F_\beta, \Phi) = X_\beta (\Phi);$$

l'identité précédente devient

$$X_\alpha\left(X_\beta\left(\Phi\right)\right) - X_\beta\left(X_\alpha\left(\Phi\right)\right) = 0,$$

ce qui démontre bien la proposition. Supposons alors qu'on ait déterminé *une* intégrale F_{m+1} de ce système complet, qui soit distincte de $F_1, \ldots, F_m$, considérée comme fonction de $p_1, \ldots, p_n$; on cherchera ensuite *une* intégrale du système complet de $m + 1$ équations

$$\left(F_1, \Phi\right) = 0, \quad \ldots, \quad \left(F_m, \Phi\right) = 0, \quad \left(F_{m+1}, \Phi\right) = 0,$$

qui soit distincte de $F_1, \ldots, F_{m+1}$, en tant que fonction des p, et on continuera de la sorte. Enfin, quand on aura trouvé une intégrale du dernier système

$$\left(F_1, \Phi\right) = 0, \quad \ldots, \quad \left(F_{n-1}, \Phi\right) = 0,$$

on aura une intégrale complète par une quadrature. En appliquant la méthode de Mayer, la recherche d'une intégrale du premier système complet exigera une opération d'ordre $2n - 2m$, car nous avons un système complet de m équations à $2n$ variables indépendantes dont nous connaissons m intégrales $F_1, \ldots, F_m$. Nous aurons ensuite à faire successivement des opérations d'ordre $2n - 2m - 2$, $2n - 2m - 4$, ..., $4, 2$ et enfin une quadrature. En particulier, pour intégrer une seule équation, il faudra faire successivement des opérations d'ordre $2n - 2$, $2n - 4$, ..., $4, 2$, tandis que la méthode de Cauchy exige que l'on fasse des opérations d'ordre $2n - 2$, $2n - 3$, $2n - 4$, ..., $3, 2, 1$. Dans la méthode de Cauchy, chaque intégrale nouvelle permet d'abaisser d'une unité l'ordre du système d'équations différentielles ; avec la méthode de Jacobi et Mayer, chaque intégrale nouvelle permet d'abaisser de *deux* unités l'ordre du système d'équations différentielles dont on a à chercher une intégrale.

REMARQUE. — Dans la pratique, il arrive quelquefois qu'on peut simplifier les calculs précédents par différents artifices. Par exemple, étant donnée une équation de la forme

(A) $$F\left(x_1, x_2, \ldots, x_n, p_1, \ldots, p_n, \varphi_1, \ldots, \varphi_m\right) = 0,$$

où $\varphi_1, \ldots, \varphi_m$ désignent des fonctions de $x_1, x_2, \ldots, x_n, p_1, \ldots, p_n$, toute intégrale du système

$$(B) \qquad \left\{ \begin{aligned} &\varphi_1 = a_1, \ldots, \varphi_m = a_m, \\ &\mathrm{H} = \mathrm{F}\,(x_1, \ldots, x_n, p_1, \ldots, p_n, a_1, \ldots, a_m) = 0, \end{aligned} \right.$$

où $a_1, \ldots, a_m$ sont des constantes quelconques, satisfait évidemment à l'équation (A). Si ce système (B) est en involution, il admettra une intégrale complète avec $n - m$ constantes arbitraires, et cette intégrale, dépendant en outre de $a_1, \ldots, a_m$, sera une intégrale complète de l'équation proposée. Pour que le système (B) soit en involution, il faut et il suffit que l'on ait

$$(\varphi_i, \varphi_k) = 0, \qquad (\mathrm{H}, \varphi_i) = 0.$$

C'est ce qui arrivera, par exemple, si $\varphi_1, \ldots, \varphi_m$, H ne renferment que des couples de variables différents (x_i, p_i). C'est à ce procédé que V. G. Imschenetsky [1] a donné le nom de *séparation des variables*. Prenons, par exemple, l'équation

$$\mathrm{F} = \frac{p_1^2}{x_1} + p_2 x_2 \left(\frac{p_1}{x_1} + p_3 \right) + x_2^2 x_3 p_2^2 - p_4^2 x_4 = 0\,;$$

posons

$$p_4^2 x_4 = a_1, \qquad p_2 x_2 = a_2,$$

$$\mathrm{H} = \frac{p_1^2}{x_1} + a_2 \frac{p_1}{x_1} + a_2 p_3 + a_2^2 x_3 - a_1 = 0,$$

et nous aurons un système en involution. Nous pourrons opérer avec ce système comme avec la première équation. Posons pour cela

$$\frac{p_1^2}{x_1} + a_2 \frac{p_1}{x_1} = a_3,$$

$$a_2 p_3 + a_2^2 x_3 - a_1 + a_3 = 0,$$

on tire de là

$$p_1 = \frac{-a_2 \pm \sqrt{a_2^2 + 4 a_3 x_1}}{2}, \quad p_2 = \frac{a_2}{x_2}, \quad p_3 = \frac{a_1 - a_3 - a_2^2 x_3}{a_2}, \quad p_4 = \frac{\sqrt{a_1}}{\sqrt{x_4}}\,.$$

Une quadrature facile donne une intégrale complète

$$z = -\frac{a_2}{2}\,x_1 \pm \frac{1}{12 a_3}\left(a_2^2 + 4 a_3 x_1\right)^{\frac{3}{2}}\,.$$

$$+ a_2 l.\,x_2 + \frac{a_1 - a_3}{a_2}\,x_3 - \frac{a_2 x_3^2}{2} + 2\sqrt{a_1}\,\sqrt{x_4} + a_4.$$

[1] Imschenetsky, *Sur l'intégration des équations aux dérivées partielles du premier ordre*, p. 75,

55. Procédé de Jacobi. — Les paragraphes précédents contiennent l'exposition de la méthode de Jacobi sous sa forme générale. Nous allons maintenant faire connaître la marche même des opérations suivie par Jacobi.

LEMME. — *Soient* $H_1, H_2, \ldots, H_\mu$ μ *fonctions distinctes de* $x_1, x_2, \ldots, x_n, p_1, p_2, \ldots, p_n$ *et telles que le déterminant*

$$\frac{D\left(H_1, \ldots, H_\mu\right)}{D\left(p_1, \ldots, p_\mu\right)}$$

soit différent de zéro ; si on tire des équations

$$H_1 = a_1, \quad \ldots, \quad H_\mu = a_\mu$$

$p_1, p_2, \ldots, p_\mu$ *en fonction des autres variables,*

$$p_i = \psi_i(p_{\mu+1}, \ldots, p_n, x_1, \ldots, x_n), \qquad (i = 1, 2, \ldots, \mu),$$

et si on a identiquement

$$(H_i, H_k) = 0, \qquad (i, k = 1, 2, \ldots, \mu),$$

on a aussi identiquement

$$(p_i - \psi_i, p_k - \psi_k) = 0.$$

On pourrait déduire ce résultat de ce qui précède ; nous allons en donner une démonstration directe. Les fonctions $\psi_1, \ldots, \psi_\mu$ satisfaisant à l'équation $H_\alpha = a_\alpha$, on en déduit, en différentiant par rapport à x_i,

$$\frac{\partial H_\alpha}{\partial x_i} + \sum_{k=1}^{k=\mu} \frac{\partial H_\alpha}{\partial p_k} \frac{\partial \psi_k}{\partial x_i} = 0,$$

ou, comme $\dfrac{\partial \psi_k}{\partial x_i} = \dfrac{\partial (\psi_k - p_k)}{\partial x_i}$,

$$\frac{\partial H_\alpha}{\partial x_i} = \sum_{k=1}^{k=\mu} \frac{\partial H_\alpha}{\partial p_k} \frac{\partial (p_k - \psi_k)}{\partial x_i}, \qquad (i = 1, 2, \ldots, n),$$

On trouve de même

$$\frac{\partial H_\alpha}{\partial p_i} = \sum_{k=1}^{k=\mu} \frac{\partial H_\alpha}{\partial p_k} \frac{\partial (p_k - \psi_k)}{\partial p_i},$$

$$(i = \mu + 1, \mu + 2, \ldots, n),$$

et il est évident que cette relation est encore exacte pour

$$i = 1, 2, \ldots, \mu.$$

Écrivons les relations analogues pour H_β ; formons l'expression

$$\frac{\partial H_\beta}{\partial p_i} \frac{\partial H_\alpha}{\partial x_i} - \frac{\partial H_\beta}{\partial x_i} \frac{\partial H_\alpha}{\partial p_i},$$

et sommons par rapport à i, il vient

$$0 = (H_\beta, H_\alpha) = \sum_{k=1}^{=\mu} \sum_{h=1}^{h=\mu} \frac{\partial H_\alpha}{\partial p_k} \frac{\partial H_\beta}{\partial p_h} (p_h - \psi_h, p_k - \psi_k).$$

Le déterminant fonctionnel

$$\frac{D\left(F_1, \ldots, F_\mu\right)}{D\left(p_1, \ldots, p_\mu\right)}$$

étant différent de zéro, on en conclut, comme plus haut, que l'on doit avoir

$$(p_h - \psi_h, p_k - \psi_k) = 0.$$

Cela posé, considérons le système en involution

$$(7) \qquad p_1 - \psi_1 = 0, \qquad p_2 - \psi_2 = 0, \qquad \ldots, \qquad p_m - \psi_m = 0,$$

où $\psi_1, \psi_2, \ldots \psi_m$ désignent des fonctions de $p_{m+1} \cdots, p_n, x_1, x_2, \ldots, x_n$. D'après la méthode générale, on cherchera d'abord une intégrale du système

$$(p_1 - \psi_1, f) = 0, \qquad \ldots, \qquad (p_m - \psi_m, f) = 0,$$

qui s'écrit

$$(8) \quad \left\{ \begin{aligned} &\frac{\partial f}{\partial x_1} + \sum_{k=m+1}^{n} \left(\frac{\partial \psi_1}{\partial x_k} \frac{\partial f}{\partial p_k} - \frac{\partial \psi_1}{\partial p_k} \frac{\partial f}{\partial x_k} \right) + \sum_{h=1}^{m} \frac{\partial \psi_1}{\partial x_h} \frac{\partial f}{\partial p_h} = 0, \\ &\quad \cdots \cdots \cdots \cdots \cdots \cdots \cdots \cdots \cdots \\ &\frac{\partial f}{\partial x_m} + \sum_{k=m+1}^{n} \left(\frac{\partial \psi_m}{\partial x_k} \frac{\partial f}{\partial p_k} - \frac{\partial \psi_m}{\partial p_k} \frac{\partial f}{\partial x_k} \right) + \sum_{h=1}^{m} \frac{\partial \psi_m}{\partial x_h} \frac{\partial f}{\partial p_h} = 0. \end{aligned} \right.$$

C'est un système jacobien où les coefficients ne contiennent pas $p_1, p_2, \ldots, p_m$; nous aurons donc encore un système jacobien en lui adjoignant les équations (n° **15**, *Remarque* (5))

$$\frac{\partial f}{\partial p_1} = 0, \qquad \frac{\partial f}{\partial p_2} = 0, \qquad \ldots, \qquad \frac{\partial f}{\partial p_m} = 0,$$

et le système (8) prend la forme

$$(8') \qquad \frac{\partial f}{\partial x_i} + \sum_{k=m+1}^{n} \left\{ \frac{\partial \psi_i}{\partial x_k} \frac{\partial f}{\partial p_k} - \frac{\partial \psi_i}{\partial p_k} \frac{\partial f}{\partial x_k} \right\} = 0,$$
$$(i = 1, 2, \ldots, m).$$

Il ne contient que les $2n - m$ variables

$$x_1, \ldots, x_n, \qquad p_{m+1}, \ldots, p_n.$$

Soit $f_1(p_{m+1}, \ldots, p_n, x_1, \ldots, x_n)$ une intégrale de ce système ; nous adjoindrons l'équation $f_1 = a_1$ au système (7) et, en la résolvant par rapport à p_{m+1},

$$p_{m+1} = \varpi_{m+1}(p_{m+2}, \ldots, p_n, x_1, \ldots, x_n, a_1),$$

nous aurons à considérer le système

$$p_1 - \varpi_1 = 0, \quad p_2 - \varpi_2 = 0, \quad \ldots, \quad p_m - \varpi_m = 0, \quad p_{m+1} - \varpi_{m+1} = 0,$$

où $\varpi_1, \varpi_2, \ldots, \varpi_m$ désignent ce que deviennent $\psi_1, \psi_2, \ldots, \psi_m$ quand on y remplace p_{m+1} par ϖ_{m+1}. Ce système sera également en involution, d'après le lemme précédent, et on aura à chercher ensuite une intégrale du système jacobien de $m + 1$ équations à $2n - m - 1$ variables

$$(p_1 - \varpi_1, f) = 0, \qquad \ldots, \qquad (p_{m+1} - \varpi_{m+1}, f) = 0,$$

et ainsi de suite. On arrivera enfin à un système d'équations donnant les valeurs de toutes les dérivées

$$p_1 - \Pi_1 = 0, \qquad \ldots, \qquad p_n - \Pi_n = 0,$$

et tel que l'on ait

$$(p_i - \Pi_i, p_k - \Pi_k) = 0,$$

c'est-à-dire

$$\frac{\partial \Pi_i}{\partial x_k} - \frac{\partial \Pi_k}{\partial x_i} = 0,$$

et, par une quadrature, on aura une intégrale du système proposé dépendant de $n - m + 1$ constantes arbitraires, c'est-à-dire une intégrale complète de ce système.

En suivant la marche que nous venons d'indiquer, on a *immédiatement* des systèmes jacobiens réduits au plus petit nombre possible de variables.

Exemple. — Considérons le système [1]

$$F_1 = p_1 p_4 - x_2 x_3 = 0,$$
$$F_2 = p_2 p_3 - x_1 x_4 = 0.$$

Formons (F_1, F_2) :

$$(F_1, F_2) = -p_4 x_4 + p_3 x_3 + p_2 x_2 - p_1 x_1 = 0.$$

Cette nouvelle équation est distincte des deux précédentes. Le système de ces trois équations est équivalent au suivant :

$$p_1 = \frac{x_2 x_3}{p_4}, \qquad p_2 = \frac{x_1 x_4}{p_3},$$

$$p_4 = \frac{p_3^2 x_3 + x_1 x_2 x_4 \pm (p_3^2 x_3 - x_1 x_2 x_4)}{2 p_3 x_4}.$$

Considérons en particulier le système que l'on obtient en prenant le signe (—) dans la dernière équation ; il s'écrit

$$p_1 - \frac{x_2 x_3}{p_4} = 0, \qquad p_2 - \frac{x_4 p_4}{x_2} = 0, \qquad p_3 - \frac{x_1 x_2}{p_4} = 0.$$

C'est un système en involution, il est aisé de s'en assurer. Nous avons alors à chercher une intégrale du système linéaire jacobien

$$\begin{cases} \dfrac{\partial f}{\partial x_1} + \dfrac{x_2 x_3}{p_4^{\,2}} \dfrac{\partial f}{\partial x_4} = 0, \\[2mm] \dfrac{\partial f}{\partial x_2} - \dfrac{x_4}{x_2} \dfrac{\partial f}{\partial x_4} + \dfrac{p_4}{x_2} \dfrac{\partial f}{\partial p_4} = 0, \\[2mm] \dfrac{\partial f}{\partial x_3} + \dfrac{x_1 x_2}{p_4^{\,2}} \dfrac{\partial f}{\partial x_4} = 0. \end{cases}$$

<hr>

[1] Collet, *Annales de l'École normale*, 1870, p. 44.

Appliquons la méthode de Jacobi à ce système (n° **16**). La première et la dernière équation admettent l'intégrale évidente $f = p_4$, et, en la substituant dans la seconde, le résultat est $\dfrac{p_4}{x_2}$; cherchons donc une intégrale de la seconde de la forme $f = \theta\,(p_4, x_2)$; θ devra satisfaire à l'équation

$$\frac{\partial \theta}{\partial x_2} + \frac{\partial \theta}{\partial p_4}\frac{p_4}{x_2} = 0,$$

c'est-à-dire

$$x_2 \frac{\partial \theta}{\partial x_2} + p_4 \frac{\partial \theta}{\partial p_4} = 0.$$

Le système

$$\frac{dx_2}{x_2} = \frac{dp_4}{p_4}$$

a pour intégrale $\dfrac{p_4}{x_2} = a$; par suite, on a

$$p_4 = a x_2, \qquad p_1 = \frac{x_3}{a}, \qquad p_2 = a x_4, \qquad p_3 = \frac{x_1}{a},$$

ce qui donne l'intégrale complète

$$z = \frac{x_1 x_3}{a} + a x_2 x_4 + b.$$

56. Remarque de Mayer. — Nous avons vu, dans ce qui précède, que l'intégration d'un système en involution

$$F_1 = 0, \qquad \ldots, \qquad F_m = 0,$$

se ramenait à la détermination de fonctions F_{m+1}, F_{m+2}, ..., F_n des variables $x_1, x_2, \ldots, x_n, p_1, \ldots, p_n$, formant avec celles-ci un système en involution et telles que le déterminant

$$R = \frac{D\,(F_1, F_2, \ldots, F_n)}{D\,(p_1, p_2, \ldots, p_n)}$$

soit différent de zéro. A. Mayer ([1]) a montré que cette dernière

---

[1] A. Mayer, *Ueber eine Erweiterung der Lie'schen Integrationsmethode* (*Mathematische Annalen* (1875), t. VIII, p. 313). La transformation employée par Mayer est un cas particulier des transformations de contact qui seront étudiées d'une façon générale au chapitre X.

restriction n'était pas nécessaire. Il s'appuie pour cela sur les remarques suivantes :

1° Considérons μ équations

$$F_1 = a_1, \quad \ldots, \quad F_\mu = a_\mu,$$

formant un système en involution, et telles que

$$\frac{D(F_1, \ldots, F_\mu)}{D(p_1, \ldots, p_\mu)} \gtrless 0.$$

On pourra les résoudre par rapport à $p_1, \ldots, p_\mu$ et les mettre sous la forme

$$p_1 = \psi_1, \quad \ldots, \quad p_\mu = \psi_\mu.$$

Soit H une fonction de x_i, p_k telle que l'on ait

$$(F_i, H) = 0, \qquad (i = 1, 2, \ldots, \mu),$$

et Φ ce que devient cette fonction quand on y remplace $p_1, \ldots, p_\mu$ respectivement par $\psi_1, \ldots, \psi_\mu$; je dis qu'on aura

$$(p_i - \psi_i, \Phi) = 0, \qquad (i = 1, 2, \ldots, \mu).$$

En effet, on a

$$\frac{\partial \Phi}{\partial x_i} = \frac{\partial H}{\partial x_i} + \sum_{k=1}^{k=\mu} \frac{\partial H}{\partial p_k} \frac{\partial \psi_k}{\partial x_i},$$

ce qui s'écrit

$$\frac{\partial H}{\partial x_i} = \frac{\partial \Phi}{\partial x_i} + \sum_{k=1}^{k=\mu} \frac{\partial H}{\partial p_k} \frac{\partial (p_k - \psi_k)}{\partial x_i},$$

et, de même,

$$\frac{\partial H}{\partial p_i} = \frac{\partial \Phi}{\partial p_i} + \sum_{k=1}^{k=\mu} \frac{\partial H}{\partial p_k} \frac{\partial (p_k - \psi_k)}{\partial p_i}.$$

D'ailleurs,

$$\frac{\partial F_\alpha}{\partial x_i} = \sum_{h=1}^{h=\mu} \frac{\partial F_\alpha}{\partial p_h} \frac{\partial (p_h - \psi_h)}{\partial x_i},$$

$$\frac{\partial F_\alpha}{\partial p_i} = \sum_{h=1}^{h=\mu} \frac{\partial F_\alpha}{\partial p_h} \frac{\partial (p_h - \psi_h)}{\partial p_i},$$

donc

$$(F_\alpha, H) = \sum_{h=1}^{h=\mu} \frac{\partial F_\alpha}{\partial p_h} (p_h - \psi_h, \Phi) + \sum_{h=1}^{h=\mu} \sum_{k=1}^{k=\mu} \frac{\partial F_\alpha}{\partial p_h} \frac{\partial H}{\partial p_k} (p_h - \psi_h, p_k - \psi_k).$$

Puisque, par hypothèse, on a

$$(F_\alpha, F_\beta) = 0, \qquad (F_\alpha, \dot H) = 0,$$

on en conclut d'abord que l'on a (n° **55** *Remarque*)

$$(p_k - \psi_k, p_h - \psi_h) = 0,$$

et, par suite, on aura aussi

$$\sum_{h=1}^{h=\mu} \frac{\partial F_\alpha}{\partial p_h} (p_h - \psi_h, \Phi) = 0, \qquad (\alpha = 1, 2, \ldots, \mu),$$

et enfin

$$(p_h - \psi_h, \Phi) = 0, \qquad (h = 1, 2, \ldots, \mu).$$

2° Supposons qu'on ait trouvé des fonctions $F_{m+1}, \ldots, F_n$ telles que, si on les joint aux fonctions $F_1, \ldots, F_m$, on ait un système en involution

$$F_1 = a_1, \quad \ldots, \quad F_m = a_m, \quad F_{m+1} = a_{m+1}, \quad \ldots, \quad F_n = a_n,$$

et supposons qu'on ne puisse résoudre ce système par rapport à $p_1, p_2, \ldots, p_n$. Imaginons, pour fixer les idées, qu'on puisse résoudre les μ équations

$$F_1 = a_1, \quad \ldots, \quad F_\mu = a_\mu, \qquad (\mu \geq m),$$

par rapport à $p_1, p_2, \ldots, p_\mu$,

$$p_1 - \psi_1 = 0, \quad \ldots \quad p_\mu - \psi_\mu = 0,$$

et, qu'en portant les valeurs de $p_1, \ldots, p_\mu$ dans $F_{\mu+1}, \ldots, F_n$, ces équations deviennent

$$\Phi_{\mu+1} = a_{\mu+1}, \quad \ldots, \quad \Phi_n = a_n,$$

les fonctions $\Phi_{\mu+1}, \ldots, \Phi_n$ ne contenant aucune des quantités

$p_{\mu+1}, \ldots, p_n$. Ces dernières équations pourront être résolues par rapport à $x_{\mu+1}, \ldots, x_n$. On a, en effet, en vertu de ce qui précède,

$$(p_i - \psi_i, \Phi_k) = o ;$$

les fonctions Φ_k satisfont par conséquent à un système jacobien résolu par rapport à $\dfrac{\partial \Phi}{\partial x_1}, \ldots, \dfrac{\partial \Phi}{\partial x_\mu}$; elles sont donc distinctes, considérées comme fonctions de $x_{\mu+1}, \ldots, x_n$ (p. 76). On en conclut qu'*étant donné un système quelconque en involution de n équations distinctes, on peut toujours choisir un système de variables* $x_{\mu+1}, \ldots, x_n$ *tel qu'on puisse résoudre ce système d'équations par rapport à*

$$p_1, \ldots, p_\mu, \qquad x_{\mu+1}, \ldots, x_n.$$

Cela posé, imaginons que l'on fasse le changement de variables suivant. Prenons pour nouvelles variables indépendantes $x_1, \ldots, x_\mu$, que nous appellerons $x'_1, \ldots, x'_\mu$, et $p_{\mu+1}, \ldots, p_n$ que nous remplacerons par $x'_{\mu+1}, \ldots, x'_n$, et pour nouvelle fonction

$$z' = z - p_{\mu+1} x_{\mu+1} - \ldots - p_n x_n,$$

on aura

$$\begin{aligned}
dz' &= dz - p_{\mu+1} dx_{\mu+1} - \ldots - p_n dx_n \\
&\qquad - dp_{\mu+1} x_{\mu+1} - \ldots - dp_n x_n, \\
&= p_1 dx'_1 + p_2 dx'_2 + \ldots + p_\mu dx'_\mu \\
&\qquad - x_{\mu+1} dx'_{\mu+1} - \ldots - x_n dx'_n ;
\end{aligned}$$

on en conclut qu'il faudra poser

$$p_1 = p'_1, \quad \ldots, \quad p_\mu = p'_\mu, \quad x_{\mu+1} = -p'_{\mu+1}, \quad \ldots, \quad x_n = -p'_n,$$

$p'_1, \ldots, p'_n$ désignant les dérivées de z' par rapport à $x'_1, \ldots, x'_n$. Le système proposé, par ce changement de variables, sera remplacé par le système

$$F'_1 = a_1, \quad \ldots, \quad F'_n = a_n,$$

qui sera en involution, car on aura identiquement

$$(F_i, F_k) = (F'_i, F'_k),$$

et, de plus, pourra être résolu par rapport à $p'_1, p'_2, ..., p'_n$. On saura donc trouver une intégrale complète du système $F'_1 = a_1$, ..., $F'_m = a_m$, et la transformation inverse donnera une intégrale complète du système proposé. Il est à remarquer, d'ailleurs, qu'en appliquant la méthode de Jacobi comme nous l'avons exposée (n° **55**), ce cas ne se présentera pas.

Le même raisonnement prouve que, si on a un système en involution de μ équations distinctes ($\mu < n$), on peut toujours, par la transformation précédente, le ramener à un système en involution de μ équations pouvant être résolues par rapport à μ des quantités p.

57. Théorème de Liouville. — Considérons une seule équation aux dérivées partielles du premier ordre

$$F_1 = a_1,$$

ne contenant pas la fonction inconnue z. Nous avons vu qu'à une quadrature près, son intégration est équivalente à celle de l'équation linéaire

$$(F_1, \Phi) = 0$$

à $2n$ variables. D'autre part, nous savons aussi, d'après ce qui précède, que si $F_2, F_3, ..., F_n$ sont des fonctions distinctes telles que l'on ait

$$(F_1, F_i) = 0, \quad (F_i, F_k) = 0, \qquad (i, k = 2, ..., n),$$

on a une intégrale complète de $F_1 = a_1$ et, par suite, l'intégrale générale de $(F_1, \Phi) = 0$ par une quadrature ; nous pouvons donc énoncer le théorème suivant :

THÉORÈME. — *Si on connaît, outre l'intégrale* F_1, $(n - 1)$ *intégrales distinctes* $F_2, F_3, ... F_n$ *de l'équation* $(F_1, \Phi) = 0$ *satisfaisant aux conditions*

$$(F_i, F_k) = 0, \qquad (i, k = 2, ..., n),$$

on aura l'intégrale générale de cette équation par une seule quadrature.

Ce théorème porte souvent le nom de *théorème de Liouville* [1].

58. Systèmes en involution de forme générale. — La méthode de Jacobi et Mayer s'étend, sans modification essentielle, aux systèmes d'équations où figure la fonction inconnue z. Il suffit de remplacer les parenthèses par les expressions $[U, V]$ définies plus haut. Étant donné un système d'équations

$$(9) \qquad H_1 = 0, \quad \ldots, \quad H_m = 0,$$

entre $z, x_1, \ldots, x_n, p_1, \ldots, p_n$, le problème de l'intégration pourra être posé ainsi : Trouver $n - m + 1$ autres fonctions $H_{m+1}, \ldots, H_n$, H_{n+1}, telles que les valeurs de $z, p_1, \ldots, p_n$ déduites des $n + 1$ équations

$$H_1 = 0, \quad \ldots, \quad H_m = 0 \quad \ldots, \quad H_{n+1} = 0,$$

vérifient les relations

$$\frac{\partial z}{\partial x_i} = p_i, \qquad \frac{\partial p_i}{\partial x_k} = \frac{\partial p_k}{\partial x_i}.$$

Si chacune des fonctions $H_{m+1}, \ldots, H_n, H_{n+1}$ contient une constante arbitraire, on aura une intégrale complète. Le théorème fondamental du n° **52** se généralise comme il suit :

THÉORÈME. — *Si une fonction z satisfait aux deux équations*

$$F = 0, \qquad H = 0,$$

elle satisfait aussi à l'équation du premier ordre

$$[F, H] = 0.$$

Supposons d'abord que $z, p_1, \ldots, p_n$ soient des fonctions quelconques de $x_1, \ldots, x_n$ vérifiant ces deux équations. On aura

$$\frac{\partial F}{\partial x_i} + \frac{\partial F}{\partial z} p_i + \frac{\partial F}{\partial z}\left(\frac{\partial z}{\partial x_i} - p_i\right) + \sum_{k=1}^{k=n} \frac{\partial F}{\partial p_k} \frac{\partial p_k}{\partial x_i} = 0,$$

---

[1] *Journal de Liouville*, 1ʳᵉ série, t. XX, 1855, p. 137.

ou, en posant

$$\frac{d}{dx_i} = \frac{\partial}{\partial x_i} + p_i \frac{\partial}{\partial z},$$

$$\frac{dF}{dx_i} + \frac{\partial F}{\partial z}\left(\frac{\partial z}{\partial x_i} - p_i\right) + \sum_{h=1}^{h=n} \frac{\partial F}{\partial p_h}\frac{\partial p_h}{\partial x_i} = 0.$$

Multiplions par $\dfrac{\partial H}{\partial p_i}$ et sommons par rapport à i, puis permutons H et F ainsi que les indices i et k dans la somme double ; en retranchant les deux équations obtenues, on parvient à la relation

$$(10) \quad \left\{ \begin{aligned} &[H, F] + \sum_{i=1}^{i=n} \left(\frac{\partial F}{\partial z}\frac{\partial H}{\partial p_i} - \frac{\partial H}{\partial z}\frac{\partial F}{\partial p_i}\right)\left(\frac{\partial z}{\partial x_i} - p_i\right) \\ &\quad + \sum_{i=1}^{i=n}\sum_{k=1}^{k=n} \frac{\partial F}{\partial p_k}\frac{\partial H}{\partial p_i}\left(\frac{\partial p_k}{\partial x_i} - \frac{\partial p_i}{\partial x_k}\right) = 0. \end{aligned} \right.$$

Si z désigne une intégrale commune aux équations $H = 0$, $F = 0$ et $p_1, \ldots, p_n$ ses dérivées, on a

$$\frac{\partial z}{\partial x_i} - p_i = 0, \qquad \frac{\partial p_k}{\partial x_i} - \frac{\partial p_i}{\partial x_k} = 0,$$

$$(i, k = 1, 2, \ldots, n),$$

et, par suite,

$$[H, F] = 0.$$

On pourra donc adjoindre au système (9) toutes les équations

$$[H_i, H_k] = 0, \qquad (i, k = 1, 2, \ldots, m),$$

qui ne sont pas des conséquences algébriques des premières, et recommencer les opérations sur ce nouveau système. Mais on peut toujours conduire les calculs de façon à arriver soit à un système incompatible, soit à un système en involution, c'est-à-dire à un système pour lequel tous les crochets sont *identiquement* nuls. Résolvons, en effet, les m équations (9) par rapport à z et $(m-1)$ des dérivées, ce qui doit être possible, car, sans cela, du système proposé on pourrait déduire une ou plusieurs équations ne contenant ni z ni ses dérivées. Soient

$$z = \psi, \quad p_1 = \psi_1, \quad \ldots, \quad p_{m-1} = \psi_{m-1}$$

ces équations résolues ; ψ, ψ_1, ..., ψ_{m-1} ne dépendent que de p_m, ..., p_n, x_1, ..., x_n. Le système

$$(11) \quad \begin{cases} z - \psi - x_1(p_1 - \psi_1) - \dots - x_{m-1}(p_{m-1} - \psi_{m-1}) = 0, \\ p_1 - \psi_1 = 0, \quad \dots, \quad p_{m-1} - \psi_{m-1} = 0 \end{cases}$$

sera équivalent au système (9), et il est aisé de voir que tous les crochets

$$\left[p_i - \psi_i, \; p_k - \psi_k \right]$$

et

$$\left[z - \psi - x_1(p_1 - \psi_1) - \dots - x_{m-1}(p_{m-1} - \psi_{m-1}), \; p_i - \psi_i \right]$$

ne contiennent aucune des quantités z, p_1, ..., p_{m-1}. Les équations que l'on obtient en égalant ces crochets à zéro ne pourront donc être des conséquences des précédentes que si elles sont identiquement vérifiées. En continuant de la sorte, on arrivera donc soit à un système incompatible, soit à un système en involution.

THÉORÈME. — *Soit*

$$H_1 = a_1, \quad H_2 = a_2, \quad \dots \quad H_{n+1} = a_{n+1}$$

un système en involution de $(n + 1)$ *équations, tel que le déterminant fonctionnel*

$$\frac{D(H_1, H_2, \dots, H_{n+1})}{D(z, p_1, \dots, p_n)}$$

ne soit pas nul ; les valeurs de z, p_1, ..., p_n *tirées de ces équations satisfont aux relations*

$$\frac{\partial z}{\partial x_i} = p_i, \quad \frac{\partial p_i}{\partial x_k} = \frac{\partial p_k}{\partial x_i}, \quad (i, k = 1, 2, \dots, n).$$

En effet, les équations (10) deviennent ici, puisque $[H_\alpha, H_\beta] = 0$,

$$\sum_{i=1}^{i=n} \left(\frac{\partial H_\alpha}{\partial z} \frac{\partial H_\beta}{\partial p_i} - \frac{\partial H_\alpha}{\partial p_i} \frac{\partial H_\beta}{\partial z} \right) \left(\frac{\partial z}{\partial x_i} - p_i \right)$$

$$+ \sum_{i=1}^{i=n} \sum_{k=1}^{k=n} \frac{\partial H_\alpha}{\partial p_k} \frac{\partial H_\beta}{\partial p_i} \left(\frac{\partial p_k}{\partial x_i} - \frac{\partial p_i}{\partial x_k} \right) = 0,$$

et on en conclut, par un raisonnement tout pareil à celui qui a déjà été employé (n° **53**), que l'on a

$$\frac{\partial z}{\partial x_i} - p_i = 0, \qquad \frac{\partial p_k}{\partial x_i} - \frac{\partial p_i}{\partial x_k} = 0.$$

La valeur de z tirée de ces équations est donc une intégrale du système qu'elles forment. En particulier, z sera une intégrale du système

$$H_1 = a_1, \quad \ldots, \quad H_m = a_m, \qquad (m < n + 1)$$

tiré du précédent. D'ailleurs, comme z contient les $(n - m + 1)$ constantes arbitraires $a_{m+1}, \ldots, a_{n+1}$, c'est une intégrale complète de ce système.

Pour intégrer le système *en involution*

$$H_1 = 0, \quad H_2 = 0, \quad \ldots, \quad H_m = 0,$$

on est donc ramené à déterminer $(n - m + 1)$ fonctions $H_{m+1}, \ldots,$ H_{n+1} qui forment avec ce système un système en involution. Pour cela, considérons le système d'équations linéaires

$$[H_1, \Phi] = 0, \quad [H_2, \Phi] = 0, \quad \ldots, \quad [H_m, \Phi] = 0.$$

On a, comme nous l'avons vu (n° **49**),

$$[[H_i, H_k], \Phi] + [[H_k, \Phi] H_i] + [[\Phi, H_i], H_k]$$
$$= -\frac{\partial \Phi}{\partial z} [H_i, H_k] - \frac{\partial H_i}{\partial z} [H_k, \Phi] - \frac{\partial H_k}{\partial z} [\Phi, H_i].$$

Posons

$$[H_i, \Phi] = X(\Phi),$$
$$[H_k, \Phi] = Y(\Phi) ;$$

l'identité précédente devient, puisque $[H_i, H_k] = 0$,

$$Y(X(\Phi)) - X(Y(\Phi)) = -\frac{\partial H_i}{\partial z} Y(\Phi) + \frac{\partial H_k}{\partial z} X(\Phi).$$

Ceci nous prouve que les équations linéaires $[H_i, \Phi] = 0$ forment *un système complet*. Pour trouver une intégrale de ce système de m équations à $2n + 1$ variables, dont on connaît m intégrales, on aura à effectuer une opération d'ordre $2n - 2m + 1$. Soit H_{m+1} une intégrale de ce système ; on cherchera ensuite une intégrale du système

$$[H_1, \Phi] = 0, \quad \dots, \quad [H_{m+1}, \Phi] = 0,$$

et ainsi de suite. On aura ainsi à faire successivement des opérations d'ordre

$$2n - 2m + 1, \quad 2n - 2m - 1, \quad \dots, \quad 5, 3, 1.$$

Exemples. Remarques diverses.

Exemple I. — Considérons le système

$$F(p, q, z - px - qy) = 0, \quad F_1(p, q, z - px - qy) = 0 ;$$

on reconnaît aussitôt que les trois équations

$$p = a_1, \quad q = a_2, \quad z - px - qy = a_3$$

forment un système en involution. On aura donc une intégrale complète du système proposé $z = a_1 x + a_2 y + a_3$, pourvu que les constantes a_1, a_2, a_3 vérifient les deux relations

$$F(a_1, a_2, a_3) = 0, \quad F_1(a_1, a_2, a_3) = 0.$$

Du reste, la théorie géométrique de ce système est très facile à faire ; on a une intégrale de chacune des deux équations en prenant les plans tangents à deux surfaces Σ_1, Σ_2 respectivement. Tout plan tangent commun à ces deux surfaces donnera donc une intégrale complète du système proposé. L'intégrale générale se confond ici avec l'intégrale complète, et il y a une intégrale singulière, la développable circonscrite aux deux surfaces Σ_1 et Σ_2.

Exemple II. — Soit à intégrer l'équation

$$F = f(x, p) + f_1(y, q) - z = 0.$$

On a ici

$$[F, H] = \frac{\partial f}{\partial p}\left(\frac{\partial H}{\partial x} + p\frac{\partial H}{\partial z}\right) + \frac{\partial f_1}{\partial q}\left(\frac{\partial H}{\partial y} + q\frac{\partial H}{\partial z}\right)$$
$$- \frac{\partial H}{\partial p}\left\{\frac{\partial f}{\partial x} - p\right\} - \frac{\partial H}{\partial q}\left\{\frac{\partial f_1}{\partial y} - q\right\} ;$$

on obtient deux intégrales distinctes de l'équation $[F, H] = 0$, ne renfermant respectivement que les variables (x, p) et les variables (y, q), en intégrant les deux équations

$$\frac{\partial f}{\partial p}\frac{\partial H}{\partial x} - \frac{\partial H}{\partial p}\left\{\frac{\partial f}{\partial x} - p\right\} = 0, \qquad \frac{\partial f_1}{\partial q}\frac{\partial H_1}{\partial y} - \frac{\partial H_1}{\partial q}\left\{\frac{\partial f_1}{\partial y} - q\right\} = 0,$$

ou, ce qui revient au même, les deux équations différentielles du premier ordre

$$\frac{\partial f}{\partial p}dp + \left\{\frac{\partial f}{\partial x} - p\right\}dx = 0, \qquad \frac{\partial f_1}{\partial q}dq + \left\{\frac{\partial f_1}{\partial y} - q\right\}dy = 0.$$

Soient $H(x, p)$, $H_1(y, q)$ ces deux fonctions. Il est clair que l'on a $[H, H_1] = 0$, et par suite les trois équations

$$F = 0, \qquad H(x, p) = a, \qquad H_1(y, q) = b$$

forment un système en involution. On aura donc une intégrale complète de l'équation proposée en remplaçant p et q par leurs expressions tirées des deux dernières relations dans l'équation $z = f(x, p) + f_1(y, q)$ (Cf. n° **30**).

REMARQUE I. — Comme dans le cas précédent, on pourrait montrer qu'il n'est pas nécessaire de pouvoir résoudre les équations

$$H_1 = a_1, \qquad \ldots, \qquad H_{n+1} = a_{n+1},$$

par rapport à $z, p_1, p_2, \ldots, p_n$. Il suffit que ces $n + 1$ fonctions soient distinctes. On remarque d'abord que si on a un système en involution de $n + 1$ équations distinctes, l'une au moins de ces équations contiendra z ; autrement, on aurait un système complet de n équations à $2n$ variables admettant $n + 1$ intégrales distinctes. Tirant z de l'une de ces équations et portant dans les autres, on sera conduit à un système en involution $F_1 = 0, \ldots, F_n = 0$, ne contenant pas z ; le raisonnement s'achève comme au n° **56**.

REMARQUE II. — Supposons qu'on veuille intégrer une seule équation

$$H_1 = a_1.$$

L'intégration de cette équation revient à celle de l'équation linéaire

$$[H_1, \Phi] = 0.$$

Or, si nous pouvons déterminer n intégrales distinctes $H_2, \ldots, H_{n+1}$ de cette équation, telles que tous les crochets

$$[H_i, H_k] \qquad (i, k = 1, 2, \ldots, n+1)$$

soient nuls, nous venons de voir que l'intégrale générale s'obtiendra par des opérations *algébriques*. Ceci fournit une généralisation du théorème de Liouville.

THÉORÈME. — *Si on connaît n intégrales distinctes $H_2, \ldots, H_{n+1}$, différentes de H_1, de l'équation linéaire*

$$[H_1, \Phi] = 0,$$

satisfaisant aux relations

$$[H_i, H_k] = 0 \qquad (i, k = 2, 3, \ldots, n+1),$$

on aura l'intégrale générale de cette équation par des opérations ALGÉBRIQUES.

REMARQUE III. — Si, en appliquant la méthode précédente à un système en involution de m équations, on est arrivé à un système en involution de n équations

$$H_1 = a_1, \qquad \ldots \qquad H_n = a_n,$$

tel que le déterminant fonctionnel $\dfrac{D(H_1, \ldots, H_n)}{D(p_1, \ldots, p_n)}$ ne soit pas identiquement nul, au lieu de chercher la dernière fonction H_{n+1}, on peut résoudre ces n équations par rapport à $p_1, \ldots, p_n$, et les valeurs ainsi obtenues rendent l'équation

$$dz = p_1 dx_1 + \ldots + p_n dx_n$$

complètement intégrable. En effet, des équations $H_\alpha = 0$, $H_\beta = 0$, on déduit, par un calcul tout pareil aux précédents, la relation

$$H_\alpha \cdot H_\beta + \sum_{i=1}^{n} \sum_{k=1}^{n} \frac{\partial H_\alpha}{\partial p_i} \frac{\partial H_\beta}{\partial p_k} \left(\frac{dp_k}{dx_i} - \frac{dp_i}{dx_k} \right) = 0,$$

et ces relations nous donnent, puisque $H_\alpha, H_\beta = 0$,

$$\frac{dp_k}{dx_i} = \frac{dp_i}{dx_k}, \qquad (i, k = 1, 2, \ldots, n).$$

On reconnaît sous cette forme la généralisation immédiate de la méthode de Lagrange et Charpit.

Remarque IV. — Si on applique la méthode de Jacobi et Mayer, sous sa forme générale, à une équation $F_1 = 0$, on obtient non seulement une intégrale complète de l'équation proposée, mais une intégrale complète de l'équation plus générale $F_1 = a_1$, où a_1 est une constante quelconque. Il semble donc que cette méthode est moins directe que celle de Cauchy; mais ce n'est qu'une apparence. En effet, dans toute équation du premier ordre, on peut introduire une constante arbitraire sans compliquer l'intégration. Si par exemple l'équation contient z, il n'y aura qu'à changer z en $z + a$; si l'équation ne contient pas z, on changera z en $z + ax_i$, ce qui revient à remplacer p_i par $p_i + a$. De même, si on a un système en involution tel que

$$z - \psi - (p_1 - \psi_1)x_1 - \ldots - (p_{m-1} - \psi_{m-1})x_{m-1} = 0,$$
$$p_1 - \psi_1 = 0, \quad \ldots, \quad p_{m-1} - \psi_{m-1} = 0.$$

où $\psi, \psi_1, \ldots, \psi_{m-1}$ sont des fonctions de $p_m, \ldots, p_n, x_1, \ldots, x_n$, en changeant z en $z + a + a_1 x_1 + \ldots + a_{m-1} x_{m-1}$, on sera conduit à un nouveau système en involution contenant n constantes arbitraires :

$$z + a - \psi - x_1(p_1 - \psi_1) - \ldots - x_{m-1}(p_{m-1} - \psi_{m-1}) = 0,$$
$$p_1 + a_1 - \psi_1 = 0, \quad \ldots, \quad p_{m-1} + a_{m-1} - \psi_{m-1} = 0.$$

Cette remarque nous sera très utile dans la suite.

59. Théorème de Lie. — On doit à S. Lie [1] une nouvelle méthode d'intégration qui se rattache de la façon la plus naturelle aux méthodes précédentes, dont elle est en quelque sorte la syn-

---

[1] S. Lie, *Integrationsmethode partieller Differentialgleichungen erster Ordnung,* (Gœttinger Nachrichten, 1872, p 321-326), *Allgemeine Theorie der partiellen Differentialgleichungen erster Ordnung (Mathematische Annalen, t. IX, p 245-296, 1876).*

thèse. S. Lie a été conduit à cette méthode par la théorie générale des caractéristiques. Nous allons d'abord donner une démonstration, due à Mayer [1], du théorème fondamental de Lie.

Considérons un système en involution ne contenant pas la fonction inconnue V

$$(12) \quad \begin{cases} \dfrac{\partial V}{\partial x_1} = F_1\left(x_1, x_2, \ldots, x_n, \dfrac{\partial V}{\partial x_{m+1}}, \ldots, \dfrac{\partial V}{\partial x_n}\right), \\[2ex] \dfrac{\partial V}{\partial x_2} = F_2\left(x_1, x_2, \ldots, x_n, \dfrac{\partial V}{\partial x_{m+1}}, \ldots, \dfrac{\partial V}{\partial x_n}\right), \\[2ex] \cdots \cdots \cdots \cdots \cdots \cdots \cdots \cdots \\[1ex] \dfrac{\partial V}{\partial x_m} = F_m\left(x_1, x_2, \ldots, x_n, \dfrac{\partial V}{\partial x_{m+1}}, \ldots, \dfrac{\partial V}{\partial x_n}\right). \end{cases}$$

Ce système étant en involution, on a identiquement, en remplaçant $\dfrac{\partial V}{\partial x_i}$ par p_i,

$$(p_i - F_i, \; p_k - F_k) = 0, \qquad (i, k = 1, 2, \ldots, m).$$

Pour intégrer ce système par la méthode de Jacobi et Mayer, il faudra commencer par chercher une intégrale, indépendante de $p_1, \ldots, p_m$, du système jacobien

$$(p_1 - F_1, f) = 0, \qquad \ldots, \qquad (p_m - F_m, f) = 0,$$

qui, développé, s'écrit

$$(13) \quad \begin{cases} \dfrac{\partial f}{\partial x_1} + \sum_{m+1}^{n} \left\{ \dfrac{\partial F_1}{\partial x_k} \dfrac{\partial f}{\partial p_k} - \dfrac{\partial F_1}{\partial p_k} \dfrac{\partial f}{\partial x_k} \right\} = 0, \\[2ex] \cdots \cdots \cdots \cdots \cdots \cdots \cdots \\[1ex] \dfrac{\partial f}{\partial x_m} + \sum_{m+1}^{n} \left\{ \dfrac{\partial F_m}{\partial x_k} \dfrac{\partial f}{\partial p_k} - \dfrac{\partial F_m}{\partial p_k} \dfrac{\partial f}{\partial x_k} \right\} = 0. \end{cases}$$

Imaginons qu'on applique à ce système la **méthode de Mayer** (n° **17**); on posera, en conservant les variables $x_{m+1}, \ldots, x_n$,

$$x_1 = x_1^0 + t, \qquad x_2 = x_2^0 + t y_2, \qquad \ldots, \qquad x_m = x_m^0 + t y_m,$$

---

[1] Mayer, *Direkte Ableitung der Lie'schen Fundamentaltheorems durch die Methode von Cauchy* (*Mathematische Annalen*, t. VI, p. 192-196, 1873).

$t, y_2, \ldots, y_m$ désignant les nouvelles variables, et on sera ramené à chercher une intégrale du nouveau système jacobien

$$(14) \quad \begin{cases} \dfrac{\partial f}{\partial t} + \displaystyle\sum_{m+1}^{n} \left(\dfrac{\partial \mathcal{F}}{\partial x_k} \dfrac{\partial f}{\partial p_k} - \dfrac{\partial \mathcal{F}}{\partial p_k} \dfrac{\partial f}{\partial x_k} \right) = 0, \\[2ex] \dfrac{\partial f}{\partial y_2} + t \displaystyle\sum_{m+1}^{n} \left(\dfrac{\partial H_2}{\partial x_k} \dfrac{\partial f}{\partial p_k} - \dfrac{\partial H_2}{\partial p_k} \dfrac{\partial f}{\partial x_k} \right) = 0, \\[2ex] \cdot \quad \cdot \quad \cdot \quad \cdot \quad \cdot \quad \cdot \quad \cdot \quad \cdot \quad \cdot \quad \cdot \\[2ex] \dfrac{\partial f}{\partial y_m} + t \displaystyle\sum_{m+1}^{n} \left(\dfrac{\partial H_m}{\partial x_k} \dfrac{\partial f}{\partial p_k} - \dfrac{\partial H_m}{\partial p_k} \dfrac{\partial f}{\partial x_k} \right) = 0, \end{cases}$$

où $H_1, H_2, \ldots, H_m$ désignent ce que deviennent $F_1, F_2, \ldots, F_m$ par le changement de variables précédent, et où on a posé

$$\mathcal{F} = H_1 + y_2 H_2 + \ldots + y_m H_m.$$

Nous savons que, pour avoir une intégrale du système (14), il suffit d'avoir une intégrale de la première équation de ce système, satisfaisant à certaines conditions.

· Faisons le même changement de variables dans les équations (12); elles prendront la forme

$$(15) \quad \frac{\partial V}{\partial t} = \mathcal{F}, \qquad \frac{\partial V}{\partial y_2} = t H_2, \qquad \ldots, \qquad \frac{\partial V}{\partial y_m} = t H_m;$$

et on voit immédiatement que le système jacobien (14) joue le même rôle, par rapport au système (15), que le système (13) par rapport au système (12). Il suit de là que, soit que l'on veuille intégrer le système en involution (15), soit que l'on veuille intégrer l'équation unique

$$\frac{\partial V}{\partial t} = \mathcal{F},$$

la première opération à effectuer sera la même dans les deux cas : on aura à chercher une intégrale de l'équation linéaire

$$(p_1 - \mathcal{F}, f) = 0,$$

qui est la première des équations (14). Mais l'analogie entre les deux problèmes ne s'arrête pas là. Nous allons montrer en effet que, *si on a intégré l'équation à $n - m + 1$ variables*

$$\frac{\partial V}{\partial t} - \mathcal{F} = 0,$$

on en déduira immédiatement une intégrale complète du système (15).

D'une façon plus précise, nous allons montrer que l'intégrale de cette équation, qui, pour $t = 0$, se réduit à

$$a_{m+1} x_{m+1} + \ldots + a_n x_n,$$

vérifie les autres équations (15). Imaginons qu'on applique la première méthode de Jacobi à l'équation

$$\frac{\partial V}{\partial t} = \mathcal{F}(t, y_2, \ldots, y_m, x_{m+1}, \ldots, x_n, p_{m+1}, \ldots, p_n);$$

on intégrera le système d'équations différentielles

$$(16) \qquad \frac{dx_k}{dt} = -\frac{\partial \mathcal{F}}{\partial p_k}, \qquad \frac{dp_k}{dt} = \frac{\partial \mathcal{F}}{\partial x_k}, \qquad (k = m + 1, \ldots, n).$$

Soit

$$(17) \qquad \begin{cases} x_k = \varphi_k(t, y_2, \ldots, y_m, a_{m+1}, \ldots, a_n, b_{m+1}, \ldots, b_n), \\ p_k = \psi_k(t, y_2, \ldots, y_m, a_{m+1}, \ldots, a_n, b_{m+1}, \ldots, b_n) \end{cases}$$

l'intégrale générale de ce système, où $a_{m+1}, \ldots, a_n, b_{m+1}, \ldots, b_n$ désignent les valeurs initiales de $p_{m+1}, \ldots, p_n, x_{m+1}, \ldots, x_n$ pour $t = 0$; l'expression

$$V = \sum_{m+1}^{n} a_k b_k + \int_0^t \left(\mathcal{F} - \sum_{m+1}^{n} p_k \frac{\partial \mathcal{F}}{\partial p_k} \right) dt$$

sera l'intégrale de l'équation $\dfrac{\partial V}{\partial t} = \mathcal{F}$, qui, pour $t = 0$, se réduit à $a_{m+1} x_{m+1} + \ldots + a_n x_n$, si on l'exprime au moyen des variables indépendantes t, x_i, a_i. Pour plus de clarté, désignons par W ce que devient la fonction V quand on y remplace $b_{m+1}, \ldots, b_n$ par leurs valeurs tirées des formules (17). Nous allons montrer que cette fonction W satisfait aux équations (15). On a, puisque V se déduit de W en y remplaçant $x_{m+1}, \ldots, x_n$ par les valeurs (17),

$$\frac{\partial V}{\partial y_i} = \frac{\partial W}{\partial y_i} + \sum_{m+1}^{n} \frac{\partial W}{\partial x_k} \frac{\partial x_k}{\partial y_i}.$$

D'ailleurs, V étant une fonction de t, y_i, a_k et b_k,

$$\frac{\partial V}{\partial y_i} = \int_0^t \left\{ \frac{\partial \bar{f}}{\partial y_i} + \sum_{m+1}^{n} \left(\frac{\partial \bar{f}}{\partial x_k} \frac{\partial r_k}{\partial y_i} - p_k \frac{\partial}{\partial y_i} \left(\frac{\partial \bar{f}}{\partial p_k} \right) \right) \right\} dt,$$

et, en tenant compte des équations (16),

$$\frac{\partial V}{\partial y_i} = \int_0^t \frac{\partial \bar{f}}{\partial y_i} dt + \int_0^t \sum_{m+1}^{n} \left(\frac{dp_k}{dt} \frac{\partial x_k}{\partial y_i} + p_k \frac{\partial^2 x_k}{\partial t \partial y_i} \right) dt$$

$$= \int_0^t \frac{\partial \bar{f}}{\partial y_i} dt + \sum_{m+1}^{n} \left[p_k \frac{\partial x_k}{\partial y_i} \right]_0^t.$$

Comme, pour $t = 0$, x_k se réduit à b_k, on en conclut que

$$\frac{\partial W}{\partial y_i} = \int_0^t \frac{\partial \bar{f}}{\partial y_i} dt + \sum_{m+1}^{n} \left(p_k - \frac{\partial W}{\partial x_k} \right) \frac{\partial x_k}{\partial y_i}.$$

et, puisque W est une intégrale de la première des équations (15),

$$\frac{\partial W}{\partial x_k} = p_k;$$

il reste

$$\frac{\partial W}{\partial y_i} = \int_0^t \frac{\partial \bar{f}}{\partial y_i} dt.$$

D'un autre côté, puisque le système (15) est en involution, on a

$$(p_i - \bar{f}, p_i - f_i) = 0,$$

ce qui s'écrit

$$\frac{\partial \bar{f}}{\partial y_i} - \frac{\partial f_i}{\partial t} + \sum_{k=m+1}^{k=n} \left\{ \frac{\partial f_i}{\partial x_k} \frac{\partial \bar{f}}{\partial p_k} - \frac{\partial \bar{f}}{\partial x_k} \frac{\partial f_i}{\partial p_k} \right\} = 0.$$

en posant

$$f_i = tH_i.$$

En remplaçant x_k et p_k par les expressions (17), qui sont les intégrales des équations (16), il vient

$$\frac{\partial \mathcal{F}}{\partial y_i} = \frac{\partial f_i}{\partial t} + \sum_{k=m+1}^{k=n} \left\{ \frac{\partial f_i}{\partial x_k} \frac{dx_k}{dt} + \frac{\partial f_i}{\partial p_k} \frac{dp_k}{dt} \right\} = \frac{df_i}{dt},$$

et on a la relation qu'il fallait démontrer

$$\frac{\partial W}{\partial y_i} = \int_0^t \frac{df_i}{dt} \, dt = \left[f_i \right]_0^t = tH_i.$$

Nous pouvons donc énoncer la proposition générale suivante :

THÉORÈME. — *L'intégration d'un système en involution de m équations à n variables indépendantes se ramène à l'intégration d'une équation unique à n — m + 1 variables indépendantes.*

REMARQUE. — Dans la démonstration du théorème précédent, nous ne nous sommes servis que des relations

$$(p_1 - \mathcal{F}, \, p_i - tH_i) = 0,$$

mais nous n'avons pas utilisé les autres équations

$$(p_i - tH_i, \, p_k - tH_k) = 0,$$

qui expriment que le système (15) est en involution. Cette conclusion peut sembler paradoxale, mais il est facile de voir que les dernières relations sont des conséquences des premières. En effet, de l'identité fondamentale

$$\left(p_1 - \mathcal{F}, \, (p_i - tH_i, \, p_k - tH_k) \right) + \left(p_i - tH_i, \, (p_k - tH_k, \, p_1 - \mathcal{F}) \right)$$
$$+ \left(p_k - tH_k, \, (p_1 - \mathcal{F}, \, p_i - tH_i) \right) = 0,$$

on en conclut que la parenthèse $(p_i - tH_i, \, p_k - tH_k)$ est une intégrale de l'équation linéaire

$$(p_1 - \mathcal{F}, \, f) = 0 \, ;$$

or, tous les termes de cette parenthèse contiennent t en facteur. Cette

intégrale doit donc s'annuler pour $t = 0$, et, d'après le théorème général
de Cauchy, l'équation linéaire précédente n'admet pas d'autre intégrale
que $f = 0$ qui soit nulle pour $t = 0$. Il faut donc que la parenthèse
soit identiquement nulle.

60. Nouvelle démonstration du théorème de Lie. — Le
théorème de Lie n'est au fond qu'un cas particulier du théorème
général d'existence des intégrales d'un système en involution qui
a été établi au n° **5**. En appliquant cette proposition au système (12), on obtient l'énoncé suivant :

*Les m fonctions $F_i(x_1, x_2, \ldots, x_n, p_{m+1}, \ldots, p_n)$ étant holomorphes dans le voisinage d'un système de valeurs $x_1^0, x_2^0,
\ldots, x_n^0$; $p^0_{m+1}, \ldots, p_n^0$, soit $\Phi(x_{m+1}, \ldots, x_n)$ une fonction holomorphe dans le domaine du point $(x^0_{m+1}, \ldots, x_n^0)$, telle que, pour
ce système de valeurs, on ait*

$$\left(\frac{\partial \Phi}{\partial x_{m+1}}\right)_0 = p^0_{m+1}, \quad \ldots, \quad \left(\frac{\partial \Phi}{\partial x_n}\right)_0 = p_n^0.$$

*Le système (12) admet une intégrale holomorphe dans le domaine
du point $(x_1^0, \ldots, x_n^0)$ se réduisant à $\Phi(x_{m+1}, \ldots, x_n)$ quand on
y fait $x_1 = x_1^0, \ldots, x_m = x_m^0$.*

Si l'on veut déterminer cette intégrale au moyen de la transformation générale de Mayer (n° **6**), on pose

$$x_1 = x_1^0 + t, \quad x_2 = x_2^0 + t y_2, \quad \ldots, \quad x_m = x_m^0 + t y_m.$$

ce qui conduit précisément au système (15). L'intégrale du nouveau
système qui se réduit à $\Phi(x_{m+1}, \ldots, x_n)$ pour $t = 0$ est déterminée
par la première équation

$$(18) \qquad \frac{\partial V}{\partial t} = F_1 + y_2 F_2 + \ldots + y_m F_m$$

du nouveau système. Il en résulte que toute intégrale de l'équation (18) qui, pour $t = 0$, se réduit à une fonction des seules
variables $x_{m+1}, \ldots, x_n$, vérifie toutes les autres équations du système (15). Pour avoir l'intégrale considérée par Mayer, il suffit de
prendre l'intégrale de l'équation (18) qui, pour $t = 0$, se réduit à

$$a_{m+1} x_{m+1} + \ldots + a_n x_n.$$

61. Méthode de Lie. — Le théorème fondamental de Lie permet de compléter sur un point essentiel la méthode de Jacobi et Mayer. Supposons, en effet, que, dans l'application de cette méthode, on arrive à un système en involution tel que le système (12), pour lequel on sache intégrer complètement le système jacobien correspondant (13). *L'intégration du système* (12) *est alors ramenée à une quadrature*. En effet, si on connaît l'intégrale générale du système (13), on aura aussi l'intégrale générale du système (14) et, en particulier, de la première équation de ce système, ou, ce qui revient au même, des équations différentielles

$$(19) \qquad \frac{d x_k}{dt} = -\frac{\partial \bar{f}}{\partial p_k}, \qquad \frac{d p_k}{dt} = \frac{\partial \bar{f}}{\partial x_k}.$$

Or, nous venons de voir que, si on connaît l'intégrale générale de ce système, on en déduit par une quadrature une intégrale complète du système (15) et, par suite, du système (12).

On voit donc que, dans l'application de la méthode de Jacobi et Mayer, on peut s'arrêter toutes les fois que l'on arrive à un système jacobien que l'on sait intégrer complètement. Cette méthode comprend à la fois la méthode de Cauchy et celle de Jacobi comme cas particulier. L'intégration étant commencée par la méthode de Jacobi, on peut s'arrêter quand on veut et ramener le système en involution obtenu à une équation unique au moyen du théorème fondamental de Lie.

Voici maintenant la nouvelle méthode d'intégration que S. Lie a déduite de son théorème. Le système en involution proposé étant ramené à une équation unique à n variables indépendantes

$$(20) \qquad p_1 - f = 0,$$

on cherchera une intégrale de l'équation linéaire

$$(p_1 - f, \varphi) = 0.$$

Soit φ_1 cette intégrale ; le système en involution

$$(21) \qquad p_1 - f = 0, \qquad \varphi_1 = a_1,$$

peut, d'après ce qui précède, être ramené à une équation unique
à $n - 1$ variables

$$(22) \qquad\qquad p_1^{(1)} - f^{(1)} = 0.$$

De toute intégrale complète de cette nouvelle équation, on peut, en
effet, déduire par des opérations algébriques une intégrale complète du système (21) et, par suite, de l'équation (20). On cherchera
ensuite une intégrale φ_2 de l'équation linéaire

$$(p_1^{(1)} - f^{(1)}, \varphi) = 0,$$

et on ramènera le système en involution

$$p_1^{(1)} - f^{(1)} = 0, \qquad \varphi_2 = a_2,$$

à une équation unique à $n - 2$ variables

$$p_1^{(2)} - f^{(2)} = 0,$$

et ainsi de suite. Après $n - 1$ opérations de ce genre, on sera
ramené à une équation

$$p_1^{(n-1)} - f^{(n-1)} = 0,$$

à une variable indépendante seulement. De l'intégrale générale de
cette équation différentielle ordinaire, on déduira ensuite, en
remontant de proche en proche, une intégrale complète de chacune
des équations intermédiaires et, par suite, de l'équation (20).

Chaque intégrale nouvelle diminuant le nombre des variables
indépendantes d'une unité, l'ordre de l'équation linéaire correspondante sera diminué de deux unités. On voit facilement, d'après
cela, que la méthode de Lie exige le même nombre d'opérations
que la méthode de Jacobi et Mayer.

L'application de cette méthode donne encore lieu aux remarques
suivantes :

$1°$ On voit immédiatement qu'à chaque instant de l'opération on
pourra abandonner la méthode de Lie et appliquer celle de Cauchy
si elle est plus avantageuse. Car, si on a obtenu une intégrale
complète de l'équation $p_1^{(k)} - f^{(k)} = 0$, on en déduira encore, en
remontant de proche en proche, une intégrale complète de chacune
des équations précédentes.

$2°$ Si on a déterminé s intégrales distinctes $\psi_1, \ldots, \psi_s$ de l'équation

$$(p_1^{(k)} - f^{(k)}, \psi) = 0,$$

on pourra diminuer de s unités le nombre des variables indépendantes, pourvu que ces intégrales vérifient les relations

$$(\psi_i, \psi_k) = 0, \qquad (i, k = 1, 2, \ldots, s).$$

En effet, le théorème fondamental de Lie peut être généralisé comme il suit : *Étant donné un système en involution de m équations à n variables indépendantes*

$$F_1 = a_1, \quad \ldots, \quad F_m = a_m,$$

si on connaît s intégrales $F_{m+1}, \ldots, F_{m+s}$ *du système complet*

$$(F_1, \Phi) = 0, \quad \ldots, \quad (F_m, \Phi) = 0,$$

formant avec $F_1, \ldots, F_m$ *un système de $m + s$ fonctions distinctes et telles que l'on ait*

$$(F_{m+i}, F_{m+k}) = 0, \qquad (i, k = 1, 2, \ldots, s),$$

l'intégration du système proposé se ramène à l'intégration d'une équation unique à $n - m - s + 1$ variables indépendantes [1].

Pour avoir une intégrale complète du système proposé, il suffit, en effet, d'avoir une intégrale complète du système en involution

$$F_1 = a_1, \quad \ldots, \quad F_m = a_m, \quad F_{m+1} = a_{m+1}, \quad \ldots, \quad F_{m+s} = a_{m+s};$$

si ces équations peuvent être résolues par rapport à $(m + s)$ des variables p_i, la proposition est établie ; s'il n'en est pas ainsi, on a vu au chapitre précédent qu'on pouvait toujours les résoudre par rapport à μ des variables p et $s - \mu$ des variables x

$$p_{\alpha_1}, \quad \ldots, \quad p_{\alpha_\mu}, \quad x_{\beta_1}, \quad \ldots, \quad x_{\beta_{s-\mu}},$$

les nombres α_i et β_k étant différents. Par une transformation déjà employée (n° **56**), on ramènera ce cas au précédent.

<hr>

[1] A. Mayer, *Mathematische Annalen*, t. VIII, p. 318, 1875.

62. Application aux systèmes linéaires. — Comme application de la méthode générale de Jacobi et Mayer, nous allons considérer un système d'équations linéaires de forme quelconque

$$(23) \quad \begin{cases} F_1 = a_{11}p_1 + \ldots + a_{1n}p_n - b_1 = 0, \\ F_2 = a_{21}p_1 + \ldots + a_{2n}p_n - b_2 = 0, \\ \cdot \quad \cdot \quad \cdot \quad \cdot \quad \cdot \quad \cdot \quad \cdot \quad \cdot \quad \cdot \quad \cdot \quad \cdot \\ F_q = a_{q1}p_1 + \ldots + a_{qn}p_n - b_q = 0, \end{cases}$$

où les coefficients a_{ik}, b_i dépendent des variables $x_1, \ldots, x_n$ et de la fonction inconnue z.

Soient

$$F = A_1 p_1 + \ldots + A_n p_n - A_{n+1} = 0,$$
$$H = B_1 p_1 + \ldots + B_n p_n - B_{n+1} = 0$$

deux équations de cette espèce. On a

$$[F, H] = \sum_{i=1}^{n} A_i \left[\frac{dB_1}{dx_i} p_1 + \ldots + \frac{dB_n}{dx_i} p_n - \frac{dB_{n+1}}{dx_i} \right]$$
$$- \sum_{i=1}^{n} B_i \left[\frac{dA_1}{dx_i} p_1 + \ldots + \frac{dA_n}{dx_i} p_n - \frac{dA_{n+1}}{dx_i} \right],$$

ce qu'on peut écrire

$$[F, H] = p_1 \sum_{i=1}^{i=n} \left(A_i \frac{\partial B_1}{\partial x_i} - B_i \frac{\partial A_1}{\partial x_i} \right) + \ldots + p_n \sum_{i=1}^{i=n} \left(A_i \frac{\partial B_n}{\partial x_i} - B_i \frac{\partial A_n}{\partial x_i} \right)$$
$$+ (F + A_{n+1}) \left\{ p_1 \frac{\partial B_1}{\partial z} + \ldots + p_n \frac{\partial B_n}{\partial z} - \frac{\partial B_{n+1}}{\partial z} \right\}$$
$$- (H + B_{n+1}) \left\{ p_1 \frac{\partial A_1}{\partial z} + \ldots + p_n \frac{\partial A_n}{\partial z} - \frac{\partial A_{n+1}}{\partial z} \right\}$$
$$- \sum_{i=1}^{i=n} \left\{ A_i \frac{\partial B_{n+1}}{\partial x_i} - B_i \frac{\partial A_{n+1}}{\partial x_i} \right\}.$$

Toute intégrale commune aux deux équations $F = 0$, $H = 0$ satisfait donc à une nouvelle équation de même forme

$$[\mathcal{A}(B_1) - \mathcal{B}(A_1)] p_1 + \ldots$$
$$+ [\mathcal{A}(B_n) - \mathcal{B}(A_n)] p_n = \mathcal{A}(B_{n+1}) - \mathcal{B}(A_{n+1}).$$

en posant

$$\mathcal{A}(V) = A_1 \frac{\partial V}{\partial x_1} + \ldots + A_n \frac{\partial V}{\partial x_n} + A_{n+1} \frac{\partial V}{\partial z},$$

$$\mathcal{B}(V) = B_1 \frac{\partial V}{\partial x_1} + \ldots + B_n \frac{\partial V}{\partial x_n} + B_{n+1} \frac{\partial V}{\partial z}.$$

D'une façon générale, soit

$$X_i(V) = a_{i1} \frac{\partial V}{\partial x_1} + \ldots + a_{in} \frac{\partial V}{\partial x_n} + b_i \frac{\partial V}{\partial z};$$

toute intégrale du système (23) satisfait aussi à toutes les équations linéaires que l'on déduit des équations

$$X_i[X_k(V)] - X_k[X_i(V)] = 0, \qquad (i, k = 1, 2, \ldots, q)$$

en y remplaçant $\dfrac{\partial V}{\partial x_1}, \ldots, \dfrac{\partial V}{\partial x_n}, \dfrac{\partial V}{\partial z}$ par $p_1, p_2, \ldots, p_n, -1$ respectivement. Nous dirons que le système des q équations linéaires et homogènes

$$(24) \qquad X_1(V) = 0, \quad \ldots, \quad X_q(V) = 0$$

est *associé* au système linéaire de forme générale (23). La liaison entre les deux systèmes est manifeste. Si V est une intégrale du système (24), l'équation

$$V = C$$

définit une fonction $z = \varphi(x_1, \ldots, x_n)$ qui est une intégrale du système (23), et inversement toute intégrale *non singulière* du système (23) peut être obtenue de cette façon (n° **9**).

En appliquant la méthode générale au système linéaire (23), on voit que toutes les équations que l'on adjoint sont aussi des équations linéaires. On sera donc ramené finalement à un système linéaire en involution de r équations distinctes $(r \leqslant n + 1)$

$$(25) \qquad F_1 = 0, \quad F_2 = 0, \quad \ldots, \quad F_r = 0,$$

où

$$F_i = a_{i1} p_1 + \ldots + a_{in} p_n - b_i, \qquad (i = 1, 2, \ldots, r).$$

Le système associé correspondant

$$(26) \qquad X_1(V) = o, \quad \ldots, \quad X_r(V) = o$$

est alors un système complet.

Si $r = n + 1$, le système associé (26) n'admet pas d'autre intégrale que $V = C$; mais, en égalant à zéro le déterminant des coefficients de ces $n + 1$ équations, on obtient une relation entre $x_1, \ldots, x_n, z$, qui peut définir une ou plusieurs intégrales du système (25). Si $r \leqslant n$, toute intégrale non singulière du système en involution (25) est définie par une relation de la forme

$$\Pi(f_1, \ldots, f_{n+1-r}) = o,$$

$f_1, \ldots, f_{n+1-r}$ étant des intégrales distinctes du système complet (26).

Pour compléter ce sujet, il nous reste à examiner si le système (25) peut admettre des intégrales singulières, qui ne soient pas obtenues par ce procédé. Soit $z = \Phi(x_1, \ldots, x_n)$ une intégrale analytique holomorphe dans le domaine du point $(x_1^0, \ldots, x_n^0)$ et prenant la valeur z^0 en ce point ; nous supposerons que tous les coefficients a_{ik} et b_i sont holomorphes dans le voisinage du système de valeurs $(x_1^0, \ldots, x_n^0, z^0)$ et que l'un au moins des déterminants d'ordre r déduits du tableau

$$(T) \qquad \begin{Vmatrix} a_{11}, a_{12}, \ldots, a_{1n} \\ a_{21}, a_{22}, \ldots, a_{2n} \\ \cdot \quad \cdot \quad \cdot \quad \cdot \quad \cdot \\ a_{r1}, a_{r2}, \ldots, a_{rn} \end{Vmatrix}$$

n'est pas nul pour ce système de valeurs. On peut alors résoudre le système d'équations (25) par rapport à r des dérivées de la fonction inconnue z. Admettons, pour fixer les idées, que ce système peut être résolu par rapport aux dérivées $\dfrac{\partial z}{\partial x_1}, \ldots, \dfrac{\partial z}{\partial x_r}$, les coefficients des dérivées $\dfrac{\partial z}{\partial x_{r+1}}, \ldots, \dfrac{\partial z}{\partial x_n}$, et le terme indépendant étant des fonctions holomorphes dans le domaine du point $(x_1^0, \ldots, x_n^0, z^0)$. Soit

$$\varphi(x_{r+1}, \ldots, x_n) = \Phi(x_1^0, \ldots, x_r^0; x_{r+1}, \ldots, x_n) ;$$

il existe alors (n° **5**) une seule intégrale holomorphe des équations (25) se réduisant à $\varphi(x_{r+1}, \ldots, x_n)$ quand on y fait $x_1 = x_1^0, \ldots, x_r = x_r^0$, et cette intégrale est nécessairement l'intégrale consi-

G. *Leçons.*

dérée $\Phi(x_1, \ldots, x_n)$. D'autre part, les équations du système complet (26) peuvent aussi être résolues par rapport aux dérivées $\dfrac{\partial V}{\partial x_1}, \ldots, \dfrac{\partial V}{\partial x_r}$, et l'on obtient ainsi un système jacobien équivalent

$$(26')\qquad \frac{\partial V}{\partial x_i} = A_{1i}\frac{\partial V}{\partial x_{r+1}} + \ldots + A_{n-r,i}\frac{\partial V}{\partial x_n} + B_i\frac{\partial V}{\partial z},$$

$$(i = 1, 2, \ldots, r),$$

les coefficients A_{ik}, B_i étant holomorphes dans le voisinage du système de valeurs $(x_1^0, \ldots, x_n^0, z^0)$. D'après le théorème général du n° **17**, ce système admet une intégrale holomorphe $V(x_1, \ldots, x_n, z)$ se réduisant à $z - \varphi(x_{r+1}, \ldots, x_n)$ pour $x_1 = x_1^0, \ldots, x_r = x_r^0$. L'équation $V = o$ définit donc une intégrale du système (25) se réduisant à $\varphi(x_{r+1}, \ldots, x_n)$ quand on y fait $x_1 = x_1^0, \ldots, x_r = x_r^0$, et cette intégrale ne peut être que l'intégrale $z = \Phi(x_1, \ldots, x_n)$.

Le raisonnement ne peut être en défaut que dans les deux cas suivants : 1° Si tous les déterminants d'ordre r déduits du tableau (T) sont nuls pour les coordonnées d'un point quelconque de l'intégrale. En égalant à zéro tous ces déterminants, on obtient un certain nombre d'équations qui, si elles sont compatibles, définissent une ou plusieurs fonctions $z(x_1, \ldots, x_n)$. Il suffira d'examiner si quelqu'une de ces fonctions satisfait au système (25). Lorsqu'il y a des intégrales de cette espèce, elles ne dépendent évidemment d'aucune constante arbitraire ;

2° Le raisonnement ne s'applique pas non plus aux intégrales telles que l'une au moins des fonctions a_{ki}, b_i ne soit pas holomorphe dans le domaine d'un point quelconque de l'intégrale (Cf. n° **11**).

Lorsque tous les déterminants d'ordre r déduits du tableau (T) sont nuls identiquement, il existe r fonctions $\lambda_1, \lambda_2, \ldots, \lambda_r$, dont l'une au moins n'est pas nulle, satisfaisant aux n relations

$$\lambda_1 a_{1k} + \lambda_2 a_{2k} + \ldots + \lambda_r a_{rk} = o, \qquad (k = 1, 2, \ldots, n).$$

Toute intégrale du système (25) doit donc satisfaire aussi à la relation

$$\lambda_1 b_1 + \lambda_2 b_2 + \ldots + \lambda_r b_r = o,$$

qui ne peut se réduire à une identité, puisque les r équations du système (25) sont supposées distinctes. Il n'y aura plus qu'à vérifier si une racine de cette équation est une intégrale du système (25). Dans ce cas, la relation $\dfrac{\partial V}{\partial z} = o$ est une conséquence des équations (26), et les fonctions f_i sont indépendantes de z. La méthode qui donne l'intégrale générale est donc illusoire.

Remarque. — La méthode générale d'intégration d'un système en involution de r équations à n variables indépendantes exige dans le cas général (n° **58**, p. 290) les opérations

$$2n - 2r + 1, \quad 2n - 2r - 1, \ldots, 5, 3, 1.$$

La méthode directe d'intégration des systèmes complets appliquée au système (26) n'exige, au contraire, que les opérations

$$n - r, \quad n - r - 1, \ldots, 2, 1.$$

Cette méthode directe peut être considérée comme une application de la méthode générale de Jacobi, combinée avec un procédé de simplification particulier. Étant donné le système linéaire en involution (25), proposons-nous de lui adjoindre une nouvelle équation

$$f(x_1, x_2, \ldots, x_n, z) = C,$$

la fonction f étant indépendante de $p_1, p_2, \ldots, p_n$, formant avec les premières un nouveau système en involution. On a dans ce cas

$$[F_i, f] = a_{i1} \frac{\partial f}{\partial x_1} + \ldots + a_{in} \frac{\partial f}{\partial z} + b_i \frac{\partial f}{\partial z} - \frac{\partial f}{\partial z} F_i;$$

pour que l'équation $[F_i, f] = 0$ soit une conséquence des premières équations, il faut et il suffit que f soit une intégrale de $X_i(f) = 0$. La méthode classique d'intégration des systèmes linéaires en involution (25) revient donc à déterminer $n - r + 1$ fonctions distinctes de $x_1, \ldots, x_n, z$, telles que les équations

$$f_1 = C_1, \quad \ldots, \quad f_{n-r+1} = C_{n-r+1}$$

jointes aux équations (25) forment un nouveau système en involution. Ce système ne peut être résolu par rapport à $z, p_1, \ldots, p_n$, et il semble que la méthode générale pour obtenir une intégrale complète est en défaut. Nous verrons, au chapitre suivant, comment cette méthode directe d'intégration des systèmes complets peut être rattachée à la théorie générale de Lie.

Exercices.

Appliquer la méthode de Jacobi aux équations suivantes :

1° $p_1 + (3x_2 + 2x_3)p_2 + (4x_2 + 5x_3)p_3$
$$+ [x_4 + x_5(p_2 - p_3)]p_5 + \frac{x_2 p_5^2}{p_4} = 0;$$
(IMSCHENETSKY.)

2° $(x_2 p_1 + x_1 p_2)x_3 + p_3(p_1 - p_2)[p_4^2 + (p_5 + x_4)(p_5 + x_6)p_6] = a;$
(IMSCHENETSKY.)

3° $x_1^2(p_1 + p_2) + 2x_1 x_3 p_3 + b p_3 \log\left(-\dfrac{p_2}{p_3}\right) - b p_3 \log x_1^2 + a p_3 = 0;$
(AMPÈRE.)

4° $z = f(p_1, p_2, \ldots, p_n);$

5° $(x_2 p_1 + x_1 p_2)x_3 + a p_3(p_1 - p_2) - 1 = 0;$

6° $p_1 x_1^2 = p_2^2 + a p_3^2;$

7° $x_1 p_1^2 + x_2 p_2^2 + x_3 p_3^2 = p_1 p_2 p_3;$

8° $p_1^2 + p_2^2 + p_3^2 = x_1^2 + x_1 x_2 + x_2^2 + x_1 x_3 + x_2 x_3 + x_3^2;$

9° $p_1 + \frac{1}{2}p_2^2 + p_2 x_1 x_3 + p_3 x_1 x_2 = 0;$

10° $x_1 + \frac{1}{2}x_2^2 + x_2 p_1 p_3 + x_3 p_1 p_2 = 0;$

11° $p_1 p_2 p_3 = p_1 x_1 + p_2 x_2 + p_3 x_3;$

12° $x_2 p_1 + x_1 p_2 + (p_1 - p_2)(p_3 + x_4)(p_4 + x_3) = 1;$

13° $p_1 p_2 p_3 + x_1 x_2 x_3(x_1 p_1 + x_2 p_2 + x_3 p_3) = x_2 x_3 p_2 p_3$
$$+ x_3 x_1 p_3 p_1 + x_1 x_2 p_1 p_2;$$

14° $a_1(x_2 p_3 - x_3 p_2)^2 + a_2(x_3 p_1 - x_1 p_3)^2 + a_3(x_1 p_2 - x_2 p_1)^2 = 1.$
(SCHLÆFLI.)

CHAPITRE IX

THÉORIE GÉNÉRALE DE LIE

Dans une série de Mémoires publiés dans les recueils de l'Académie de Christiania et dans les *Mathematische Annalen*, Sophus Lie a repris la théorie des équations aux dérivées partielles du premier ordre à un nouveau point de vue très général ([1]). Ces recherches sont basées sur une définition nouvelle de l'intégrale, dont on a déjà dit quelques mots, mais qui mérite d'être étudiée en détail.

63. Équations à deux et à trois variables. — Considérons d'abord une équation différentielle du premier ordre

$$(1) \qquad f(x, y, p) = 0, \qquad \text{où} \qquad p = \frac{dy}{dx}.$$

Nous appellerons *élément de contact* (x, y, p) d'un plan l'ensemble d'un point x, y et d'une droite de coefficient angulaire p passant par ce point, et *intégrale* de l'équation (1) tout système *simplement infini* d'éléments de contact, c'est-à-dire dépendant d'un seul paramètre variable, vérifiant l'équation (1) et la relation

$$(2) \qquad dy = p\,dx.$$

Soit

$$x = \varphi_1(u), \qquad y = \varphi_2(u), \qquad p = \psi(u),$$

une telle intégrale : si φ_1 et φ_2 ne sont pas des constantes, la rela-

([1]) Voir en particulier les Mémoires suivants : *Zur Theorie der partiellen Differentialgleichungen, insbesondere über eine Classification derselben* (Gœttinger *Nachrichten*, 1872, p. 480). — *Allgemeine Theorie der partiellen Differentialgleichungen erster Ordnung* (Mathematische *Annalen*, t. IX, p. 245-296, 1876 ; *ibid.*, t. XI, p. 464-557, 1877).

tion (2) exprime que p est le coefficient angulaire de la tangente à la courbe C, lieu du point x, y, dont on obtient l'équation en éliminant u entre les deux équations

$$x = \varphi_1(u), \quad y = \varphi_2(u).$$

Soit $F(x, y) = 0$ l'équation de cette courbe. La fonction y de x définie par cette équation sera une intégrale au sens ordinaire du mot. Un élément de l'intégrale est formé par un point de la courbe C et la tangente en ce point, et l'intégrale se compose de la courbe C et de l'ensemble de ses tangentes, ou, si l'on préfère, de l'ensemble des éléments de droite infiniment petits, formés d'un point de C et d'une portion infinitésimale de la tangente en ce point.

Mais on satisfait aussi à l'équation (2) en prenant $x = x_0$, $y = y_0$, x_0, y_0 étant constants, $p = u$. Si donc l'équation (1) est vérifiée pour $x = x_0$, $y = y_0$, *quel que soit* p, les formules

$$x = x_0, \quad y = y_0, \quad p = u$$

représenteront encore une intégrale, d'après la nouvelle définition. Cette intégrale se compose, comme on le voit, du point M de coordonnées x_0, y_0, et de toutes les droites qui passent par ce point.

Cette extension de la définition de l'intégrale permet d'expliquer certaines anomalies qui se présentent dans la théorie des équations différentielles. Supposons, par exemple, qu'une équation différentielle admette pour intégrale une droite Δ, et transformons cette équation par polaires réciproques. A toute intégrale de l'équation proposée correspondra une intégrale de l'équation transformée : à la droite Δ correspondra un point. Il semble donc, au premier abord, que l'intégrale correspondant à Δ disparaît. Avec la définition nouvelle, ceci s'explique : à la droite Δ correspond un point P ; à tout point M situé sur Δ correspond une droite D passant par P. Quand M décrit la droite Δ, la droite D tourne autour du point P : on voit donc qu'à l'intégrale Δ correspond une intégrale composée du point P et de toutes les droites qui y passent.

Ainsi, considérons l'équation de Clairaut

$$\text{(A)} \qquad y - px = f(p).$$

Si on lui applique la transformation de Legendre

$$p = X, \qquad y - px = Y,$$

on obtient l'équation

(B) $$Y = f(X),$$

équation qui ne contient plus de dérivée et qui, par conséquent, n'admet qu'une solution, tandis que l'équation (A) en admet une infinité. Ce paradoxe s'explique en remarquant que l'intégrale générale de l'équation (A) se compose de toutes les tangentes à une certaine courbe C qui est elle-même une intégrale singulière. A la courbe C correspond, par la transformation par polaires réciproques, une courbe C' représentée par l'équation (B) elle-même, et l'intégrale générale de cette équation se composera d'un point quelconque de la courbe C' et de toutes les droites qui y passent. La courbe C' est, d'ailleurs, une intégrale singulière.

Soit maintenant

(3) $$F(x, y, z, p, q) = 0$$

une équation aux dérivées partielles du premier ordre. Nous appellerons *intégrale* tout système *doublement infini* d'éléments de contact de l'espace vérifiant la relation (3) et la relation

(4) $$dz = p\,dx + q\,dy,$$

un élément étant toujours représenté géométriquement par l'ensemble d'un point (x, y, z) et d'un plan de coefficients angulaires p, q passant par ce point. On peut aussi, si l'on veut, se représenter un élément de contact comme formé d'un point M et d'une portion infiniment petite d'un plan passant par ce point, et comprenant le point M. Soit

$$x = f_1(u, v), \qquad y = f_2(u, v), \qquad z = f_3(u, v),$$
$$p = \varphi_1(u, v), \qquad q = \varphi_2(u, v)$$

un tel système. Supposons d'abord que les trois déterminants

$$\frac{D(f_1, f_2)}{D(u, v)}, \qquad \frac{D(f_2, f_3)}{D(u, v)}, \qquad \frac{D(f_3, f_1)}{D(u, v)}$$

ne soient pas nuls à la fois. Alors, l'élimination de u et v entre les trois équations

$$(5) \qquad x = f_1, \qquad y = f_2, \qquad z = f_3$$

conduira à *une seule relation* $F(x, y, z) = 0$. Soit $z = \psi(x, y)$ la fonction définie par cette relation ; la relation (4) prouve que l'on aura

$$p = \frac{\partial \psi}{\partial x}, \qquad q = \frac{\partial \psi}{\partial y}.$$

On trouve bien, dans ce cas, une intégrale au sens ordinaire du mot. Un élément quelconque de l'intégrale se compose d'un point de la surface $z = \psi$ et du plan tangent en ce point [1].

Si les trois déterminants précédents sont nuls à la fois, l'élimination de u et v entre les trois équations (5) conduira *au moins à deux* relations distinctes entre z, x, y. Supposons d'abord qu'elle conduise à deux relations seulement. On pourra alors choisir les paramètres u et v de façon que x, y, z ne dépendent que d'un seul paramètre,

$$x = F_1(u), \qquad y = F_2(u), \qquad z = F_3(u),$$

et la relation (4) devient

$$\frac{\partial z}{\partial u} = p \frac{\partial x}{\partial u} + q \frac{\partial y}{\partial u}.$$

Les coordonnées du point (x, y, z) ne dépendant que d'une seule variable indépendante u, ce point décrit une courbe C et la relation précédente montre que le plan de coefficients angulaires p, q doit contenir la tangente à cette courbe. Un élément de l'intégrale se compose d'un point de la courbe C et d'un plan passant par la tangente en ce point. Un pareil système d'éléments est bien doublement infini, mais il ne conduit plus à une intégrale proprement dite.

Enfin, si les équations (5) conduisent à trois relations distinctes

---

[1] Nous pouvons écarter le cas où la fonction $F(x, y, z)$ serait indépendante de z, car l'équation (4) prouve qu'il y a au moins une relation entre z et les variables x et y.

entre x, y, z, on en déduit pour ces variables des valeurs déterminées

$$x = x_0, \qquad y = y_0, \qquad z = z_0,$$

et la relation (4) est identiquement vérifiée. Un élément de l'intégrale se compose du point $M(x_0, y_0, z_0)$ et d'un plan quelconque passant par ce point ; ce système est encore doublement indéterminé.

Considérons, par exemple, l'équation de Clairaut généralisée

$$z = px + qy + f(p, q).$$

La transformation de Legendre

$$p = X, \qquad q = Y, \qquad z - px - qy = Z$$

conduit à l'équation

$$Z = f(X, Y),$$

qui ne contient plus de dérivées. L'équation de Clairaut admet comme intégrale complète l'ensemble des plans tangents à une certaine surface non développable Σ. A cette surface Σ la transformation par polaires réciproques fait correspondre une nouvelle surface Σ'. A l'intégrale complète précédente correspond une intégrale formée d'un point quelconque de Σ' et de tous les plans qui y passent. L'intégrale générale se composera d'une courbe arbitraire située sur Σ' et de l'ensemble des plans tangents à cette courbe. Elle correspond à une développable circonscrite à Σ. Enfin, la surface Σ' elle-même, qui est la seule intégrale proprement dite, est une intégrale singulière.

La définition de Lie a donc l'avantage de donner plus de généralité à la théorie. C'est aussi ce qu'on reconnaît en reprenant la méthode de la variation des constantes. Soit

$$V(x, y, z, a, b) = 0$$

une intégrale complète de l'équation (3), qui sera obtenue en éliminant a et b entre les relations

$$(6) \qquad V = 0, \qquad \frac{\partial V}{\partial x} + p \frac{\partial V}{\partial z} = 0, \qquad \frac{\partial V}{\partial y} + q \frac{\partial V}{\partial z} = 0.$$

On reconnaît comme plus haut (n° **28**) que le système des équations (3) et (4) peut être remplacé par le système des équations (4) et (6), où l'on regarde z, x, y, p, q, a, b comme des fonctions à déterminer de deux variables indépendantes. Du système (6) on déduit ensuite

$$\frac{\partial V}{\partial a}\,da + \frac{\partial V}{\partial b}\,db = 0,$$

et on obtient la solution générale de cette équation en posant

$$b = \varphi(a), \qquad \frac{\partial V}{\partial a} + \frac{\partial V}{\partial b}\,\varphi'(a) = 0,$$

$\varphi(a)$ désignant une fonction arbitraire de a. Les trois équations

$$(7) \qquad V = 0, \qquad \frac{\partial V}{\partial a} + \frac{\partial V}{\partial b}\,\varphi'(a) = 0, \qquad b = \varphi(a)$$

permettront d'exprimer x, y, z, a, b en fonction de deux paramètres arbitraires, et les dernières équations (6) donneront ensuite p et q. Nous avons supposé, dans la théorie générale, que l'élimination de a et b entre les trois équations (7) conduisait à une seule relation entre x, y, z ; s'il en est ainsi, cette relation donnera une intégrale proprement dite. Mais il peut se faire que, pour certaines formes particulières de la fonction φ, l'élimination de a et b conduise à plusieurs relations entre x, y, z. Les raisonnements que l'on vient de faire prouvent que l'on obtiendra toujours [1], sauf les cas d'incompatibilité, une intégrale au sens de Lie.

Prenons, par exemple, l'équation

$$z - px - qy = 0,$$

qui admet l'intégrale complète

$$z = ax + by\,;$$

on aura l'intégrale générale en lui adjoignant les deux équations

$$b = \varphi(a), \qquad x + y\varphi'(a) = 0.$$

---

[1] Il faut encore laisser de côté les cas exceptionnels où l'élimination de a et b entre les équations (6) et (7) conduirait à plus de trois relations entre x, y, z, p, q.

Si on pose

$$\varphi(a) = ma,$$

on est conduit aux trois équations

$$z = a(x + my), \quad b = ma, \quad x + my = 0.$$

L'élimination de a et de b donne donc les deux relations

$$z = 0, \quad x + my = 0 ;$$

on obtient une intégrale qui se compose de l'ensemble d'une droite et des plans qui la contiennent.

Remarque. — Dans le cas des équations linéaires, il y a toujours une infinité d'intégrales de la seconde catégorie. Soit, en effet,

$$Pp + Qq = R$$

une équation linéaire et C une courbe caractéristique satisfaisant au système d'équations différentielles

$$\frac{dx}{P} = \frac{dy}{Q} = \frac{dz}{R} \cdot$$

Soient x, y, z un point de la courbe C et p, q les coefficients angulaires d'un plan passant par la tangente en ce point. On aura

$$dz = pdx + qdy,$$

et, par suite,

$$R = pP + qQ.$$

Donc, l'ensemble formé par une courbe caractéristique et les plans qui passent par ses tangentes est une intégrale de la seconde catégorie. Les courbes caractéristiques dépendant de deux constantes arbitraires, on voit que toute équation linéaire admet une intégrale complète de cette catégorie.

64. Multiplicités d'éléments unis. — Soient $(x_1, x_2, \ldots, x_n, z)$ les coordonnées d'un point dans l'espace à $n + 1$ dimensions. Un *plan* passant par ce point, c'est-à-dire une multiplicité linéaire à

n dimensions contenant ce point, est représenté par une équation

$$Z - z = p_1 (X_1 - x_1) + p_2 (X_2 - x_2) + \ldots + p_n (X_n - x_n) \, ;$$

nous dirons encore que $p_1, \ldots, p_n$ sont les coefficients angulaires de ce plan, et que l'ensemble d'un point et d'un plan passant par ce point est un *élément de contact de l'espace à* $n + 1$ *dimensions*. Un élément de contact est représenté par ses $2n + 1$ coordonnées

$$x_1, \ldots, x_n, z, p_1, \ldots, p_n \, ;$$

nous le désignerons aussi d'une façon plus abrégée par la notation (x_i, z, p_k). Deux éléments infiniment voisins (x_i, z, p_k), $(x_i + dx_i,$ $z + dz, p_k + dp_k)$ sont *unis*. si. leurs coordonnées vérifient la relation

$$(8) \qquad dz - p_1 dx_1 - p_2 dx_2 \ldots p_n dx_n = 0.$$

Nous nous proposons d'abord de déterminer toutes les multiplicités d'éléments telles que deux éléments quelconques infiniment voisins de cette multiplicité soient unis. En langage analytique, cela revient à *résoudre de la façon la plus générale l'équation* (8), c'est-à-dire à trouver tous les systèmes de $2n + 1$ fonctions x_i, z, p_k d'un nombre quelconque de variables, dont les différentielles vérifient la relation (8), ou encore à déterminer tous les systèmes de relations entre les $2n + 1$ variables x_i, z, p_k, qui entraînent entre les différentielles totales dx_i, dz, dp_k la relation (8).

D'après cette équation (8), il existe une ou plusieurs relations entre les variables $z, x_1, x_2, \ldots, x_n$, l'une au moins de ces relations contenant la variable z. Supposons qu'il y ait h relations et h seulement entre ces variables $(0 < h \leqslant n + 1)$, et supposons-les d'abord résolues par rapport à h des variables, par exemple, par rapport à $z, x_1, \ldots, x_{h-1}$

$$(9) \qquad \left\{ \begin{array}{l} z = \psi(x_h, x_{h+1}, \ldots, x_n), \\ x_1 = \psi_1(x_h, x_{h+1}, \ldots, x_n), \\ \ldots \ldots \ldots \ldots \ldots \ldots \ldots \\ x_{h-1} = \psi_{h-1}(x_h, x_{h+1}, \ldots, x_n). \end{array} \right.$$

Portons les valeurs de $dz, dx_1, \ldots, dx_{h-1}$ tirées de ces relations dans l'équation (8); les coefficients de dx_h, dx_{h+1}, ..., dx_n devront être nuls, puisque, par hypothèse. il n'existe aucune relation entre ces $n - h$ variables. Il faudra donc que l'on ait

$$(10) \quad \begin{cases} \dfrac{\partial \psi}{\partial x_h} - p_1 \dfrac{\partial \psi_1}{\partial x_h} - \ldots - p_{h-1} \dfrac{\partial \psi_{h-1}}{\partial x_h} - p_h = 0, \\ \;\;\cdot\quad\cdot\quad\cdot\quad\cdot\quad\cdot\quad\cdot\quad\cdot\quad\cdot\quad\cdot \\ \dfrac{\partial \psi}{\partial x_n} - p_1 \dfrac{\partial \psi_1}{\partial x_n} - \ldots - p_{h-1} \dfrac{\partial \psi_{h-1}}{\partial x_n} - p_n = 0 \end{cases}$$

Réciproquement, les $(n + 1)$ équations (9) et (10) entraînent la relation (8). On est donc conduit à la conclusion suivante :

Si on a, entre les différentielles des $2n + 1$ variables z, x_i, p_k, la relation (8), il existe au moins $n + 1$ relations distinctes entre ces variables et, s'il n'en existe pas davantage, il suffit, pour les avoir toutes, de connaître celles qui sont indépendantes de $p_1, \ldots, p_n$.

Désignons, d'une manière générale, par M toute multiplicité composée d'éléments satisfaisant à la relation (8). L'ordre d'une telle multiplicité est au plus égal à n, et la multiplicité la plus générale M_n est représentée par les équations (9) et (10), où les fonctions $\psi, \psi_1, \ldots \psi_{h-1}$ sont arbitraires. On obtiendra une multiplicité M_q ($q < n$) en joignant aux équations (9) et (10) $n - q$ relations arbitraires, mais l'on peut supposer qu'on n'ajoute aucune relation indépendante des p_i.

Nous emploierons encore, pour abréger, les expressions suivantes, empruntées à la géométrie.

Soit P_r la multiplicité ponctuelle définie par les $n + 1 - r$ relations

$$\varphi_1(z, x_1, \ldots, x_n) = 0, \quad \ldots, \quad \varphi_{n+1-r}(z, x_1, \ldots, x_n) = 0.$$

Nous dirons que le plan

$$Z - z = p_1(X_1 - x_1) + \ldots + p_n(X_n - x_n),$$

de coefficients angulaires $p_1, p_2, \ldots, p_n$, est tangent au point

$(z, x_1, x_2, \dots, x_n)$ à cette multiplicité ponctuelle si on a, pour tout déplacement du point $(x_1, x_2, \dots, x_n, z)$ sur cette multiplicité,

$$dz - p_1 dx_1 - p_2 dx_2 - \dots - p_n dx_n = 0.$$

Sur une multiplicité ponctuelle à r dimensions, $x_1, x_2, \dots, x_n, z$ sont fonctions de r variables indépendantes et par suite le plan tangent en un point est $n - r$ fois indéterminé. Cela posé, les équations (9) définissent une certaine multiplicité ponctuelle P_{n-h+1}, et la multiplicité M_n correspondante, représentée par les équations (9) et (10), se compose de l'ensemble des éléments obtenus en associant un point de P_{n-h+1} à un plan tangent en ce point à P_{n-h+1}. Nous dirons pour abréger que la multiplicité M_n a pour *support ponctuel* la multiplicité ponctuelle P_{n-h+1}. A toute multiplicité ponctuelle correspond ainsi une multiplicité d'ordre n d'éléments unis, dont elle est le support ponctuel.

Toute multiplicité d'éléments unis M_q d'ordre inférieur à n est contenue dans une multiplicité M_n. Si cette multiplicité M_n a pour support ponctuel une multiplicité P, nous dirons encore que M_q a pour support ponctuel P. Pour obtenir tous les éléments de M_q, on ne peut associer un point de P à tous les plans tangents à P en ce point, mais seulement à ceux de ces plans qui satisfont à d'autres conditions. Toutes les fois que cela sera utile, on indiquera par un indice supérieur l'ordre de la multiplicité ponctuelle qui sert de support à une multiplicité d'éléments ; ainsi M_q^r représente une multiplicité d'éléments d'ordre q, telle que $x_1, \dots, x_n, z$ soient des fonctions de r variables indépendantes ; on a nécessairement $r \leqslant q$. Avec cette notation, une surface et l'ensemble de ses plans tangents dans l'espace à trois dimensions est représentée par M_2^2, une courbe et l'ensemble de ses plans tangents par M_2^1, un point et tous les plans passant par ce point par M_2^0, une courbe et un système simplement infini de plans tangents à cette courbe par M_1^1, un point et les plans tangents d'un cône ayant ce point pour sommet par M_1^0.

Les formules (9) et (10) qui définissent une multiplicité M_n peuvent s'écrire sous une forme très simple en désignant par $\Psi(x_h, \dots, x_n ; p_1, \dots, p_{h-1})$ la fonction

$$\Psi = \varphi - p_1 \varphi_1 - \dots - p_{h-1} \varphi_{h-1};$$

ces formules deviennent, en introduisant cette fonctions

$$(11) \quad \begin{cases} z = \Psi - p_1 \dfrac{\partial \Psi}{\partial p_1} - \ldots - p_{h-1} \dfrac{\partial \Psi}{\partial p_{h-1}}, \\[2mm] x_1 = - \dfrac{\partial \Psi}{\partial p_1}, \ldots, x_{h-1} = - \dfrac{\partial \Psi}{\partial p_{h-1}}, \\[2mm] p_h = \dfrac{\partial \Psi}{\partial x_h}, \ldots, p_n = \dfrac{\partial \Psi}{\partial x_n}. \end{cases}$$

Il ne figure dans ces formules qu'une fonction arbitraire Ψ des n variables $p_1, \ldots, p_{h-1}; x_h, \ldots, x_n$, et on vérifie que, quelle que soit cette fonction Ψ, les relations (11) entraînent la relation (8) entre les différentielles. Les formules (11) définissent donc toujours une multiplicité M_n. Si le nombre h est égal à un, la fonction Ψ ne renferme que $x_1, \ldots, x_n$, et les formules (11) se réduisent aux suivantes :

$$(12) \quad z = \Psi(x_1, \ldots, x_n), \quad p_1 = \frac{\partial \Psi}{\partial x_1}, \ldots, p_n = \frac{\partial \Psi}{\partial x_n}.$$

Ces formules définissent une multiplicité M_n ayant pour support ponctuel la multiplicité P_n à n dimensions, définie par la première des relations (12), mais il peut en être de même pour d'autres formes de la fonction Ψ. Supposons, par exemple, $n = 3$, et prenons $\Psi = - p_1{}^2 - p_2{}^2 - p_3{}^2$; les formules (11) deviennent

$$z = p_1{}^2 + p_2{}^2 + p_3{}^2, \quad x_1 = 2p_1, \quad x_2 = 2p_2, \quad x_3 = 2p_3,$$

et sont équivalentes aux suivantes

$$z = \frac{x_1{}^2 + x_2{}^2 + x_3{}^2}{4}, \quad p_1 = \frac{x_1}{2}, \quad p_2 = \frac{x_2}{2}, \quad p_3 = \frac{x_3}{2},$$

qui sont de la forme (12).

Remarque. — Nous avons déjà employé au n° **56** une transformation qui change une multiplicité d'éléments unis en une nouvelle multiplicité de même espèce. Cette transformation est définie par les formules

$$(13) \quad \begin{cases} x'_1 = p_1, \ldots, x'_{h-1} = p_{h-1}, \quad x'_h = x_h, \ldots, x'_n = x_n, \\[2mm] p'_1 = - x_1, \ldots, p'_{h-1} = - x_{h-1}, \quad p'_h = p_h, \ldots, p'_n = p_n, \\[2mm] z' = z - p_1 x_1 - \ldots - p_{h-1} x_{h-1}. \end{cases}$$

d'où l'on déduit

$$dz' - p'_1 dx'_1 - \ldots - p'_n dx'_n = dz - p_1 dx_1 - \ldots - p_n dx_n.$$

Si l'on applique cette transformation à la multiplicité M_n définie par les formules (11), on en déduit une nouvelle multiplicité d'éléments unis M'_n, qui est représentée par les formules de la forme (12)

$$(12') \quad z' = \Psi(x'_h, \ldots, x'_n ; x'_1 \ldots x'_{h-1}), \quad p'_1 = \frac{\partial \Psi}{\partial x'_1}, \ldots, p'_n = \frac{\partial \Psi}{\partial x'_n}.$$

Toute multiplicité M_n peut donc être ramenée, par une transformation de la forme (13), à une autre multiplicité d'éléments unis ayant pour support ponctuel une multiplicité à n dimensions.

65. Le problème général de l'intégration. — Étant donné un système de q équations

$$(14) \qquad \left\{ \begin{array}{l} F_1(x_1, \ldots, x_n, z ; p_1, \ldots, p_n) = 0, \\ \cdot \quad \cdot \quad \cdot \quad \cdot \quad \cdot \quad \cdot \quad \cdot \quad \cdot \quad \cdot \quad \cdot \\ F_q(x_1, \ldots, x_n, z ; p_1, \ldots, p_n) = 0, \end{array} \right.$$

nous appellerons *intégrale* de ce système toute multiplicité d'éléments M_n, dont tous les éléments vérifient les relations (14). Pour que cette multiplicité donne une intégrale au sens ordinaire du mot, il faut qu'elle ait pour support ponctuel une multiplicité à n dimensions, c'est-à-dire qu'elle soit une multiplicité M_n^n. Si les équations (14) sont algébriquement distinctes, le nombre q est au plus égal à $n + 1$; si q est $< n + 1$, le problème de l'intégration revient à déterminer $n + 1 - q$ relations nouvelles qui, jointes aux q équations (14), définissent une multiplicité M_n.

Cette définition donne lieu aux remarques suivantes :

1º Nous avons vu que, par une transformation de la forme (13), une multiplicité quelconque M_n peut être changée en une multiplicité de même espèce représentée par un système d'équations de la forme (12). Or les formules du changement de variables (13), appliquées à une relation

$$F(x_1, \ldots, x_n, z ; p_1, \ldots, p_n) = 0$$

conduisent à une nouvelle équation

$$F_1(x'_1, \ldots, x'_n, z'; p'_1, \ldots, p'_n) = 0 ;$$

appliquées au système (14), elles conduisent à un nouveau système de même forme. De toute intégrale du système (14) on peut donc déduire une intégrale ordinaire d'un nouveau système d'équations se déduisant du premier par une transformation de la forme (13) ;

2° Si les q équations (14) ne renferment pas les variables $p_1, \ldots, p_n$, on obtient immédiatement toutes les intégrales de ce système. Il suffit de joindre aux équations (14) s relations arbitraires entre $z, x_1, \ldots, x_n$, ($q + s \leqslant n + 1$) et de prendre la multiplicité M_n qui a pour support ponctuel la multiplicité ponctuelle ainsi obtenue ;

3° On peut trouver, *sans aucune intégration*, toutes les multiplicités M_i, à moins de n dimensions, dont tous les éléments vérifient une équation $F = 0$. En effet, pour former une multiplicité M_{n-1} vérifiant $F = 0$, prenons une multiplicité *quelconque* M_n ; si les éléments de M_n ne vérifient pas $F = 0$, en joignant l'équation $F = 0$ aux équations qui définissent M_n on aura une multiplité M_{n-1} ; si tous les éléments de M_n vérifient $F = 0$, il suffira d'adjoindre aux équations de M_n une équation arbitraire $\varphi = 0$.

Plus généralement, on a, *sans intégration*, toutes les multiplicités M d'ordre inférieur ou égal à $n - q$ vérifiant les équations (14). Prenons, en effet, une multiplicité quelconque M_n et adjoignons-lui les équations (14) : en général, on aura ainsi une multiplicité M_{n-q} ; si cette multiplicité était d'ordre $n - q + k$, il suffirait de lui adjoindre k relations arbitraires pour avoir une multiplicité M_{n-q}.

Le définition de Lie permet de généraliser la théorie des intégrales complètes. Considérons une multiplicité ponctuelle

$$\left\{ \begin{array}{l} f_1(z, x_1, x_2, \ldots, x_n, a_1, \ldots, a_h) = 0, \\ \cdot \quad \cdot \quad \cdot \quad \cdot \quad \cdot \quad \cdot \quad \cdot \quad \cdot \quad \cdot \\ f_h(z, x_1, x_2, \ldots, x_n, a_1, \ldots, a_h) = 0, \end{array} \right.$$

d'ordre $n + 1 - k$, dépendant de h paramètres arbitraires $a_1, a_2,$

G. *Leçons.*   21

.... a_h $(h \leqslant n)$. De cette multiplicité ponctuelle on déduit une multiplicité M_n bien déterminée, définie par $n+1$ équations qui contiennent les h paramètres $a_1, ..., a_h$. L'élimination de ces h paramètres conduira en général à $n+1-h$ relations distinctes entre $z, x_1, ..., x_n, p_1, ..., p_n$, et nous allons voir qu'on pourra obtenir l'intégrale générale de ce système d'équations simultanées au moyen des fonctions $f_1, ..., f_k$.

Supposons [1] les équations de la multiplicité ponctuelle résolues par rapport à $z, x_1, x_2, ..., x_{k-1}$,

$$(15) \quad \begin{cases} z = \psi(x_k, x_{k+1}, ..., x_n, a_1, ..., a_h), \\ x_1 = \psi_1(x_k, x_{k+1}, ..., x_n, a_1, ..., a_h), \\ \cdots \cdots \cdots \cdots \cdots \cdots \cdots \\ x_{k-1} = \psi_{k-1}(x_k, x_{k+1}, ..., x_n, a_1, ..., a_h) ; \end{cases}$$

pour avoir la multiplicité M_n à laquelle elle appartient, il faut adjoindre à ces équations les suivantes :

$$(16) \quad \begin{cases} \dfrac{\partial \psi}{\partial x_k} - p_1 \dfrac{\partial \psi_1}{\partial x_k} - ... - p_{k-1} \dfrac{\partial \psi_{k-1}}{\partial x_k} - p_k = 0, \\ \cdots \cdots \cdots \cdots \cdots \cdots \cdots \\ \dfrac{\partial \psi}{\partial x_n} - p_1 \dfrac{\partial \psi_1}{\partial x_n} - ... - p_{k-1} \dfrac{\partial \psi_{k-1}}{\partial x_n} - p_n = 0. \end{cases}$$

L'élimination de $a_1, a_2, ..., a_h$ donnera, par hypothèse, $(n+1-h)$ relations distinctes seulement

$$(17) \quad \begin{cases} F_1(z, x_1, ..., x_n, p_1, ..., p_n) = 0, \\ \cdots \cdots \cdots \cdots \cdots \cdots \cdots \\ F_{n+1-h}(z, x_1, ..., x_n, p_1, ..., p_n) = 0. \end{cases}$$

Le système des équations (8) et (17) peut donc être remplacé par le système des équations (8), (15) et (16), pourvu qu'on regarde dans ces dernières $a_1, ..., a_h$ comme des inconnues à déterminer. Des équations (15) et (16) on tire, en différentiant,

$$dz - p_1 dx_1 - ... - p_n dx_n = b_1 da_1 + ... + b_h da_h,$$

---

[1] C'est uniquement pour simplifier les calculs que nous faisons cette hypothèse ; le raisonnement s'étend de lui-même au cas où les équations ne sont pas résolues, comme on le verra au chapitre suivant.

où on a posé

$$b_i = \frac{\partial \psi}{\partial a_i} - p_1 \frac{\partial \psi_1}{\partial a_i} - \ldots - p_{k-1} \frac{\partial \psi_{k-1}}{\partial a_i} .$$

On est donc ramené à la recherche des solutions communes aux équations (15), (16) et (18)

$$(18) \qquad\qquad b_1 da_1 + \ldots + b_h da_h = 0.$$

On peut satisfaire à l'équation (18) de plusieurs manières :

1° En prenant

$$a_1 = C^{te}, \qquad a_2 = C^{te}, \qquad \ldots, \qquad a_h = C^{te} ;$$

on retrouve alors l'intégrale d'où on est parti et que nous appellerons l'*intégrale complète*.

2° En posant

$$b_1 = 0, \qquad \ldots, \qquad b_h = 0.$$

L'élimination de $a_1, \ldots, a_h$ entre ces équations et les relations (15) et (16) conduit à une solution qui sera encore appelée l'*intégrale singulière*.

3° Si toutes les quantités b_i ne sont pas nulles à la fois, l'équation (18) exprime qu'il y a au moins une relation entre les variables $a_1, \ldots, a_h$. Supposons qu'il y ait l relations $(l < h)$

$$(19) \qquad \left\{ \begin{array}{l} a_1 = \varpi_1(a_{l+1}, \ldots, a_h), \\ \cdots \cdots \cdots \cdots \cdots \\ a_l = \varpi_l(a_{l+1}, \ldots, a_h) ; \end{array} \right.$$

en portant ces valeurs de $a_1, \ldots, a_l$ dans l'équation (18), il vient

$$(20) \qquad \left\{ \begin{array}{l} b_1 \dfrac{\partial \varpi_1}{\partial a_{l+1}} + \ldots + b_l \dfrac{\partial \varpi_l}{\partial a_{l+1}} + b_{l+1} = 0, \\ \cdots \cdots \cdots \cdots \cdots \cdots \cdots \\ b_1 \dfrac{\partial \varpi_1}{\partial a_h} + \ldots + b_l \dfrac{\partial \varpi_l}{\partial a_h} + b_h = 0. \end{array} \right.$$

Les équations (15), (16), (19) et (20) sont au nombre de $n + 1 + h$ et contiennent $2n + 1 + h$ variables ; il reste donc bien n variables indépendantes. L'intégrale ainsi obtenue, qui dépend des fonctions arbitraires $\varpi_1, \ldots, \varpi_l$, est l'*intégrale générale*.

Cas particuliers. — 1° $h = n$, $k = 1$. On retrouve la théorie de l'intégrale complète de Lagrange.

2° $h = n$, $k = n$. Considérons la courbe

$$
\left\{
\begin{aligned}
z &= \psi(x_n, a_1, \ldots, a_n), \\
x_1 &= \psi_1(x_n, a_1, \ldots, a_n), \\
&\cdots \cdots \cdots \cdots \cdots \\
x_{n-1} &= \psi_{n-1}(x_n, a_1, \ldots, a_n).
\end{aligned}
\right.
$$

Pour appliquer la méthode générale, il faut éliminer $a_1, a_2, \ldots, a_n$ entre ces équations et la relation.

$$
\frac{\partial \psi}{\partial x_n} - p_1 \frac{\partial \psi_1}{\partial x_n} - \cdots - p_{n-1} \frac{\partial \psi_{n-1}}{\partial x_n} - p_n = 0.
$$

On trouve donc une équation linéaire, et la méthode d'intégration que l'on déduit de ce qui précède est identique à la méthode du chapitre II. Nous voyons ainsi que les équations linéaires sont caractérisées par cette propriété d'admettre une intégrale complète représentée par n équations entre les variables $z, x_1, \ldots, x_n$ ou, si l'on veut, formée par des courbes et l'ensemble de leurs plans tangents.

3° Plus généralement supposons que le nombre h des paramètres soit égal au nombre k des relations. L'élimination de ces k paramètres conduit à un système linéaire de $n - k + 1$ équations qui est identique au système (16) où l'on aurait remplacé $a_1, a_2, \ldots, a_k$ par leurs valeurs tirées des relations (15). Il est facile de vérifier que *ce système est en involution*.

En effet, les équations

$$
(21) \quad
\left\{
\begin{aligned}
z &= \psi(x_k, \ldots, x_n; a_1, a_2, \ldots, a_k), \\
x_1 &= \psi_1(x_k, \ldots, x_n; a_1, a_2, \ldots, a_k), \\
&\cdots \cdots \cdots \cdots \cdots \\
x_{k-1} &= \psi_{k-1}(x_k, \ldots, x_n; a_1, a_2, \ldots, a_k)
\end{aligned}
\right.
$$

définissent une famille de multiplicités ponctuelles à $n + 1 - k$ dimensions, dépendant de k constantes arbitraires, qui sont les multiplicités caractéristiques d'un système complètement intégrable d'équations aux différentielles totales (n° **23**). Ce système s'obtient en éliminant les k paramètres entre les équations (21) et les formules suivantes qui donnent $dz, dx_1, \ldots, dx_{k-1}$,

$$dz = \frac{\partial \psi}{\partial x_k} \, dx_k + \ldots + \frac{\partial \psi}{\partial x_n} \, dx_n,$$

$$dx_1 = \frac{\partial \psi_1}{\partial x_k} \, dx_k + \ldots + \frac{\partial \psi_1}{\partial x_n} \, dx_n,$$

$$\cdot \quad \cdot \quad \cdot \quad \cdot \quad \cdot \quad \cdot \quad \cdot \quad \cdot \quad \cdot \quad \cdot$$

$$dx_{k-1} = \frac{\partial \psi_{k-1}}{\partial x_k} \, dx_k + \ldots + \frac{\partial \psi_{k-1}}{\partial x_n} \, dx_n,$$

et le système complet associé est précisément le système

$$\frac{\partial \psi}{\partial x_k}\frac{\partial V}{\partial z} + \frac{\partial \psi_1}{\partial x_k}\frac{\partial V}{\partial x_1} + \ldots + \frac{\partial \psi_{k-1}}{\partial x_k}\frac{\partial V}{\partial x_{k-1}} + \frac{\partial V}{\partial x_k} = 0,$$

$$\cdot \quad \cdot \quad \cdot \quad \cdot \quad \cdot \quad \cdot \quad \cdot \quad \cdot \quad \cdot \quad \cdot$$

$$\frac{\partial \psi}{\partial x_n}\frac{\partial V}{\partial z} + \frac{\partial \psi_1}{\partial x_n}\frac{\partial V}{\partial x_1} + \ldots + \frac{\partial \psi_{k-1}}{\partial x_n}\frac{\partial V}{\partial x_{k-1}} + \frac{\partial V}{\partial x_n} = 0,$$

qui est équivalent au système (16), où l'on suppose toujours que l'on ait remplacé $a_1, a_2, \ldots, a_k$ par les valeurs tirées des équations (21). Ce système est donc en involution (n°ˢ **53, 62**).

Réciproquement, soit

$$(22) \quad \left\{ \begin{array}{l} p_k + A_{k,1}p_1 + \ldots + A_{k,k-1}p_{k-1} + B_k = 0, \\ p_{k+1} + A_{k+1,1}p_1 + \ldots + A_{k+1,k-1}p_{k-1} + B_{k+1} = 0, \\ \cdot \quad \cdot \quad \cdot \quad \cdot \quad \cdot \quad \cdot \quad \cdot \quad \cdot \quad \cdot \\ p_n + A_{n,1}p_1 + \ldots + A_{n,k-1}p_{k-1} + B_n = 0 \end{array} \right.$$

un système en involution de $n - k + 1$ équations, où les coefficients A_{ij}, B_i sont des fonctions de $x_1, \ldots, x_n, z$, et

$$(23) \quad \left\{ \begin{array}{l} \dfrac{\partial V}{\partial x_k} + A_{k,1}\dfrac{\partial V}{\partial x_1} + \ldots + A_{k,k-1}\dfrac{\partial V}{\partial x_{k-1}} - B_k\dfrac{\partial V}{\partial z} = 0, \\ \cdot \quad \cdot \quad \cdot \quad \cdot \quad \cdot \quad \cdot \quad \cdot \quad \cdot \quad \cdot \\ \dfrac{\partial V}{\partial x_n} + A_{n,1}\dfrac{\partial V}{\partial x_1} + \ldots + A_{n,k-1}\dfrac{\partial V}{\partial x_{k-1}} - B_n\dfrac{\partial V}{\partial z} = 0 \end{array} \right.$$

le système complet correspondant. *Le système* (22) *admet une intégrale complète ayant pour support ponctuel une multiplicité* *à $n - k + 1$ dimensions dépendant de k constantes arbitraires.*

Soient, en effet, F_1, F_2, ..., F_k un système de k intégrales distinctes du système complet (23); nous allons montrer que les équations

$$(24) \qquad\qquad F_1 = C_1, ..., F_k = C_k,$$

où C_1, ..., C_k sont des constantes quelconques, jointes aux relations (22), définissent une multiplicité M_n.

De la relation $F_i = C_i$ on tire, en effet,

$$dF_i = \frac{\partial F_i}{\partial z} dz + \frac{\partial F_i}{\partial x_1} dx_1 + ... + \frac{\partial F_i}{\partial x_n} dx_n = 0,$$

ce qui peut s'écrire, en observant que F_i est une intégrale du système complet (23),

$$\frac{\partial F_i}{\partial z} (dz + B_k dx_k + ... + B_n dx_n)$$
$$+ \frac{\partial F_i}{\partial x_1} (dx_1 - A_{k,1} dx_k - ... - A_{n,1} dx_n)$$
$$+ \cdot \cdot \cdot \cdot \cdot \cdot \cdot \cdot \cdot \cdot \cdot \cdot \cdot \qquad (i = 1, 2, ..., n)$$
$$+ \frac{\partial F_i}{\partial x_{k-1}} (dx_{k-1} - A_{k,k-1} dx_k - ... - A_{n,k-1} dx_n) = 0.$$

Les k intégrales F_1, ..., F_k considérées comme fonctions des k variables z, x_1, ..., x_{k-1} sont distinctes (n° **15**). On doit donc avoir

$$dz + B_k dx_k + ... + B_n dx_n = 0,$$
$$dx_1 - A_{k,1} dx_k - ... - A_{n,1} dx_n = 0,$$
$$\cdot \cdot \cdot \cdot \cdot \cdot \cdot \cdot \cdot \cdot \cdot \cdot$$
$$dx_{k-1} - A_{k,k-1} dx_k - ... - A_{n,k-1} dx_n = 0$$

pour tout déplacement sur la multiplicité ponctuelle définie par les équations (24). En remplaçant dx_1, ..., dx_{k-1}, dz par les expressions tirées de ces formules, dans la relation

$$dz - p_1 dx_1 - ... - p_n dx_n = 0.$$

et en égalant à zéro les coefficients de dx_k, ..., dx_n, on aboutit précisément aux équations du système en involution (22). Il est clair que la multiplicité M_n ainsi définie constitue une intégrale complète de ce système en involution.

Pour en déduire l'intégrale générale du système, il faut, d'après la théorie générale, établir l relations arbitraires ($l < k$) entre les paramètres $a_1, a_2, ..., a_k$, puis éliminer ces paramètres entre ces l relations et les équations (24). On obtient ainsi une multiplicité ponctuelle représentée par l équations distinctes entre les variables $x_1, x_2, ..., x_n$, z, et la multiplicité M_n, dont elle est le support ponctuel, est une intégrale du système en involution. Si $l = 1$, on retrouve la méthode générale qui donne les intégrales proprement dites (n° **62**). Mais, en supposant $l > 1$, nous voyons que tout système linéaire en involution de $n - k + 1$ équations admet aussi des intégrales M_n, ayant pour support ponctuel des multiplicités à $n - k + 1$, $n - k + 2$, ..., $n - 1$ dimensions, dépendant de fonctions arbitraires.

La définition de Lie a encore l'avantage de faire disparaître certaines anomalies de la théorie générale. Ainsi on a remarqué (n° **37**) que le lieu des caractéristiques issues d'un point n'est pas toujours une intégrale au sens propre du mot. Si l'on convient d'appeler *courbe caractéristique* la multiplicité ponctuelle à une dimension qui est le support d'une multiplicité caractéristique, le résultat obtenu au n° **37** peut être énoncé sous la forme générale suivante : la multiplicité M_n qui a pour support ponctuel la multiplicité P engendrée par les courbes caractéristiques issues d'un point $(x_1^0, ..., x_n^0, z^0)$ est une intégrale. Si la multiplicité P a moins de n dimensions, on aura une intégrale complète de l'espèce de Lie, en regardant l'une des coordonnées x_1^0, z^0 comme une constante numérique (Cf. le n° suivant).

66. Equations semi-linéaires. — Dans le cas de $n = 2$, nous avons deux catégories d'équations, les équations générales et les équations linéaires. Si n est supérieur à 2, nous avons en outre $n - 2$ catégories d'équations intermédiaires, que Lie appelle *semi-linéaires*. Une équation

$$F(x_1, ..., x_n, z ; p_1, p_2, ..., p_n) = 0$$

est dite semi-linéaire si elle admet une intégrale complète ayant pour support ponctuel une multiplicité ayant plus d'une dimension et moins de n. D'après les résultats du paragraphe précédent, toute équation semi-linéaire s'obtiendra en partant d'un système linéaire en involution de $n - k + 1$ équations, dont les coefficients dépendent de $n - k$ paramètres arbitraires ; et en éliminant ces $n - k$ paramètres entre les $n - k + 1$ équations de ce système [1]. Il est évident que l'équation ainsi obtenue admet une intégrale complète de l'espèce de Lie.

Supposons, par exemple, que les coefficients du système en involution (22) dépendent de $n - k$ paramètres $a_{k+1}, \ldots, a_n$, de telle sorte que l'élimination de ces paramètres conduise à une seule relation $F = 0$. Ce système, nous l'avons vu, admet une intégrale complète, que l'on peut déduire de la multiplicité ponctuelle définie par les k équations

$$F_1 = C_1, \ldots, F_k = C_k \,;$$

les fonctions F_i dépendent évidemment des $n - k$ paramètres $a_{k+1}, \ldots, a_n$, et par suite l'intégrale précédente dépend bien de n paramètres, $C_1, \ldots, C_k, a_{k+1}, \ldots, a_n$; c'est donc une intégrale complète, au sens de Lie, de l'équation $F = 0$.

De ce mode de formation on déduit aisément une condition *nécessaire* pour qu'une équation $F = 0$ soit semi-linéaire. Supposons, pour fixer les idées, $n = 3$, $k = 2$; les équations

$$p_2 + A_1 p_1 + B_1 = 0, \qquad p_3 + A_2 p_1 + B_2 = 0$$

représentent une ligne droite, quand on regarde p_1, p_2, p_3 comme les coordonnées d'un point dans l'espace à trois dimensions, x_1, x_2, x_3, z étant considérés comme des constantes.

Si les fonctions A_1, A_2, B_1, B_2 dépendent en outre d'un paramètre, l'élimination de ce paramètre conduit à une équation

$$(25) \qquad F(x_1, x_2, x_3, z \,; p_1, p_2, p_3) = 0$$

qui, avec les mêmes conventions, représente une *surface réglée.*

---

[1] Considérons en effet une famille de multiplicités ponctuelles à $n + 1 - k$ dimensions dépendant de n paramètres arbitraires. En éliminant k de ces paramètres, on obtient un système linéaire en involution dépendant des $n - k$ paramètres restants, admettant comme intégrales toutes les multiplicités M_n qui ont pour support ponctuel les multiplicités ponctuelles considérées.

On a une interprétation analogue pour n quelconque. Pour qu'une équation $F(x_i, z; p_k) = 0$ soit semi-linéaire, il faut que la surface Σ de l'espace à n dimensions, représentée par l'équation précédente où l'on considère x_i, z comme des constantes, et $p_1, \ldots, p_n$ comme les coordonnées d'un point, soit *un lieu de multiplicités linéaires*.

Cette condition n'est d'ailleurs pas suffisante. Supposons, par exemple, que l'équation (25) représente une surface réglée, et soient

$$(26) \quad \begin{cases} p_2 + A_1(x_1, x_2, x_3, z; \alpha)\, p_1 + B_1(x_1, x_2, x_3, z; \alpha) = 0, \\ p_3 + A_2(x_1, x_2, x_3, z; \alpha)\, p_1 + B_2(x_1, x_2, x_3, z; \alpha) = 0 \end{cases}$$

les équations d'une génératrice, α étant un paramètre variable. Il est clair que l'on peut remplacer α par une fonction quelconque $\alpha = \varphi(x_1, x_2, x_3, z; a)$, sans changer le résultat de l'élimination. Pour que l'équation (25) soit semi-linéaire, il faut et il suffit que l'on puisse prendre la fonction φ dépendant d'un paramètre de façon que le système (26) soit en involution.

On obtiendrait de même des systèmes semi-linéaires en partant d'une intégrale complète représentée par plusieurs équations distinctes entre $z, x_1, x_2, \ldots, x_n$, et dépendant de moins de n constantes arbitraires.

Exemple I. — Les multiplicités M_3 qui ont pour support ponctuel, dans l'espace à quatre dimensions, les multiplicités à deux dimensions représentées par les deux équations

$$\begin{cases} z = a_1 x_1 + a_2, \\ x_3 = a_1 x_2 + a_3, \end{cases}$$

s'obtiennent, en joignant à ces équations, les deux relations

$$p_1 = a_1, \qquad p_2 + p_3 a_1 = 0$$

déduites de la relation

$$dz = p_1\,dx_1 + p_2\,dx_2 + p_3\,dx_3.$$

En éliminant a_1, on obtient immédiatement l'équation

$$p_2 + p_1 p_3 = 0$$

dont les multiplicités M_3 forment une intégrale complète.

Les caractéristiques sont représentées par les équations

$$p_1 = C_1, \qquad p_3 = C_3, \qquad p_2 = -C_1 C_3,$$
$$x_1 - C_3 x_2 = C_4, \qquad x_3 - C_1 x_2 = C_5, \qquad z = C_1 C_3 x_2 + C_6,$$

et le lieu des caractéristiques issues d'un point $(x_1^0, x_2^0, x_3^0, z^0)$ est l'intégrale ordinaire

$$(z - z^0)(x_2 - x_2^0) = (x_1 - x_1^0)(x_3 - x_3^0).$$

EXEMPLE II. — Prenons encore les multiplicités M_n qui ont pour support les multiplicités ponctuelles définies par les équations

$$z = \psi(x_1, \ldots, x_n ; a_1, a_2, \ldots, a_h), \quad x_{h+1} = a_{h+1}, \quad \ldots, \quad x_n = a_n.$$

Il faut joindre aux équations précédentes les relations

$$p_1 = \frac{\partial \psi}{\partial x_1}, \quad \ldots, \quad p_h = \frac{\partial \psi}{\partial x_h}$$

pour définir ces multiplicités M_n, et l'élimination de $a_1, \ldots, a_h$ conduit à une équation aux dérivées partielles où $p_{h+1}, \ldots, p_n$ ne figurent pas.

Réciproquement, toute équation du premier ordre, où quelques-unes des dérivées p_i ne figurent pas, est semi-linéaire. Soit, en effet,

$$p_1 + F(x_1, x_2, \ldots, x_n, z ; p_2, \ldots, p_h) = 0 \qquad (h < n),$$

une équation de cette espèce. Des équations différentielles des caractéristiques

$$\frac{dx_1}{1} = \frac{dx_2}{P_2} = \ldots = \frac{dx_h}{P_h} = \frac{dx_{h+1}}{0} = \ldots \frac{dx_n}{0}$$
$$= \frac{dz}{-F + P_2 p_2 + \ldots + P_h p_h} = \frac{-dp_i}{X_i + p_i Z},$$

on déduit immédiatement les intégrales $x_{h+1} = x_{h+1}^0, \ldots, x_n = x_n^0$.

Les courbes caractéristiques issues du point $(x_1^0, \ldots, x_n^0, z^0)$ ne dépendent que des valeurs initiales $p_2^0, \ldots, p_h^0$, et sont représentées par un système d'équations

$$x_i = \varphi_i(x_1 ; x_1^0, \ldots, z^0 ; p_2^0, \ldots, p_h^0),$$
$$z = \psi(x_1 ; x_1^0, \ldots, p_h^0), \qquad (i = 2, 3, \ldots, h)$$
$$x_{h+1} = x_{h+1}^0, \quad \ldots, \quad x_n = x_n^0.$$

Le lieu de ces courbes caractéristiques est une multiplicité ponctuelle dont on obtiendra les équations en éliminant $p_2^0, \ldots, p_h^0$, ce qui conduit en général à une seule relation entre $z, x_1, \ldots, x_h$. Cette multiplicité ponctuelle est donc représentée par un système de $n - h + 1$ équations

$$\left\{ \begin{array}{l} z = \psi(x_1, \ldots, x_h; x_1^0, \ldots, x_n^0, z^0), \\ x_{h+1} = x^0_{h+1}, \ldots, x_n = x_n^0. \end{array} \right.$$

Si l'on regarde dans ces formules une des constantes, x_1^0 par exemple, comme une constante numérique, on a une intégrale complète de la forme (15).

RemARQUE. — Dans ce dernier exemple, les courbes caractéristiques dépendent des constantes arbitraires $x_2^0, \ldots, x_n^0, z^0, p_2^0, \ldots, p_h^0$, dont le nombre $n + h - 1$ est au plus égal à $2n - 2$, car on peut évidemment prendre pour x_1^0 une valeur numérique constante.

Les multiplicités caractéristiques dépendent au contraire de $2n - 1$ constantes arbitraires; chaque courbe caractéristique sert donc de support à une infinité de multiplicités caractéristiques dépendant de $n - h$ constantes arbitraires. Toutes les fois qu'il en est ainsi, l'équation $F = 0$ est semi-linéaire.

En effet, les courbes caractéristiques issues d'un point $(x_1^0, \ldots, x_n^0, z_0)$ dépendent alors de $n - 2$ constantes arbitraires au plus, et engendrent une multiplicité ponctuelle à moins de n dimensions. L'équation $F = 0$ admet donc une intégrale complète de la classe de Lie [1].

67. Caractéristiques. — Etant donnée une équation

$$(27) \qquad F(x_i, z; p_k) = 0,$$

[1] Il est facile d'obtenir une condition *nécessaire* pour qu'une équation du premier ordre soit de cette éspèce. Les directions des tangentes aux courbes caractéristiques issues d'un point ne doivent dépendre, en effet, que de $n - 2$ paramètres arbitraires au plus. Ecrivons l'équation

$$(E) \qquad p_1 + F(x_1, \ldots, x_n, z; p_2, \ldots, p_n) = 0;$$

les fonctions $P_2, \ldots, P_n, p_2P_2 + \ldots + p_nP_n - F$, où $P_i = \dfrac{\partial F}{\partial p_i}$, doivent se réduire à $n - 2$ fonctions distinctes au plus, ce qui exige, on le voit aisément, une seule condition

$$\frac{D(P_2, \ldots, P_n)}{D(p_2, \ldots, p_n)} = 0.$$

En employant la même interprétation que dans le texte, on peut dire que le plan tangent à la surface (Σ) représentée par l'équation (E) doit dépendre de moins de $n - 1$ paramètres. Si $n = 3$, cette surface est donc une surface développable. Pour $n > 3$, on est conduit à une classe d'hypersurfaces analogues aux surfaces développables, qu'il y a encore lieu de classer, suivant que le plan tangent dépend de $1, 2, \ldots, n - 2$ paramètres. Si ce plan dépend nous appellerons encore *caractéristique* tout système simplement infini d'éléments satisfaisant à l'équation (27) et aux équations différentielles

$$(28) \quad \frac{dx_i}{\mathrm{P}_i} = \frac{-dp_k}{\mathrm{X}_k + p_k \mathrm{Z}} = \frac{dz}{\mathrm{P}_1 p_1 + \dots + \mathrm{P}_n p_n} = du, \quad (i, k = 1, 2, \dots, n).$$

De tout élément (x_i^0, z^0, p_k^0) dont les coordonnées satisfont à l'équation (21) part une multiplicité caractéristique et une seule [1], car $d\mathrm{F} = 0$ est une combinaison intégrable des équations (28).

Toute intégrale M_n *de l'équation* (27) *est un lieu de caractéristiques.*

Les deux démonstrations, que nous avons données (nos **37, 38**)

de k paramètres, $\alpha_1, \alpha_2, \dots, \alpha_k$, la surface Σ est définie par un système d'équations

$$\Phi = p_1 + p_2 \varphi_2 + \dots + p_n \varphi_n = 0, \qquad \frac{\partial \Phi}{\partial \alpha_1} = 0, \dots, \frac{\partial \Phi}{\partial \alpha_k} = 0,$$

$\varphi_2, \varphi_3, \dots, \varphi_n$ étant des fonctions arbitraires de $x_1, \dots, x_n, z$, et des k paramètres $\alpha_1, \alpha_2, \dots, \alpha_k$.

Cette condition n'est d'ailleurs pas suffisante. Prenons par exemple l'équation aux dérivées partielles

$$p_1 + \frac{p_2^2}{p_3} + x_1 - x_2 = 0.$$

Les courbes caractéristiques sont représentées par les équations

$$x_2 = \mathrm{C}_1 + \frac{(x_1 + \mathrm{C}_2)^2}{\mathrm{C}_3}, \quad x_3 = \mathrm{C}_4 - \frac{(x_1 + \mathrm{C}_2)^3}{3\mathrm{C}_3^2},$$

$$z = \mathrm{C}_5 + \mathrm{C}_1 x_1 - \frac{x_1^2}{2} + \frac{(x_1 + \mathrm{C}_2)^3}{3\mathrm{C}_3},$$

et dépendent de *cinq* paramètres. Cependant la surface (Σ) correspondante est développable, et les directions des tangentes aux courbes caractéristiques issues d'un point $(x_1^0, x_2^0, x_3^0, z_0)$ ne dépendent que d'un paramètre $\dfrac{p_2}{p_3}$. On a en effet pour ces directions les deux relations

$$dz = (x_2^0 - x_1^0)\, dx_1, \qquad 4\frac{dx_3}{dx_1} + \left(\frac{dx_2}{dx_1}\right)^2 = 0.$$

<hr>

[1] Nous supposons que la fonction F est holomorphe dans le voisinage du système de valeurs x_i^0, z^0, p_k^0, et que tous les dénominateurs des formules (22) ne sont pas nuls pour ces valeurs initiales. De même, dans l'énoncé qui suit, on suppose que tous les éléments de l'intégrale M_n n'annulent pas tous ces dénominateurs P_i, $\mathrm{X}_k + p_k \mathrm{Z}$ (Voir plus loin n° **71**).

de cette proposition fondamentale pour une intégrale ordinaire, peuvent être étendues aux intégrales au sens de Lie. Reprenons, par exemple, la démonstration de Cauchy, et soit M_n une intégrale de l'équation (27) représentée par les équations (11) où $p_1, p_2, \ldots, p_{h-1}, x_h, \ldots, x_n$ sont n variables indépendantes. Les équations différentielles

$$(29) \quad \frac{dx_h}{P_h} = \ldots = \frac{dx_n}{P_n} = \frac{-dp_1}{X_1 + p_1 Z} = \ldots$$
$$= \frac{-dp_{h-1}}{X_{h-1} + Z p_{h-1}} = \frac{dz}{P_1 p_1 + \ldots + P_n p_n} = du$$

définissent sur M_n une famille de multiplicités à une dimension M_1 ; nous allons calculer, comme au n° **37**, les variations des autres variables $dx_1, \ldots, dx_{h-1}, dp_h, \ldots, dp_n, dz$ le long de l'une de ces multiplicités. Calculons par exemple dx_1; on a, d'après les formules (11),

$$dx_1 = -\frac{\partial^2 \Psi}{\partial p_1{}^2} dp_1 - \ldots - \frac{\partial^2 \Psi}{\partial p_1 \partial p_{h-1}} dp_{h-1}$$
$$- \frac{\partial^2 \Psi}{\partial p_1 \partial x_h} dx_h - \ldots - \frac{\partial^2 \Psi}{\partial p_1 \partial x_n} dx_n ;$$

en remplaçant $dp_1, \ldots, dp_{h-1}, dx_h, \ldots, dx_n$ par leurs valeurs tirées des équations différentielles (29), il vient

$$\frac{\partial x_1}{\partial u} = \frac{\partial^2 \Psi}{\partial p_1{}^2}(X_1 + p_1 Z) + \ldots + \frac{\partial^2 \Psi}{\partial p_1 \partial p_{h-1}}(X_{h-1} + p_{h-1} Z)$$
$$- \frac{\partial^2 \Psi}{\partial p_1 \partial x_h} P_h - \ldots - \frac{\partial^2 \Psi}{\partial p_1 \partial x_n} P_n .$$

D'autre part, puisque les formules (11) représentent une intégrale de l'équation (27), on a l'identité

$$F \left(-\frac{\partial \Psi}{\partial p_1}, -\ldots, -\frac{\partial \Psi}{\partial p_{h-1}}, x_h, \ldots, x_n, \right.$$
$$\Psi - p_1 \frac{\partial \Psi}{\partial p_1} - \ldots - p_{h-1} \frac{\partial \Psi}{\partial p_{h-1}} ;$$
$$\left. p_1, \ldots, p_{h-1}, \frac{\partial \Psi}{\partial x_h}, \ldots, \frac{\partial \Psi}{\partial x_n} \right) = 0,$$

d'où l'on déduit, en différentiant par rapport à p_1,

$$- X_1 \frac{\partial^2 \Psi}{\partial p_1^2} - X_2 \frac{\partial^2 \Psi}{\partial p_1 \partial p_2} - \ldots - X_{h-1} \frac{\partial^2 \Psi}{\partial p_1 \partial p_{h-1}}$$

$$- Z\left[p_1 \frac{\partial^2 \Psi}{\partial p_1^2} + \ldots + p_{h-1} \frac{\partial^2 \Psi}{\partial p_1 \partial p_{h-1}} \right]$$

$$+ P_1 + P_h \frac{\partial^2 \Psi}{\partial p_1 \partial x_h} + \ldots + P_n \frac{\partial^2 \Psi}{\partial p_1 \partial x_n} = 0.$$

En rapprochant cette relation de la formule qui donne $\dfrac{dx_1}{du}$, on conclut immédiatement que l'on a, le long d'une multiplicité M_1 déterminée par les équations (29),

$$dx_1 = P_1 du.$$

On démontrerait de même que l'on a

$$dx_2 = P_2 du, \ldots dx_{h-1} = P_{h-1} du, \quad dp_h = -(X_h + p_h Z)\, du, \ldots$$
$$dp_n = -(X_n + p_n Z)\, du,$$

et par suite

$$dz = (P_1 p_1 + \ldots + P_n p_n)\, du.$$

Par tout élément de l'intégrale M_n, il passe donc une caractéristique située tout entière sur cette intégrale.

La seconde démonstration basée sur la considération de l'intégrale complète (n° **38**) s'applique mot pour mot aux intégrales nouvelles de S. Lie. Le seul emprunt que l'on fasse à la théorie générale est le suivant : toute équation du premier ordre admet une intégrale complète, représentée par *une seule* équation entre les variables $x_1, \ldots, x_n, z$. On pourrait aussi reprendre la démonstration en partant des intégrales complètes représentées par plusieurs équations entre ces variables.

La démonstration qui vient d'être donnée s'applique aussi aux intégrales M_n d'une équation de la forme

$$(30) \qquad\qquad F(x_1, x_2, \ldots, x_n ; z) = 0$$

où ne figurent pas les variables $p_1, \ldots, p_n$. Les équations (29) deviennent alors

$$\frac{dx_1}{0} = \ldots = \frac{dx_n}{0} = \frac{dz}{0} = \frac{-dp_1}{X_1 + p_1 Z} = \ldots = \frac{-dp_n}{X_n + p_n Z} \, ;$$

l'intégrale générale est représentée par les équations

$$x_1 = x_1{}^0, \ldots, x_n = x_n{}^0, \qquad z = z^0,$$

où l'on a

$$F(x_1{}^0, \ldots, x_n{}^0, z^0) = 0,$$

$$X_i + p_i Z = C_i(X_n + p_n Z), \qquad (i = 1, 2, \ldots, n-1)$$

en supposant, pour fixer les idées, que Z ne soit pas nul, c'est-à-dire que z figure dans l'équation (30). Une caractéristique se compose donc d'un point et d'une infinité simple de plans passant par ce point, et formant un faisceau linéaire.

La méthode d'intégration de Cauchy s'étend immédiatement à la détermination des nouvelles intégrales. Soient

$$\begin{cases} x_i = f_i(u, x_i{}^0, z^0, p_k{}^0), \\ z = f(u, x_i{}^0, z^0, p_k{}^0), \\ p_k = \varphi_k(u, x_i{}^0, z^0, p^{k0}) \end{cases} \qquad (i, k = 1, 2, \ldots, n),$$

les équations de la caractéristique issue de l'élément $(x_i{}^0, z^0, p_k{}^0)$ vérifiant la relation

$$F(x_i{}^0, z^0, p_k{}^0) = 0.$$

Si ces valeurs initiales sont des fonctions de ν variables indépendantes $v_1, v_2, \ldots, v_\nu$, on a d'après un calcul déjà fait (pages 187-188), et que l'on peut reprendre sans modification,

$$F(x_i, z, p_k) = F(x_i{}^0, z^0, p_k{}^0) = 0,$$

$$(31) \quad \delta z - p_1 \delta x_1 - \ldots - p_n \delta x_n$$

$$= (\delta z^0 - p_1{}^0 \delta x_1{}^0 - \ldots - p_n{}^0 \delta x_n{}^0) e^{\int_0^u Z\,du},$$

la lettre δ désignant les différentielles prises par rapport aux ν variables $v_1, v_2, \ldots, v_\nu$. Comme on a d'autre part

$$\frac{dz}{du} - p_1 \frac{dx_1}{du} - \cdots - p_n \frac{dx_n}{du} = 0,$$

on en conclut le théorème suivant :

Etant donnée une multiplicité M_ν, *dont tous les éléments vérifient la relation* $F = 0$, *le lieu des caractéristiques issues des éléments de* M_ν *est une multiplicité* M, *dont tous les éléments vérifient la même relation.*

L'intégration est donc ramenée à la détermination des multiplicités M_{n-1} dont les éléments vérifient la relation $F = 0$, ce qui, nous l'avons vu (n° **65**), n'exige aucune intégration. Il y a exception pour les intégrales qui vérifient les relations $X_i + p_i Z = 0$, $P_i = 0$, ou *intégrales singulières*, sur lesquelles on reviendra plus loin (n° **71**).

68. Systèmes en involution. — Considérons maintenant un système de μ équations du premier ordre

$$(32) \qquad F_1 = 0, \quad F_2 = 0, \quad \ldots, \quad F_\mu = 0,$$

que nous supposons, bien entendu, distinctes et algébriquement compatibles.

Lorsque deux équations du premier ordre

$$F = 0, \quad H = 0$$

ont une intégrale commune, cette intégrale vérifie l'équation

$$[F, H] = 0.$$

La démonstration donnée plus haut ne s'applique qu'aux intégrales proprement dites ; la suivante est générale.

Soient M_n une intégrale commune et z, x_i, p_k un élément de cette intégrale. Par cet élément passe une multiplicité caractéristique de $F = 0$ située sur M_n, et dont tous les éléments vérifient, par suite, les deux équations

$$F = 0, \quad H = 0.$$

Le long de cette caractéristique on a

$$\frac{dx_i}{\dfrac{\partial F}{\partial p_i}} = \frac{dz}{p_1 \dfrac{\partial F}{\partial p_1} + \cdots + p_n \dfrac{\partial F}{\partial p_n}} = \frac{- dp_h}{\dfrac{\partial F}{\partial x_h} + p_h \dfrac{\partial F}{\partial z}} = dt,$$

ainsi que

$$dH = \frac{\partial H}{\partial z} dz + \sum_1^n \frac{\partial H}{\partial x_i} dx_i + \sum_1^n \frac{\partial H}{\partial p_h} dp_h = 0.$$

En remplaçant dz, dx_i, dp_h par leurs valeurs dans la seconde équation, on trouve que tous les éléments de cette caractéristique vérifient la relation

$$[F, H] = 0,$$

et, par suite, tous les éléments de M_n vérifient cette relation, puisque nous avons pris un élément arbitraire de M_n comme élément initial. Il est clair que la proposition est encore vraie si M_n est une intégrale singulière de $F = 0$.

Ceci nous montre que nous pourrons adjoindre au système (32) toutes celles des équations

$$[F_i, F_k] = 0, \qquad (i, k = 1, 2, \ldots, \mu),$$

qui sont distinctes des premières. Mais on pourra toujours s'arranger de façon qu'en continuant de la sorte, on arrive soit à un système incompatible, soit à un système en involution. Supposons, en effet, qu'on puisse résoudre certaines de ces équations par rapport à z, p_1, ..., p_s et qu'en portant ces valeurs dans les autres équations on obtienne des relations ne contenant plus que des quantités x_i. Je dis que ces relations seront résolubles par rapport à $\mu - s - 1$ des quantités x_{s+1}, x_{s+2}, ..., x_n. En effet, supposons que cela ne soit pas : on pourrait alors tirer de ces relations une équation ne contenant que x_1, ..., x_s, telle que

$$x_1 = \psi(x_2, x_3, \ldots, x_s).$$

En portant cette valeur de x_1 dans l'équation qui donne p_1, on aurait

$$p_1 = \varphi(x_2, \ldots, x_n, p_{s+1}, \ldots, p_n).$$

Formons l'équation

$$[\, p_1 - \varphi,\ x_1 - \psi\,] = 0 ;$$

elle se réduit à

$$1 = 0 ;$$

le système proposé serait par conséquent incompatible. Supposons donc qu'on ait résolu les dernières relations par rapport à $x_{s+1}, x_{s+2}, \ldots, x_{\mu-1}$; le système (32) prendra alors la forme

$$\left\{ \begin{aligned} z &= f\,(x_1, x_2, \ldots, x_s, x_\mu, \ldots, x_n, p_{s+1}, \ldots, p_n), \\ p_i &= f_i\,(x_1, x_2, \ldots, x_s, x_\mu, \ldots, x_n, p_{s+1}, \ldots, p_n), \\ x_{s+h} &= \varphi_h(x_1, x_2, \ldots, x_s, x_\mu, \ldots, x_n), \end{aligned} \right.$$

$$(i = 1, 2, \ldots, s), \qquad\qquad (h = 1, 2, \ldots, \mu - s - 1),$$

et nous pourrons le remplacer par le système équivalent

$$(33) \quad \left\{ \begin{aligned} &z - f - x_1(p_1 - f_1) - \ldots - x_s(p_s - f_s) = 0, \\ &p_1 - f_1 = 0, \quad \ldots, \quad p_s - f_s = 0, \\ &x_{s+1} - \varphi_1 = 0, \quad \ldots, \quad x_{\mu-1} - \varphi_{\mu-s-1} = 0. \end{aligned} \right.$$

Si l'on forme les crochets de ce nouveau système, on constate qu'ils ne contiennent aucune des variables $z, p_1, \ldots, p_s, x_{s+1}, \ldots, x_{\mu-1}$. Si donc ces crochets ne sont pas *identiquement* nuls, ils ne pourront pas donner des équations qui soient des conséquences des précédentes. On résoudra, comme précédemment, les nouvelles équations par rapport à un certain nombre des variables qu'elles contiennent et, en continuant de la sorte, on arrivera soit à un système incompatible, soit à un système pour lequel tous les crochets sont identiquement nuls, c'est-à-dire à un système *en involution*.

Soit donc

$$(34) \qquad F_1 = 0, \quad F_2 = 0, \quad \ldots, \quad F_m = 0$$

un système *en involution* de m équations distinctes. Supposons qu'il existe une intégrale commune M_n, et soit e un élément de cette intégrale. Par e passe une caractéristique C_1 de $F_1 = 0$ dont tous les éléments sont situés sur M_n. Soit alors e' un élément de C_1 : par e' passe, de même, une caractéristique C_2 de $F_2 = 0$ et

l'ensemble de toutes les caractéristiques C_2 issues des divers éléments e' de C_1 forme une multiplicité M_2 située sur M_n. En continuant de la sorte, on arrivera finalement à une multiplicité M'_m
située sur M_n, passant par l'élément e et obtenue par la superposi-
tion successive des caractéristiques des m équations (28). Nous
démontrerons tout à l'heure que cette multiplicité est bien
d'ordre m et nous dirons que c'est une *multiplicité caractéristique*
du système (28); nous pouvons donc énoncer le théorème suivant :

*Toute intégrale qui passe par un élément e contient la multi-
plicité caractéristique M'_m issue de cet élément.*

Voici comment les multiplicités caractéristiques seront définies
analytiquement. Considérons le système *complet* d'équations
linéaires suivant :

$$(35) \qquad [F_1, \Phi] = 0, \qquad \ldots, \qquad [F_m, \Phi] = 0.$$

Soient $\Phi_1, \Phi_2, \ldots, \Phi_{2n-2m+1}, F_1, \ldots, F_m$ un système de $2n - m + 1$
intégrales distinctes du système (29); les équations

$$(36) \quad F_1 = 0, \ \ldots, \ F_m = 0, \ \Phi_1 = C_1, \ \ldots, \ \Phi_{2n-2m+1} = C_{2n-2m+1},$$

où $C_1, \ldots, C_{2n-2m+1}$ désignent des constantes arbitraires, représentent les multiplicités caractéristiques. En effet, les équations (36)
définissent une multiplicité à m dimensions composée de caractéristiques de chacune des équations (34), car les multiplicités
caractéristiques de l'équation $F_i = 0$ sont identiques aux caractéristiques de l'équation linéaire

$$[F_i, \Phi] = 0.$$

D'ailleurs, par tout élément x^0, x_i^0, p_k^0 pris sur une intégrale,
c'est-à-dire satisfaisant aux relations

$$F_1^0 = 0, \qquad \ldots, \qquad F_m^0 = 0.$$

il passe une multiplicité (36) dont les équations sont

$$(37) \quad F_1 = 0, \ \ldots, \ F_m = 0, \ \Phi_1 = \Phi_1^0, \ \ldots, \ \Phi_{2n-2m+1} = \Phi^0_{2n-2m+1}.$$

Ceci suffit à prouver l'identité des multiplicités caractéristiques avec les multiplicités (36). Puisque toute intégrale est un lieu de multiplicités caractéristiques, il suffira d'associer convenablement ces multiplicités caractéristiques (36) pour avoir toutes les intégrales. Appelons *multiplicité intégrale* toute multiplicité M_ν dont les éléments vérifient les équations (34) ; nous avons alors le théorème suivant :

L'ensemble des caractéristiques de l'équation $F_1 = o$, *issues des divers éléments d'une multiplicité intégrale* M_ν, *forme une nouvelle multiplicité intégrale* $M_{\nu+1}$.

Il est d'abord évident (n° **67**), que $M_{\nu+1}$ sera une intégrale de $F_1 = o$; d'ailleurs, puisqu'on a

$$\lfloor F_1, F_i \rfloor = o, \qquad (i = 2, 3, \ldots, m),$$

tous les éléments d'une caractéristique de $F_1 = o$ vérifient l'équation $F_i = C^{te}$ et, comme tous les éléments de M_ν satisfont à $F_i = o$, on en conclut que tous les éléments de $M_{\nu+1}$ satisfont aussi à $F_i = o$.

Cela posé, soit M_{n-m} une multiplicité intégrale du système (34) : l'ensemble des caractéristiques de $F_1 = o$ issues des divers éléments de M_{n-m} formera encore une multiplicité intégrale M_{n-m+1} ; de même, toutes les caractéristiques de $F_2 = o$ issues des éléments de M_{n-m+1} formeront une multiplicité intégrale M_{n-m+2} et, en continuant de la sorte, on arrivera finalement à une intégrale M_n. Ceci revient à dire que *le lieu des multiplicités caractéristiques* M'_m, *issues des divers éléments de la multiplicité intégrale* M_{n-m}, *forme une intégrale* M_n *du système* (34). D'ailleurs, il est clair que toute intégrale M_n s'obtiendra par le procédé qui vient d'être indiqué, car si on prend sur M_n une multiplicité à $n - m$ dimensions, ce sera une multiplicité intégrale M_{n-m} et les multiplicités caractéristiques issues de tous les éléments de M_{n-m} donneront évidemment M_n. On voit donc que toute intégrale du système (34) sera représentée par les équations (37) où z^0, x_i^0, p_k^0 désignent des fonctions de $n - m$ variables indépendantes vérifiant les relations

$$(38) \quad F_1^0 = o, \quad \ldots, \quad F_m^0 = o, \quad \delta z^0 - p_1^0 \delta x_1^0 - \ldots - p_n^0 \delta x_n^0 = o.$$

La détermination de l'intégrale générale des équations (34) *revient donc à trouver la multiplicité intégrale* $M_{n\ldots m}$ *la plus générale*, et ce problème, comme nous l'avons vu, n'exige aucune intégration (§ **65**).

On satisfait aux équations (38) en prenant pour z^0, x_i^0 des *constantes* et pour p_k^0 des fonctions de $(n-m)$ variables satisfaisant aux équations $F_i^0 = 0$. *Le lieu des multiplicités caractéristiques issues d'un point est donc une intégrale.* Ce sera, d'ailleurs, une intégrale complète du système (34), si on donne à m des constantes z^0, x_i^0 des valeurs déterminées.

Comme application de la théorie générale, proposons-nous de déterminer une intégrale, au sens ordinaire du mot, qui, pour des valeurs données de $x_1, \ldots, x_m$, se réduise à une fonction donnée de $x_{m+1}, \ldots, x_n$. Remarquons d'abord que les équations de la multiplicité caractéristique issue d'un élément peuvent être mises sous une forme plus commode pour la discussion. Soit z^0, x_i^0, p_k^0 un élément tel que, pour cet élément, le déterminant

$$\frac{D(F_1, F_2, \ldots, F_m)}{D(p_1, p_2, \ldots, p_m)}$$

soit différent de o. On pourra alors, dans le domaine de cet élément, résoudre les m équations (35) par rapport à $\dfrac{\partial \Phi}{\partial x_1}, \ldots \dfrac{\partial \Phi}{\partial x_m}$, et on remplacera le système complet (35) par un système jacobien, résolu par rapport à $\dfrac{\partial \Phi}{\partial x_1}, \ldots \dfrac{\partial \Phi}{\partial x_m}$. Ce système jacobien, comme nous le savons, admettra un système d'intégrales holomorphes dans le voisinage de z^0, x_i^0, p_k^0 qui, pour $x_1 = x_1^0, \ldots, x_m = x_m^0$ se réduiront à $z, x_{m+1}, \ldots, x_n, p_1, \ldots, p_n$. En égalant ces intégrales à z^0, $x^0_{m+1}, \ldots, p_n^0$ et en résolvant les équations ainsi obtenues par rapport à $z, x_{m+1}, \ldots, p_n$, on aura les équations de la multiplicité caractéristique sous la forme suivante, $x_1, \ldots, x_m$ désignant les variables indépendantes :

$$(39) \quad \left\{ \begin{aligned} x_{m+i} &= f_i(x_1, \ldots, x_m, z^0, x_h^0, p_k^0), \\ z &= f(x_1, \ldots, x_m, z^0, x_h^0, p_k^0), \\ p_k &= \varphi_k(x_1, \ldots, x_m, z^0, x_h^0, p_k^0). \end{aligned} \right.$$

$$(i = 1, 2, \ldots, n-m), \qquad (k = 1, 2, \ldots, n).$$

Pour trouver l'intégrale qui, pour $x_1 = a_1, x_2 = a_2, \ldots, x_m = a_m$, se réduit à une fonction holomorphe $\Phi(x_{m+1}, \ldots, x_n)$ dans le domaine du point $a_{m+1}, \ldots, a_n$, nous prendrons comme variables $x^0_{m+1}, \ldots, x_n^0$. Nous aurons alors les valeurs initiales suivantes :

$$x_1^0 = a_1, \quad \ldots, \quad x_m^0 = a_m, \quad x_{m+1}^0 = u_{m+1}, \quad \ldots, \quad x_n^0 = u_n,$$

$$z^0 = \Phi(u_{m+1}, \ldots, u_n), \quad p_{m+1}^0 = \frac{\partial \Phi}{\partial u_{m+1}}, \quad \ldots, \quad p_n^0 = \frac{\partial \Phi}{\partial u_n},$$

et les valeurs de $p_1^0, \ldots, p_m^0$ se déduiront des équations $F_1^0 = 0$, $\ldots, F_m^0 = 0$; nous supposons que, pour ces valeurs, le déterminant $\frac{D(F_1, \ldots, F_m)}{D(p_1, \ldots, p_m)}$ est différent de zéro.

L'intégrale cherchée sera représentée par les équations (39) où les variables indépendantes sont $x_1, \ldots, x_m, u_{m+1}, \ldots, u_n$. Le déterminant fonctionnel

$$\frac{D(x_{m+1}, \ldots, x_n)}{D(u_{m+1}, \ldots, u_n)}$$

se réduit à l'unité pour

$$x_1 = a_1, \quad \ldots \quad x_m = a_m, \quad u_{m+1} = a_{m+1}, \quad \ldots, \quad u_n = a_n,$$

car x_{m+i} se réduit à u_{m+i} pour $x_1 = a_1, \ldots, x_m = a_m$. On pourra donc résoudre les équations $x_{m+i} = f_i$ par rapport à $u_{m+1}, \ldots, u_n$ et, en portant ces valeurs dans l'expression de z, on en tirera pour z une fonction holomorphe de $x_1, \ldots, x_n$ dans le domaine du point $a_1, \ldots, a_n$. La proposition précédente donne, comme cas particulier, le théorème énoncé à la page 299, et ne diffère pas du théorème général d'existence établi au n° **5**, dont nous avons ainsi une nouvelle démonstration.

69. Synthèse des diverses méthodes d'intégration. —

La méthode d'intégration précédente est une généralisation directe de la méthode de Cauchy. Elle conduit d'ailleurs aisément à la méthode de Jacobi sous sa forme générale (n° **58**).

Considérons, en effet, un système de n équations en involution

$$F_1 = 0, \quad F_2 = 0, \quad \ldots, \quad F_n = 0.$$

Dans ce cas, les multiplicités caractéristiques sont à n dimensions et se confondent avec les intégrales elles-mêmes. Il suffira donc de trouver la dernière intégrale du système complet

$$[F_1, \Phi] = 0, \quad \ldots, \quad [F_n, \Phi] = 0.$$

On conclut de là que, si on a un système en involution de $n + 1$ fonctions distinctes $F_1, \ldots, F_{n+1}$, les équations

$$F_1 = a_1, \quad \ldots, \quad F_n = a_n, \quad F_{n+1} = a_{n+1}$$

représentent une intégrale commune de ce système de $n + 1$ équations. Cette intégrale, si on y regarde $a_{m+1}, \ldots, a_{n+1}$ comme des constantes arbitraires, est une intégrale complète du système des m équations

$$F_1 = a_1, \quad \ldots, \quad F_m = a_m;$$

par conséquent, l'intégration de ce système est ramenée à la détermination de $n - m + 1$ fonctions $F_{m+1}, \ldots, F_{n+1}$, formant avec les premières un système en involution de $n + 1$ fonctions distinctes. On voit de plus, d'après ce qui précède, qu'il n'est pas nécessaire de pouvoir résoudre les $(n + 1)$ équations $F_i = a_i$ par rapport à $z, p_1, \ldots, p_n$; nous n'avions fait qu'indiquer rapidement comment on pouvait se débarrasser directement de cette restriction.

On peut même aller plus loin ; si, en appliquant la méthode de Jacobi au système en involution

$$(40) \qquad F_1 = a_1, \quad \ldots, \quad F_m = a_m,$$

on arrive à un système en involution

$$F_1 = a_1, \quad \ldots, \quad F_m = a_m, \quad F_{m+1} = a_{m+1}, \quad \ldots, \quad F_{m+s} = a_{m+s},$$

dont on puisse déterminer les caractéristiques, c'est-à-dire tel qu'on puisse intégrer le système complet

$$[F_1, \Phi] = 0, \quad \ldots, \quad [F_{m+s}, \Phi] = 0,$$

le problème sera résolu, car une intégrale complète du dernier système contenant en outre les constantes $a_{m+1}, \ldots, a_{m+s}$ donnera évidemment une intégrale complète du système proposé. L'intégration étant commencée par la méthode de Jacobi, on pourra, à chaque instant de l'opération, abandonner cette méthode et appliquer celle des caractéristiques si elle est plus avantageuse. La remarque avait déjà été faite (n° **61**), mais seulement pour les équations où z ne figure pas.

La théorie générale des *multiplicités caractéristiques* permet, comme on voit, de déduire d'un même point de vue les différentes méthodes d'intégration.

70. Remarques diverses. — Pour simplifier la théorie générale, nous avons laissé de côté certains détails sur lesquels il est utile de revenir. En définitive, toute la théorie repose sur cette proposition fondamentale que toutes les intégrales d'un système en involution de m équations qui ont un élément commun en ont ∞^m de communs. Examinons sous quelles conditions précises ce théorème est exact. Soient

$$F_1 = 0, \quad \dots, \quad F_m = 0$$

un système en involution de m équations distinctes et

$$[F_1, \Phi] = 0, \quad \dots, \quad [F_m, \Phi] = 0$$

le système complet correspondant. Je dis d'abord que les m équations de ce système sont linéairement distinctes ; pour qu'il en fût autrement, il faudrait que tous les déterminants d'ordre m contenus dans le tableau rectangulaire

$$(T) \quad \begin{vmatrix} \dfrac{dF_1}{dx_1}, & \dots, & \dfrac{dF_1}{dx_n}, & \dfrac{\partial F_1}{\partial p_1}, & \dots, & \dfrac{\partial F_1}{\partial p_n} \\ \cdot & \cdot & \cdot & \cdot & \cdot & \cdot \\ \cdot & \cdot & \cdot & \cdot & \cdot & \cdot \\ \dfrac{dF_m}{dx_1}, & \dots, & \dfrac{dF_m}{dx_n}, & \dfrac{\partial F_m}{\partial p_1}, & \dots, & \dfrac{\partial F_m}{\partial p_n} \end{vmatrix}$$

soient nuls identiquement. S'il en était ainsi, des m équations

$$dF_i - \frac{\partial F_i}{\partial z}\,(dz - p_1 dx_1 - \dots - p_n dx_n)$$
$$= \frac{dF_i}{dx_1}\,dx_1 + \dots + \frac{dF_i}{dx_n}\,dx_n + \frac{\partial F_i}{\partial p_1}\,dp_1 + \dots + \frac{\partial F_i}{\partial p_n}\,dp_n,$$
$$(i = 1, 2, \dots, m),$$

on pourrait déduire une relation linéaire entre les premiers membres

$$\lambda_1 dF_1 + \ldots + \lambda_m dF_m - \mu(dz - p_1 dx_1 - \ldots - p_n dx_n) = 0,$$

$\lambda_1, \ldots, \lambda_m, \mu$ n'étant pas tous nuls. Or, une telle relation est impossible ; si μ était nul, on en déduirait que les fonctions $F_1, \ldots, F_m$ ne sont pas distinctes, contrairement à l'hypothèse. Si μ n'est pas nul, des relations $F_1 = a_1, \ldots, F_m = a_m$, où $a_1, \ldots, a_m$ sont des constantes quelconques, on déduirait

$$dz - p_1 dx_1 - \ldots - p_n dx_n = 0,$$

ce qui est évidemment absurde, puisque cette dernière relation exige, nous l'avons vu (n° **64**), $n + 1$ relations distinctes au moins entre les variables z, x_i, p_h. Nous laissons de côté le cas où $m = n + 1$, pour lequel la question ne se présente pas [1].

Il pourrait se faire que tous ces déterminants, sans être identiquement nuls, fussent nuls en tenant compte des relations $F_1 = 0$, ..., $F_m = 0$. C'est ce qui arriverait, par exemple, pour une seule équation dont le premier membre serait un carré parfait. Cette circonstance pourrait se présenter si le système n'avait pas été mis sous la forme la plus simple, mais il n'en sera pas ainsi si le système a été mis sous forme normale. Nous laisserons de côté ce cas exceptionnel.

Cela posé, soit z^0, x_i^0, p_h^0 un élément pour lequel tous les déterminants précédents ne soient pas nuls ; par exemple, supposons que

$$\frac{D(F_1, \ldots, F_m)}{D(p_1, \ldots, p_m)}$$

soit différent de zéro. On pourra résoudre les m équations du système complet par rapport à $\dfrac{\partial \Phi}{\partial x_1}$, ..., $\dfrac{\partial \Phi}{\partial x_m}$ et le transformer en un

---

[1] Si $m = n + 1$, tous les déterminants d'ordre m du tableau doivent être nuls, et le système $[F_1, \Phi] = 0, \ldots, [F_{n+1}, \Phi] = 0$ doit se réduire à n équations. Autrement on aurait un système complet de $(n + 1)$ équations à $(2n + 1)$ variables admettant $(n + 1)$ intégrales distinctes.

système jacobien

$$(41) \quad \begin{cases} \dfrac{\partial \Phi}{\partial x_1} + a^1_{m+1}\dfrac{\partial \Phi}{\partial x_{m+1}} + \ldots + a^1_n \dfrac{\partial \Phi}{\partial x_n} + b^1 \dfrac{\partial \Phi}{\partial z} + c^1_1 \dfrac{\partial \Phi}{\partial p_1} + \ldots + c^1_n \dfrac{\partial \Phi}{\partial p_n} = 0, \\ \cdot \quad \cdot \quad \cdot \quad \cdot \quad \cdot \quad \cdot \quad \cdot \quad \cdot \quad \cdot \quad \cdot \quad \cdot \quad \cdot \quad \cdot \quad \cdot \\ \dfrac{\partial \Phi}{\partial x_m} + a^m_{m+1}\dfrac{\partial \Phi}{\partial x_{m+1}} + \ldots + a^m_n \dfrac{\partial \Phi}{\partial x_n} + b^m \dfrac{\partial \Phi}{\partial z} + c^m_1 \dfrac{\partial \Phi}{\partial p_1} + \ldots + c^m_n \dfrac{\partial \Phi}{\partial p_n} = 0, \end{cases}$$

les coefficients a, b. c étant holomorphes dans le voisinage des valeurs z^0, x_i^0, p_k^0. Ce système jacobien peut, à son tour, être remplacé par un système d'équations aux différentielles totales

$$(42) \quad \begin{cases} dx_{m+1} = a^1_{m+1}dx_1 + \ldots + a^m_{m+1}dx_m, \\ \cdot \quad \cdot \quad \cdot \quad \cdot \quad \cdot \quad \cdot \quad \cdot \quad \cdot \quad \cdot \quad \cdot \\ dx_n = a^1_n dx_1 + \ldots + a^m_n dx_m, \\ dz = b^1 \, dx_1 + \ldots + b^m \, dx_m, \\ dp_1 = c^1_1 \, dx_1 + \ldots + c^m_1 \, dx_m, \\ \cdot \quad \cdot \quad \cdot \quad \cdot \quad \cdot \quad \cdot \quad \cdot \quad \cdot \quad \cdot \quad \cdot \\ dp_n = c^1_n dx_1 + \ldots + c^m_n dx_m \, ; \end{cases}$$

il existe un système d'intégrales de ces équations correspondant aux valeurs initiales z^0, x_i^0, p_k^0 :

$$x_{m+1} = \varphi_1(x_1, \ldots, x_m, z^0, x_i^0, p_k^0), \ \ldots, \ p_n = \psi_n(x_1, \ldots, x_m, z^0, x_i^0, p_k^0),$$

et, d'après les relations établies entre les systèmes jacobiens et les systèmes absolument intégrables d'équations aux différentielles totales (§ **20**), les équations précédentes représentent précisément la multiplicité caractéristique issue de l'élément z^0, x_i^0, p_k^0. Cette multiplicité est bien à m dimensions, puisque x_1, ..., x_m sont des variables indépendantes. Les raisonnements faits plus haut deviennent alors parfaitement rigoureux, et on peut affirmer que toute intégrale du système proposé qui contient l'élément z^0, x_i^0, p_k^0, en contient une multiplicité d'ordre m, issue de celui-là.

L'application de la méthode générale donne encore lieu aux remarques suivantes :

I. — L'intégration du système en involution proposé

$$F_1 = 0, \quad \ldots, \quad F_m = 0$$

est ramenée à l'intégration du système d'équations aux différentielles totales (42) ; d'après la manière même dont on a obtenu ce nouveau système, il admet les intégrales premières

$$F_1 = a_1, \quad \ldots, \quad F_m = a_m,$$

dont on peut se servir pour diminuer de m unités le nombre des fonctions inconnues. Si on obtient l'intégrale générale de ce système complètement intégrable (42), on aura intégré par là-même toutes les équations (40), où $a_1, \ldots, a_m$ sont des constantes quelconques. Mais si on veut intégrer seulement les équations proposées (34), on pourra profiter de cette circonstance en faisant $a_1 = a_2 = \ldots = a_m = 0$ dans la transformation précédente. Dans le cas où le système proposé est de la forme (33), les deux systèmes (34) et (40) sont équivalents ; mais si le système en involution proposé est quelconque, son intégration constitue, en général, un problème plus simple que celle du système (40).

II. — Étant donné un système en involution de m équations *linéaires par rapport aux variables* p_k, on voit facilement que les coefficients a et b dans les équations (41) et (42) ne dépendent que de $z, x_1, \ldots, x_n$. De tout point $(z^0, x_1^0, \ldots, x_n^0)$ il part donc une infinité de multiplicités caractéristiques, mais toutes ces multiplicités caractéristiques ont en commun une multiplicité ponctuelle d'ordre m que l'on obtiendrait en intégrant le système complètement intégrable

$$\left\{ \begin{aligned} dx_{m+1} &= a_{m+1}^1 dx_1 + \ldots + a_{m+1}^m dx_m, \\ &\quad \cdots \cdots \cdots \cdots \cdots \cdots \\ dx_n &= a_n^1 dx_1 + \ldots + a_n^m dx_m. \\ dz &= b^1 dx_1 + \ldots + b^m dx_m. \end{aligned} \right.$$

Soit P_0 cette multiplicité ponctuelle ; l'intégrale, lieu des multiplicités caractéristiques issues du point $(z^0, x_1^0, \ldots, x_n^0)$, se composera nécessairement de la multiplicité P_0 et de l'ensemble de ses plans tangents. Ceci nous explique pourquoi, dans l'intégration des systèmes d'équations linéaires, on n'a pas besoin de tenir compte des termes en p_1, ..., p_n dans les équations différentielles des caractéristiques.

Tout système en involution de m équations linéaires admet, par conséquent, une intégrale complète représentée par $n + 1 - m$ relations entre les variables z, x_i; si les équations de ce système dépendent en outre de $m - 1$ constantes arbitraires, l'élimination de ces paramètres conduira à une équation semi-linéaire (§ **65**).

71. Intégrales singulières. -- Si tous les déterminants obtenus en prenant m colonnes dans le tableau (T) sont nuls pour les coordonnées z^0, x_i^0, p_k^0 d'un élément, le théorème fondamental peut être en défaut pour cet élément. Considérons, par exemple, le système en involution de deux équations

$$\mathrm{F}_1(p, q, z - px - qy) = 0, \qquad \mathrm{F}_2(p, q, z - px - qy) = 0,$$

dont la première exprime que le plan

$$\mathrm{Z} - z = p(\mathrm{X} - x) + q(\mathrm{Y} - y)$$

est tangent à une certaine surface non développable Σ_1, tandis que la seconde exprime que le même plan est tangent à une autre surface non développable Σ_2. Soient P un plan tangent commun à ces deux surfaces, M et M′ les points de contact et m un point du plan P. Supposons d'abord que le point m ne soit pas situé sur la droite MM′; de l'élément formé par le point m et le plan P part une caractéristique de la première équation, à savoir la droite Mm; d'un point quelconque m' de cette droite Mm part une caractéristique de la seconde équation, la droite M′m'. L'ensemble des droites M′m' forme une multiplicité caractéristique à deux dimensions, le plan P lui-même. Si, au contraire, le point m est sur la droite MM′, les droites mM, m'M′ se réduisent toutes à la droite MM′; la multiplicité caractéristique se réduit à une multiplicité à une dimension. Pour un point m pris sur la droite MM′, les cônes (T) et (T′) relatifs aux deux équations seront tangents suivant la droite MM′, et on vérifie immédiatement que tous les déterminants d'ordre 2 du tableau rectangulaire sont nuls.

La théorie générale ne s'applique donc pas aux intégrales pour lesquelles tous les déterminants d'ordre m du tableau (T) sont nuls. Nous les appellerons *intégrales singulières*, nous réservant de montrer dans le chapitre suivant que les intégrales appelées plus haut singulières (§ **65**) satisfont bien à ces conditions. Il est à remarquer que toute intégrale singulière d'une équation du système est une intégrale singulière pour le système ; mais la réciproque n'est pas vraie. Ainsi, dans l'exemple de tout à l'heure, la développable circonscrite aux deux surfaces Σ_1 et Σ_2 est une intégrale singulière pour le système des deux équations, sans être une intégrale singulière d'aucune d'elles.

La recherche des intégrales singulières se ramenant à une question générale déjà traitée, la recherche des intégrales communes à plusieurs équations, nous ne nous y arrêterons pas davantage. Remarquons seulement qu'en se bornant, pour fixer les idées, au cas d'une seule équation, les raisonnements employés dans le cas de trois variables prouvent que, si la fonction F n'a pas été prise d'une façon particulière, l'équation $F = o$ n'admet pas d'une manière normale d'intégrale singulière.

Pour traiter ce sujet plus complètement, il faudrait étudier les relations de contact des intégrales singulières avec les autres intégrales ; ce point exige des discussions très délicates que l'on trouvera dans le beau Mémoire de G. Darboux, pour le cas d'une seule équation.

72. Équations homogènes. — Sophus Lie a présenté la théorie générale sous une forme un peu différente, au moyen d'une notation nouvelle que nous allons faire connaître. Si dans les deux équations

$$F(z, x_1, \ldots, x_n, p_1, \ldots, p_n) = o, \qquad dz - p_1 dx_1 - \ldots - p_n dx_n = o,$$

on remplace z par x_{n+1}, p_1 par $-\dfrac{p_1}{p_{n+1}}, \ldots, p_n$ par $-\dfrac{p_n}{p_{n+1}}$, la relation $F = o$ se change en une relation homogène et de degré zéro par rapport à $p_1, \ldots, p_{n+1}$ et la seconde équation devient

$$p_1 dx_1 + p_2 dx_2 + \ldots + p_{n+1} dx_{n+1} = o.$$

Changeons n en $n - 1$ et regardons $x_1, \ldots, x_n$ comme les coordonnées d'un point dans l'espace à n dimensions, et $p_1, \ldots, p_n$ comme les coordonnées *homogènes* d'un plan passant par ce point

$$p_1(X_1 - x_1) + \ldots + p_n(X_n - x_n) = 0 ;$$

le problème de l'intégration pourra être posé ainsi : Étant données q relations $F_1 = 0, \ldots, F_q = 0$, homogènes par rapport aux p_i, trouver une suite $(n - 1)$ fois infinie d'éléments vérifiant ces q équations ainsi que la relation

$$p_1 dx_1 + \ldots + p_n dx_n = 0.$$

La nouvelle notation a l'avantage d'être plus symétrique et elle permet, en outre, de tenir compte de certaines intégrales exceptionnelles qui disparaissent avec la définition ordinaire, comme un cylindre ayant ses génératrices parallèles à l'axe des z.

Étant donnée une relation homogène par rapport aux p_i, les équations différentielles des caractéristiques prennent la forme symétrique

$$\frac{dx_i}{\frac{\partial F}{\partial p_i}} = \frac{- dp_k}{\frac{\partial F}{\partial x_k}}, \qquad (i, k = 1, 2, \ldots, n),$$

et la détermination de ces caractéristiques revient à l'intégration des équations simultanées

$$(F, V) = 0, \qquad \sum_{i=1}^{n} p_i \frac{\partial V}{\partial p_i} = 0,$$

qui forment un système complet, comme il est aisé de s'en assurer, car la dernière équation peut s'écrire $[z, V] = 0$.

La recherche des intégrales communes à plusieurs équations revient à l'intégration d'un système en involution de la forme

$$\begin{cases} p_i = \varphi_i(x_1, \ldots, x_s, x_{\mu+1}, \ldots, x_n, p_{s+1}, \ldots, p_n), & (i = 1, 2, \ldots, s), \\ x_h = \psi_h(x_1, \ldots, x_s, x_{\mu+1}, \ldots, x_n), & (h = s + 1, \ldots, \mu) ; \end{cases}$$

la démonstration est la même que celle qui a été donnée plus haut. On peut simplifier ce système au moyen de la transformation suivante. Si on pose

$$x_k = X_k(x'_1, ..., x'_n), \qquad p_k = \sum_{s=1}^{n} p'_s \frac{dx'_s}{dx'_k}, \qquad (k = 1, 2, ..., n),$$

la relation

$$p_1 dx_1 + ... + p_n dx_n = 0$$

devient

$$p'_1 dx'_1 + ... + p'_n dx'_n = 0,$$

et toute parenthèse $(F, \Phi)_{xp}$ se change identiquement en $(F', \Phi')_{x'p'}$, F' et Φ' désignant ce que deviennent F et Φ par la substitution précédente. La vérification directe de ce théorème n'offre aucune difficulté ; il apparaîtra plus loin comme corollaire de la théorie générale des transformations de contact.

Appliquons à notre système en involution la transformation

$$x'_1 = x_1, \quad ..., \quad x'_s = x_s, \quad x'_{s+1} = x_{s+1} - \psi_h, \quad ...,$$
$$x'_\mu = x_\mu - \psi_\mu, \quad x'_{\mu+1} = x_{\mu+1}, \quad ..., \quad x'_n = x_n,$$
$$p_m = \sum_{s=1}^{n} p'_s \frac{dx'_s}{dx_m} ;$$

nous sommes conduits à un nouveau système en involution de la forme

$$p'_i - H_i = 0, \quad x'_{s+1} = 0, \quad ..., \quad x'_\mu = 0, \qquad (i = 1, 2, ..., s).$$

Les parenthèses

$$(p'_i - H_i, x'_k) \qquad (i = 1, 2, ..., s; k = s + 1, ..., \mu)$$

étant nulles, on en conclut que le nouveau système ne contient pas $p'_{s+1}, ... p'_\mu$. On arrive donc à un système en involution de la forme

$$p_1 = f_1, \quad ..., \quad p_s = f_s.$$

Puisque tout système se ramène à un système en involution de cette forme, il suffit de considérer un système

$$p_1 = f_1, \quad ..., \quad p_q = f_q,$$

où $f_1, \ldots, f_q$ sont des fonctions homogènes et du premier degré de $p_{q+1}, \ldots$, telles que toutes les parenthèses

$$(p_i - f_i, \quad p_k - f_k)$$

soient identiquement nulles. Le théorème fondamental de Lie se déduit alors très aisément de la méthode de Mayer pour l'intégration des systèmes jacobiens. En effet, les multiplicités caractéristiques du système en involution précédent sont déterminées par l'intégration du système jacobien

$$(p_1 - f_1, \Phi) = 0, \quad \ldots, \quad (p_q - f_q, \Phi) = 0.$$

Si on pose

$$x_1 = a_1 + t, \quad x_2 = a_2 + ty_2, \quad \ldots, \quad x_q = a_q + ty_q,$$

ce système peut être remplacé (§ **17**) par une équation unique

$$\frac{\partial \Phi}{\partial t} - (\bar{\mathfrak{F}}, \Phi) = 0,$$

où

$$\bar{\mathfrak{F}} = f_1 + y_2 f_2 + \cdots + y_q f_q,$$

et l'intégration de cette équation linéaire revient à celle de l'équation à $n - q + 1$ variables

$$\frac{\partial V}{\partial t} - \bar{\mathfrak{F}}\left(t, y_2, \ldots, y_q, x_{q+1}, \ldots, x_n, \frac{\partial V}{\partial x_{q+1}}, \ldots, \frac{\partial V}{\partial x_n} \right) = 0.$$

Le théorème fondamental de Lie se déduit donc du théorème spécial de Mayer pour les équations linéaires et homogènes. Inversement, si on applique le théorème de Lie aux équations linéaires, on est conduit aux mêmes résultats que par la méthode directe de Mayer [1].

---

[1] A. Mayer, *Die Lie'sche Integrationsmethode der partiellen Differentialgleichungen erster Ordnung* (*Gœttingen Nachrichten*, 1872, p. 467 ; *Mathematische Annalen*, t. VI, 1873, p. 162-192).

CHAPITRE X

TRANSFORMATIONS DE CONTACT (¹)

78. Détermination des transformations de contact. —
Parmi les transformations des figures planes ou des figures dans
l'espace, on a d'abord étudié celles qui font correspondre un point
à un point et qui, par suite, sont définies par des formules de la
forme

$$X = f(x, y, z), \quad Y = \varphi(x, y, z), \quad Z = \psi(x, y, z),$$

x, y, z étant les coordonnées d'un point de la première figure et
X, Y, Z les coordonnées du point correspondant de la nouvelle
figure. Nous désignerons une telle transformation sous le nom de
transformation *ponctuelle*. Il est aisé de voir que ces transformations ne changent pas les relations de contact. En d'autres termes,
si deux courbes ou deux surfaces sont tangentes, il en sera de
même des courbes ou des surfaces transformées, et même la transformation conserve l'*ordre* du contact.

On connaît depuis longtemps d'autres modes de transformations
que les précédents, qui jouissent de la même propriété. Telle est la
transformation par polaires réciproques. A tout point M de l'une
des figures ne correspond pas un point déterminé de l'autre figure,
mais bien tous les points du plan polaire P du point M par rapport à la surface directrice du second degré Σ. Mais si l'on considère, avec le point M, un plan π passant par ce point, il correspond

---

(¹) Auteurs à consulter : Lie, *Begründung einer Invarianten-Theorie der
Berührungs-Transformationen* (*Mathematische Annalen*, 1875, t. VIII, p. 215-303) ;
Theorie der Transformationsgruppen (*Zweiter Abschnitt*, 1890). — Lie and Schef-
fers, *Geometrie der Berührungs-Transformationen* (1890). — Mayer, *Directe
Begründung der Theorie der Berührungs-Transformationen* (*Mathematische
Annalen*, 1875, t. VIII, p. 304-312). — Darboux, *Solutions singulières*, etc. (2ᵉ et
4ᵉ parties); *Sur le problème de Pfaff* (*Bulletin des Sciences mathématiques*,
t. VI, 2ᵉ série), p. 14-36 et 49-68 (1887).

au plan π un point m du plan P et toute surface tangente en M au plan π aura sa transformée par polaires réciproques qui sera tangente en m au plan P. Deux surfaces tangentes se changent donc en deux surfaces tangentes. De même, si sur la normale en M à une surface quelconque S on porte une longueur constante $MM' = l$, le point M' décrit une surface S' *parallèle* à la première. La position du point M' ne dépend pas seulement de la position du point M ; elle dépend aussi de la direction du plan tangent en M à la surface S. Mais, si on considère deux surfaces S, S_1 tangentes en M, les surfaces parallèles seront tangentes en M', puisque, comme on sait, les plans tangents à deux surfaces parallèles en deux points correspondants sont parallèles. Il serait facile de multiplier les exemples. Parmi les transformations les plus simples jouissant de la propriété précédente, on peut citer encore la tranformation dans laquelle on fait correspondre à un point d'une surface le pied de la perpendiculaire abaissée d'un point fixe sur le plan tangent en ce point.

Proposons-nous, d'une manière générale, de trouver toutes les transformations qui changent deux surfaces tangentes en deux surfaces tangentes, ou qui conservent les relations de contact. Soient x, y, z les coordonnées d'un point d'une surface, p, q les coefficients angulaires du plan tangent à cette surface, X, Y, Z les coordonnées du point correspondant de la surface transformée, P, Q les coefficients angulaires du plan tangent à cette nouvelle surface. Il est clair que X, Y, Z, P, Q ne doivent dépendre que de x, y, z, p, q ; les formules de transformation auront donc la forme suivante :

$$(1) \begin{cases} X = f_1(x,y,z,p,q), \quad Y = f_2(x,y,z,p,q), \quad Z = f_3(x,y,z,p,q), \\ \quad P = \varphi_1(x,y,z,p,q), \qquad Q = \varphi_2(x,y,z,p,q). \end{cases}$$

Une pareille transformation fait correspondre un élément à un élément, mais elle ne conserve pas nécessairement le contact. Si le point (x, y, z) décrit une surface S, p et q étant les coefficients angulaires du plan tangent à cette surface, le point X, Y, Z décrira une autre surface S', et il faudra que P et Q soient les coefficients angulaires du plan tangent à cette nouvelle surface, ce qui n'aura évidemment pas lieu si les fonctions f et φ sont quelconques. Pour qu'il en soit ainsi, il faudra que l'on ait

$$dZ - PdX - QdY = 0,$$

toutes les fois que l'on a

$$dz - pdx - qdy = 0,$$

et, comme la première expression est une fonction linéaire de dx, dy, dz, dp, dq, ceci ne pourra avoir lieu que si l'on a identiquement

$$dZ - PdX - QdY = \rho\,(dz - pdx - qdy),$$

ρ étant une fonction quelconque de x, y, z, p, q, ne contenant pas les différentielles.

Plus généralement, étant données $(2n + 1)$ variables, z, x_1, ..., x_n, p_1, ..., p_n et un système de $(2n + 1)$ fonctions Z, X_1, ..., X_n, P_1, ..., P_n de ces variables, on dira que la transformation

$$z' = Z, \quad x'_i = X_i. \quad p'_k = P_k, \qquad (i, k = 1, 2, ..., n),$$

est une *transformation de contact*, si les fonctions Z, X_i, P_k satisfont identiquement à une relation de la forme

$$dZ - P_1 dX_1 - ... - P_n dX_n = \rho\,(dz - p_1 dx_1 - ... - p_n dx_n),$$

ρ étant une fonction quelconque de z, x_1, ..., x_n, p_1, ..., p_n. Une transformation de cette nature change une multiplicité m en une autre multiplicité M, mais il faut remarquer que la multiplicité transformée ne sera pas nécessairement de même nature que la multiplicité donnée. Ainsi, une telle transformation pourra faire correspondre à l'ensemble d'une surface et de ses plans tangents l'ensemble d'une courbe et de ses plans tangents. Par exemple, la transformation par polaires réciproques appliquée à une surface développable donne une courbe, et appliquée à un plan, donne un point. Remarquons dès maintenant que, si on a deux multiplicités M^1_2 formées de deux courbes et de leurs plans tangents, pour que ces deux multiplicités aient un élément commun, il faut et il suffit que les courbes aient un point commun. Si donc une transformation de contact change des surfaces en des courbes, elle changera deux surfaces tangentes en deux courbes qui se coupent et inversement.

Il est clair que la transformation inverse d'une transformation de contact est une transformation de contact et que la suite de deux transformations de contact est encore une transformation de contact ; ces transformations forment donc un *groupe*.

Nous sommes donc conduits, pour déterminer toutes ces transformations, à résoudre l'équation aux différentielles totales

$$(2) \quad dZ - P_1 dX_1 - \ldots - P_n dX_n = \rho(dz - p_1 dx_1 - \ldots - p_n dx_n),$$

où Z, X_i, P_k, ρ sont des fonctions à déterminer des $2n + 1$ variables z, x_i, p_h. Cette équation nous montre qu'il doit exister au moins une relation entre les variables Z, X_i, z, x_i, contenant Z et z. Supposons, pour prendre le cas général, qu'il existe h relations distinctes entre ces variables et h seulement,

$$(3) \quad \begin{cases} \psi_1(Z, X_i, z, x_i) = 0, \\ \quad \cdot \quad \cdot \quad \cdot \quad \cdot \quad \cdot \quad (i = 1, 2, \ldots, n) ; \\ \psi_h(Z, X_i, z, x_i) = 0 ; \end{cases}$$

l'équation (2) devra être une conséquence des équations

$$d\psi_1 = 0, \quad \ldots, \quad d\psi_h = 0,$$

c'est-à-dire qu'on devra pouvoir trouver h coefficients $\lambda_1, \ldots, \lambda_h$ tels que l'on ait identiquement

$$dZ - P_1 dX_1 - \ldots - P_n dX_n - \rho(dz - p_1 dx_1 - \ldots - p_n dx_n)$$
$$= \lambda_1 d\psi_1 + \ldots + \lambda_h d\psi_h.$$

Ceci entraîne les égalités suivantes :

$$(4) \quad \begin{cases} 1 = \lambda_1 \dfrac{\partial \psi_1}{\partial Z} + \ldots + \lambda_h \dfrac{\partial \psi_h}{\partial Z}, \\[2mm] -P_i = \lambda_1 \dfrac{\partial \psi_1}{\partial X_i} + \ldots + \lambda_h \dfrac{\partial \psi_h}{\partial X_i}, \\[2mm] -\rho = \lambda_1 \dfrac{\partial \psi_1}{\partial z} + \ldots + \lambda_h \dfrac{\partial \psi_h}{\partial z}, \\[2mm] \rho p_i = \lambda_1 \dfrac{\partial \psi_1}{\partial x_i} + \ldots + \lambda_h \dfrac{\partial \psi_h}{\partial x_i}. \end{cases} \quad (i = 1, 2, \ldots, n),$$

Les égalités (3) et (4) sont au nombre de $2n + 2 + h$ et, en général, détermineront les $(2n + 2 + h)$ fonctions Z, X_i, P_i, λ_k, ρ en fonction de z, x_i, p_k.

De ces équations on peut tirer immédiatement le système

$$(5) \begin{cases} \lambda_1 \dfrac{\partial \psi_1}{\partial x_i} + \ldots + \lambda_h \dfrac{\partial \psi_h}{\partial x_i} + p_i \left\{ \lambda_1 \dfrac{\partial \psi_1}{\partial z} + \ldots + \lambda_h \dfrac{\partial \psi_h}{\partial z} \right\} = 0, \\[2mm] 1 = \lambda_1 \dfrac{\partial \psi_1}{\partial Z} + \ldots + \lambda_h \dfrac{\partial \psi_h}{\partial Z}, \\[2mm] \psi_1 = 0, \quad \ldots, \quad \psi_h = 0, \qquad (i = 1, 2, \ldots, n), \end{cases}$$

de $n + h + 1$ équations qui ne contiennent que Z, X_1, ..., X_n, λ_1, ..., λ_h. On tirera de là les valeurs de Z, X_1, ..., X_n, λ_1, ..., λ_h et, en portant ces valeurs dans les autres équations, on aura les valeurs de P_1, ..., P_n et ρ.

Il n'y aurait exception que si les équations (5) étaient indéterminées ou incompatibles. On voit immédiatement que ces équations ne peuvent être indéterminées, mais il pourrait arriver qu'elles fussent incompatibles ; cela arriverait si on pouvait éliminer Z, X_i, λ_h entre ces équations et obtenir une relation de la forme

$$\varphi(z, x_i, p_k) = 0.$$

Ce cas exceptionnel écarté, on voit que les équations (3) définissent complètement une transformation de contact. Comme le nombre h peut prendre les valeurs 1, 2, ..., $n + 1$, on voit qu'on aura $(n + 1)$ catégories de transformations à considérer. Dans le cas limite où $h = n + 1$, les relations (3) déterminent complètement Z, X_1, ..., X_n, et on a une transformation ponctuelle. Un autre cas limite très important est celui où $h = 1$. On a alors une seule relation entre les variables Z, X_i, z, x_i,

$$\psi_1(Z, X_i, z, x_i) = 0,$$

et l'équation (2) devra être équivalente à l'équation

$$d\psi_1 = 0.$$

Ceci donne les conditions

$$\frac{1}{\dfrac{\partial \psi_1}{\partial Z}} = \frac{-P_i}{\dfrac{\partial \psi_1}{\partial X_i}} = \frac{-\rho}{\dfrac{\partial \psi_1}{\partial z}} = \frac{\rho p_i}{\dfrac{\partial \psi_1}{\partial x_i}},$$

qui s'écrivent

$$\left\{\begin{array}{l} \rho\,\dfrac{\partial\psi_1}{\partial Z} + \dfrac{\partial\psi_1}{\partial z} = 0, \\[2ex] \dfrac{\partial\psi_1}{\partial Z}\,P_i + \dfrac{\partial\psi_1}{\partial X_i} = 0, \\[2ex] \dfrac{\partial\psi_1}{\partial z}\,p_i + \dfrac{\partial\psi_1}{\partial x_i} = 0, \end{array}\right. \qquad (i = 1, 2, \ldots, n);$$

on tirera Z, X_i des équations

$$\psi_1 = 0, \qquad \frac{\partial\psi_1}{\partial z}\,p_i + \frac{\partial\psi_1}{\partial x_i} = 0,$$

à moins qu'on puisse éliminer Z, X_i entre ces équations et obtenir une relation de la forme

$$\varphi(z, x_i, p_h) = 0.$$

Mais alors les équations précédentes montrent que la relation $\psi_1 = 0$, où l'on considère Z et X_i comme des constantes, donnerait une intégrale de l'équation $\varphi = 0$. Donc, pour que la fonction ψ_1 fournisse une transformation de contact, il faut et il suffit que la relation $\psi_1 = 0$, où l'on considère Z et X_i comme des constantes arbitraires, ne définisse pas une intégrale à $n + 1$ constantes d'une équation aux dérivées partielles du premier ordre. C'est ce qui aura lieu, en général, puisque cette fonction ψ_1 contient $(n + 1)$ constantes.

EXEMPLE. — Prenons les relations

$$X_{\mu+1} = x_{\mu+1}, \quad \ldots, \quad X_n = x_n,$$
$$Z - z + X_1 x_1 + \ldots + X_\mu x_\mu = 0;$$

on devra avoir

$$dZ - P_1 dX_1 - \ldots - P_n dX_n - \rho\,dz - p_1 dx_1 - \ldots - p_n dx_n]$$
$$= \lambda\,[dZ - dz + X_1 dx_1 + x_1 dX_1 + \ldots + X_\mu dx_\mu + x_\mu dX_\mu]$$
$$+ \lambda_{\mu+1}\,[dX_{\mu+1} - dx_{\mu+1}] + \ldots + \lambda_n\,[dX_n - dx_n],$$

on voit de suite que l'on a

$$\lambda = 1, \quad \rho = 1,$$
$$P_1 = -x_1, \quad \ldots, \quad P_\mu = -x_\mu, \quad X_1 = p_1, \quad \ldots, \quad X_\mu = p_\mu,$$

et, par suite,

$$Z = z - p_1 x_1 - \ldots - p_\mu x_\mu,$$
$$P_{\mu+1} = p_{\mu+1}, \quad \ldots, \quad P_n = p_n.$$

Nous retrouvons une transformation que nous avons déjà employée plusieurs fois et qui comprend, comme cas particuliers, la transformation de Legendre et la transformation d'Ampère que l'on verra plus loin.

74. Transformations de contact dans l'espace à trois dimensions.

— Considérons, en particulier, le cas de trois variables x, y, z. Dans ce cas, il y aura trois classes de transformations de contact, suivant qu'on établit 1, 2 ou 3 relations entre x, y, z, X, Y, Z. Le cas de trois relations conduit aux transformations ponctuelles.

Supposons qu'on parte d'une seule relation entre x, y, z, X, Y, Z,

$$\psi(X, Y, Z, x, y, z) = 0.$$

Il faudra adjoindre à cette équation, pour déterminer X, Y, Z, P, Q et ρ, les équations suivantes :

$$\frac{\partial \psi}{\partial Z} P + \frac{\partial \psi}{\partial X} = 0, \qquad \frac{\partial \psi}{\partial Z} Q + \frac{\partial \psi}{\partial Y} = 0,$$
$$\frac{\partial \psi}{\partial z} p + \frac{\partial \psi}{\partial x} = 0, \qquad \frac{\partial \psi}{\partial z} q + \frac{\partial \psi}{\partial y} = 0,$$
$$\rho \frac{\partial \psi}{\partial Z} + \frac{\partial \psi}{\partial z} = 0.$$

La transformation est complètement définie si on se donne la relation $\psi = 0$, appelée par Plücker *équation directrice*; X, Y, Z seront données par les formules

$$(A) \qquad \psi = 0, \qquad \frac{\partial \psi}{\partial x} + p \frac{\partial \psi}{\partial z} = 0, \qquad \frac{\partial \psi}{\partial y} + q \frac{\partial \psi}{\partial z} = 0.$$

La transformation ainsi obtenue peut être interprétée géométriquement comme il suit. Si on considère, dans l'équation $\psi = 0$, X, Y, Z comme des constantes, cette équation, où x, y, z sont les coordonnées courantes, représente une certaine surface Σ. De même, si dans $\psi = 0$ on considère x, y, z comme des constantes, cette équation représente une surface Σ'. A tout point X, Y, Z, l'équation $\psi = 0$ fait donc correspondre une surface Σ et à tout point x, y, z une surface Σ'. Cela posé, imaginons que le point (x, y, z) décrive une surface S; la surface correspondante S' décrite par le point X, Y, Z sera donnée par les formules (A) qui expriment que S' est l'enveloppe des surfaces Σ' relatives aux divers points de S. Il est aisé de voir que l'équation (A) exprime aussi que S' est le lieu des points X, Y, Z tels que la surface Σ correspondante soit tangente à S. Ces propriétés sont évidentes pour la transformation par polaires réciproques.

EXEMPLE I. — Soit

$$\psi = Xx + Yy - Z - z = 0 ;$$

on a

$$X - p = 0, \quad Y - q = 0, \quad x - P = 0, \quad y - Q = 0,$$

et, par suite,

$$Z = px + qy - z ;$$

c'est la transformation de Legendre.

Plus généralement, supposons que la fonction ψ soit bilinéaire, de façon que les surfaces Σ et Σ' soient des plans,

$$\psi = X (ax + by + cz + d) + Y (a'x + b'y + c'z + d')$$
$$+ Z(a''x + b''y + c''z + d'') - (\alpha x + \beta y + \gamma z + \delta) = 0.$$

Effectuons d'abord la transformation homographique

$$\left\{ \begin{aligned} x_1 &= \frac{ax + by + cz + d}{\alpha x + \beta y + \gamma z + \delta}, \\ y_1 &= \frac{a'x + b'y + c'z + d'}{\alpha x + \beta y + \gamma z + \delta}, \\ z_1 &= \frac{a''x + b''y + c''z + d''}{\alpha x + \beta y + \gamma z + \delta} ; \end{aligned} \right.$$

ψ prendra alors la forme

$$Xx_1 + Yy_1 + Zz_1 - 1 = 0.$$

Lorsque le point (x, y, z) décrit une surface S, le point (x_1, y_1, z_1) décrit une surface S_1 homographique à la première. D'ailleurs, l'équation

$$\mathrm{X}x_1 + \mathrm{Y}y_1 + \mathrm{X}z_1 - 1 = 0$$

représente le plan polaire du point (x_1, y_1, z_1) par rapport à la sphère

$$\mathrm{X}^2 + \mathrm{Y}^2 + \mathrm{Z}^2 - 1 = 0.$$

L'enveloppe de Σ' est donc la transformée par polaires réciproques de S_1 par rapport à cette sphère. On conclut de là que, quand ψ est bilinéaire, la transformation est équivalente à une transformation homographique suivie d'une transformation par polaires réciproques.

Exemple II. — Soit

$$\psi = (\mathrm{X} - x)^2 + (\mathrm{Y} - y)^2 + (\mathrm{Z} - z)^2 - \mathrm{R}^2 = 0.$$

Il faut lui adjoindre les relations

$$\begin{aligned}
\mathrm{X} - x + p(\mathrm{Z} - z) = 0, \quad & \mathrm{Y} - y + q(\mathrm{Z} - z) = 0, \\
\mathrm{X} - x + \mathrm{P}(\mathrm{Z} - z) = 0, \quad & \mathrm{Y} - y + \mathrm{Q}(\mathrm{Z} - z) = 0;
\end{aligned}$$

ce qui donne

$$\left\{ \begin{aligned}
& \mathrm{P} = p, \quad \mathrm{Q} = q. \\
& \mathrm{Z} = z \pm \frac{\mathrm{R}}{\sqrt{1 + p^2 + q^2}}, \\
& \mathrm{X} = x \mp \frac{\mathrm{R}p}{\sqrt{1 + p^2 + q^2}}, \qquad \mathrm{Y} = y \mp \frac{\mathrm{R}q}{\sqrt{1 + p^2 - q^2}};
\end{aligned} \right.$$

c'est la transformation par laquelle on passe d'une surface à une surface parallèle, ou *dilatation*. Les surfaces Σ et Σ' sont des sphères de rayon R ayant respectivement pour centres le point $(\mathrm{X}, \mathrm{Y}, \mathrm{Z})$ et le point (x, y, z).

Exemple III. — En prenant

$$\psi = \mathrm{X}^2 + \mathrm{Y}^2 + \mathrm{Z}^2 - \mathrm{X}x - \mathrm{Y}y - \mathrm{Z}z = 0,$$

on retrouve la transformation par laquelle on passe d'une surface à sa podaire relativement à l'origine. La surface Σ est un plan et la surface Σ' une sphère.

Supposons maintenant qu'il existe deux relations entre X, Y, Z, x, y, z,

$$\psi_1 = 0, \qquad \psi_2 = 0.$$

Il faudra leur adjoindre les équations

$$1 = \lambda_1 \frac{\partial \psi_1}{\partial Z} + \lambda_2 \frac{\partial \psi_2}{\partial Z},$$

$$-P = \lambda_1 \frac{\partial \psi_1}{\partial X} + \lambda_2 \frac{\partial \psi_2}{\partial X}, \qquad -Q = \lambda_1 \frac{\partial \psi_1}{\partial Y} + \lambda_2 \frac{\partial \psi_2}{\partial Y},$$

$$-\rho = \lambda_1 \frac{\partial \psi_1}{\partial z} + \lambda_2 \frac{\partial \psi_2}{\partial z},$$

$$\rho p = \lambda_1 \frac{\partial \psi_1}{\partial x} + \lambda_2 \frac{\partial \psi_2}{\partial x}, \qquad \rho q = \lambda_1 \frac{\partial \psi_1}{\partial y} + \lambda_2 \frac{\partial \psi_2}{\partial y}.$$

Il est aisé de tirer des trois dernières équations une relation ne contenant plus ρ, λ_1 et λ_2 ; en éliminant ρ on a, en effet,

$$\lambda_1 \left(\frac{\partial \psi_1}{\partial x} + p \frac{\partial \psi_1}{\partial z} \right) + \lambda_2 \left(\frac{\partial \psi_2}{\partial x} + p \frac{\partial \psi_2}{\partial z} \right) = 0,$$

$$\lambda_1 \left(\frac{\partial \psi_1}{\partial y} + q \frac{\partial \psi_1}{\partial z} \right) + \lambda_2 \left(\frac{\partial \psi_2}{\partial y} + q \frac{\partial \psi_2}{\partial z} \right) = 0 ;$$

comme λ_1 et λ_2 ne peuvent être nuls à la fois, d'après la **première** des relations écrites plus haut, on en conclut la nouvelle **équation**

$$\Delta = \begin{vmatrix} \dfrac{\partial \psi_1}{\partial x} + p \dfrac{\partial \psi_1}{\partial z}, & \dfrac{\partial \psi_2}{\partial x} + p \dfrac{\partial \psi_2}{\partial z} \\[2ex] \dfrac{\partial \psi_1}{\partial y} + q \dfrac{\partial \psi_1}{\partial z}, & \dfrac{\partial \psi_2}{\partial y} + q \dfrac{\partial \psi_2}{\partial z} \end{vmatrix} = 0,$$

qui, jointe aux équations

$$\psi_1 = 0, \qquad \psi_2 = 0,$$

permettra de déterminer X, Y, Z.

On peut encore donner de ces équations une interprétation géométrique. Considérons, dans les équations $\psi_1 = 0$, $\psi_2 = 0$, X, Y, Z comme des constantes et x, y, z comme des coordonnées courantes. Ces équations définiront une certaine courbe C, lieu du point (x, y, z). En d'autres termes, ces équations font correspondre à tout point (X, Y, Z) une courbe C, et de même, à tout point (x, y, z) correspond une courbe C' représentée par les mêmes équations où l'on regarde X, Y, Z comme les coordonnées courantes. Lorsque le point (x, y, z) décrit une surface S, les courbes C' relatives aux divers points de S forment une congruence. L'équation $\Delta = 0$ détermine la *surface focale* de cette congruence, surface qui est la transformée S' de la surface S. On montrerait aussi que S' est le lieu des points X, Y, Z tels que les courbes C correspondantes soient tangentes à la surface S.

Pour avoir les transformations les plus simples de cette espèce, il est naturel de supposer que les courbes C et C' sont des droites.

EXEMPLE I. — Soit

$$\psi_1 = Y - y = 0, \quad \psi_2 = Z - z + Xx = 0 ;$$

on aura

$$\Delta = X - p = 0,$$

et, par suite,

$$X = p, \quad Y = y, \quad Z = z - px.$$

En écrivant que

$$dz - x\,dp - p\,dx - P\,dp - Q\,dy = dz - p\,dx - q\,dy,$$

on trouve

$$P = -x, \quad Q = q.$$

On a ainsi la transformation connue sous le nom de *transformation d'Ampère*.

EXEMPLE II. — S. Lie a donné un autre exemple remarquable où les courbes C et C' sont des droites, en partant des deux relations

$$\psi_1 = X + iY + z + xZ = 0,$$
$$\psi_2 = x(X - iY) + y - Z = 0.$$

A tout point (X, Y, Z) correspond une droite appartenant à un complexe linéaire et à tout point (x, y, z) une droite qui rencontre le cercle imaginaire de l'infini.

Calculons Δ ; on trouve

$$\Delta = Z + p - q(X - iY) = 0 ;$$

on tire de là aisément les formules suivantes :

$$\left\{ \begin{aligned} & X + iY = - z - x\,\frac{px + qy}{q - x}, \qquad X - iY = \frac{y + p}{q - x}, \\ & \qquad\qquad Z = \frac{px + qy}{q - x}, \\ & P = \frac{qx - 1}{q + x}, \qquad Q = - i\,\frac{1 + qx}{q + x}. \end{aligned} \right.$$

Cette transformation change les lignes droites en sphères ou, d'une façon plus précise, fait correspondre au système doublement infini d'éléments formés d'un point d'une droite et d'un plan passant par cette droite le système doublement infini d'éléments formés par un point d'une sphère et le plan tangent en ce point. Soient, en effet,

$$\left\{ \begin{aligned} & ax + by + cz + d = 0, \\ & a'x + b'y + c'z + d' = 0 \end{aligned} \right.$$

les équations d'une droite. La transformée est le lieu des points X, Y, Z tels que la courbe C correspondante rencontre cette droite, c'est donc la surface qui a pour équation

$$\begin{vmatrix} a & b & c & d \\ a' & b' & c' & d' \\ Z & 0 & 1 & X + iY \\ X - iY & 1 & 0 & -Z \end{vmatrix} = 0,$$

c'est-à-dire une sphère, comme il est aisé de le voir en développant le déterminant. A deux droites qui se coupent, cette transformation fait correspondre deux sphères tangentes. Aux tangentes asymptotiques d'une surface quelconque S correspondent les *sphères osculatrices* [1] de la transformée S' et aux *lignes asymp-*

---

[1] Deux surfaces tangentes en un point M sont dites *osculatrices* lorsque les deux tangentes en M à la courbe d'intersection sont confondues. Les

totiques de S les *lignes de courbure* de la transformée S' ([1]).

On peut retrouver aisément les formules qui définissent la transformation de Lie en partant de deux équations bilinéaires en (x, y, z), (X, Y, Z), de telle sorte que les courbes C et C' soient des droites. Soit C'_m la droite de l'espace (X, Y, Z) qui correspond à un point $m(x, y, z)$; lorsque le point m décrit une droite D, la droite C'_m engendre une surface S' qui est la transformée de la droite D par la transformation de contact considérée. Pour que cette surface S' soit une sphère, il est nécessaire que les droites C'_m soient des *droites isotropes*, qui rencontrent le cercle imaginaire à l'infini. Les équations d'une droite isotrope sont de la forme

$$X + iY = AZ + B, \qquad X - iY = -\frac{1}{A}Z + C\,;$$

puisque les fonctions ψ_1 et ψ_2 sont bilinéaires, les équations de définition de la transformation sont donc de la forme

$$X + iY = \frac{PZ + Q}{R}, \qquad X - iY = -\frac{RZ + S}{P},$$

P, Q, R, S étant des fonctions linéaires de x, y, z. Si ces quatre fonctions sont distinctes, on peut par une transformation homographique effectuée sur x, y, z ramener les formules précédentes à la forme simple obtenue en supposant $P = -x$, $Q = -z$, $S = -y$, $R = 1$, et l'on a bien la transformation de Lie.

Si P, Q, R, S n'étaient pas des fonctions linéaires distinctes, la droite isotrope ne dépendrait que de deux paramètres, et l'on n'obtiendrait pas une transformation de contact.

EXEMPLE III. — Soient

$$\psi_1 = X^2 + Y^2 + Z^2 - (x^2 + y^2 + z^2) = 0,$$
$$\psi_2 = Xx + Yy + Zz = 0\,;$$

les courbes C et C' sont alors des cercles. On a

$$\Delta = Z(py - qx) + X(y + qz) - Y(x + pz) = 0.$$

____

sphères osculatrices à une surface en un point M sont les deux sphères tangentes en M qui ont pour centres les centres de courbure principaux.

([1]) Pour plus de détails sur cette importante transformation, voir le Mémoire déjà cité de Lie (*Mathematische Annalen*, t. V). Le théorème de Lie se rattache à une proposition générale énoncée par M. Kœnigs (*Acta Mathematica*, t. X, 1887, p. 313-358).

Cette équation $\Delta = 0$ représente un plan qui passe par la droite OM et par la normale MN à la surface en M. On conclut de là la construction suivante du point m correspondant au point M : dans le plan passant par OM et la normale MN à la surface, on mène la perpendiculaire Om à OM sur laquelle on prend une longueur Om = OM. C'est la transformation dite apsidale, qui permet de passer de l'ellipsoïde à la surface des ondes. Les fonctions ψ_1 et ψ_2 étant symétriques en x, y, z et X, Y, Z, on en conclut que la transformation est réciproque.

75. Relations entre les fonctions Z, X_i, P_k. — Les paragraphes précédents contiennent la détermination, sous forme finie, de toutes les transformations de contact. Mais on peut se proposer sur ces transformations bien d'autres problèmes. Par exemple, étant donnée une fonction Z des $2n + 1$ variables z, x_i, p_k, on peut se demander s'il existe d'autres fonctions X_i, P_k telles que les formules

$$z' = Z, \qquad x'_i = X_i, \qquad p'_k = P_k$$

définissent une transformation de contact. La solution de cette question et de bien d'autres analogues se déduit sans difficulté des théorèmes suivants qui sont fondamentaux dans cette théorie [1].

Soient Z, X_i, P_k, $2n + 1$ fonctions des $2n + 1$ variables z, x_i, p_k, dont les différentielles vérifient identiquement la relation

$$(6) \quad dZ - P_1 dX_1 - \ldots - P_n dX_n = \rho(dz - p_1 dx_1 - \ldots - p_n dx_n),$$

[1] Si on suppose connue la théorie générale des équations aux dérivées partielles du premier ordre, la proposition peut s'établir très aisément. En effet, de l'identité (6) on déduit que les relations

$$Z = a, \qquad X_1 = a_1, \qquad \ldots, \qquad X_n = a_n,$$

où $a, a_1, \ldots, a_n$ sont des constantes quelconques, entraînent la relation $dz - p_1 dx_1 - \ldots - p_n dx_n = 0$. Par conséquent les $(n + 1)$ fonctions Z, X_i sont distinctes (n° **64**) et les équations $[Z, X_i] = 0$, $[X_i, X_k] = 0$ doivent être des conséquences des précédentes, ce qui ne peut avoir lieu que si ces crochets sont identiquement nuls, puisqu'ils ne contiennent pas $a, a_1, \ldots, a_n$. D'un autre côté, la relation (6) peut s'écrire

$$d(Z - X\alpha_1 P\alpha_1 - \ldots - X\alpha_q P\alpha_q) + X\alpha_1 dP\alpha_1 + \ldots + X\alpha_q dP\alpha_q - P\alpha_{q+1} dX\alpha_{q+1} - \ldots - P\alpha_n dX\alpha_n = \rho\,(dz - p_1 dx_1 - \ldots - p_n dx_n),$$

où $\alpha_1, \ldots, \alpha_n$ sont les nombres $1, 2, \ldots, n$, rangés dans un certain ordre. Cette *où ρ est une fonction des variables z, x_i, p_k, qui n'est pas nulle: ces $2n + 1$ fonctions sont indépendantes et satisfont aux relations*

$$(7) \quad \begin{array}{lll} [X_i, X_k] = 0, & [Z, X_i] = 0, & [X_i, P_k] = 0, \\ [X_i, P_i] = -\rho, & [Z, P_i] = -\rho P_i, & [P_i, P_k] = 0. \end{array}$$

identité est de même forme que la première, mais les fonctions Z, X_1, ..., X_n sont remplacées par

$$Z - X_{\alpha_1}P_{\alpha_1} - \dots - X_{\alpha_q}P_{\alpha_q}, \quad P_{\alpha_1}, \dots, P_{\alpha_q}, \quad X_{\alpha_{q+1}}, \dots, X_{\alpha_n}.$$

On a donc

$$[P_i, P_k] = 0, \quad [P_i, X_k] = 0, \quad (i \lessgtr k), \quad [P_i, Z] = P_i[P_i, X_i].$$

L'équation (6) peut encore s'écrire

$$d\left(Z - \frac{1}{\sqrt{S}}\right) - \sum_{i=1}^{n} P_i d\left(X_i + \frac{P_i}{\sqrt{S}}\right) = \rho \, (dz - p_1 dx_1 - \dots - p_n dx_n),$$

où $S = 1 + P_1^2 + \dots + P_n^2$. On a par conséquent

$$\left[X_i + \frac{P_i}{\sqrt{S}}, \quad X_k + \frac{P_k}{\sqrt{S}}\right] = 0,$$

ce qui donne

$$[P_1, X_1] = [P_2, X_2] = \dots = [P_n, X_n].$$

Enfin, pour avoir la valeur du crochet $[X_i, P_i]$, écrivons la relation (6) sous la forme

$$dZ - P_1 dX_1 - \dots - P_n dX_n - \rho p_{n+1} \, dx_{n+1}$$
$$= \rho \, (dz - p_1 dx_1 - \dots - p_{n+1} dx_{n+1}),$$

en introduisant un nouveau couple de variables x_{n+1}, p_{n+1}. Comme Z, X_i, P_k, ρ ne contiennent pas x_{n+1}, p_{n+1}, on aura, d'après ce qui précède,

$$[P_i, X_i] = [\rho p_{n+1}, x_{n+1}] = \rho.$$

On a ainsi les valeurs de tous les crochets. Il ne reste plus qu'à faire voir que les $2n + 1$ fonctions Z, X_i, P_k sont indépendantes. Supposons qu'on ait une relation de la forme

$$P_1 = \varphi \, (Z, X_1, \dots, X_n, P_2, \dots, P_n) \, ;$$

on devrait avoir $[P_1, X_1] = \rho$, et des relations précédentes on déduit au contraire $[P_1, X_1] = 0$.

Sophus Lie a déduit ce théorème de la théorie du problème de Pfaff ; Mâyer et Darboux ont donné ensuite des démonstrations directes. J'ai indiqué le principe de la démonstration suivante dans un article du *Bulletin de la Société Mathématique* (tome XXX, 1902, p. 163). Elle repose sur un lemme de caractère algébrique.

Étant donné un système de $4n^2$ quantités

$$\mathrm{A}_i^h,\ \mathrm{B}_i^h,\ \mathrm{C}_i^h,\ \mathrm{D}_i^h \qquad (i,\ h = 1, 2, \ldots, n)$$

satisfaisant aux relations

$$(8)\quad \left\{ \begin{aligned} &\sum_i (\mathrm{A}_i^k \mathrm{C}_i^h - \mathrm{A}_i^h \mathrm{C}_i^k) = 0, \\[1ex] &\sum_i (\mathrm{B}_i^k \mathrm{D}_i^h - \mathrm{B}_i^h \mathrm{D}_i^k) = 0, \\[1ex] &\sum_i (\mathrm{A}_i^k \mathrm{D}_i^h - \mathrm{B}_i^h \mathrm{C}_i^k) = 0, \qquad\qquad h \neq k \\[1ex] &\sum_i (\mathrm{A}_i^h \mathrm{D}_i^h - \mathrm{B}_i^h \mathrm{C}_i^h) = \rho, \end{aligned} \right.$$

les indices h et k étant constants dans toutes les sommations, et ρ désignant un nombre quelconque différent de zéro, ces $4n^2$ quantités vérifient aussi les relations

$$(8')\quad \left\{ \begin{aligned} &\sum_h (\mathrm{A}_i^h \mathrm{B}_k^h - \mathrm{A}_k^h \mathrm{B}_i^h) = 0, \\[1ex] &\sum_h (\mathrm{C}_i^h \mathrm{D}_k^h - \mathrm{C}_k^h \mathrm{D}_i^h) = 0, \\[1ex] &\sum_h (\mathrm{A}_k^h \mathrm{D}_i^h - \mathrm{B}_k^h \mathrm{C}_i^h) = 0, \qquad\qquad k \neq \iota \\[1ex] &\sum_h (\mathrm{A}_i^h \mathrm{D}_i^h - \mathrm{B}_i^h \mathrm{C}_i^h) = \rho, \end{aligned} \right.$$

l'indice h étant le seul qui varie dans les sommations.

Soient $u_1, u_2, \ldots, u_n, v_1, v_2, \ldots, v_n$ un système de $2n$ indéterminées auxiliaires. Posons

$$(9)\quad\begin{cases}
\rho U_1 = A_1^1 u_1 + \ldots + A_1 u_h + \ldots + A_1^n u_n + B_1^1 v_1 + \ldots + B_1^n v_n, \\
\quad\cdot\quad\cdot\quad\cdot\quad\cdot\quad\cdot\quad\cdot\quad\cdot\quad\cdot\quad\cdot\quad\cdot\quad\cdot \\
\rho U_i = A_i^1 u_1 + \ldots + A_i^h u_h + \ldots + A_i^n u_n + B_i^1 v_1 + \ldots + B_i^n v_n, \\
\quad\cdot\quad\cdot\quad\cdot\quad\cdot\quad\cdot\quad\cdot\quad\cdot\quad\cdot\quad\cdot\quad\cdot\quad\cdot \\
\rho U_n = A_n^1 u_1 + \ldots + A_n^h u_h + \ldots + A_n^n u_n + B_n^1 v_1 + \ldots + B_n^n v_n, \\
\rho V_1 = C_1^1 u_1 + \ldots + C_1^h u_h + \ldots + C_1^n u_n + D_1^1 v_1 + \ldots + D_1^n v_n, \\
\quad\cdot\quad\cdot\quad\cdot\quad\cdot\quad\cdot\quad\cdot\quad\cdot\quad\cdot\quad\cdot\quad\cdot\quad\cdot \\
\rho V_i = C_i^1 u_1 + \ldots + C_i^h u_h + \ldots + C_i^n u_n + D_i^1 v_1 + \ldots + D_i^n v_n, \\
\quad\cdot\quad\cdot\quad\cdot\quad\cdot\quad\cdot\quad\cdot\quad\cdot\quad\cdot\quad\cdot\quad\cdot\quad\cdot \\
\rho V_n = C_n^1 u_1 + \ldots + C_n^h u_h + \ldots + C_n^n u_n + D_n^1 v_1 + \ldots + D_n^n v_n.
\end{cases}$$

On déduit de ces formules, en tenant compte des relations (7),

$$(9')\quad\begin{cases}
u_h = D_1^h U_1 + \ldots + D_n^h U_n - B_1^h V_1 - \ldots - B_n^h V_n, \\
v_h = - C_1^h U_1 - \ldots - C_n^h U_n + A_1^h V_1 + \ldots + A_n^h V_n; \\
\qquad (h = 1, 2, \ldots, n).
\end{cases}$$

En substituant ces expressions de u_h et de v_h dans les formules (9), et en observant que U_h et V_h sont arbitraires comme u_h et v_h, on est conduit précisément aux relations (8)$'$ qu'il s'agissait d'établir [1].

---

[1] La démonstration est analogue à celle qui est employée en géométrie analytique pour démontrer l'équivalence des deux systèmes de relations

$$\mathrm{I}\begin{cases}
\alpha^2 + \beta^2 + \gamma^2 = 1, \\
\alpha'^2 + \beta'^2 + \gamma'^2 = 1, \\
\alpha''^2 + \beta''^2 + \gamma''^2 = 1, \\
\alpha\alpha' + \beta\beta' + \gamma\gamma' = 0, \\
\alpha'\alpha'' + \beta'\beta'' + \gamma'\gamma'' = 0, \\
\alpha\alpha'' + \beta\beta'' + \gamma\gamma'' = 0,
\end{cases}
\qquad
\mathrm{II}\begin{cases}
\alpha^2 + \alpha'^2 + \alpha''^2 = 1, \\
\beta^2 + \beta'^2 + \beta''^2 = 1, \\
\gamma^2 + \gamma'^2 + \gamma''^2 = 1, \\
\alpha\beta + \alpha'\beta' + \alpha''\beta'' = 0, \\
\beta\gamma + \beta'\gamma' + \beta''\gamma'' = 0, \\
\gamma\alpha + \gamma'\alpha' + \gamma''\alpha'' = 0.
\end{cases}$$

Cela posé, l'équation (6) peut être remplacée par le système des $2n + 1$ équations

$$(10) \quad \begin{cases} \dfrac{\partial Z}{\partial z} - \displaystyle\sum_{i=1}^{n} P_i \dfrac{\partial X_i}{\partial z} = \rho, \\[2mm] \dfrac{\partial Z}{\partial x_h} - \displaystyle\sum_{i=1}^{n} P_i \dfrac{\partial X_i}{\partial x_h} = -\rho p_h, \qquad (h, k = 1, 2, ..., n). \\[2mm] \dfrac{\partial Z}{\partial p_k} = \displaystyle\sum_{i=1}^{n} P_i \dfrac{\partial X_i}{\partial p_k}, \end{cases}$$

qui est lui-même équivalent au suivant

$$(11) \quad \begin{cases} \dfrac{\partial Z}{\partial z} = \displaystyle\sum_{i=1}^{n} P_i \dfrac{\partial X_i}{\partial z} + \rho, \\[2mm] \dfrac{dZ}{dx_h} = \displaystyle\sum_{i=1}^{n} P_i \dfrac{dX_i}{dx_h}, \qquad (h, k = 1, 2, ..., n) \\[2mm] \dfrac{\partial Z}{\partial p_k} = \displaystyle\sum_{i=1}^{n} P_i \dfrac{\partial X_i}{\partial p_k}, \end{cases}$$

en posant toujours $\dfrac{d}{dx_h} = \dfrac{\partial}{\partial x_h} + p_h \dfrac{\partial}{\partial z}$.

Si l'on regarde dans ces formules Z comme une **fonction** inconnue, on a $2n^2 + n$ conditions d'intégrabilité, où figurent les fonctions X_i, P_k, ρ. On peut obtenir une partie de ces conditions d'intégrabilité comme il suit. On a, U étant une fonction quelconque des variables z, x_i, p_k, les relations

$$\begin{aligned} \frac{d}{dx_k}\left(\frac{dU}{dx_h}\right) &= \frac{d}{dx_h}\left(\frac{dU}{dx_k}\right), \\[2mm] \frac{\partial}{\partial p_k}\left(\frac{\partial U}{\partial p_h}\right) &= \frac{\partial}{\partial p_h}\left(\frac{\partial U}{\partial p_k}\right), \\[2mm] \frac{d}{dx_k}\left(\frac{\partial U}{\partial p_h}\right) &= \frac{\partial}{\partial p_h}\left(\frac{dU}{dx_k}\right), \qquad h \neq k, \\[2mm] \frac{\partial}{\partial p_h}\left(\frac{dU}{dx_h}\right) &- \frac{d}{dx_h}\left(\frac{\partial U}{\partial p_h}\right) = \frac{\partial U}{\partial z}. \end{aligned}$$

En appliquant ces relations à la fonction Z, et en tenant compte des équations (11), les trois premières deviennent

$$(12)\quad\begin{cases}\displaystyle\sum_i\left(\frac{dX_i}{d.r_h}\frac{dP_i}{dx_k}-\frac{dX_i}{dx_k}\frac{dP_i}{dx_h}\right)=0,\\[2mm]\displaystyle\sum_i\left(\frac{\partial X_i}{\partial p_h}\frac{\partial P_i}{\partial p_k}-\frac{\partial X_i}{\partial p_k}\frac{\partial P_i}{\partial p_h}\right)=0,\\[2mm]\displaystyle\sum_i\left(\frac{dP_i}{d.r_k}\frac{\partial X_i}{\partial p_h}-\frac{\partial P_i}{\partial p_h}\frac{dX_i}{dx_k}\right)=0,\qquad h\ne k,\end{cases}$$

tandis que la dernière donne

$$(13)\qquad\sum_i\left(\frac{\partial P_i}{\partial p_h}\frac{dX_i}{d.r_h}-\frac{dP_i}{d.x_h}\frac{\partial X_i}{\partial p_h}\right)=\frac{\partial Z}{\partial\varepsilon}-\sum_i P_i\frac{\partial X_i}{\partial\varepsilon}=\rho.$$

Ces conditions deviennent identiques aux relations (8) en posant

$$(14)\qquad A_i^h=\frac{dX_i}{d.x_h},\quad B_i^h=\frac{\partial X_i}{\partial p_h},\quad C_i^h=\frac{dP_i}{d.x_h},\quad D_i^h=\frac{\partial P_i}{\partial p_h};$$

et les relations (8') qui s'en déduisent deviennent, en remplaçant A_i^h, B_i^h, ..., par les expressions précédentes,

$$(15)\quad [X_h, X_k]=0,\quad [P_h, P_k]=0,\quad [X_h, P_k]=0,\quad \text{pour } h\ne k,$$
$$[P_h, X_h]=\rho.$$

Nous avons ensuite

$$[Z, X_h]=\sum_i\left(\frac{\partial Z}{\partial p_i}\frac{dX_h}{dx_i}-\frac{\partial X_h}{\partial p_i}\frac{dZ}{dx_i}\right),$$

ou, en remplaçant $\dfrac{\partial Z}{\partial p_i}$ et $\dfrac{dZ}{dx_i}$ par leurs expressions tirées des formules (11),

$$[Z, X_h]=\sum_i\sum_k P_k\frac{\partial X_k}{\partial p_i}\frac{dX_h}{dx_i}-\sum_i\sum_k\frac{\partial X_h}{\partial p_i}P_k\frac{dX_k}{dx_i}$$
$$=\sum_k P_k\sum_i\left(\frac{\partial X_k}{\partial p_i}\frac{dX_h}{d.r_i}-\frac{\partial X_h}{\partial p_i}\frac{dX_k}{dx_i}\right)$$
$$=\sum_k P_k\,[X_k, X_h]=0.$$

On a de même

$$[Z, P_h] = \sum_i \frac{\partial Z}{\partial p_i} \frac{dP_h}{dx_i} - \sum_i \frac{dZ}{dx_i} \frac{\partial P_h}{\partial p_i}$$

$$= \sum_i \sum_k \left(P_k \frac{dP_h}{dx_i} \frac{\partial X_k}{\partial p_i} - P_k \frac{\partial P_h}{\partial p_i} \frac{dX_k}{dx_i} \right)$$

$$= \sum_k P_k \sum_i \left(\frac{\partial X_h}{\partial p_i} \frac{dP_k}{dx_i} - \frac{\partial P_h}{\partial p_i} \frac{dX_k}{dx_i} \right)$$

$$= \sum_k P_k [X_h, P_k] = - \rho P_h.$$

Les fonctions Z, X_i, P_h vérifient donc les relations (7).

Les $2n + 1$ fonctions Z, X_i, P_h sont indépendantes.

Supposons, en effet, qu'elles vérifient une relation telle que

$$P_1 + F(X_1, ..., X_n, Z, P_2, ..., P_n) = o ;$$

on devrait avoir aussi

$$[X_1, P_1 + F] = o,$$

tandis que ce crochet est à égal à $[X_1, P_1] = - \rho$. Il ne peut donc exister aucune relation où figurent P_1, P_2, ..., P_n. Il ne peut pas non plus exister de relation de la forme

$$X_1 + F(X_2, X_2, ..., X_n, Z) = o,$$

car on en déduirait une relation renfermant P_1

$$[P_1, X_1 + F] = \rho + \rho \frac{\partial F}{\partial Z} P_1 = \rho \left\{ 1 + \frac{\partial F}{\partial Z} P_1 \right\} = o.$$

Nous allons confirmer ce résultat en calculant le jacobien de ces $2n + 1$ fonctions. Remarquons pour cela que les **formules (9)** et (9') définissent deux substitutions linéaires inverses l'une de l'autre ; le produit des déterminants Δ, Δ' de ces deux substitutions est donc égal à l'unité :

$$\Delta = \frac{1}{\rho^{2n}} \begin{vmatrix} A_1^1, & ..., & A_1^n, & B_1^1, & ..., & B_1^n \\ . & . & . & . & . & . \\ A_n^1, & ..., & A_n^n, & B_n^1, & ..., & B_n^n \\ C_1^1, & ..., & C_1^n, & D_1^1, & ..., & D_1^n \\ . & . & . & . & . & . \\ C_n^1, & ..., & C_n^n, & D_n^1, & ..., & D_n^n \end{vmatrix},$$

$$\Delta' = \begin{vmatrix} D_1^1, & \dots, & D_n^1, & -B_1^1, & \dots, & -B_n^1 \\ \cdot & \cdot & \cdot & \cdot & \cdot & \cdot \\ D_1^n, & \dots, & D_n^n, & -B_1^n, & \dots, & -B_n^n \\ -C_1^1, & \dots, & -C_n^1, & A_1^1, & \dots, & A_n^1 \\ \cdot & \cdot & \cdot & \cdot & \cdot & \cdot \\ -C_1^n, & \dots, & -C_n^n, & A_1^n, & \dots, & A_n^n \end{vmatrix} ;$$

on voit facilement, par quelques permutations de lignes et de colonnes, que le second déterminant est identique au premier. On a donc $\Delta = \dfrac{\Delta'}{\rho^{2n}}$ et par suite $\Delta\Delta' = \dfrac{\Delta'^2}{\rho^{2n}} = 1$, ou $\Delta' = \pm \rho^n$.

En remplaçant les indéterminées A_i^h, B_i^h, C_i^h, D_i^h par les valeurs (14), on a donc

$$\Delta' = \begin{vmatrix} \dfrac{dX_1}{dx_1}, & \dots, & \dfrac{dX_1}{dx_n}, & \dfrac{\partial X_1}{\partial p_1}, & \dots, & \dfrac{\partial X_1}{\partial p_n} \\ \cdot & \cdot & \cdot & \cdot & \cdot & \cdot \\ \dfrac{dX_n}{dx_1}, & \dots, & \dfrac{dX_n}{dx_n}, & \dfrac{\partial X_n}{\partial p_1}, & \dots, & \dfrac{\partial X_n}{\partial p_n} \\ \dfrac{dP_1}{dx_1}, & \dots, & \dfrac{dP_1}{dx_n}, & \dfrac{\partial P_1}{\partial p_1}, & \dots, & \dfrac{\partial P_1}{\partial p_n} \\ \cdot & \cdot & \cdot & \cdot & \cdot & \cdot \\ \dfrac{dP_n}{dx_1}, & \dots, & \dfrac{dP_n}{dx_n}, & \dfrac{\partial P_n}{\partial p_1}, & \dots, & \dfrac{\partial P_n}{\partial p_n} \end{vmatrix} = \pm \rho^n.$$

Considérons maintenant le déterminant fonctionnel

$$I = \frac{D(Z, X_1, \dots, X_n, P_1, \dots, P_n)}{D(z, x_1, \dots, x_n, p_1, \dots, p_n)}$$

ou

$$I = \begin{vmatrix} \dfrac{\partial Z}{\partial z}, & \dfrac{\partial Z}{\partial x_1}, & \dots, & \dfrac{\partial Z}{\partial x_n}, & \dfrac{\partial Z}{\partial p_1}, & \dots, & \dfrac{\partial Z}{\partial p_n} \\ \dfrac{\partial X_1}{\partial z}, & \dfrac{\partial X_1}{\partial x_1}, & \dots, & \dfrac{\partial X_1}{\partial x_n}, & \dfrac{\partial X_1}{\partial p_1}, & \dots, & \dfrac{\partial X_1}{\partial p_n} \\ \cdot & \cdot & \cdot & \cdot & \cdot & \cdot & \cdot \\ \dfrac{\partial P_n}{\partial z}, & \dfrac{\partial P_n}{\partial x_1}, & \dots, & \dfrac{\partial P_n}{\partial x_n}, & \dfrac{\partial P_n}{\partial p_1}, & \dots, & \dfrac{\partial P_n}{\partial p_n} \end{vmatrix}.$$

Ajoutons aux éléments de la deuxième colonne ceux de la première multipliés par p_1, etc., aux éléments de la $(n+1)^{\text{ième}}$ ceux de la première multipliés par p_n ; on trouve

$$I = \begin{vmatrix} \dfrac{\partial Z}{\partial z}, & \dfrac{dZ}{dx_1}, & \cdots, & \dfrac{dZ}{dx_n}, & \dfrac{\partial Z}{\partial p_1}, & \cdots, & \dfrac{\partial Z}{\partial p_n} \\[2mm] \dfrac{\partial X_1}{\partial z}, & \dfrac{dX_1}{dx_1}, & \cdots, & \dfrac{dX_1}{dx_n}, & \dfrac{\partial X_1}{\partial p_1}, & \cdots, & \dfrac{\partial X_1}{\partial p_n} \\[2mm] \vdots & & & & & & \\[2mm] \dfrac{\partial P_n}{\partial z}, & \dfrac{dP_n}{dx_1}, & \cdots, & \dfrac{dP_n}{dx_n}, & \dfrac{\partial P_n}{\partial p_1}, & \cdots, & \dfrac{\partial P_n}{\partial p_n} \end{vmatrix}.$$

Enfin, ajoutons aux éléments de la première ligne ceux de la deuxième multipliés par $-P_1$, ..., ceux de la $(n+1)^{\text{ième}}$ multipliés par $-P_n$; il vient, en tenant compte des relations (11)

$$(16) \qquad I = \begin{vmatrix} \rho & 0 & 0 & \cdots & 0 & 0 \\ \dfrac{\partial X_1}{\partial z} & & & & & \\ \vdots & & & \Delta' & & \\ \dfrac{\partial P_n}{\partial z} & & & & & \end{vmatrix} = \pm \rho^{n+1}.$$

On reviendra plus loin sur ce calcul.

Les formules (12) et (13) n'expriment pas toutes les conditions d'intégrabilité du système (11). On obtient $2n$ conditions nouvelles au moyen des identités

$$\frac{d}{dx_h}\left(\frac{\partial Z}{\partial z}\right) = \frac{\partial}{\partial z}\left(\frac{dZ}{dx_h}\right),$$

$$\frac{\partial}{\partial p_h}\left(\frac{\partial Z}{\partial z}\right) = \frac{\partial}{\partial z}\left(\frac{\partial Z}{\partial p_h}\right),$$

qui deviennent, en tenant compte des formules (11),

$$\sum_i \frac{dP_i}{dx_h}\frac{\partial X_i}{\partial z} + \frac{d\rho}{dx_h} = \sum_i \frac{\partial P_i}{\partial z}\frac{dX_i}{dx_h},$$

$$\sum_i \frac{\partial P_i}{\partial p_h}\frac{\partial X_i}{\partial z} + \frac{\partial \rho}{\partial p_h} = \sum_i \frac{\partial P_i}{\partial z}\frac{\partial X_i}{\partial p_h},$$

et donnent les valeurs de $\dfrac{\partial\rho}{\partial p_h}$, $\dfrac{d\rho}{dx_h}$:

$$(17) \quad \begin{cases} \dfrac{\partial\rho}{\partial p_h} = \sum_i \left(\dfrac{\partial P_i}{\partial z}\dfrac{\partial X_i}{\partial p_h} - \dfrac{\partial P_i}{\partial p_h}\dfrac{\partial X_i}{\partial z} \right), \\[3mm] \dfrac{d\rho}{dx_h} = \sum_i \left(\dfrac{\partial P_i}{\partial z}\dfrac{dX_i}{dx_h} - \dfrac{dP_i}{dx_h}\dfrac{\partial X_i}{\partial z} \right). \end{cases}$$

En substituant ces expressions dans les crochets $[X_h, \rho]$, $[P_h, \rho]$, on trouve facilement

$$(18) \quad \begin{cases} [X_h, \rho] = \sum_i \dfrac{\partial P_i}{\partial z}[X_h, X_i] + \sum_i \dfrac{\partial X_i}{\partial z}[P_i, X_h] = \rho\dfrac{\partial X_h}{\partial z}, \\[3mm] [P_h, \rho] = \sum_i \dfrac{\partial P_i}{\partial z}[P_h, X_i] + \sum_i \dfrac{\partial X_i}{\partial z}[P_i, P_h] = \rho\dfrac{\partial P_h}{\partial z}. \end{cases}$$

Ces dernières relations (18) peuvent être obtenues directement en appliquant la formule générale de Mayer [1]

$$[[u, v], w] + [[v, w], u] + [[w, u], v] = \dfrac{\partial w}{\partial z}[v, u] + \dfrac{\partial u}{\partial z}[w, v] + \dfrac{\partial v}{\partial z}[u, w]$$

aux fonctions $u = X_i, v = X_k, w = P_k$, ou aux fonctions $u = P_i, v = P_k,$ $w = X_k$ ($i \neq k$), et en tenant compte des formules déjà obtenues (15).

En prenant de même $u = Z, v = X_i, w = P_i,$ il vient

$$(19) \quad\quad\quad\quad [Z, \rho] = \rho\dfrac{\partial Z}{\partial z} - \rho^2.$$

76. Réciproques diverses. — Les relations (18), et par suite les relations équivalentes (17) étant des conséquences des relations (15), nous voyons que ces relations (15) sont les seules conditions d'intégrabilité du système (11), où Z est regardée comme une fonction inconnue. On en déduit aisément le théorème suivant, qui est le réciproque du théorème établi au numéro précédent.

Si les $2n + 2$ fonctions $Z, X_1, \ldots, X_n, P_1, \ldots, P_n, \rho$ des $2n + 1$ variables $z, x_1, \ldots, x_n, p_1, \ldots, p_n$ satisfont aux relations

$$[X_i, X_k] = 0, \quad [P_i, P_k] = 0, \quad [P_i, X_k] = 0 \;(i \neq k), \quad [P_i, X_i] = \rho,$$
$$[X_i, Z] = 0, \quad [P_i, Z] = \rho P_i, \quad \rho \neq 0,$$

[1] Darboux, *Bulletin des Sciences Mathématiques*, t. VI, 2ᵉ série, p. 62 (1882).

on a identiquement

$$dZ - P_1 dX_1 - \ldots - P_n dX_n = \rho\,(dz - p_1 dx_1 - \ldots - p_n dx_n).$$

Les égalités de la première ligne, où Z ne figure pas, expriment, nous l'avons vu, que le système (11) est complètement intégrable. Soit Z_1 une intégrale de ce système ; cette fonction satisfait à toutes les relations précédentes, et par suite la différence $U = Z - Z_1$ vérifie les $2n$ équations

$$[X_i,\ U] = 0, \quad [P_i,\ U] = 0, \quad (i = 1, 2, \ldots, n).$$

Les deux fonctions X_i, P_k étant nécessairement indépendantes, comme il résulte des relations (15) (voir page 372), on a nécessairement

$$\frac{dU}{dx_i} = \frac{\partial U}{\partial x_i} + p_i \frac{\partial U}{\partial z} = 0, \quad \frac{\partial U}{\partial p_i} = 0, \quad (i = 1, 2, \ldots, n)$$

et par suite $Z - Z_1$ se réduit à une constante. La fonction Z est donc aussi une intégrale du système (11), et l'on a bien l'identité (6).

Une autre proposition réciproque importante est celle-ci :

Étant données $(n + 1)$ fonctions distinctes Z, X_1, ..., X_n *des variables* z, x_i, p_k, *vérifiant les relations*

$$[X_i,\ X_k] = 0, \quad [Z,\ X_i] = 0, \quad (i, k = 1, 2, \ldots, n),$$

on peut toujours trouver, et d'une seule manière, n fonctions P_1, ..., P_n *des mêmes variables telles que l'on ait identiquement*

$$dZ - P_1 dX_1 - \ldots - P_n dX_n = \rho\,(dz - p_1 dx_1 - \ldots - p_n dx_n),$$

le facteur ρ n'étant pas nul.

Nous allons montrer pour cela que les $2n$ équations (11)

$$A_k = \frac{dZ}{dx_k} - \sum_{i=1}^{n} P_i \frac{dX_i}{dx_k} = 0, \qquad B_k = \frac{\partial Z}{\partial p_k} - \sum_{i=1}^{n} P_i \frac{\partial X_i}{\partial p_k} = 0,$$

sont compatibles et peuvent être résolues par rapport à P_1, ..., P_n. Je dis d'abord qu'il y en a certainement n parmi elles qui seront résolubles par rapport à $P_1, \dots, P_n$. S'il n'en était pas ainsi, tous les déterminants d'ordre n qu'on pourrait tirer du tableau

$$\begin{vmatrix} \dfrac{dX_1}{dx_1}, & \dots, & \dfrac{dX_1}{dx_n}, & \dfrac{\partial X_1}{\partial p_1}, & \dots, & \dfrac{\partial X_1}{\partial p_n} \\ \cdot & \cdot & \cdot & \cdot & \cdot & \cdot \\ \dfrac{dX_n}{dx_1}, & \dots, & \dfrac{dX_n}{dx_n}, & \dfrac{\partial X_n}{\partial p_1}, & \dots, & \dfrac{\partial X_n}{\partial p_n} \end{vmatrix}$$

seraient identiquement nuls, ce qui est impossible si les n fonctions $X_1, \dots, X_n$ sont distinctes (§ **70**).

On a entre les premiers membres des équations $A_h = 0$, $B_k = 0$ n relations linéaires distinctes

$$\sum_{k=1}^{n} \left\{ A_k \frac{dX_h}{dx_k} - B_k \frac{\partial X_h}{\partial p_k} \right\} = [Z, X_h] - \sum_{i=1}^{n} P_i [X_i, X_h] = 0,$$
$$(h = 1, 2, \dots, n),$$

de sorte que n de ces équations sont des conséquences des n autres. Supposons, pour fixer les idées, que le déterminant

$$\begin{vmatrix} \dfrac{dX_1}{dx_1}, & \dots, & \dfrac{dX_1}{dx_n} \\ \cdot & \cdot & \cdot \\ \dfrac{dX_n}{dx_1}, & \dots, & \dfrac{dX_n}{dx_n} \end{vmatrix} .$$

soit différent de 0 ; on pourra alors tirer des équations $A_h = 0$ les valeurs de $P_1, \dots, P_n$, et les relations précédentes prouvent que ces valeurs qui annulent $A_1, \dots, A_n$ annuleront aussi $B_1, \dots, B_n$. La valeur de ρ sera fournie ensuite par la première équation (11).

La solution du problème posé plus haut (n° **75**, page 366) est alors immédiate. Étant donnée une fonction Z des $2n + 1$ variables, z, x_i, p_k, on cherchera d'abord n fonctions $X_1, \dots, X_n$ des mêmes variables formant avec Z un système en involution de $(n + 1)$ fonctions distinctes. Les équations (11) fournissent alors, par de simples opérations linéaires, des fonctions $P_1, P_2, \dots, P_n$ telles que la transformation

$$z' = Z, \quad x'_i = X_i, \quad p'_i = P_i, \quad (i = 1, 2, \dots, n).$$

soit une transformation de contact. Les intégrations à effectuer sont les mêmes que celles qu'exige l'intégration de l'équation $Z = C$ par la méthode de Jacobi et Mayer, ce qui sera expliqué plus loin (n° 82).

La proposition précédente nous fournit aussi la démonstration la plus simple du théorème de Liouville généralisé (n° **58**, p. 292). Soient Z, X_1, ..., X_n, P_1, ..., P_n un système de $2n + 1$ fonctions des variables z, x_i, p_k, satisfaisant à l'identité (6). Les relations (7) prouvent que Z, X_1, ..., X_n, $\dfrac{P_2}{P_1}$, ..., $\dfrac{P_n}{P_1}$ sont $2n$ intégrales distinctes de l'équation $[Z, F] = 0$; de même Z, X_1, ..., X_n, P_1, ..., P_{i-1}, P_{i+1}, ..., P_n sont $2n$ intégrales distinctes de l'équation $[X_i, F] = 0$. Cela étant, soit Φ une fonction quelconque des $2n + 1$ variables z, x_i, p_k, si l'on est parvenu à trouver n intégrales de l'équation $[\Phi, F] = 0$, formant avec Φ un système de $(n + 1)$ fonctions distinctes en involution, on peut prendre pour Z la fonction Φ elle-même et pour $X_1, X_2, ..., X_n$ les intégrales connues ; on trouvera donc les $n - 1$ autres intégrales par des différentiations et la résolution d'un système d'équations du premier degré.

Plus généralement, le système complet de μ équations

$$(20) \qquad [X_1, F] = 0, \quad ..., \quad [X_\mu, F] = 0$$

admet les $2n + 1 - \mu$ intégrales distinctes

$$Z, X_1, ..., X_n, \quad P_{\mu+1}, ..., P_n.$$

Donc étant données μ fonctions distinctes en involution $X_1, ..., X_\mu$, si l'on a déterminé $n + 1 - \mu$ intégrales du système complet (20), formant avec $X_1, ..., X_\mu$ un système de $n + 1$ fonctions distinctes en involution, on aura l'intégrale générale par des différentiations et la résolution d'un système d'équations du premier degré.

77. Propriétés d'invariance. — Étant données deux fonctions quelconques F, H des variables z, x_i, p_k, si on fait une transformation de contact en remplaçant les variables z, x_i, p_k par des fonctions de nouvelles variables z', x'_i, p'_k, les fonctions F et H se transformeront en de nouvelles fonctions F' et H' des variables z', x'_i, p'_k, et le crochet $[F, H]_{z,x,p}$ se transformera, à un facteur près, dans le crochet $[F', H]_{z'x'p'}$ des fonctions F' et H' par rapport aux variables z', x'_i, p'_k. En d'autres termes, le crochet $[F, H]$ est un *invariant* relativement à toute transformation de contact.

Supposons que l'on ait entre les différentielles des fonctions z, x_i, p_k des variables nouvelles z', x'_i, p'_k la relation

$$dz - p_1 dx_1 - \ldots - p_n dx_n = \rho(dz' - p'_1 dx'_1 - \ldots p'_n dx'_n).$$

Toutes les fois que le crochet $[F, H]$ sera nul, il en sera de même du crochet $[F', H']_{z'x'p'}$; en effet, lorsque $[F, H] = 0$, on peut trouver des fonctions H_2, …, H_n, P_1, P_2, …, P_n, telle que l'on ait identiquement

$$dF - P_1 dH - P_2 dH_2 - \ldots - P_n dH_n$$
$$= A(dz - p_1 dx_1 - \ldots - p_n dx_n).$$

En remplaçant, dans cette identité, z, x_i, p_k par leurs valeurs en fonction des nouvelles variables, elle deviendra

$$dF' - P'_1 dH' - P'_2 dH'_2 - \ldots - P'_n dH'_n$$
$$= A'\rho(dz' - p'_1 dx'_1 - \ldots - p'_n dx'_n),$$

et de là on conclut que le nouveau crochet est nul :

$$[F', H']_{z'x'p'} = 0.$$

Les deux crochets $[F, H]$ et $[F', H']_{z'x'p'}$, s'annulant en même temps, ne doivent différer que par un facteur dépendant de la transformation seulement. Il est facile de calculer ce facteur, ce qui fournit en même temps une vérification du théorème. Remarquons pour cela que, si on a deux fonctions

$$F(a_1, a_2, \ldots, a_q), \quad H(a_1, \ldots, a_q).$$

où a_1, a_2, …, a_q sont des fonctions quelconques de z, x_i, p_k, on aura

$$[F, H] = \sum_i \sum_k \frac{D(F, H)}{D(a_i, a_k)} [a_i, a_k].$$

Appliquons cette formule aux fonctions F, H, les variables intermédiaires étant ici z', x'_i, p'_k ; il vient

$$[\mathrm{F},\mathrm{H}] = \sum_i \frac{\mathrm{D}\,(\mathrm{F}',\mathrm{H}')}{\mathrm{D}\,(z',x'_i)}\,[z',x'_i]$$

$$+ \sum_i \frac{\mathrm{D}\,(\mathrm{F}',\mathrm{H}')}{\mathrm{D}\,(z',p'_i)}\,[z',p'_i] + \sum_i\sum_k \frac{\mathrm{D}\,(\mathrm{F}',\mathrm{H}')}{\mathrm{D}\,(x'_i,x'_k)}\,[x'_i,x'_k]$$

$$+ \sum_i\sum_k \frac{\mathrm{D}\,(\mathrm{F}',\mathrm{H}')}{\mathrm{D}\,(x'_i,p'_k)}\,[x'_i,p'_k] + \sum_i\sum_k \frac{\mathrm{D}\,(\mathrm{F}',\mathrm{H}')}{\mathrm{D}\,(p'_i,p'_k)}\,[p'_i,p'_k].$$

En tenant compte des relations qui ont été établies (§ **75**) entre les fonctions z', x'_i, p'_k des variables z, x_i, p_k, il reste

$$[\mathrm{F},\mathrm{H}] = -\frac{1}{\rho}\sum_i \frac{\mathrm{D}\,(\mathrm{F}',\mathrm{H}')}{\mathrm{D}\,(z',p'_i)}\,p'_i - \frac{1}{\rho}\sum_i \frac{\mathrm{D}\,(\mathrm{F}',\mathrm{H}'}{\mathrm{D}\,(x'_i,p'_i)} = \frac{1}{\rho}\,[\mathrm{F}',\mathrm{H}']_{z'x'p'}.$$

Par conséquent,

$$[\mathrm{F}',\mathrm{H}']_{z'x'p'} = \rho\,[\mathrm{F},\mathrm{H}]_{zxp}.$$

Étant donnée une équation du premier ordre

$$(21) \qquad\qquad \mathrm{F}\,(z,\,x_i,\,p_k) = 0,$$

si on remplace z, x_i, p_k par des fonctions de nouvelles variables z', x'_i, p'_k,

$$z = f(z',\,x'_i,\,p'_k), \qquad x_i = f_i(z',\,x'_i,\,p'_k), \qquad p_k = \varphi_k\,(z',\,x'_i,\,p_k),$$
$$(i,\,k = 1,\,2,\,\ldots,\,n),$$

satisfaisant à la relation

$$dz - p_1 dx_1 - \ldots - p_n dx_n = \rho\,(dz' - p'_1 dx'_1 - \ldots - p'_n dx'_n),$$

l'équation proposée se change en une nouvelle équation du premier ordre

$$(22) \qquad\qquad \mathrm{F}_1\,(z',\,x'_i,\,p'_k) = 0,$$

et, comme toute multiplicité M_n se change en une multiplicité M_n, toute intégrale de la première équation se change en une intégrale de la seconde et inversement; d'une intégrale complète de l'une d'elle on déduira une intégrale complète de l'autre. Tel est le sens qu'il faut attacher à la transformation qui a été employée à plusieurs reprises (§§ **56, 65**).

Les caractéristiques se correspondent dans les deux équations ; soient, en effet, $\Phi_1, \ldots, \Phi_{2n-1}$ les $2n-1$ intégrales distinctes, autres que F, de l'équation linéaire

$$[F, \Phi] = 0 ;$$

les caractéristiques de l'équation (21) sont représentées par les équations

$$F = 0, \quad \Phi_1 = C_1, \quad \ldots, \quad \Phi_{2n-1} = C_{2n-1} ;$$

après la transformation, ces équations deviennent

$$F = 0, \quad \Phi'_1 = C_1, \quad \ldots, \quad \Phi'_{2n-1} = C_{2n-1},$$

et comme on avait $[F, \Phi]_{zxp} = 0$, on aura aussi $[F_1, \Phi'_i]_{z'x'p'} = 0$, de sorte que ces nouvelles relations donnent les caractéristiques de l'équation (22).

Les équations différentielles des caractéristiques étant

$$\frac{dx_i}{\dfrac{\partial F}{\partial p_i}} = \frac{-dp_k}{\dfrac{\partial F}{\partial x_k} + p_k \dfrac{\partial F}{\partial z}} = \frac{dz}{\dfrac{\partial F}{\partial p_1} p_1 + \ldots + \dfrac{\partial F}{\partial p_n} p_n}, \quad (i, k = 1, 2 \ldots, n),$$

on en conclut que, si on fait une transformation de contact qui change F en F_1, le système précédent se change en un nouveau système de même forme

$$\frac{dx'_i}{\dfrac{\partial F_1}{\partial p'_i}} = \frac{-dp'_k}{\dfrac{\partial F_1}{\partial x'_k} + p'_k \dfrac{\partial F_1}{\partial z'}} = \frac{dz'}{\dfrac{\partial F_1}{\partial p'_1} p'_1 + \ldots + \dfrac{\partial F_1}{\partial p'_n} p'_n}, \quad (i, k = 1, 2, \ldots, n),$$

où $F(z, x_i, p_k)$ est remplacé par $F_1(z', x'_i, p'_k)$.

Cette propriété des caractéristiques peut aussi s'établir sans aucun calcul. Soit e un élément de contact (z, x_i, p_k) et e' l'élément de contact (z', x'_i, p'_k) qui lui correspond ; à la caractéristique M_1 issu de l'élément e correspond une multiplicité d'éléments M'_1 renfermant l'élément e'. Toute intégrale M_n de l'équation (21) qui contient l'élément e renferme aussi tous les éléments de la caractéristique M_1 ; l'intégrale correspondante M'_n de l'équation (22) renferme donc tous les éléments de M'_1, et par suite toutes les intégrales M'_n de (22) qui contiennent l'élément e' renferment aussi tous les éléments de M'_1, qui est, par conséquent, une caractéristique.

D'une manière générale, toute transformation de contact change un système en involution en un nouveau système en involution ; toute intégrale du premier système se change en une intégrale du nouveau système, et les multiplicités caractéristiques des deux systèmes se correspondent.

Pour donner une application de cette propriété générale, considérons les équations aux dérivées partielles du premier ordre à trois variables, dont les caractéristiques sont des lignes asymptotiques (§ **42**) Si on applique à ces équations la transformation de S. Lie (§ **74**), on est conduit à des équations du premier ordre dont les caractéristiques sont des lignes de courbure. On trouve ainsi deux catégories d'équations jouissant de cette propriété : les unes admettent une intégrale complète composée de sphères : l'intégrale générale étant une enveloppe de sphères, il est clair que les caractéristiques sont des lignes de courbure. Les autres équations s'obtiennent en écrivant qu'il existe une relation entre les quatre paramètres d'une des sphères osculatrices en chaque point d'une surface intégrale ([1]).

78. Transformations en x, p. — Parmi les transformations de contact, il y a lieu de considérer plus particulièrement celles où les fonctions X_i, P_k ne contiennent pas la variable z ; on les appelle, pour abréger, *transformations en x, p*. On obtient des transformations de cette espèce en partant d'un système quelconque de relations entre $z, x_1, \ldots, x_n, Z, X_1, \ldots, X_n$ où les variables Z et z ne figurent que dans la combinaison $Z - Az$, A étant une constante arbitraire. Soient, en effet,

$$Z - Az - \psi_1(x_1, \ldots, x_n, X_1, \ldots, X_n) = 0, \quad \psi_2 = 0, \quad \ldots, \quad \psi_h = 0,$$

[1] Quand on écrit une relation entre les quatre paramètres d'une des sphères osculatrices, on est conduit à une équation du second ordre. Mais cette équation du second ordre admet une solution singulière du premier ordre, dont les intégrales donnent la véritable solution du problème (Darboux, *Solutions singulières*, p. 228). Voir aussi mes *Leçons sur l'intégration des équations aux dérivées partielles du second ordre à deux variables indépendantes* (t. I, p. 21).

un système de relations de cette forme, ψ_k ne contenant que les variables x_i, X_i. Les équations qu'il faudra joindre à celles-là pour déterminer la transformation et qu'on tirera de l'identité

$$dZ - \sum P_i dX_i - \rho \left(dz - \sum p_i dx_i \right)$$
$$= \lambda_1 [dZ - A dz - d\psi_1] + \lambda_2 d\psi_2 + \dots + \lambda_h d\psi_h,$$

donnent d'abord $\lambda_1 = 1$, $A = \rho$, et il reste l'identité

$$- \sum P_i dX_i + A \sum p_i dx_i = - d\psi_1 + \lambda_2 d\psi_2 + \dots + \lambda_h d\psi_h,$$

qui conduit à des relations ne contenant plus que les variables X_i, P_k, x_i, p_k, λ_2, ..., λ_h. On trouvera donc pour X_1, ..., X_n, P_1, ..., P_n, $Z - Az$ des fonctions de x_i, p_k seulement, et la transformation ainsi obtenue sera bien une transformation en x, p.

On obtient ainsi toutes les transformations de cette espèce. Supposons, en effet, que, dans l'identité (6), les fonctions X_i, P_k ne contiennent pas z; les formules (10) deviennent

$$(23) \qquad \frac{\partial Z}{\partial z} = \rho,$$

$$(24) \qquad \frac{\partial Z}{\partial x_i} - P_1 \frac{\partial X_1}{\partial x_i} - \dots - P_n \frac{\partial X_n}{\partial x_i} = - \rho p_i,$$

$$(25) \qquad \frac{\partial Z}{\partial p_k} - P_1 \frac{\partial X_1}{\partial p_k} - \dots - P_n \frac{\partial X_n}{\partial p_k} = 0, \qquad (i, k = 1, 2, \dots, n);$$

de la relation générale $[P_i, X_i] = \rho$ on conclut que ρ ne dépend pas de z et, par conséquent, Z sera de la forme

$$Z = \rho z + \Pi (x_1, \dots, x_n, p_1, \dots, p_n).$$

Remplaçons Z par cette valeur dans les équations (24) et (25); il vient

$$\frac{\partial \rho}{\partial x_i} z = \varphi_i (x_1, \dots, x_n, p_1, \dots, p_n),$$

$$\frac{\partial \rho}{\partial p_k} z = \psi_k (x_1, \dots, x_n, p_1, \dots, p_n),$$

ce qui ne peut avoir lieu que si on a $\dfrac{\partial \rho}{\partial x_i} = 0$, $\dfrac{\partial \rho}{\partial p_k} = 0$. La fonction ρ

se réduit donc à une constante A, différente de zéro, et Z est de la forme

$$Z = A z + \Pi (x_1, \ldots, x_n, p_1, \ldots, p_n)$$

Si on élimine $p_1, \ldots, p_n$ entre les équations qui donnent $X_1, \ldots, X_n$, Z, il est clair que Z et z ne figureront dans les relations obtenues que dans la combinaison $Z - A z$. En rapprochant tous ces résultats du théorème général démontré au § **77**, on peut donc énoncer la proposition suivante :

Si on a une identité de la forme

$$dZ - P_1 dX_1 - \ldots - P_n dX_n = \rho (dz - p_1 dx_1 - \ldots - p_n dx_n),$$

où ρ n'est pas nul et où les fonctions X_i, P_k ne renferment pas la variable z, ρ se réduit à une constante A et Z est de la forme

$$Z = A z + \Pi(x_1, \ldots, x_n, p_1, \ldots, p_n) ;$$

de plus, les $2n$ fonctions X_i, P_k sont indépendantes, et on a les relations

$$(X_i, X_k) = 0, \quad (X_i, P_k) = 0, \quad (P_i, X_i) = A, \quad (P_i, P_k) = 0,$$
$$[A z + \Pi, X_i] = 0, \quad [A z + \Pi, P_i] = - A P_i.$$

On peut toujours, sans restreindre la généralité, supposer $A = 1$, car cela revient à remplacer Z par AZ et X_i par $A X_i$. Si on remplace, en outre, Z par $z - \Omega(x_1, \ldots, x_n, p_1, \ldots, p_n)$, on parvient à l'énoncé suivant :

Étant données $2n + 1$ fonctions Ω, X_i, P_k des $2n$ variables indépendantes x_i, p_k, dont les différentielles totales vérifient la relation

$$(26) \qquad d\Omega + P_1 dX_1 + \ldots + P_n dX_n = p_1 dx_1 + \ldots + p_n dx_n,$$

les $2n$ fonctions X_i, P_k sont indépendantes et on a les relations

$$(27) \quad \begin{cases} (X_i, X_k) = 0, \quad (X_i, P_k) = 0, \quad (P_i, P_k) = 0, \quad (P_i, X_i) = 1, \\ [z - \Omega, X_i] = 0, \quad [z - \Omega, P_i] = - P_i. \end{cases}$$

Inversement, supposons que l'on connaisse n fonctions distinctes $X_1, \ldots, X_n$ des variables x_i, p_k, telles que toutes les parenthèses (X_i, X_k) soient nulles. Les équations linéaires

$$(28) \qquad [X_1, \Phi] = 0, \quad \ldots, \quad [X_n, \Phi] = 0$$

forment un système complet de n équations distinctes dont on connaît déjà n intégrales $X_1, \ldots, X_n$; ce système admettra donc une autre intégrale qui contiendra nécessairement z. Si on prend un nouveau système de variables indépendantes

$$z, y_1, \ldots, y_n, y_{n+1}, \ldots, y_{2n},$$

où $y_1 = X_1, \ldots, y_n = X_n, y_{n+1}, \ldots, y_{2n}$ étant des fonctions de x_i, p_k, choisies arbitrairement, mais de façon à former avec $X_1, \ldots, X_n$ un système de $2n$ fonctions distinctes, le système complet précédent se changera en un nouveau système complet où les coefficients seront encore indépendants de z. Ces nouvelles équations devant admettre comme intégrales $y_1, y_2, \ldots, y_n$ ne contiendront pas de termes en $\dfrac{\partial \Phi}{\partial y_1}, \ldots, \dfrac{\partial \Phi}{\partial y_n}$. On pourra les résoudre par rapport à $\dfrac{\partial \Phi}{\partial y_{n+1}}, \ldots,$ $\dfrac{\partial \Phi}{\partial y_{2n}}$; autrement on en tirerait $\dfrac{\partial \Phi}{\partial z} = 0$ et le système (28) n'admettrait pas d'intégrale contenant z, ce qui est impossible. Les équations (28) seront donc remplacées par des équations de la forme

$$\frac{\partial \Phi}{\partial y_{n+1}} + A_1 \frac{\partial \Phi}{\partial z} = 0, \quad \ldots, \quad \frac{\partial \Phi}{\partial y_{2n}} + A_n \frac{\partial \Phi}{\partial z} = 0,$$

où les coefficients A ne contiennent pas z. Pour qu'un tel système soit jacobien, il faudra que l'on ait

$$\frac{\partial A_k}{\partial y_{n+i}} = \frac{\partial A_i}{\partial y_{n+k}},$$

et, en posant $\Phi = z - \Omega$, on aura Ω par une quadrature. On peut donc obtenir par une quadrature une fonction Ω des variables x_i, p_k vérifiant les n équations $[z - \Omega, X_i] = 0$. Une fois Ω déterminé, les relations (24) et (25) feront connaître, d'une seule façon, les valeurs de $P_1, \ldots, P_n$. Le raisonnement est le même que celui qui a été fait plus haut (§ **76**). On conclut de là la proposition suivante :

G. *Leçons.* 25

Étant données n fonctions distinctes $X_1, ..., X_n$ *des* $2n$ *variables* x_i, p_k, *satisfaisant aux relations* $(X_i, X_k) = 0$, *on peut toujours trouver des fonctions* $\Omega, P_1, ..., P_n$ *des mêmes variables donnant lieu à l'identité* (26).

La fonction Ω *s'obtient par une quadrature et on a ensuite* $P_1, ..., P_n$ *en résolvant un système d'équations du premier degré.*

On peut faire encore une autre hypothèse. Supposons que l'on ait $2n$ fonctions $X_1, ..., X_n, P_1, ..., P_n$ des $2n$ variables x_i, p_k satisfaisant aux relations

$$(X_i, X_k) = 0, \quad (P_i, P_k) = 0, \quad (X_i, P_k) = 0, \quad (P_i, X_i) = 1,$$
$$(i, k = 1, 2, ..., n).$$

Je dis d'abord que ces $2n$ fonctions sont distinctes. En effet, s'il existait une relation telle que

$$\Phi(X_1, ..., X_n, P_1, ..., P_n) = 0,$$

on en déduirait

$$(X_i, \Phi) = -\frac{\partial \Phi}{\partial p_i} = 0, \quad (P_i, \Phi) = \frac{\partial \Phi}{\partial X_i} = 0,$$

et la fonction Φ se réduirait à une constante. D'après ce qui précède, on pourra donc trouver des fonctions $V, \Pi_1, ..., \Pi_n$ donnant lieu à l'identité

$$dV + \Pi_1 dX_1 + ... + \Pi_n dX_n = p_1 dx_1 + ... + p_n dx_n ;$$

la différence $P_k - \Pi_k$ sera, par conséquent, une intégrale commune des n équations linéaires

$$(X_1, f) = 0, \quad ..., \quad (X_n, f) = 0,$$

dont on connaît n intégrales distinctes $X_1, ..., X_n$. On aura donc

$$P_k = \Pi_k + W_k(X_1, ..., X_n),$$

et les relations $(P_i, P_k) = 0$ donnent ensuite

$$(\Pi_k + W_k, \Pi_i + W_i) = \frac{\partial W_i}{\partial X_k} - \frac{\partial W_k}{\partial X_i} = 0.$$

Il suit de là que l'expression

$$\sum_{i=1}^{n} P_i dX_i - \sum_{i=1}^{n} \Pi_i dX_i$$

est une différentielle exacte $dW = \Sigma W_k dX_k$, et on a l'identité

$$d(V - W) + \sum_{i=1}^{n} P_i dX_i = \sum_{i=1}^{n} p_i dx_i.$$

On peut donc énoncer le théorème suivant :

Étant données $2n$ fonctions X_i, P_k des $2n$ variables indépendantes x_i, p_k satisfaisant aux relations

$$(29) \quad (X_i, X_k) = 0, \quad (X_i, P_k) = 0, \quad (P_i, P_k) = 0, \quad (P_i, X_i) = 1,$$
$$(i, k = 1, 2, \dots, n),$$

ces $2n$ fonctions sont indépendantes et il existe une fonction Ω telle que l'on ait identiquement

$$d\Omega + P_1 dX_1 + \dots + P_n dX_n = p_1 dx_1 + \dots + p_n dx_n.$$

Cette fonction Ω est déterminée, à une constante additive près, quand on connaît les fonctions X_i, P_k. On peut donc regarder une transformation en x, p comme entièrement définie par les $2n$ fonctions X_i, P_k, satisfaisant aux conditions (29).

On déduit de cette proposition des conséquences analogues à celles qui ont été développées à la page 378. Si l'on connaît n intégrales distinctes $f_1, \dots, f_q, \dots, f_n$ du système jacobien

$$(f_1, f) = 0, \quad \dots, \quad (f_q, f) = 0, \quad \text{où} \quad (f_i, f_k) = 0,$$

formant un système en involution, les autres intégrales de ce système s'obtiennent par une quadrature, des différentiations et la résolution d'un système d'équations du premier degré.

79. Application aux systèmes canoniques. — Les transformations en x, p jouent le même rôle par rapport aux équations aux dérivées partielles où z n'entre pas, que les transformations de contact générales par rapport aux équations quelconques.

Ainsi, étant données deux fonctions quelconques F, Φ des variables x_i, p_k, désignons par F', Φ' ce que deviennent ces fonctions après une transformation en x. p,

$$x'_i = X_i, \qquad p'_k = P_k;$$

les fonctions X_i, P_k satisfaisant aux relations (29) ; on aura identiquement

$$(F', \Phi')_{x'p'} = (F, \Phi)_{xp}.$$

Toute équation du premier ordre, où z n'entre pas, se change en une équation de même forme, et les équations différentielles des caractéristiques donnent, après la transformation, les équations différentielles des caractéristiques de la nouvelle équation

Ceci s'applique, en particulier, aux systèmes canoniques. Étant donné le système d'équations différentielles

$$(30) \qquad \frac{dx_i}{dt} = \frac{\partial H}{\partial p_i}, \qquad \frac{dp_k}{dt} = -\frac{\partial H}{\partial x_k}, \qquad (i, k = 1, 2, ..., n)$$

imaginons que l'on prenne un nouveau système de $2n$ variables

$$x'_i = X_i, \qquad p'_k = P_k,$$

les fonctions X_i, P_k satisfaisant aux relations (29), et soit H' ce que devient la fonction H par cette substitution. Le système (30) est alors remplacé par un système de même forme

$$(31) \qquad \frac{dx'_i}{dt} = \frac{\partial H'}{\partial p'_i}, \qquad \frac{dp'_k}{dt} = -\frac{\partial H'}{\partial x'_k}, \qquad (i, k = 1, 2, ..., n).$$

Ce théorème était connu de Bour[1] et de Jacobi[2], qui en ont fait d'importantes applications à la théorie des perturbations.

Soient

$$(32) \qquad \frac{dx_i}{dt} = \frac{\partial (H + H_1)}{\partial p_i}, \qquad \frac{dp_i}{dt} = -\frac{\partial (H + H_1)}{\partial x_i}, \qquad (i = 1, 2, ..., n),$$

les équations différentielles du mouvement d'un astre, ou plus généralement d'un problème de mécanique, la fonction $H\,(t, x_1, ..., x_n,$

[1] *Mémoires des savants étrangers*, t. XIV, p. 792 (1856).
[2] *Nova Methodus*, etc., *Werke*, V, p. 1-189 ; *Vorlesungen über Dynamik*.

$p_1, \ldots, p_n$) convenant au mouvement non troublé, et H_1 étant la *fonction perturbatrice*.

Supposons que l'on sache intégrer les équations différentielles du mouvement non troublé

$$(33) \qquad \frac{dx_i}{dt} = \frac{\partial H}{\partial p_i}, \qquad \frac{dp_i}{dt} = -\frac{\partial H}{\partial x_i}, \qquad (i = 1, 2, \ldots, n),$$

ou, ce qui revient au même (n° 59), que l'on connaisse une intégrale complète

$$z = \Phi(t, x_1, x_2, \ldots, x_n, C_1, C_2, \ldots, C_n) + C_{n+1}$$

de l'équation aux dérivées partielles

$$\frac{\partial z}{\partial t} + H(t, x_1, x_2, \ldots, x_n, p_1, \ldots, p_n) \qquad \text{où} \qquad p_i = \frac{\partial z}{\partial x_i}.$$

L'intégrale générale du système canonique (33) est alors représenté par les formules

$$(34) \qquad \frac{\partial \Phi}{\partial x_i} = p_i, \qquad \frac{\partial \Phi}{\partial C_i} = \gamma_i, \qquad (i = 1, 2, \ldots, n),$$

$C_1, \ldots C_n, \gamma_1, \ldots, \gamma_n$ désignant les $2n$ constantes.

D'un autre côté les formules

$$z = \Phi(t, x_1, \ldots, x_n, x'_1, \ldots, x'_n) - z'$$

$$\frac{\partial \Phi}{\partial x_i} = p_i, \qquad \frac{\partial \Phi}{\partial x'_i} = p'_i,$$

définissent une transformation de contact en (x, p). Ces formules deviennent identiques aux formules (34), pourvu qu'on y remplace x'_i par C_i et p'_i par γ_i. En appliquant au système (32) le changement de variables (34), où C_i et γ_i sont les nouvelles inconnues, on sera donc conduit à un nouveau système canonique

$$(34) \qquad \frac{dC_i}{dt} = \frac{\partial K}{\partial \gamma_i}, \qquad \frac{d\gamma_i}{dt} = -\frac{\partial K}{\partial C_i}, \qquad (i = 1, 2, \ldots, n).$$

Lorsque la fonction perturbatrice H_1 est nulle, ce système se réduit à $\frac{dC_i}{dt} = 0$, $\frac{d\gamma_i}{dt} = 0$. La nouvelle fonction K est donc égale à la fonction perturbatrice H_1, où l'on aurait fait le changement de variables défini par les formules (34). Les quantités C_1, C_2, ..., C_n, γ_1, γ_2, ... γ_n sont les *éléments canoniques* du mouvement non troublé, et les équations différentielles définissent les variations que subissent ces éléments par suite de l'adjonction de la fonction perturbatrice ([1]).

80. Transformations homogènes. — Si dans l'identité (26) la fonction Ω se réduit à une constante, cette identité prend la forme

$$P_1 dX_1 + \ldots + P_n dX_n = p_1 dx_1 + \ldots + p_n dx_n,$$

et les dernières des relations (27) donnent

$$[z, X_i] = -\left(p_1 \frac{\partial X_i}{\partial p_1} + \ldots + p_n \frac{\partial X_i}{\partial p_n} \right) = 0,$$

$$[z, P_i] = -\left(p_1 \frac{\partial P_i}{\partial p_1} + \ldots + p_n \frac{\partial P_i}{\partial p_n} \right) = - P_i \,;$$

les fonctions X_i sont donc des fonctions homogènes de degré 0 et les P_i des fonctions homogènes de degré 1 des variables p_i. La proposition du § **78** peut alors s'énoncer ainsi :

Si $2n$ fonctions X_i, P_k des $2n$ variables x_i, p_k satisfont à l'identité

$$(35) \qquad P_1 dX_1 + \ldots + P_n dX_n = p_1 dx_1 + \ldots + p_n dx_n,$$

ces $2n$ fonctions sont indépendantes, X_i est une fonction homogène de degré 0 et P_i une fonction homogène de degré 1 des variables p_i, et on a

$$(36) \quad (X_i, X_k) = 0, \quad (X_i, P_k) = 0, \quad (P_i, P_k) = 0, \quad (P_i, X_i) = 1,$$
$$(i, k = 1, 2, \ldots, n).$$

L'identité (35) peut encore s'écrire

$$dZ - P_1 dX_1 - \ldots - P_n dX_n = dz - p_1 dx_1 - \ldots - p_n dx_n,$$

en posant $Z = z$. Le théorème précédent se déduit alors du théo-

<hr>

([1]) La transformation la plus générale qui change un système canonique *déterminé* en un nouveau système canonique a été déterminée par Lie (*Archiv. for Math. og Naturvidenskab*, Christiania, 1877, p. 129-156).

rème général du § **75** en supposant que dans l'identité précédente X_i et P_k ne contiennent pas z. La transformation de contact

$$z' = Z, \qquad x'_i = X_i, \qquad p'_k = P_k$$

change une fonction homogène de degré q des variables p'_i en une fonction homogène de degré q des variables p_i. Nous l'appellerons, pour abréger, *transformation homogène*.

Réciproquement, étant données n fonctions distinctes $X_1, ..., X_n$ des variables x_i, p_k, homogènes et de degré o par rapport aux p_i et satisfaisant aux relations $(X_i, X_k) = o$, on peut toujours trouver, et d'une seule manière, n fonctions $P_1, ..., P_n$ des mêmes variables, telles que l'on ait l'identité

$$P_1 dX_1 + ... + P_n dX_n = p_1 dx_1 + ... + p_n dx_n.$$

On aura, en effet, pour déterminer $P_1, ..., P_n$, les $2n$ équations

$$A_k = P_1 \frac{\partial X_1}{\partial x_k} + ... + P_n \frac{\partial X_n}{\partial x_k} - p_k = o,$$
$$B_k = P_1 \frac{\partial X_1}{\partial p_k} + ... + P_n \frac{\partial X_n}{\partial p_k} = o, \qquad (k = 1, 2, ..., n),$$

dont les premiers membres vérifient les n relations linéaires

$$\sum \left(A_k \frac{\partial X_h}{\partial p_k} - B_k \frac{\partial X_h}{\partial x_k} \right) = \sum P_i (X_h, X_i) - \sum p_k \frac{\partial X_h}{\partial p_k} = o,$$
$$(h = 1, 2, ..., n).$$

Les fonctions $X_1, ..., X_n$ étant distinctes, on pourra toujours résoudre n de ces équations par rapport à $P_1, ..., P_n$ et les valeurs ainsi obtenues satisferont aux n dernières (Voir § **76**).

Étant données $2n$ fonctions X_i, P_k des variables x_i, p_k satisfaisant aux relations

$$(X_i, X_k) = o, \qquad (X_i, P_k) = o, \qquad (P_i, P_k) = o, \qquad (P_i, X_i) = 1,$$
$$(i, k = 1, 2, ..., n),$$

X_i *étant une fonction homogène de degré* o *et* P_k *une fonction homogène de degré* 1 *des variables* p_i, *on a identiquement*

$$P_1 dX_1 + \ldots + P_n dX_n = p_1 dx_1 + \ldots + p_n dx_n.$$

On démontrera d'abord, comme au § **79**, que les fonctions X_i, P_k sont distinctes. Par suite, on pourra trouver n fonctions $\Pi_1, \ldots, \Pi_n$ homogènes et de degré 1 par rapport aux p_i, donnant lieu à l'identité

$$\sum \Pi_i dX_i = \sum p_i dx_i.$$

La différence $P_i - \Pi_i$ sera une intégrale du système complet

$$(X_1, f) = 0, \quad \ldots, \quad (X_n, f) = 0,$$

et comme cette intégrale est homogène et de degré 1, elle sera forcément nulle, puisqu'elle ne peut être une fonction de $X_1, \ldots, X_n$.

De toute transformation homogène à $2n + 2$ variables (x_i, p_k), on peut déduire une transformation de contact générale à $2n + 1$ variables z, x_i, p_k. Supposons, en effet, qu'on ait une identité de la forme

$$(37) \quad Q_1 dY_1 + \ldots + Q_{n+1} dY_{n+1} = q_1 dy_1 + \ldots + q_{n+1} dy_{n+1};$$

posons

$$(38) \quad \begin{cases} Y_{n+1} = Z, \quad Y_1 = X_1, \quad \ldots, \quad Y_n = X_n, \\[4pt] y_{n+1} = z, \quad y_1 = x_1, \quad \ldots, \quad y_n = x_n, \\[4pt] -\dfrac{Q_1}{Q_{n+1}} = P_1, \quad \ldots, \quad -\dfrac{Q_n}{Q_{n+1}} = P_n, \\[8pt] -\dfrac{q_1}{q_{n+1}} = p_1, \quad \ldots, \quad -\dfrac{q_n}{q_{n+1}} = p_n, \quad \dfrac{q_{n+1}}{Q_{n+1}} = \rho \,; \end{cases}$$

Z, X_i, P_k, ρ seront des fonctions des seules variables z, x_i, p_k et la relation (37) deviendra

$$(39) \quad dZ - P_1 dX_1 - \ldots - P_n dX_n = \rho\,(dz - p_1 dx_1 - \ldots - p_n dx_n),$$

On aura donc bien une transformation de contact à $2n + 1$ variables z, x_i, p_k. Inversement, de l'identité (39) on peut remonter à l'identité (37) par la transformation (38). Donc, de la transformation de contact générale à $2n + 1$ variables (z, x_i, p_k) on déduit la transformation homogène générale à $2n + 2$ variables.

Posons encore

$$(\mathrm{F}, \Phi)_{yq} = \sum_{i=1}^{n+1} \left(\frac{\partial \mathrm{F}}{\partial q_i} \frac{\partial \Phi}{\partial y_i} - \frac{\partial \mathrm{F}}{\partial y_i} \frac{\partial \Phi}{\partial q_i} \right),$$

F et Φ étant deux fonctions quelconques de $y_1, \ldots, y_{n+1}$, $q_1, \ldots, q_{n+1}$. Si F et Φ sont des fonctions homogènes de degré o des q_i et si on pose

$$y_{n+1} = z, \quad y_1 = x_1, \quad \ldots, \quad y_n = x_n,$$
$$\frac{q_1}{q_{n+1}} = -p_1, \quad \ldots, \quad \frac{q_n}{q_{n+1}} = -p_n,$$

F et Φ deviennent des fonctions de z, x_i, p_h, et on vérifie immédia-tement que l'on a

$$(\mathrm{F}, \Phi)_{yq} = -\frac{1}{q_{n+1}} [\mathrm{F}, \Phi]_{zxp}.$$

Pour que les $2n + 1$ fonctions $Q_1, \ldots, Q_{n+1}, Y_1, \ldots, Y_{n+1}$ des variables y_i, q_h vérifient l'identité (37), il faut et il suffit, on vient de le voir, que l'on ait les relations

$$q_1 \frac{\partial Y_i}{\partial q_1} + \ldots + q_{n+1} \frac{\partial Y_i}{\partial q_{n+1}} = 0, \quad q_1 \frac{\partial Q_i}{\partial q_1} + \ldots + q_{n+1} \frac{\partial Q_i}{\partial q_{n+1}} = Q_i,$$
$$(Y_i, Y_k)_{yp} = 0, \quad (Y_i, Q_k)_{yp} = 0, \quad (Q_i, Q_k)_{yp} = 0, \quad (Q_i, Y_i)_{yp} = 1,$$
$$(i, k = 1, 2, \ldots, n + 1).$$

Si on effectue la transformation (38), l'identité (37) donne l'iden-tité (39), Z, $X_1, \ldots, X_n, P_1, \ldots, P_n$, ρ désignant des fonctions des $2n + 1$ variables z, x_i, p_h. Les relations $(Y_i, Y_k)_{yp} = 0$ fournissent les nouvelles relations

$$[Z, X_i] = 0, \quad [X_i, X_k] = 0 ;$$

voyons ce que deviennent les autres. La relation $(Q_{n+1}, Y_{n+1})_{yp} = 1$, par exemple, peut s'écrire

$$\left(\frac{q_{n+1}}{\rho}, \ Y_{n+1} \right)_{xp} = 1,$$

ou

$$\frac{1}{\rho} \frac{\partial Z}{\partial z} + \frac{1}{\rho^2} [\rho, Z] = 1.$$

On déduira de même des autres relations qui ont lieu entre les Q_i, Y_i les équations nouvelles

$$[\rho, X_i] + \rho \frac{\partial X_i}{\partial z} = 0, \quad [\rho, P_i] + \rho \frac{\partial P_i}{\partial z} = 0, \quad [P_i, X_i] = \rho, \quad [P_i, X_k] = 0,$$

$$(P_i, Z] = \rho P_i, \quad [P_i, P_k] = 0, \quad (i, k = 1, 2, ..., n).$$

Nous retrouvons le théorème déjà établi directement (n^{os} **75, 76**) :

Pour que $2n + 2$ *fonctions* Z, X_1, ..., X_n, P_1, ..., P_n, ρ *des* $2n + 1$ *variables* z, x_1, ..., x_n, p_1, ..., p_n *vérifient identiquement la relation*

$$dZ - P_1 dX_1 - ... - P_n dX_n = \rho (dz - p_1 dx_1 - ... - p_n dx_n),$$

il faut et il suffit que l'on ait

$$\left\{ \begin{array}{l} [P_i, P_k] = 0, \quad [P_i, X_k] = 0, \quad [X_i, X_k] = 0, \quad [P_i, X_i] = \rho, \\[2mm] [X_i, Z] = 0, \quad [P_i, Z] = \rho P_i, \quad \rho \lessgtr 0, \\[2mm] [\rho, X_i] + \rho \frac{\partial X_i}{\partial z} = 0, \quad [\rho, P_i] + \rho \frac{\partial P_i}{\partial z} = 0, \quad [\rho, Z] + \rho \frac{\partial Z}{\partial z} - \rho^2 = 0, \end{array} \right.$$

$$(i, k = 1, 2, ..., n).$$

On a déjà remarqué que les équations de la dernière ligne sont des conséquences des premières.

81. Application aux équations aux dérivées partielles. — Après cette étude sommaire des propriétés fondamentales des transformations de contact, nous allons appliquer les résultats obtenus à la théorie des équations aux dérivées partielles du premier ordre.

La méthode d'intégration de Jacobi se déduit immédiatement de ce qui précède, débarrassée de toutes ses restrictions. S'il s'agit, en effet, d'intégrer l'équation du premier ordre

$$(40) \qquad\qquad Z = a_0,$$

et si l'on a obtenu n fonctions X_1, ..., X_n formant avec Z un système de $n + 1$ fonctions distinctes satisfaisant aux relations

$$[Z, X_i] = 0, \quad [X_i, X_k] = 0, \qquad (i, k = 1, 2, ..., n),$$

on a vu qu'on pouvait trouver n fonctions $P_1, \ldots, P_n$ donnant lieu à l'identité

$$dZ - P_1 dX_1 - \ldots - P_n dX_n = \rho(dz - p_1 dx_1 - \ldots - p_n dx_n),$$

ρ n'étant pas nul. Les $n+1$ équations

$$(41) \qquad Z = a_0, \quad X_1 = a_1, \quad \ldots, \quad X_n = a_n,$$

où $a_1, \ldots, a_n$ sont des constantes arbitraires, entraînent donc la relation

$$(42) \qquad dz - p_1 dx_1 - \ldots - p_n dx_n = 0$$

et, par conséquent, fournissent une *intégrale complète* de l'équation (40). On peut d'ailleurs obtenir avec la même facilité l'intégrale générale. En effet, le système des équations (40) et (42) peut être remplacé par le système des deux équations

$$Z = a_0,$$
$$(43) \qquad P_1 dX_1 + \ldots + P_n dX_n = 0,$$

dont on obtient la solution générale par la méthode qui a déjà servi bien des fois. On satisfait à la relation (43) de plusieurs manières :

$1°$ En posant $X_1 = a_1, \ldots, X_n = a_n$, ce qui donne une intégrale complète.

$2°$ En établissant entre $X_1, \ldots, X_n$, h relations distinctes

$$(44) \qquad \psi_1 = 0, \quad \ldots, \quad \psi_h = 0,$$

et en écrivant que l'on a identiquement

$$P_1 dX_1 + \ldots + P_n dX_n = \lambda_1 d\psi_1 + \ldots + \lambda_h d\psi_h.$$

c'est-à-dire

$$(45) \qquad P_i = \lambda_1 \frac{\partial \psi_1}{\partial X_i} + \ldots + \lambda_h \frac{\partial \psi_h}{\partial X_i}, \qquad (i = 1, 2, \ldots, n).$$

L'élimination de $\lambda_1, \ldots, \lambda_h$ entre les $n+h+1$ équations (40), (44) et (45) conduit à $n+1$ relations entre z, x_i, p_k ; c'est l'*intégrale générale*.

3° On satisfait encore à l'équation (46) en prenant

$$(46) \qquad P_1 = o, \quad \ldots, \quad P_n = o.$$

L'intégrale définie par les équations (40) et (42) est une *intégrale singulière*. En effet, pour tous les éléments de cette intégrale, on doit avoir identiquement

$$dZ = \rho\,(dz - p_1 dx_1 - \ldots - p_n dx_n),$$

c'est-à-dire

$$\frac{\partial Z}{\partial z} = \rho, \qquad \frac{\partial Z}{\partial p_i} = o, \qquad \frac{\partial Z}{\partial x_i} = -\rho p_i, \qquad (i = 1, 2, \ldots, n),$$

et, par suite,

$$\frac{\partial Z}{\partial p_i} = o, \qquad \frac{\partial Z}{\partial x_i} + p_i \frac{\partial Z}{\partial z} = o,$$

ce qui est bien la définition des intégrales singulières (§ **9**). Il est clair d'ailleurs que cette solution singulière n'existera qu'autant que les équations qui la définissent ne deviennent pas incompatibles.

Ce procédé s'étend de lui-même aux systèmes en involution. Car les équations

$$Z = a_0, \quad X_1 = a_1, \quad \ldots, \quad X_{m-1} = a_{m-1}, \quad dz - \sum_{i=1}^{n} p_i dx_i = o$$

sont équivalentes aux équations

$$Z = a_0, \quad X_1 = a_1, \quad \ldots, \quad X_{m-1} = a_{m-1},$$
$$P_m dX_m + \ldots + P_n dX_n = o,$$

et on peut traiter comme tout à l'heure cette dernière relation. Si on prend

$$X_m = a_m, \quad \ldots, \quad X_n = a_n,$$

$a_m, \ldots, a_n$ étant des constantes arbitraires, on a une intégrale complète. Si on prend

$$P_m = o, \quad \ldots \quad P_n = o,$$

l'intégrale ainsi obtenue satisfait à la définition des intégrales singulières (§ **70**). On a, en effet, pour tous les éléments de cette intégrale, l'identité

$$dZ - P_1 dX_1 - \ldots - P_{m-1} dX_{m-1} = \rho(dz - p_1 dx_1 - \ldots - p_n dx_n),$$

c'est-à-dire

$$\frac{\partial F}{\partial z} - P_1 \frac{\partial X_1}{\partial z} - \ldots - P_{m-1} \frac{\partial X_{m-1}}{\partial z} = \rho,$$

$$\frac{\partial Z}{\partial x_i} - P_1 \frac{\partial X_1}{\partial x_i} - \ldots - P_{m-1} \frac{\partial X_{m-1}}{\partial x_i} = - \rho p_i, \qquad (i = 1, 2, \ldots, n),$$

$$\frac{\partial Z}{\partial p_i} - P_1 \frac{\partial X_1}{\partial p_i} - \ldots - P_{m-1} \frac{\partial X_{m-1}}{\partial p_i} = 0,$$

ou encore

$$\left\{ \begin{array}{l} \dfrac{dZ}{dx_i} - P_1 \dfrac{dX_1}{dx_i} - \ldots - P_{m-1} \dfrac{dX_{m-1}}{dx_i} = 0, \\[2ex] \dfrac{\partial Z}{\partial p_i} - P_1 \dfrac{\partial X_1}{\partial p_i} - \ldots - P_{m-1} \dfrac{\partial X_{m-1}}{\partial p_i} = 0. \end{array} \right.$$

On a un système de $2n$ équations linéaires à $m - 1$ indéterminées $P_1, \ldots, P_{m-1}$. Pour que ce système soit compatible, il faut donc que tous les déterminants d'ordre m contenus dans le tableau rectangulaire

$$\left| \begin{array}{ccc} \dfrac{dZ}{dx_1}, & \ldots, & \dfrac{\partial Z}{\partial p_n} \\[1ex] \cdot \quad \cdot \quad \cdot & \cdot \quad \cdot \quad \cdot & \cdot \quad \cdot \\[1ex] \dfrac{dX_{m-1}}{dx_1}, & \ldots, & \dfrac{\partial X_{m-1}}{\partial p_n} \end{array} \right|$$

soient nuls pour tous les éléments de l'intégrale considérée.

82. Réduction d'une équation à une forme intégrable.

— D'une manière générale, la connaissance d'une transformation de contact

$$z' = Z, \quad x'_i = X_i, \quad p'_k = P_k$$

permet de former une infinité de systèmes en involution dont on peut écrire immédiatement une intégrale complète. En effet, nous savons que les équations

$$Z = a_0, \quad X_i = a_i, \qquad (i = 1, 2, \ldots, n),$$

où $a_0, a_1, \ldots, a_n$ sont des constantes arbitraires, ont pour conséquence la relation

$$dz - p_1 dx_1 - \ldots - p_n dx_n = 0$$

et, par suite, représentent toujours une multiplicité M_n. Par conséquent, les équations précédentes fournissent une intégrale complète
du système

$$\psi_1 (Z, X_1, \ldots, X_n) = 0, \quad \ldots, \quad \psi_h (Z, X_1, \ldots, X_n) = 0,$$

pourvu que l'on ait

$$\psi_1 (a_0, a_1, \ldots, a_n) = 0, \quad \ldots, \quad \psi_h (a_0, a_1, \ldots, a_n) = 0,$$

ce qui laisse bien subsister $n - h + 1$ constantes arbitraires.

Des remarques de cette nature avaient déjà été faites par Euler
et Lagrange au sujet de certaines classes d'équations différentielles,
analogues à l'équation de Clairaut, que l'on peut intégrer par des
différentiations [1]. Ces équations sont précisément celles que l'on
obtient en partant d'une transformation de contact *connue* dans le
plan. Bornons-nous, pour fixer les idées, au cas de trois variables
et soient Z, X, Y trois fonctions distinctes de z, x, y donnant lieu
à l'identité

$$dZ - P dX - Q dY = \rho (dz - p dx - q dy);$$

soit, d'autre part,

$$(47) \qquad\qquad U = f (X, Y, Z) = 0$$

une équation du premier ordre. Intégrer cette équation, cela revient
à exprimer x, y, z, p, q en fonction de deux variables indépendantes de telle façon que l'on ait la relation (47) et la relation

$$(48) \qquad\qquad dz - p dx - q dy = 0.$$

De l'équation (47) on tire

$$dU = \frac{\partial f}{\partial X} dX + \frac{\partial f}{\partial Y} dY + \frac{\partial f}{\partial Z} dZ = 0,$$

---

[1] Cette locution, quoique généralement usitée, est tout à fait incorrecte,
une différentiation ne pouvant introduire de constantes arbitraires ni de
fonctions arbitraires. Il serait plus exact de dire que ces équations peuvent
être ramenées à une forme intégrable par des différentiations.

ou

$$d\mathrm{U} = \left(\frac{\partial f}{\partial \mathrm{X}} + \mathrm{P}\,\frac{\partial f}{\partial \mathrm{Z}}\right) d\mathrm{X} + \left(\frac{\partial f}{\partial \mathrm{Y}} + \mathrm{Q}\,\frac{\partial f}{\partial \mathrm{Z}}\right) d\mathrm{Y}$$
$$+ \rho\,\frac{\partial f}{\partial \mathrm{Z}}(dz - pdx - qdy) = 0,$$

et le système (47) et (48) peut être remplacé par le suivant :

$$\left\{\begin{array}{ll} (47) & \mathrm{U} = f(\mathrm{X}, \mathrm{Y}, \mathrm{Z}) = 0, \\[2mm] (49) & \left(\frac{\partial f}{\partial \mathrm{X}} + \mathrm{P}\,\frac{\partial f}{\partial \mathrm{Z}}\right) d\mathrm{X} + \left(\frac{\partial f}{\partial \mathrm{Y}} + \mathrm{Q}\,\frac{\partial f}{\partial \mathrm{Z}}\right) d\mathrm{Y} = 0. \end{array}\right.$$

On satisfait à ces équations de plusieurs manières :

1º En posant $\mathrm{X} = a$, $\mathrm{Y} = b$, $f(\mathrm{X}, \mathrm{Y}, \mathrm{Z}) = 0$; c'est l'intégrale complète ;

2º En établissant entre X et Y une relation de forme arbitraire

$$\varphi(\mathrm{X}, \mathrm{Y}) = 0$$

qui, jointe à l'équation (49), donne

$$\left(\frac{\partial f}{\partial \mathrm{X}} + \mathrm{P}\,\frac{\partial f}{\partial \mathrm{Z}}\right)\frac{\partial \varphi}{\partial \mathrm{Y}} - \frac{\partial \varphi}{\partial \mathrm{X}}\left(\frac{\partial f}{\partial \mathrm{Y}} + \mathrm{Q}\,\frac{\partial f}{\partial \mathrm{Z}}\right) = 0 ;$$

avec la relation $\mathrm{U} = 0$, on a l'intégrale générale ;

3º En prenant

$$\mathrm{U} = 0, \qquad \frac{\partial f}{\partial \mathrm{X}} + \mathrm{P}\,\frac{\partial f}{\partial \mathrm{Z}} = 0, \qquad \frac{\partial f}{\partial \mathrm{Y}} + \mathrm{Q}\,\frac{\partial f}{\partial \mathrm{Z}} = 0 :$$

si ces trois équations sont compatibles, elles déterminent l'intégrale singulière.

L'équation (47) s'intègre donc par des différentiations et des éliminations. Mais on ne doit point considérer les équations de cette forme comme formant une classe particulière. Au contraire, il résulte de ce qui précède qu'étant donnée une équation *quelconque* du premier ordre $\mathrm{Z} = 0$, on peut toujours trouver deux autres fonctions X et Y déterminant avec celle-ci une transformation de contact. Toute la difficulté du problème consiste précisément à trouver ces deux fonctions X et Y, tandis que, si l'équation est de la forme (47), la question est immédiatement résolue.

Quelques explications géométriques font bien comprendre la nature de ce procédé d'intégration. Imaginons que les fonctions X, Y, Z soient déduites d'une seule relation

$$(50) \qquad \psi(x, y, z, X, Y, Z) = 0,$$

à laquelle il faudra joindre (§ **74**) les équations

$$(51) \qquad \frac{\partial \psi}{\partial x} + \frac{\partial \psi}{\partial z} p = 0, \qquad \frac{\partial \psi}{\partial y} + \frac{\partial \psi}{\partial z} q = 0.$$

Considérons pour un moment X, Y, Z comme des paramètres, x, y, z comme des coordonnées courantes. On a ainsi une surface Σ dépendant de trois paramètres dont on peut disposer de façon qu'elle ait avec une surface donnée S en un point donné (x, y, z, p, q) un contact du premier ordre. Les valeurs des paramètres X, Y, Z seront précisément déterminées par les équations (50) et (51). Toute équation aux dérivées partielles du premier ordre telle que

$$(52) \qquad f(X, Y, Z) = 0$$

exprime donc la propriété suivante des surfaces intégrales : si l'on considère une de ces surfaces S et la surface Σ tangente à S en un de ses points, les trois paramètres dont dépend cette surface Σ satisfont à la relation (47). Or, il est clair que l'on a des surfaces satisfaisant à cette condition : 1^0 en prenant les surfaces Σ elles-mêmes pour lesquelles les trois paramètres vérifient l'équation (47) ; 2^0 en joignant à l'équation (47) une autre relation arbitraire $\varphi(X, Y, Z) = 0$ et en prenant l'enveloppe de la suite simplement infinie de surfaces Σ dont les paramètres satisfont à ces deux relations; 3^0 en prenant l'enveloppe de toutes les surfaces Σ dont les paramètres vérifient uniquement la relation (47). On retrouve ainsi les trois catégories d'intégrales, l'intégrale complète, l'intégrale générale et l'intégrale singulière.

On aurait une interprétation analogue si la transformation de contact était déduite de deux relations entre x, y, z, X, Y, Z.

Prenons, par exemple,

$$\psi = (X - x)^2 + (Y - y)^2 + (Z - z)^2 - R^2,$$

on aura

$$X = x - \frac{Rp}{\sqrt{1 + p^2 + q^2}}, \quad Y = y - \frac{Rq}{\sqrt{1 + p^2 + q^2}}, \quad Z = z + \frac{R}{\sqrt{1 + p^2 + q^2}}.$$

La surface Σ est une sphère de rayon R ayant pour centre le point de coordonnées X, Y, Z. Toute équation de la forme

$$f\left(x - \frac{Rp}{\sqrt{1 + p^2 + q^2}}, \quad y - \frac{Rq}{\sqrt{1 + p^2 + q^2}}, \quad z + \frac{R}{\sqrt{1 + p^2 + q^2}}\right) = 0$$

exprime donc que la sphère de rayon R tangente en un point quelconque à la surface intégrale S a son centre sur une surface donnée S'. L'intégrale complète se composera d'une sphère de rayon R ayant pour centre un point quelconque de S'; l'intégrale générale s'obtiendra en prenant l'enveloppe de la sphère de rayon R dont le centre décrit une courbe quelconque de la surface S'. Enfin, on aura pour intégrale singulière la surface parallèle à S' obtenue en portant sur les normales à S' une longueur égale à R.

Remarque. — La méthode d'intégration précédente de l'équation Z $=$ o revient au fond à déterminer une transformation de contact

$$z' = Z, \quad x'_i = X_i, \quad p'_k = P_k, \qquad (i, k = 1, 2, \ldots, n),$$

qui ramène cette équation à la forme $z' = $ o. Si on a deux équations F $=$ o, $F_1 = $ o, à un même nombre de variables, puisqu'on peut les ramener toutes les deux à la forme $z' = $ o, il suit de là qu'on peut toujours passer de l'une à l'autre par une transformation de contact. Donc, *une équation aux dérivées partielles du premier ordre n'a pas d'invariant, relativement au groupe des transformations de contact.*

De même, étant donnés deux systèmes en involution de m équations à un même nombre de variables, on peut toujours passer de l'un à l'autre par une transformation de contact [1].

[1] Dans une série d'articles récents, M. E. Vessiot a rattaché d'une façon toute différente le problème de l'intégration des équations aux dérivées partielles du premier ordre à la théorie des transformations de contact. Les rapports de la propagation par ondes avec la théorie des systèmes canoniques et le calcul des variations sont mis en évidence dans ces remarquables Mémoires : *Sur l'interprétation mécanique des transformations de contact infinitésimales* (*Bull. Soc. Math. de France*, t. XXXIV, 1906) ; *Essai sur la propagation des ondes* (*Ann. Éc. Norm. sup.*, 3ᵉ série. t. XXVI, 1909) ; *Sur la théorie des multiplicités et le calcul des variations* (*Bull. Soc. Math. de France*, t. XL, 1912) ; *Sur la propagation par ondes et sur le problème de Mayer* (*Journal de Math. pures et appliquées*, 6ᵉ série, t. IX, 1913).

83. Comparaison avec la théorie de Lagrange. — Il nous reste à montrer la liaison intime qui existe entre la méthode de la variation des constantes et la théorie des transformations de contact. Considérons un système de $(m + 1)$ équations distinctes du premier ordre

$$(53) \quad F(z, x_i, p_k) = 0, \quad F_1(z, x_i, p_k) = 0, \quad ..., \quad F_m(z, x_i, p_k) = 0,$$

admettant une intégrale complète représentée par h relations entre $z, x_1, ..., x_n$, dépendant de $n - m$ constantes arbitraires,

$$(54) \quad \begin{cases} f_1(z, x_1, ..., x_n, a_{m+1}, ..., a_n) = 0, \\ \cdot \quad \cdot \quad \cdot \quad \cdot \quad \cdot \quad \cdot \quad \cdot \quad \cdot \quad \cdot \quad \cdot \\ f_h(z, x_1, ..., x_n, a_{m+1}, ..., a_n) = 0. \end{cases}$$

On a déjà remarqué (§ **158** p. 293) qu'on pouvait introduire dans le système (53) $m + 1$ constantes arbitraires nouvelles. Supposons, pour fixer les idées, que les équations (53) contiennent z, ce qui ne restreint évidemment pas la généralité ; nous pouvons même supposer (§ **68**) que ces équations puissent être résolues par rapport à $z, p_1, ..., p_s, x_{s+1}, ..., x_m$. Si on change alors z en $z + a + a_1 x_1 + ... + a_s x_s$, x_{s+1} en $x_{s+1} + a_{s+1}$, ..., x_m en $x_m + a_m$, on introduit dans le système (53) ainsi que dans l'intégrale complète (54) $m + 1$ constantes arbitraires $a, a_1, ..., a_m$. Nous pouvons donc remplacer le système (53) par un nouveau système contenant $m + 1$ constantes

$$(55) \quad F(z, x_i, p_k, a, a_1, ..., a_m) = 0, \quad F_1 = 0, \quad ..., \quad F_m = 0,$$

et admettant une intégrale complète définie par h relations

$$(56) \quad f_1(z, x_1, ..., x_n, a, a_1, ..., a_n) = 0, \quad ..., \quad f_h = 0 ;$$

le système (55) n'étant pas au fond plus général que le système (53), c'est sur ce dernier système que nous raisonnerons. D'après la manière même dont nous avons obtenu les équations (55), on peut résoudre ces équations par rapport à $a, a_1, ..., a_m$; soient

$$(57) \quad a = \varphi(z, x_i, p_k), \quad a_1 = \varphi_1(z, x_i, p_k), \quad ..., \quad a_m = \varphi_m(z, x_i, p_k)$$

les valeurs ainsi obtenues. Le système (55) peut encore s'écrire

$$(58) \qquad \varphi = \text{Const.}, \qquad \varphi_1 = \text{Const.}, \qquad \ldots, \qquad \varphi_m = \text{Const.}$$

Soit P la multiplicité ponctuelle représentée par les équations (56). La multiplicité M_n correspondante s'obtiendra comme il suit : Quand on se déplace sur P, les coordonnées $z, x_1, \ldots, x_n$ sont liées par les seules relations (56) : par conséquent, la relation

$$(59) \qquad dz - p_1 dx_1 - \ldots - p_n dx_n = 0$$

devra être une conséquence des relations $df_1 = 0, \ldots, df_h = 0$. Il faudra donc que l'on ait

$$dz - p_1 dx_1 - \ldots - p_n dx_n = \lambda_1 df_1 + \ldots + \lambda_h df_h,$$

c'est-à-dire

$$(60) \quad \begin{cases} 1 = \lambda_1 \dfrac{\partial f_1}{\partial z} + \ldots + \lambda_h \dfrac{\partial f_h}{\partial z}, \\[2mm] -p_i = \lambda_1 \dfrac{\partial f_1}{\partial x_i} + \ldots + \lambda_h \dfrac{\partial f_h}{\partial x_i}, \qquad (i = 1, 2, \ldots, n). \end{cases}$$

Les $(n + 1 + h)$ équations (56) et (60) permettent d'exprimer $z, x_i, p_k, \lambda_1, \ldots, \lambda_h$ en fonctions de n variables indépendantes ; elles représentent donc la multiplicité M_n correspondant à P. Par hypothèse, l'élimination de $a_{m+1}, \ldots, a_n, \lambda_1, \ldots, \lambda_h$ entre les équations (56) et (60) conduit aux relations (55) seulement. Cela revient à dire que ces équations (56) et (60) peuvent être résolues par rapport à $a, a_1, \ldots, a_n, \lambda_1, \ldots, \lambda_h$, les valeurs de $a, a_1, \ldots, a_m$ étant données précisément par les relations (57). Soient

$$a_{m+1} = \varphi_{m+1}(z, x_i, p_k), \qquad \ldots, \qquad a_n = \varphi_n(z, x_i, p_k)$$

les valeurs obtenues pour $a_{m+1}, \ldots, a_n$. Introduisons n fonctions nouvelles $b_1, \ldots, b_n$ définies par les équations

$$(61) \quad \begin{cases} \left(\lambda_1 \dfrac{\partial f_1}{\partial a} + \ldots + \lambda_h \dfrac{\partial f_h}{\partial a} \right) b_i + \lambda_1 \dfrac{\partial f_1}{\partial a_i} + \ldots + \lambda_h \dfrac{\partial f_h}{\partial a_i} = 0, \\[2mm] \qquad\qquad (i = 1, 2, \ldots, n). \end{cases}$$

Des équations (56) et (60) qui définissent les fonctions a_i, on tire, en différentiant et formant l'expression $\lambda_1 df_1 + \ldots + \lambda_h df_h$,

$$\left(\lambda_1 \frac{\partial f_1}{\partial a} + \ldots + \lambda_h \frac{\partial f_h}{\partial a} \right) (da - b_1 da_1 - \ldots - b_n da_n)$$
$$+ \left(\lambda_1 \frac{\partial f_1}{\partial z} + \ldots + \lambda_h \frac{\partial f_h}{\partial z} \right) (dz - p_1 dx_1 - \ldots - p_n dx_n) = 0.$$

En posant

$$(62) \qquad \rho \left(\lambda_1 \frac{\partial f_1}{\partial a} + \ldots + \lambda_h \frac{\partial f_h}{\partial a} \right) + \lambda_1 \frac{\partial f_1}{\partial z} + \ldots + \lambda_h \frac{\partial f_h}{\partial z} = 0,$$

on aura

$$(63) \quad da - b_1 da_1 - \ldots - b_n da_n = \rho (dz - p_1 dx_1 - \ldots - p_n dx_n).$$

Nous retrouvons donc l'équation fondamentale des **transformations de contact**. Comme ρ n'est pas nul, on voit d'abord que les fonctions $a, a_1, \ldots, a_n, b_1, \ldots, b_n$ sont indépendantes et, par suite, on pourra exprimer z, x_i, p_k en fonction de a, a_i, b_k. Nous voyons, en outre, que les équations (55) forment un système en involution et le calcul précédent nous donne d'autres fonctions $a_{m+1}, \ldots, a_n$ formant avec celui-là un nouveau système en involution de $n + 1$ équations. Il conduit donc au but que l'on se propose d'obtenir quand on applique la méthode de Jacobi et Mayer.

Poursuivons l'étude de cette méthode. Le système des équations (55) et (59) peut être remplacé par le système équivalent

$$(64) \quad \begin{cases} a = \text{Const.}, \quad a_1 = \text{Const.}, \quad \ldots, \quad a_m = \text{Const.} \\ b_{m+1} da_{m+1} + \ldots + b_n da_n = 0. \end{cases}$$

On satisfait à la dernière équation en prenant

$$a_{m+1} = \text{Const.}, \quad \ldots, \quad a_n = \text{Const.},$$

ce qui donne l'intégrale complète, ou en prenant

$$b_{m+1} = 0, \quad \ldots, \quad b_n = 0,$$

ce qui donne l'intégrale singulière. Pour avoir l'intégrale générale, établissons, entre $a_{m+1}, \ldots, a_n$, l relations distinctes

$$(65) \quad \begin{cases} a_{m+1} = \psi_1 (a_{m+l+1}, \ldots, a_n), \\ \cdot \quad \cdot \quad \cdot \quad \cdot \quad \cdot \quad \cdot \quad \cdot \\ a_{m+l} = \psi_l (a_{m+l+1}, \ldots, a_n), \end{cases}$$

auxquelles il faudra ajouter les relations

$$(66) \quad \begin{cases} b_{m+1}\dfrac{\partial\psi_1}{\partial a_{m+l+1}} + \ldots + b_{m+l}\dfrac{\partial\psi_l}{\partial a_{m+l+1}} + b_{m+l+1} = 0. \\[4pt] \qquad \ldots \qquad \ldots \qquad \ldots \qquad \ldots \\[4pt] \quad b_{m+1}\dfrac{\partial\psi_1}{\partial a_n} + \ldots + b_{m+l}\dfrac{\partial\psi_l}{\partial a_n} + b_n = 0, \end{cases}$$

Les équations (55), (65), (66) représentent l'intégrale générale. Elles donnent bien $n+1$ relations entre z, x_i, p_k et, comme les fonctions a, a_i, b_k sont distinctes, ces relations permettront, en général, d'exprimer z, x_i, p_k en fonction de $n+1$ variables indépendantes, si les fonctions ψ n'ont pas été prises d'une façon particulière.

La théorie générale des multiplicités caractéristiques, que nous avons établie directement, se déduit aisément des résultats précédents. Appelons multiplicité caractéristique la multiplicité à $m+1$ dimensions définie par les équations

$$(67) \quad a_1 = \mathrm{C}^{te}, \quad \ldots, \quad a_n = \mathrm{C}^{te}, \quad \frac{b_{m+2}}{b_{m+1}} = \mathrm{C}^{te}, \quad \ldots, \quad \frac{b_n}{b_{m+1}} = \mathrm{C}^{te};$$

les équations qui représentent l'intégrale générale ne dépendent que de $a_1, \ldots, a_n, \dfrac{b_{m+2}}{b_{m+1}}, \ldots, \dfrac{b_n}{b_{m+1}}$ et, par suite, toute intégrale qui contient un élément contient tous ceux de la multiplicité caractéristique issue de cet élément. Pour définir la multiplicité caractéristique en partant des équations (55) elles-mêmes, il suffit de remarquer que $a_1, \ldots, a_n, \dfrac{b_{m+2}}{b_{m+1}}, \ldots, \dfrac{b_n}{b_{m+1}}$ sont les intégrales du système complet (§ **68**)

$$[a, f] = 0, \quad [a_1, f] = 0, \quad \ldots, \quad [a_m, f] = 0.$$

Tous les éléments de la solution singulière

$$a = \mathrm{C}^{te}, \quad a_1 = \mathrm{C}^{te}, \quad \ldots, \quad a_m = \mathrm{C}^{te}, \quad b_{m+1} = 0, \quad \ldots, \quad b_n = 0,$$

annulent tous les déterminants d'ordre $m + 1$ contenus dans le
tableau rectangulaire (§ **81**)

$$\left|\begin{array}{ccc} \dfrac{da}{dx_1}, & \cdots, & \dfrac{\partial a}{\partial p_n} \\[2ex] \cdot \quad \cdot & \cdot & \cdot \quad \cdot \\[1ex] \dfrac{da_m}{dx_1}, & \cdots, & \dfrac{\partial a_m}{\partial p_n} \end{array}\right| .$$

Or, si on désigne par $y_1, \ldots, y_{m+1}$, $m + 1$ quelconques des variables z, x_i, p_k, on a, d'une manière générale,

$$\frac{\mathrm{D}(\mathrm{F}, \ldots, \mathrm{F}_m)}{\mathrm{D}(y_1, \ldots, y_{m+1})} = \frac{\mathrm{D}(\mathrm{F}, \ldots, \mathrm{F}_m)}{\mathrm{D}(a, \ldots, a_m)} \frac{\mathrm{D}(a, a_1, \ldots, a_m)}{\mathrm{D}(y_1, \ldots, y_{m+1})} ;$$

par conséquent, tous les déterminants d'ordre $m + 1$ contenus
dans le tableau rectangulaire

$$\left|\begin{array}{ccc} \dfrac{d\mathrm{F}}{dx_1}, & \cdots, & \dfrac{\partial \mathrm{F}}{\partial p_n} \\[2ex] \cdot \quad \cdot & \cdot & \cdot \quad \cdot \\[1ex] \dfrac{d\mathrm{F}_m}{\partial x_1}, & \cdots, & \dfrac{\partial \mathrm{F}_m}{\partial p_n} \end{array}\right|$$

seront nuls en même temps que les précédents. Il est donc prouvé,
d'une manière générale, que les solutions que l'on est conduit à
appeler *singulières* en généralisant la méthode de la variation des
constantes satisfont bien aux équations que l'on est conduit, d'un
autre côté, à prendre pour définition des intégrales singulières en
généralisant la méthode de Cauchy (§ **70**).

Les résultats précédents permettent de résoudre une question
que nous avons laissée de côté, le passage d'une intégrale complète
à une autre. Bornons-nous, pour fixer les idées, au cas d'une seule
équation et supposons que la constante a ait été introduite en
changeant z en $z + a$. La formule (46) devient

$$da - b_1 da_1 - \ldots - b_n da_n = dz - p_1 dx_1 - \ldots - p_n dx_n ;$$

pour une autre intégrale complète, on aura de même

$$da - \beta_1 dz_1 - \ldots - \beta_n dz_n = dz - p_1 dx_1 - \ldots - p_n dx_n,$$

et, par suite,

$$(68) \qquad b_1 da_1 + \ldots + b_n da_n = \beta_1 d\alpha_1 + \ldots + \beta_n d\alpha_n.$$

Nous savons comment on obtient la solution générale de l'équation (68). Établissons entre $a_1, \ldots, a_n, \alpha_1, \ldots, \alpha_n, k-1$ relations distinctes

$$(69) \qquad \begin{cases} \alpha_1 = f_1(\alpha_k, \ldots, \alpha_n, a_1, \ldots, a_n), \\ \cdot \quad \cdot \quad \cdot \quad \cdot \quad \cdot \quad \cdot \quad \cdot \quad \cdot \quad \cdot \quad \cdot \\ \alpha_{k-1} = f_{k-1}(\alpha_k, \ldots, \alpha_n, a_1, \ldots, a_n). \end{cases}$$

En substituant les différentielles $d\alpha_1, \ldots, d\alpha_{k-1}$ dans l'identité (68), il vient

$$(70) \qquad \begin{cases} b_1 = \beta_1 \dfrac{\partial f_1}{\partial a_1} + \ldots + \beta_{k-1} \dfrac{\partial f_{k-1}}{\partial a_1}, \\ \cdot \quad \cdot \quad \cdot \quad \cdot \quad \cdot \quad \cdot \quad \cdot \quad \cdot \quad \cdot \quad \cdot \\ b_n = \beta_1 \dfrac{\partial f_1}{\partial a_n} + \ldots + \beta_{k-1} \dfrac{\partial f_{k-1}}{\partial a_n}, \\ -\beta_k = \beta_1 \dfrac{\partial f_1}{\partial \alpha_k} + \ldots + \beta_{k-1} \dfrac{\partial f_{k-1}}{\partial \alpha_k}, \\ \cdot \quad \cdot \quad \cdot \quad \cdot \quad \cdot \quad \cdot \quad \cdot \quad \cdot \quad \cdot \quad \cdot \\ -\beta_n = \beta_1 \dfrac{\partial f_1}{\partial \alpha_n} + \ldots + \beta_{k-1} \dfrac{\partial f_{k-1}}{\partial \alpha_n}. \end{cases}$$

Les équations (69) et (70) résolues donnent des résultats de la forme

$$(71) \qquad \begin{cases} \alpha_i = \varphi_i\left(a_1, \ldots, a_n, \dfrac{b_2}{b_1}, \ldots, \dfrac{b_n}{b_1}\right), \\ \beta_h = b_1 \psi_h\left(a_1, \ldots, a_n, \dfrac{b_2}{b_1}, \ldots, \dfrac{b_n}{b_1}\right). \end{cases}$$

Il est aisé de déduire de là que les différentes classes d'intégrales, obtenues en établissant une ou plusieurs relations entre $a_1, \ldots, a_n$, ne sont plus distinctes quand on part de la nouvelle intégrale complète. En effet, si on regarde $a_1, \ldots, a_n$ comme les coordonnées d'un point dans l'espace à n dimensions, la transformation précédente revient à une transformation de contact. Or, si l'on a dans l'espace à n dimensions une multiplicité M_{n-1} déduite d'une multiplicité ponctuelle représentée par r relations entre $a_1, \ldots, a_n$, après la transformation, la multiplicité ponctuelle correspondante sera, en général, représentée par une seule relation entre $a_1, \ldots, a_n$, si la transformation n'est pas choisie d'une façon particulière. On voit donc qu'une classification des intégrales, basée sur le nombre des relations établies entre $a_1, \ldots, a_n$, serait illusoire ; cette distinction tient au choix de l'intégrale complète, mais n'a rien d'essentiel pour l'équation aux dérivées partielles elle-même.

84. Méthode de Korkine. — On peut rattacher à la théorie des transformations de contact une méthode d'intégration des équations simultanées, due à Korkine [1], et dont la démonstration directe exige de longs calculs. D'une manière générale, soit

$$(72) \qquad \mathrm{Y}_1 = 0, \quad \ldots, \quad \mathrm{Y}_m = 0$$

un système en involution. Supposons qu'on ait obtenu une intégrale complète de l'équation

$$\mathrm{Y}_1 = a_1 ;$$

on pourra alors, nous venons de le voir (§ **83**), déterminer par des calculs algébriques d'autres fonctions $\mathrm{Z}, \mathrm{X}_2, \ldots, \mathrm{X}_n, \mathrm{P}_1, \ldots, \mathrm{P}_n$ telles que les formules

$$z' = \mathrm{Z}, \quad x'_i = \mathrm{X}_i, \quad p'_k = \mathrm{P}_k, \qquad (i, k = 1, 2, \ldots, n),$$

où $\mathrm{Y}_1 = \mathrm{X}_1$, définissent une transformation de contact. Par cette transformation, le système (72) se change en un nouveau système en involution

$$(73) \qquad x'_1 = 0, \quad \mathrm{Y}'_2 = 0, \quad \ldots, \quad \mathrm{Y}'_m = 0,$$

$\mathrm{Y}'_2, \ldots, \mathrm{Y}'_m$ étant des fonctions de z', x'_i, p'_k. Puisque ce système est en involution, on a identiquement

$$[x'_1, \mathrm{Y}'_i] = -\frac{\partial \mathrm{Y}'_i}{\partial p'_1} = 0.$$

Les fonctions Y'_i ne contiennent donc pas p'_1 et on est ramené à un système en involution de $m - 1$ équations à $n - 1$ variables $x'_2, \ldots, x'_n$.

---

[1] Korkine, *Comptes rendus*, t. LXVIII. p. 1460 (1869). La première idée de cette méthode paraît due à Bour.

Pour préciser davantage, supposons que les équations proposées

$$f_1 = 0, \quad \ldots, \quad f_m = 0$$

ne contiennent pas z, et soit

$$z + a = F(x_1, x_2, \ldots, x_n ; a_1, a_2, \ldots, a_n)$$

une intégrale complète de l'équation $f_1 = a_1$. Considérons la transformation de contact obtenue en partant de la relation

$$z + z' = F(x_1, x_2, \ldots, x_n ; x'_1, x'_2, \ldots, x'_n) ;$$

il faudra joindre à cette relation les suivantes

$$p'_i = \frac{\partial F}{\partial x'_i}, \qquad p_i = \frac{\partial F}{\partial x_i}, \qquad (i = 1, 2, \ldots, n),$$

et ces équations définiront $x'_1, \ldots, x'_n, p'_1, \ldots, p'_n$ en fonction de x_i, p_k. Pour avoir x'_1 par exemple, il faudra éliminer $x'_2, \ldots, x'_n$ entre les n dernières équations ; mais cette élimination conduit à la relation $x'_1 = f_1$. La première équation du nouveau système sera donc $x'_1 = 0$, et les autres équations

$$f'_2 = 0, \quad \ldots, \quad f'_m = 0$$

formeront un nouveau système en involution ne renfermant pas p'_1.

Des transformations analogues ont été employées par A. Mayer [1] pour démontrer la méthode de Lie.

---

[1] A. Mayer, *Die Lie'sche Integrationsmethode der partiellen Differentialgleichungen erster Ordnung* (*Mathematische Annalen*, t. VI, p. 162-192 1873).

CHAPITRE XI

GROUPES DE FONCTIONS
MÉTHODE GÉNÉRALE D'INTÉGRATION [1]

85. Résumé des méthodes d'intégration. — Avant d'aborder la théorie des groupes, résumons les différentes méthodes d'intégration qui ont été établies. Nous supposerons désormais que z ne figure pas dans les équations qu'il s'agit d'intégrer. Soit

$$(1) \qquad f_1 = 0, \quad f_2 = 0, \quad \ldots, \quad f_m = 0, \qquad (m < n),$$

un système en involution de m équations distinctes. Pour l'intégrer par la méthode de Jacobi et Mayer, il faudra commencer par déterminer $n - m$ fonctions $f_{m+1}, \ldots, f_n$ des variables x_i, p_k, formant avec les précédentes un système en involution de n fonctions distinctes. Cela fait, si les équations

$$f_1 = a_1, \quad \ldots, \quad f_n = a_n$$

peuvent être résolues par rapport à $p_1, \ldots, p_n$, on aura une intégrale complète par une quadrature. S'il n'en est pas ainsi, on emploiera la méthode suivante qui est, au fond, équivalente à la première et qui s'applique à tous les cas; on déterminera, *par une quadrature*, une fonction Ω et des fonctions $P_1, \ldots, P_n$ des variables x_i, p_k donnant lieu à l'identité

$$d(z - \Omega) - P_1 df_1 - \ldots - P_n df_n = dz - p_1 dx_1 - \ldots - p_n dx_n,$$

et l'intégration sera terminée (§ **78, 81**).

[1] S. Lie, *Begründung einer Invarianten-Theorie der Berührungs-Transformationen* (Mathematische Annalen, t. VIII, p. 215-303, 1875; *ibid.*, t. XI, p. 464-557, 1877). — *Theorie der Transformations-Gruppen*, zweiter Abschnitt, p. 178-250, 1890.

Dans la méthode de Cauchy généralisée (§ **68**), on procède autrement. On est ramené, en effet, à intégrer le système complet

$$(2) \qquad [f_1, \Phi] = 0, \quad \ldots, \quad [f_m, \Phi] = 0 ;$$

supposons qu'on ait intégré le système complet

$$(3) \qquad (f_1, \Phi) = 0, \quad \ldots, \quad (f_m, \Phi) = 0,$$

c'est-à-dire qu'on ait trouvé les $2n - m$ intégrales du système (2) qui ne contiennent pas z. Ce système (2) admettra en outre une autre intégrale qui contiendra nécessairement z, et les considérations employées au § **78** montrent encore que cette dernière intégrale s'obtiendra par une quadrature. Ainsi, abstraction faite d'une quadrature finale, la différence des deux méthodes peut être caractérisée comme il suit. Dans la méthode de Cauchy, on cherche l'intégrale générale du système complet (3), tandis que, dans la méthode de Jacobi, on cherche seulement les $n - m$ intégrales de ce système qui forment avec $f_1, \ldots, f_m$ un nouveau système en involution.

Les deux méthodes peuvent être considérées, on l'a déjà remarqué plusieurs fois (§§ **65**, **69**), comme des cas particuliers d'une méthode plus générale. Supposons, en effet, qu'on ait obtenu un système en involution de $m + k$ équations, renfermant le système (1),

$$(4) \quad f_1 = 0, \quad \ldots, \quad f_m = 0, \quad f_{m+1} = 0, \quad \ldots, \quad f_{m+k} = 0,$$

tel qu'on sache intégrer le système complet

$$(5) \qquad (f_1, \Phi) = 0, \quad \ldots, \quad (f_{m+k}, \Phi) = 0 ;$$

on aura par une quadrature une intégrale complète des équations

$$f_1 = a_1, \quad \ldots, \quad f_{m+k} = a_{m+k},$$

et, par suite, des équations (1). Le problème de l'intégration peut donc être posé ainsi : *Trouver un système en involution de $m + k$ équations distinctes comprenant les équations* (1)

$$f_1 = 0, \quad \ldots, \quad f_m = 0, \quad f_{m+1} = 0, \quad \ldots, \quad f_{m+k} = 0, \quad (m + k \leqslant n),$$

et trouver ensuite l'intégrale générale du système complet

$$(f_1, \Phi) = 0, \quad \dots, \quad (f_{m+k}, \Phi) = 0.$$

Si $k = 0$, on a la méthode de Cauchy; si $k = n - m$, on a la méthode de Jacobi.

Cela posé, imaginons qu'on ait obtenu plusieurs intégrales $\varphi_1, \dots, \varphi_h$, distinctes de $f_1, \dots, f_m$, du système complet (3). D'après le théorème de Poisson, toutes les parenthèses (φ_i, φ_k) seront des intégrales du même système. Nous pouvons donc toujours supposer que les $m + h$ fonctions $f_1, \dots, f_m, \varphi_1, \dots, \varphi_h$ sont distinctes et que les parenthèses (φ_i, φ_k) s'expriment au moyen de ces fonctions elles-mêmes; car, s'il n'en était pas ainsi, on adjoindrait ces parenthèses aux intégrales déjà obtenues, et on recommencerait les mêmes opérations.

Plusieurs cas peuvent se présenter. Si $h = 2n - 2m$, l'intégration est terminée immédiatement par la méthode de Cauchy. Supposons $h < 2n - 2m$, et admettons de plus, pour fixer les idées, qu'aucune des parenthèses (φ_i, φ_k) n'est identiquement nulle. Si h est voisin de $2n - 2m$, il y aura avantage, en général, à terminer l'intégration par la méthode de Cauchy. Pour appliquer celle de Jacobi, il faudra adjoindre aux fonctions $f_1, \dots, f_m$ une des intégrales déjà obtenues, φ_1 par exemple, et chercher une intégrale du système complet.

$$(f_1, \Phi) = 0, \quad \dots, \quad (f_m, \Phi) = 0, \quad (\varphi_1, \Phi) = 0.$$

En opérant ainsi, il semble que les autres intégrales $\varphi_2, \varphi_3, \dots, \varphi_h$ ne servent plus à rien. Il est donc naturel de se demander si on ne pourrait pas, sans renoncer à la méthode de Jacobi, profiter de ces intégrales pour simplifier davantage l'intégration, et quel est le meilleur moyen pour atteindre ce but. La réponse à cette question nous sera fournie par la *Théorie des groupes*, qui est due encore à Sophus Lie.

86. Groupes de fonctions. Définitions et généralités. —

Soient $u_1, \dots, u_r$ r fonctions distinctes des $2n$ variables $x_1, \dots, x_n$, $p_1, \dots, p_n$. On dit que ces fonctions forment un *groupe* si toutes les parenthèses (u_i, u_h) s'expriment au moyen des fonctions $u_1, u_2, ..., u_r$ seulement :

$$(u_i, u_h) = f_{ik}(u_1, u_2, ..., u_r), \qquad (i, k = 1, 2, ..., r).$$

Le nombre entier r est l'ordre du groupe. Si toutes les fonctions f_{ik} sont identiquement nulles, le groupe se réduit à un système en involution. L'ordre d'un groupe est au plus égal à $2n$, de même que l'ordre d'un système en involution ne peut dépasser n.

Toute fonction de $u_1, u_2, ..., u_r$, telle que $F(u_1, ..., u_r)$, appartient au groupe $(u_1, ..., u_r)$. Étant données deux fonctions $F(u_1, ..., u_r)$ et $\Phi(u_1, ..., u_r)$, appartenant à un même groupe, il en est de même de la parenthèse (F, Φ). On a, en effet,

$$(F, \Phi) = \sum_{i=1}^{r} \sum_{k=1}^{r} \frac{\partial F}{\partial u_i} \frac{\partial \Phi}{\partial u_k} (u_i, u_h) = \sum_i \sum_k \frac{\partial F}{\partial u_i} \frac{\partial \Phi}{\partial u_k} f_{ik}(u_1, ..., u_r).$$

Il suit de là que, si on considère r fonctions distinctes quelconques $v_1, ..., v_r$ appartenant au groupe $(u_1, ..., u_r)$, ces r fonctions forment encore un groupe, puisque les parenthèses (v_i, v_k) s'expriment au moyen de $u_1, ..., u_r$ et, par suite, au moyen de $v_1, ..., v_r$. Nous ne considérerons pas les groupes $(u_1, ..., u_r)$ et $(v_1, ..., v_r)$ comme deux groupes distincts, mais comme deux *formes* d'un même groupe. Il est clair qu'un groupe déterminé est susceptible d'une infinité de formes différentes. On remarquera que si un groupe est en involution, toutes les formes possibles du groupe seront également en involution.

Donnons encore quelques définitions. Si les fonctions $u_1, ..., u_\rho$ d'un groupe d'ordre ρ appartiennent à un groupe d'ordre $r(u_1, ..., u_\rho, u_{\rho+1}, ..., u_r)$, on dit que le second groupe contient le premier ou que le premier est un *sous-groupe* du second. Une fonction v est dite en involution avec un groupe $(u_1, ..., u_r)$ si on a $(v, u_i) = 0$, quelle que soit la fonction u_i du groupe. Plus généralement, deux groupes $(u_1, ..., u_r)$ et $(v_1, ..., v_\rho)$ sont en involution l'un avec l'autre si on a

$$(u_i, v_h) = 0, \qquad (i = 1, 2, ..., r; \quad k = 1, 2, ..., \rho);$$

deux fonctions quelconques u et v, appartenant respectivement à

chacun des groupes, seront toujours en involution. De ces défini‑
tions découlent immédiatement un certain nombre de propriétés
dont la démonstration n'offre aucune difficulté :

1º Si on a s fonctions u_1, u_2, ..., u_s telles que toutes les paren‑
thèses (u_i, u_k) s'expriment au moyen de ces fonctions elles-mêmes,
elles appartiennent à un groupe dont l'ordre est au plus égal à s.
Ce groupe sera d'ordre s si les s fonctions sont distinctes. **Pour**
prendre le cas général, supposons qu'il existe q relations distinctes
entre ces s fonctions ; alors elles pourront toutes s'exprimer au
moyen de $s - q$ d'entre elles, soit u_1, u_2, ..., u_{s-q}, qui seront
indépendantes, et toutes les parenthèses (u_i, u_k) se réduiront elles-
mêmes à des fonctions de u_1, ..., u_{s-q}. Donc ces $s - q$ fonctions
déterminent un groupe d'ordre $s - q$.

2º Étant donnés deux groupes G et G′, les fonctions qui appar‑
tiennent à la fois à ces deux groupes forment un troisième groupe.
En effet, supposons que les deux groupes aient ρ fonctions dis‑
tinctes communes w_1, ..., w_ρ. Toute parenthèse (w_i, w_k), devant
appartenir à la fois aux deux groupes G et G′, s'exprimera au
moyen de w_1, ..., w_ρ.

3º Toute transformation de contact en x, p change un groupe
d'ordre $r(u_1, ..., u_r)$ en un nouveau groupe d'ordre $r(u'_1, ..., u'_r)$ et
chaque parenthèse $(u'_i, u'_k)_{x'p'}$ s'exprime au moyen de u'_1, ..., u'_r
comme $(u_i, u_k)_{xp}$ au moyen de u_1, ..., u_r. Soient

$$x'_i = X_i, \quad p'_k = P_k, \quad (i, k = 1, 2, ..., n),$$

les formules de transformation, X_i, P_k étant des fonctions de x_i, p_k
qui vérifient les relations

$$(X_i, X_k) = 0, \quad (X_i, P_k) = 0, \quad (X_i, P_i) = -1, \quad (P_i, P_k) = 0;$$

u_1, u_2, ..., u_r se changeant en u'_1, u'_2, ..., u'_r, on a vu qu'on avait
identiquement

$$(u_i, u_k)_{xp} = (u'_i, u'_k)_{x'p'}.$$

Les relations

$$(u_i, u_k) = f_{ik}(u_1, ..., u_r)$$

deviennent donc

$$(u'_i, u'_k) = f_{ik}(u'_1, ..., u'_r).$$

En particulier, si $f_{ik} = 0$, on aura de même $(u'_i, u'_k) = 0$ (§ **81**).

87. Théorème fondamental. — La théorie des groupes repose sur le théorème suivant qui est fondamental :

THÉORÈME. — *Si r fonctions distinctes $u_1, \ldots, u_r$ des $2n$ variables $x_1, \ldots, x_n, p_1, \ldots, p_n$ déterminent un groupe d'ordre r, les r équations linéaires*

$$(6) \qquad (u_1, f) = 0, \quad \ldots, \quad (u_r, f) = 0$$

forment un système complet.

D'abord ces r équations sont distinctes. On s'est appuyé plusieurs fois sur cette propriété qui n'est qu'un cas particulier de la proposition démontrée au § **70**. D'ailleurs, il est aisé de le vérifier ; pour que ces r équations ne fussent pas distinctes, il faudrait que tous les déterminants d'ordre r contenus dans le tableau

$$\begin{vmatrix} \dfrac{\partial u_1}{\partial x_1}, & \cdots & \dfrac{\partial u_1}{\partial p_n} \\[2ex] \cdot\ \cdot\ \cdot\ & \cdot\ \cdot & \cdot \\[2ex] \dfrac{\partial u_r}{\partial x_1}, & \cdots, & \dfrac{\partial u_r}{\partial p_n} \end{vmatrix}$$

soient nuls en même temps, ce qui exigerait qu'il y eût une relation au moins entre $u_1, \ldots, u_r$, contrairement à l'hypothèse. Posons

$$(u_i, f) = \mathrm{A}_i(f) \,;$$

l'identité

$$((u_i, u_k), f) + ((u_k, f), u_i) + ((f, u_i), u_k) = 0$$

donne

$$\mathrm{A}_i\big(\mathrm{A}_k(f)\big) - \mathrm{A}_k\big(\mathrm{A}_i(f)\big) = ((u_i, u_k), f),$$

ou, en remplaçant (u_i, u_k) par sa valeur $f_{ik}(u_1, \ldots, u_r)$,

$$\mathrm{A}_i\big(\mathrm{A}_k(f)\big) - \mathrm{A}_k\big(\mathrm{A}_i(f)\big) = \frac{\partial f_{ik}}{\partial u_1}\mathrm{A}_1(f) + \ldots + \frac{\partial f_{ik}}{\partial u_r}\mathrm{A}_r(f),$$

ce qui démontre la proposition.

REMARQUE. — La réciproque du théorème est exacte. Si on a r fonctions distinctes $\varphi_1, \ldots, \varphi_r$ des $2n$ variables x_i, p_k, pour que les r équations

$$(\varphi_1, f) = 0, \quad \ldots, \quad (\varphi_r, f) = 0$$

forment un système complet, il faut et il suffit que les r fonctions φ_i déterminent un groupe d'ordre r. En effet, d'après l'identité écrite plus haut, toute intégrale de ce système doit vérifier l'équation

$$((\varphi_i, \varphi_k), f) = 0 ;$$

si le système est complet, cette équation doit être une conséquence des premières, ce qui ne peut avoir lieu que si (φ_i, φ_k) est une fonction de $\varphi_1, \varphi_2, \ldots, \varphi_r$.

Les équations (6) admettent $2n - r$ intégrales distinctes $v_1, v_2, \ldots, v_{2n-r}$, et toute autre intégrale s'exprime au moyen de celles-là. D'après le théorème de Poisson, les expressions (v_i, v_k) seront aussi des intégrales de (6) et, par suite, s'exprimeront au moyen de $v_1, \ldots, v_{2n-r}$. Ces $2n - r$ fonctions déterminent donc un groupe $(v_1, \ldots, v_{2n-r})$ d'ordre $2n - r$, dont toutes les fonctions sont en involution avec le groupe primitif. On l'appelle le *groupe polaire* du premier. Les équations.

$$(v_1, f) = 0, \quad \ldots, \quad (v_{2n-r}, f) = 0$$

forment à leur tour un système complet qui admet les r intégrales distinctes $u_1, \ldots, u_r$. et dont, par conséquent, toutes les intégrales s'expriment au moyen de $u_1, \ldots, u_r$. Il y a donc réciprocité entre les deux groupes $(u_1, \ldots, u_r)$ et $(v_1, \ldots, v_{2n-r})$; chacun d'eux est le groupe polaire de l'autre. On les appelle pour cette raison *groupes réciproques*.

Le groupe polaire d'un groupe donné se composant des fonctions qui sont en involution avec ce groupe, il est clair que toute transformation de contact change deux groupes réciproques en deux groupes réciproques.

88. Fonctions distinguées d'un groupe. — Une fonction U appartenant à un groupe $(u_1, \ldots, u_r)$ est dite une fonction

distinguée (ausgezeichnete) de ce groupe, lorsqu'elle est en involution avec toutes les fonctions du groupe. Il suit de là que les fonctions distinguées d'un groupe sont les fonctions communes à ce groupe et à son groupe polaire ; deux groupes polaires ont les mêmes fonctions distinguées, les fonctions communes à ces deux groupes. Soit $(v_1, v_2, \ldots, v_{2n-r})$ le groupe polaire du groupe proposé et $F(x, p)$ une fonction distinguée commune à ces deux groupes ; $F(x, p)$ pourra s'exprimer comme fonction des u_i ou comme fonction des v_k seulement. Il en résultera donc une relation de la forme

$$F(x, p) = U(u_1, \ldots, u_r) = V(v_1, \ldots, v_{2n-r}).$$

S'il existe m fonctions distinguées, on aura ainsi m relations distinctes entre les fonctions des deux groupes

$$(7) \qquad U_i(u_1, \ldots, u_r) = V_i(v_1, \ldots, v_{2n-r}), \qquad (i = 1, 2, \ldots, m).$$

Réciproquement, s'il existe m relations distinctes et m seulement entre les fonctions de deux groupes polaires, ces relations ont précisément la forme (7) et les fonctions distinguées sont au nombre de m. En effet, les $2n$ fonctions $u_1, \ldots, u_r, v_1, \ldots, v_{2n-r}$ appartiendront alors à un groupe d'ordre $2n - m$. Ce groupe d'ordre $2n - m$ admet un groupe polaire d'ordre m, dont toutes les fonctions sont évidemment distinguées pour le groupe primitif.

Étant donné un groupe d'ordre r, il est important de savoir reconnaître combien il renferme de fonctions distinguées. Par définition, il existe autant de fonctions distinguées dans le groupe $(u_1, \ldots, u_r)$ qu'il y a d'intégrales distinctes du système complet

$$(8) \qquad (u_1, f) = 0, \quad \ldots, \quad (u_r, f) = 0,$$

qui se réduisent à des fonctions de $u_1, \ldots, u_r$ seulement. Posons

$$f = U(u_1, \ldots, u_r), \quad (u_i, f) = A_i(f) ;$$

les équations (8) deviennent

$$(9) \quad \begin{cases} A_1(U) = \dfrac{\partial U}{\partial u_1}(u_1, u_1) + \dfrac{\partial U}{\partial u_2}(u_1, u_2) + \ldots + \dfrac{\partial U}{\partial u_r}(u_1, u_r) = 0, \\ \cdot \quad \cdot \quad \cdot \quad \cdot \quad \cdot \quad \cdot \quad \cdot \quad \cdot \quad \cdot \quad \cdot \quad \cdot \quad \cdot \quad \cdot \quad \cdot \\ A_r(U) = \dfrac{\partial U}{\partial u_1}(u_r, u_1) + \dfrac{\partial U}{\partial u_2}(u_r, u_2) + \ldots + \dfrac{\partial U}{\partial u_r}(u_r, u_r) = 0. \end{cases}$$

On a ainsi un système de r équations linéaires avec r variables indépendantes seulement $u_1, u_2, \ldots, u_r$, puisque, par hypothèse, les parenthèses (u_i, u_k) s'expriment au moyen de $u_1, u_2, \ldots, u_r$. Supposons que ces r équations se réduisent à $r - m$ équations distinctes, par exemple aux $r - m$ premières,

$$(10) \qquad A_1(U) = 0, \quad \ldots, \quad A_{r-m}(U) = 0;$$

les équations (10) forment un système complet. L'identité de Jacobi nous donne, en effet, en supposant $(u_i, u_k) = f_{ik}(u_1, \ldots, u_r)$,

$$A_i(A_k(U)) - A_k(A_i(U)) = \frac{\partial f_{ik}}{\partial u_1} A_1(U) + \ldots + \frac{\partial f_{ik}}{\partial u_r} A_r(U),$$

et, par suite, le premier membre pourra **toujours** s'exprimer linéairement au moyen de $A_1(U), \ldots, A_{r-m}(U)$.

On aura donc le nombre des fonctions distinguées en cherchant le nombre d'équations linéairement distinctes du système **(9)** ou, ce qui revient au même, l'ordre des premiers mineurs du déterminant

$$D = \begin{vmatrix} (u_1, u_1) & (u_1, u_2) & \ldots & (u_1, u_r) \\ (u_2, u_1) & (u_2, u_2) & \ldots & (u_2, u_r) \\ \cdot & \cdot & \cdots & \cdot \\ (u_r, u_1) & (u_r, u_2) & \ldots & (u_r, u_r) \end{vmatrix}$$

qui sont différents de zéro. *Si ce déterminant est nul, ainsi que tous ses mineurs d'ordre* 1, 2, $\ldots$, $(m - 1)$, *sans que tous les mineurs d'ordre m soient nuls, les équations* (9) *se réduisent à* $(r - m)$ *équations linéaires distinctes, et le groupe admet m fonctions distinguées distinctes.*

Une fois trouvé le nombre m des fonctions distinguées, la détermination de ces fonctions elles-mêmes exige l'intégration du système complet (10), c'est-à-dire les opérations $m, m - 1, \ldots, 2, 1$, si on applique la méthode de Mayer. Ces opérations se simplifient si on connaît déjà μ fonctions distinguées.

Si le déterminant D n'est pas nul, le groupe ne **renfermera** aucune fonction distinguée. Ce cas ne pourra se présenter si r est impair, car D est un déterminant gauche d'après les relations

$(u_i, u_i) = 0$, $(u_i, u_k) + (u_k, u_i) = 0$. Donc, *tout groupe d'ordre impair renferme au moins une fonction distinguée.*

Soient U_1, U_2, ..., U_m les m fonctions distinguées distinctes d'un groupe $(u_1, ..., u_r)$. Quoique la détermination de ces fonctions exige, en général, des intégrations, *on peut toujours former un système d'équations linéaires*

$$(11) \qquad B_1(f) = 0, \quad ..., \quad B_m(f) = 0,$$

équivalent au système complet

$$(12) \qquad (U_1, f) = 0, \quad ..., \quad (U_m, f) = 0.$$

Soit $(v_1, ..., v_{2n-r})$ le groupe polaire du groupe proposé; les équations (12) admettent les intégrales u_1, ..., u_r, v_1, ..., v_{2n-r}, qui se réduisent à $2n - m$ fonctions distinctes. Tout système de m équations linéaires distinctes admettant les mêmes intégrales sera nécessairement équivalent au système (12). Cela posé, les r équations

$$(u_1, f) = 0, \quad ..., \quad (u_r, f) = 0$$

admettent les intégrales v_1, ..., v_{2n-r}, et il en sera de même de toute équation

$$(13) \qquad \lambda_1 (u_1, f) + ... + \lambda_r (u_r, f) = 0,$$

λ_1, ..., λ_r étant des coefficients quelconques. Cette nouvelle équation sera vérifiée pour $f = u_1$, ..., $f = u_r$, pourvu que les coefficients λ_1, ..., λ_r vérifient les r relations

$$\lambda_1 (u_1, u_i) + ... + \lambda_r (u_r, u_i) = 0, \qquad (i = 1, 2, ..., r).$$

On a un système de r équations linéaires et homogènes dont le déterminant est précisément D. Par hypothèse, ce déterminant est nul, ainsi que tous ses mineurs d'ordre $m - 1$, sans que tous ses mineurs d'ordre m soient nuls. On pourra donc trouver m équations distinctes de la forme (13) admettant les intégrales u_1, ..., u_r. Ces m équations

$$B_1(f) = 0, \quad ..., \quad B_m(f) = 0$$

admettent les intégrales u_1, ..., u_r, v_1, ..., v_{2n-r} et, par conséquent, forment un système équivalent au système (12).

89. Forme canonique d'un groupe.

— Parmi les formes en nombre infini d'un même groupe, il est naturel de prendre pour *forme canonique* celle pour laquelle les parenthèses $(u_i, u_k) = f_{ik}(u_1, \ldots, u_r)$ ont les valeurs les plus simples possible. Si on considère d'abord un système en involution, toute autre forme du même groupe sera également en involution et le groupe est réduit de lui-même à la forme canonique. Il suffit donc de considérer un groupe différent d'un système en involution. Remarquons d'abord que, si ce groupe est d'ordre r, il renfermera au plus $r - 2$ fonctions distinguées distinctes. En effet, s'il en avait $r - 1$, $U_1, \ldots, U_{r-1}$, on compléterait le groupe en adjoignant à celles-là une autre fonction V. On aurait alors les relations

$$(U_1, V) = 0, \quad \ldots, \quad (U_{r-1}, V) = 0, \quad (U_i, U_k) = 0,$$

et le groupe se réduirait à un système en involution.

Prenons donc un groupe $(u_1, \ldots, u_r)$ non en involution, et soit u_1 une fonction non distinguée du groupe, de telle façon que l'une au moins des expressions $(u_1, u_2), \ldots, (u_1, u_r)$ soit différente de zéro. On pourra trouver une autre fonction du groupe $F(u_1, \ldots, u_r)$ satisfaisant à la condition $(u_1, F) = 1$. En effet, cette condition développée s'écrit

$$(u_1, u_2) \frac{\partial F}{\partial u_2} + \ldots + (u_1, u_r) \frac{\partial F}{\partial u_r} = 1,$$

et on a pour déterminer F une équation linéaire dont le premier membre n'est pas identiquement nul. Prenons pour u_2 une intégrale de cette équation, de telle sorte que l'on ait

$$(u_1, u_2) = 1 \; ;$$

je dis qu'on pourra compléter le groupe avec $r - 2$ fonctions $u'_1, \ldots, u'_{r-2}$ vérifiant les relations

$$(u_1, F) = 0, \quad (u_2, F) = 0.$$

Si on suppose que F est une simple fonction de $u_1, \ldots, u_r$, ces équations s'écrivent

$$\left\{ \begin{aligned} &\frac{\partial F}{\partial u_2} + (u_1, u_3) \frac{\partial F}{\partial u_3} + \ldots + (u_1, u_r) \frac{\partial F}{\partial u_r} = 0, \\ &-\frac{\partial F}{\partial u_1} + (u_2, u_3) \frac{\partial F}{\partial u_3} + \ldots + (u_2, u_r) \frac{\partial F}{\partial u_r} = 0 \; ; \end{aligned} \right.$$

elles sont évidemment distinctes et forment un système complet, car

$$(u_1, (u_2, F)) - (u_2, (u_1, F)) = ((u_1, u_2), F) = (1, F) = 0.$$

Soient $u'_1, \ldots, u'_{r-2}$ $r - 2$ solutions distinctes de ce système formant un groupe d'ordre $r - 2$. Les r fonctions $u_1, u_2, u'_1, \ldots, u'_{r-2}$ sont indépendantes; en effet, toute relation entre ces fonctions contiendrait nécessairement u_1 ou u_2, u_1 par exemple. Soit

$$\psi(u_1, u_2, u'_1, \ldots, u'_{r-2}) = 0$$

cette relation; on aurait

$$(u_2, \psi) = \frac{\partial \psi}{\partial u_1}(u_2, u_1) + \frac{\partial \psi}{\partial u'_1}(u_2, u'_1) + \ldots + \frac{\partial \psi}{\partial u'_{r-2}}(u_2, u'_{r-2}) = 0,$$

et le premier membre se réduit à $-\dfrac{\partial \psi}{\partial u_1}$.

On peut donc énoncer le théorème suivant :

Étant donné un groupe $(u_1, \ldots, u_r)$ non en involution, on peut toujours décomposer ce groupe en deux autres : un groupe de deux fonctions u_1, u_2, telles que $(u_1, u_2) = 1$, et un groupe de $r - 2$ fonctions $u'_1, u'_2, \ldots, u'_{r-2}$, en involution avec le premier [1].

Poursuivons la réduction. Si $u'_1, u'_2, \ldots, u'_{r-2}$ est un système en involution, le groupe proposé est ramené à la forme canonique

$$X_1, P_1, u'_1, \ldots, u'_{r-2},$$

où $X_1 = u_2$, $P_1 = u_1$, pour laquelle on a les relations

$$(P_1, X_1) = 1, \quad (P_1, u'_i) = 0, \quad (X_1, u'_i) = 0, \quad (u'_i, u'_k) = 0.$$

---

[1] Considérons en particulier une équation linéaire $(\alpha, f) = 0$, où α est une fonction donnée de $x_1, \ldots, x_n, p_1, \ldots, p_n$ et f une fonction inconnue des mêmes variables. Les $2n - 2$ intégrales, autre que α, de cette équation forment avec α un groupe d'ordre $2n - 1$. Soit α_1 une de ces intégrales ; α_1 ne peut être une fonction distinguée, car les deux équations $(\alpha, f) = 0$, $(\alpha_1, f) = 0$ auraient $2n - 1$ intégrales communes. Par conséquent, on pourra compléter la solution avec $2n - 3$ intégrales $\alpha_2, \ldots, \alpha_{2n-2}$, satisfaisant aux relations

$$(\alpha_1, \alpha_2) = 1, \quad (\alpha_1, \alpha_3) = 0, \quad \ldots, \quad (\alpha_1, \alpha_{2n-2}) = 0.$$

(Voir Lagrange *Mécanique analytique*, 3e et 4e éditions. Note de M. Bertrand). L'application répétée du théorème de Poisson aux deux intégrales α_1 et $F(\alpha_1, \alpha_2, \ldots, \alpha_{2n-2})$ fournira $2n - 2$ intégrales distinctes, si la fonction F n'a pas été prise d'une façon particulière.

Si le groupe $(u'_1, u'_2, \ldots, u'_{r-2})$ n'est pas en involution, en lui appliquant le même procédé, on le décomposera en deux groupes

$$X_2, P_2, u''_1, \ldots, u''_{r-4};$$

si $(u''_1, \ldots, u''_{r-4})$ est en involution, le système proposé sera ramené à la forme canonique

$$X_1, P_1, X_2, P_2, u''_1, u''_2, \ldots, u''_{r-4},$$

pour laquelle toutes les parenthèses seront nulles, sauf (P_1, X_1) et (P_2, X_2), qui se réduiront à l'unité. Si $(u''_1, \ldots, u''_{r-4})$ n'est pas en involution, on recommencera les mêmes opérations, et, en continuant ainsi jusqu'à ce qu'on arrive à un système en involution, on voit qu'on peut toujours mettre un groupe sous la **forme canonique**

$$X_1, P_1, X_2, P_2, \ldots, X_q, P_q, X_{q+1}, \ldots, X_{m+q},$$

X_i, P_k étant des fonctions indépendantes telles que **toutes les** parenthèses (P_i, X_i) aient pour valeur l'unité, tandis que toutes les autres parenthèses sont nulles.

Un groupe étant réduit à la forme canonique, les équations qui déterminent les fonctions distinguées $\Pi(X_1, \ldots, X_{q+m}, P_1, \ldots, P_q)$ prennent la forme

$$\frac{\partial \Pi}{\partial P_i} = 0, \qquad \frac{\partial \Pi}{\partial X_i} = 0, \qquad (i = 1, 2, \ldots, q);$$

toute fonction distinguée se réduit donc à une simple fonction de $X_{q+1}, \ldots, X_{q+m}$. La différence entre le nombre des fonctions distinctes d'un groupe $(2q + m)$ et le nombre des fonctions distinguées m est donc toujours un nombre pair $2q$.

En réunissant tous ces résultats, on peut énoncer la proposition suivante :

Tout groupe de fonctions peut être ramené à la forme canonique

$$X_1, P_1, \ldots, X_q, P_q, X_{q+1}, \ldots, X_{q+m},$$

pour laquelle toutes les parenthèses sont nulles, sauf les parenthèses (P_i, X_i), *qui se réduisent à l'unité. Les fonctions distinguées du groupe sont les seules fonctions de* $X_{q+1}, \ldots, X_{q+m}$.

La différence entre l'ordre du groupe et le nombre des fonctions distinguées est un nombre pair.

Étant donné un groupe canonique d'ordre $2q + m < 2n$, on peut trouver d'autres groupes canoniques renfermant celui-là, en particulier des groupes d'ordre $2n$. Prenons d'abord un groupe

(A) $\qquad P_1, P_2, ..., P_q, X_1, ..., X_q, X_{q+1}, ..., X_{q+m}, \qquad (m > 0),$

renfermant des fonctions distinguées. Supprimons une de ces fonctions distinguées, X_{q+1} par exemple, on a un nouveau groupe

(B) $\qquad P_1, ..., P_q, X_1, ..., X_q, X_{q+2}, ..., X_{q+m},$

dont le groupe polaire renfermera X_{q+1} et sera de la forme

(C) $\qquad X_{q+1}, U_1, U_2, ... ;$

d'ailleurs, X_{q+1} n'est pas une fonction distinguée du groupe (C), puisqu'elle n'appartient pas au groupe (B). On pourra donc trouver dans (C) une autre fonction P_{q+1} telle que $(P_{q+1}, X_{q+1}) = 1$; P_{q+1} ne peut appartenir au groupe (A), car si on avait

$$P_{q+1} = \varphi(P_1, ..., P_q, X_1, ..., X_{q+m}),$$

on en déduirait $(X_{q+1}, P_{q+1}) = 0$. Par conséquent les fonctions

(A′) $\qquad P_1, ..., P_q, P_{q+1}, X_1, ..., X_{q+1}, ..., X_{q+m},$

forment un nouveau groupe canonique (A′), renfermant le groupe (A), et ayant une fonction distinguée de moins.

En répétant les mêmes opérations sur le groupe (A′) et ainsi de suite autant de fois qu'il est nécessaire, on voit que tout groupe canonique est renfermé dans un autre groupe canonique qui n'admet pas de fonctions distinguées.

Prenons un groupe de cette espèce

$$P_1, P_2, ..., P_q, X_1, ..., X_q ;$$

en lui ajoutant une fonction X_{q+1} du groupe polaire, on a un nouveau groupe renfermant une fonction distinguée

$$P_1, ..., P_q, X_1, ..., X_q, X_{q+1}.$$

que l'on peut compléter en ajoutant une fonction P_{q+1}, de façon à avoir un groupe canonique de $2q + 2$ termes

$$P_1, \ldots, P_{q+1}, X_1, \ldots, X_{q+1},$$

sans fonction distinguée. En continuant ainsi, on arrivera à un groupe canonique de $2n$ termes

$$P_1, \ldots, P_n, X_1, \ldots, X_n.$$

Donc *étant donné un groupe canonique quelconque*

$$P_1, \ldots, P_q, X_1, \ldots, X_{q+m},$$

on peut toujours trouver d'autres fonctions $P_{q+1}, \ldots, P_n, X_{q+m+1},$ *..., X_n telles que les fonctions*

$$P_1, \ldots, P_q, P_{q+1}, \ldots, P_n, X_1, \ldots, X_{q+m}, X_{q+m+1}, \ldots, X_n$$

forment un groupe canonique de $2n$ termes.

90. Invariants d'un groupe de fonctions. — Les résultats du paragraphe précédent permettent de résoudre une question qui est très importante dans la théorie des groupes. Étant donnés deux groupes de r fonctions $(u_1, \ldots, u_r)$ et $(v_1, \ldots, v_r)$, dans quels cas peut-on passer de l'un à l'autre par une transformation de contact ? En termes plus précis, que faut-il pour qu'il existe une transformation de contact changeant $u_1, \ldots, u_r$ en de nouvelles fonctions $w_1, \ldots, w_r$, qui s'expriment au moyen de $v_1, \ldots, v_r$?

Il est évident d'abord que toute transformation de contact ne change pas le nombre des fonctions distinguées d'un groupe. Par conséquent, le problème ne sera possible que si les deux groupes ont le même nombre de fonctions distinguées. Cette condition nécessaire est d'ailleurs suffisante. En effet, soit

$$P_1, \ldots, P_q, X_1, \ldots, X_{q+m},$$

un groupe d'ordre $r = 2q + m$, avec m fonctions distinguées. Nous venons de voir qu'il existe toujours d'autres fonctions $P_{q+1}, \ldots, P_n, X_{q+m+1}, \ldots, X_n$, telles que

$$P_1, \ldots, P_n, X_1, \ldots, X_n,$$

soit un groupe canonique. On aura donc les relations

$$(X_i, X_k) = 0, \quad (X_i, P_h) = 0, \quad (P_i, P_k) = 0, \quad (P_i, X_i) = 1,$$
$$(i, k = 1, 2, \ldots, n);$$

par suite (§ **78**), on pourra trouver une autre fonction $\Omega(x_i, p_k)$, telle que les formules

$$z' = z - \Omega, \quad x'_i = X_i, \quad p'_h = P_h,$$

définissent une transformation de contact. Par cette transformation, le groupe considéré sera ramené à la forme

$$p'_1 \ldots, p'_q, x'_1, \ldots, x'_{q+m};$$

tout autre groupe du même ordre, ayant le même nombre m de fonctions distinguées, pourra être ramené à cette même forme par une autre transformation de contact et, par conséquent, on pourra passer de l'un à l'autre par une transformation de contact.

Donc, *les seuls invariants d'un groupe relativement à toute transformation de contact sont l'ordre du groupe et le nombre des fonctions distinguées.*

Tout groupe à $2q + m$ termes, renfermant m fonctions distinguées, pouvant être ramené à la forme canonique

$$P_1, \ldots, P_q, X_1, \ldots, X_q, X_{q+1}, \ldots, X_{q+m},$$

contient un système en involution d'ordre $q + m$, le système $X_1, \ldots, X_{q+m}$. D'ailleurs, il ne peut contenir de système en involution d'ordre supérieur à $q + m$. Soit, en effet, $\Phi_1, \ldots, \Phi_\nu$ un sous-groupe en involution du groupe proposé; on a vu plus haut qu'on pouvait trouver d'autres fonctions $X_{m+q+1}, \ldots, X_n, P_{q+1}, \ldots P_n$ formant avec le premier groupe un groupe canonique

$$P_1, \ldots, P_n, X_1, \ldots, X_n.$$

Les fonctions

$$\Phi_1, \ldots, \Phi_\nu, X_{m+q+1}, \ldots, X_n$$

formeront un système en involution dont l'ordre sera $\nu + n - q - m$. On a, par conséquent,

$$\nu + n - q - m \leqq n, \quad \text{d'où} \quad \nu \leqq q + m$$

REMARQUE. — Si l'ordre d'un groupe est supérieur à n, il est facile d'avoir une limite supérieure du nombre m. Soit r l'ordre d'un groupe G,

$$r = 2q + m = n + k;$$

G contient un système en involution d'ordre $m + q$. Donc, on a

$$m + q \leqq n, \quad \text{ou} \quad 2m + 2q \leqq 2n,$$

et, par suite, en retranchant les deux relations,

$$m \leqslant n - k.$$

La détermination d'un système en involution d'ordre maximum $m + q$, contenu dans un groupe d'ordre $2q + m$ avec m fonctions distinguées, exige, en général, des intégrations. Soit $(u_1, \ldots, u_{2q+m})$ le groupe proposé. On commencera par déterminer m fonctions distinguées $U_1, \ldots, U_m$, ce qui exige les opérations m, $m - 1, \ldots, 3, 2, 1$. Prenant ensuite une autre fonction non distinguée du groupe, u_1 par exemple, l'équation linéaire

$$(u_1, F) = 0,$$

où on remplace F par une fonction de $u_1, \ldots, u_{2q+m}$, est une équation linéaire à $2q + m$ variables, dont on connaît $m + 1$ intégrales $u_1, U_1, \ldots, U_m$. On aura une nouvelle intégrale w_2 par une opération d'ordre $2q - 2$. On considérera ensuite le système complet

$$(u_1, F) = 0, \quad (w_2, F) = 0,$$

dont on connaît $m + 2$ intégrales $u_1, w_2, U_1, \ldots, U_m$, et ainsi de suite. En résumé, *on aura un système en involution d'ordre $q + m$, contenu dans le groupe proposé, par les opérations*

$$m, \quad m - 1, \quad \ldots, \quad 3, 2, 1; \quad 2q - 2, \quad 2q - 4, \quad \ldots, \quad 4, 2.$$

91. Application au problème de l'intégration. — Arrivons maintenant à l'objet essentiel de ce chapitre. Soit

$$(14) \qquad f_1 = C_1, \quad \ldots, \quad f_q = C_q$$

un système en involution, qu'il s'agit d'intégrer; supposons que l'on ait obtenu, par un moyen quelconque, un certain nombre d'intégrales $f_{q+1}, \ldots, f_r$, différentes de $f_1, \ldots, f_q$, du système complet

$$(15) \qquad (f_1, f) = 0, \quad \ldots, \quad (f_q, f) = 0.$$

Par exemple, s'il s'agit d'une équation unique $f_1 = 0$, provenant d'un problème de mécanique, les principes généraux de la mécanique feront souvent connaître un certain nombre d'intégrales, autres que f_1, de l'équation linéaire $(f_1, f) = 0$. Comment peut-on utiliser ces intégrales connues, pour simplifier l'intégration du système en involution proposé?

On peut toujours supposer que l'application du théorème de Poisson à deux quelconques des intégrales $f_{q+1}, \ldots, f_r$ ne donne pas d'intégrale distincte de $f_1, \ldots, f_r$. S'il n'en était pas ainsi, on ajouterait les nouvelles intégrales ainsi obtenues aux anciennes, et ainsi de suite. Il suffit donc d'examiner le cas où les r fonctions $f_1, \ldots, f_q, \ldots, f_r$ forment un *groupe*. Si l'ordre r est égal à $2n - q$, on a immédiatement l'intégrale générale du système complet (15) et il suffira d'une quadrature (§ **85**) pour avoir également l'intégrale générale du système en involution (14). Nous supposerons, par conséquent, $r < 2n - q$.

Le groupe $(f_1, \ldots, f_q, \ldots, f_r)$ contient les q fonctions distinguées $f_1, \ldots, f_q$, mais il peut en contenir d'autres. Pour plus de généralité, nous supposerons que ce groupe contient en outre m fonctions distinguées, distinctes de $f_1, \ldots, f_q$ $(m \geqq 0)$. On a vu plus haut (§ **88**) comment on pouvait toujours déterminer le nombre entier m par des calculs élémentaires. On aura alors

$$r = q + m + 2\nu, \qquad \nu \geqq 0.$$

Ce groupe contiendra un système en involution d'ordre $q + m + \nu$

$$f_1 \ldots, f_q, \Omega_1, \ldots, \Omega_m, W_1, \ldots, W_\nu,$$

et, si on peut déterminer ce système, l'intégration du système en involution proposé sera ramenée à l'intégration d'un nouveau système en involution de $(q + m + \nu)$ équations, problème qui est évidemment plus simple que le proposé et qui n'exige que les opérations

$$2n - 2q - 2m - 2\nu, \quad 2n - 2 - 2q - 2m - 2\nu, \quad \ldots, \quad 4, 2,$$

et une quadrature, si on emploie la méthode de Jacobi et Mayer.

C'est une circonstance de ce genre qui se présente dans le problème des trois corps. Supposons, pour simplifier, que l'un des corps soit fixe. On est alors conduit à une équation aux dérivées partielles de la forme

$$H(x_1, \ldots, x_6, p_1, \ldots, p_6) = a,$$

et le principe des aires fait connaître trois intégrales F_1, F_2, F_3 de l'équation linéaire $(H, F) = 0$. Ces trois intégrales forment un **groupe**, car on a les relations

$$(F_1, F_2) = F_3, \quad (F_2, F_3) = F_1, \quad (F_3, F_1) = F_2 ;$$

ce groupe étant d'ordre 3, sans être en involution, ne peut contenir qu'*une* fonction distinguée. Pour l'obtenir, nous avons à considérer les trois équations

$$(F_1, \Phi) = \quad F_3 \frac{\partial \Phi}{\partial F_2} - F_2 \frac{\partial \Phi}{\partial F_3} = 0,$$

$$(F_2, \Phi) = - F_3 \frac{\partial \Phi}{\partial F_1} + F_1 \frac{\partial \Phi}{\partial F_3} = 0,$$

$$(F_3, \Phi) = \quad F_2 \frac{\partial \Phi}{\partial F_1} - F_1 \frac{\partial \Phi}{\partial F_2} = 0,$$

qui se réduisent à deux équations distinctes et qui admettent l'intégrale commune

$$\Phi = F_1^2 + F_2^2 + F_3^2.$$

Les trois équations

$$H = a, \quad F_1 = b, \quad F_1^2 + F_2^2 + F_3^2 = c$$

forment alors un système en involution et l'intégration d'un pareil système par la méthode de Jacobi et Mayer n'exige que les opérations 6, 4, 2, et une quadrature.

On arrive à un résultat tout pareil dans le cas général, où aucun des corps n'est supposé fixe [1]. On a alors une équation du premier ordre à neuf variables

$$H(x_1, \ldots, x_9, p_1, \ldots, p_9) = a,$$

[1] Lie, *Mathematische Annalen*, t. VIII, p. 283 (1875).

et les théorèmes généraux de la mécanique fournissent 8 intégrales distinctes de l'équation linéaire $(II, F) = 0$. Ces intégrales forment un groupe qui contient *deux* fonctions distinguées et qui renferme, par conséquent, un système en involution d'ordre 5. Les intégrations nécessaires pour déterminer ce système peuvent être effectuées et, en adjoignant l'équation $II = a$, on est conduit à un système en involution de six équations. Les opérations qu'il faudrait faire pour achever le problème sont donc du même ordre que dans le cas particulier examiné d'abord.

Au lieu de déterminer le système en involution d'ordre $q + m + \nu$ contenu dans le groupe $(f_1, ..., f_q, ..., f_r)$, on obtient des simplifications équivalentes en déterminant simplement les m fonctions distinguées, autres que $f_1, ..., f_q$. Soient $\Omega_1, ..., \Omega_m$ ces m fonctions distinguées et $\Phi_1, ..., \Phi_{2\nu}$ les 2ν fonctions qui complètent le groupe

$$f_1, ..., f_q, \Omega_1, ..., \Omega_m, \Phi_1, ..., \Phi_{2\nu}.$$

Considérons le système complet

$$(f_1, f) = 0, \quad ..., \quad (f_q, f) = 0, \quad (\Omega_1, f) = 0, \quad ..., \quad (\Phi_{2\nu}, f) = 0,$$

dont on connaît $m + q$ intégrales $f_1, ..., \Omega_m$; on en obtiendra une autre f_{q+1} par une opération d'ordre $2n - 2m - 2q - 2\nu$. Cette fonction f_{q+1} n'appartiendra pas au groupe, car elle serait une fonction distinguée dans ce groupe, c'est-à-dire une fonction de $f_1, ..., f_q, \Omega_1, ..., \Omega_m$ et, d'après la façon dont on opère, il ne pourra pas en être ainsi. On sera alors ramené à intégrer un système en involution

$$f_1 = C_1, \quad ..., \quad f_q = C_q, \quad f_{q+1} = C_{q+1}, \quad \Omega_1 = C'_1, \quad ..., \quad \Omega_m = C'_m,$$

connaissant les 2ν solutions $\Phi_1, ..., \Phi_{2\nu}$ du système complet

$$(f_1, f) = 0, \quad ..., \quad (f_{q+1}, f) = 0, \quad (\Omega_1, f) = 0, \quad ..., \quad (\Omega_m, f) = 0.$$

Nous opérerons de la même façon que tout à l'heure en considérant le système complet

$$(f_1, f) = 0, \quad ..., \quad (f_{q+1}, f) = 0, \quad (\Omega_1, f) = 0, \quad ..., \quad (\Phi_{2\nu}, f) = 0,$$

dont on connaît $m + q + 1$ intégrales. On en trouvera une autre par une opération d'ordre $2n - 2m - 2q - 2\nu - 2$. En continuant ainsi, on arrivera, par une opération d'ordre 2, à un système en involution

$$f_1 = 0, \quad \ldots, \quad f_\mu = 0, \quad \Omega_1 = 0, \quad \ldots, \quad \Omega_m = 0, \quad \mu = n - m - \nu,$$

connaissant les 2ν solutions $\Phi_1, \ldots, \Phi_{2\nu}$ du système complet

$$(f_1, f) = 0, \quad \ldots, \quad (f_\mu, f) = 0, \quad (\Omega_1, f) = 0, \quad \ldots, \quad (\Omega_m, f) = 0.$$

L'intégration de ce système n'exige plus qu'une quadrature.

En résumé, *pour intégrer un système en involution*

$$f_1 = C_1, \quad \ldots, \quad f_q = C_q,$$

connaissant $2\nu + m$ *intégrales des équations* $(f_1, f) = 0$, *qui forment avec* $f_1, \ldots, f_q$ *un groupe possédant, outre* $f_1, \ldots, f_q$, *m fonctions distinguées, la méthode précédente exige les opérations*

$$m, \quad m - 1, \quad \ldots, \quad 3, 2, 1,$$
$$2n - 2q - 2m - 2\nu, \quad 2n - 2 - 2q - 2m - 2\nu, \quad \ldots, \quad 6, 4, 2.$$

La méthode de Cauchy généralisée exige les opérations

$$2n - 2q - m - 2\nu, \quad 2n - 2q - m - 2\nu - 1, \quad \ldots, \quad 3, 2, 1.$$

Considérons en particulier le cas d'une seule équation

$$f_1(x_1, \ldots, x_n, p_1, \ldots, p_n) = C_1,$$

et soient $\Phi_1, \ldots, \Phi_{2\nu+m}$ des intégrales connues de l'équation $(f_1, f) = 0$ qui forment avec f_1 un groupe renfermant m fonctions distinguées sans compter f_1. On a plusieurs cas à distinguer, suivant que le nombre $2\nu + m$ est inférieur ou supérieur à n.

1° Soit $2\nu + m < n - 1$; on aura aussi $m < n - 1$ et, par conséquent,

$$2\nu + 2m < 2n - 2.$$

Les nombres

$$m, \quad m - 1, \quad \ldots \quad 3, 2, 1,$$
$$2n - 2 - 2\nu - 2m, \quad 2n - 4 - 2\nu - 2m, \quad \ldots,$$

seront respectivement plus petits que les nombres

$$2n - 2 - 2\nu - m, \quad 2n - 3 - 2\nu - m, \quad \ldots, \quad 3, 2, 1 \,;$$

la nouvelle méthode est plus simple que celle de Cauchy.

2° Soit $2\nu + m = n - 1$; si $\nu = 0$, les fonctions $f_1, \Phi_1, \ldots, \Phi_{n-1}$ forment un système en involution et l'intégration est terminée immédiatement par la méthode de Jacobi. Si $\nu > 0$, on aura $m \leqslant n - 3$, $2\nu + 2m \leqq 2n - 4$ et, par suite, $2n - 2\nu - 2m - 2 > 0$. La méthode est encore plus simple que celle de Cauchy.

3° Soit $2\nu + m \geqq n$. On verra encore que la nouvelle méthode est plus simple que celle de Cauchy, à moins que l'on n'ait

$$2n - 2\nu - 2m - 2 = 0 \,;$$

dans ce cas, le groupe $(f_1, \Phi_1, \ldots, \Phi_{2\nu+m})$ contient un système en involution d'ordre $\nu + m + 1 = n$, et nous verrons plus loin qu'il suffit alors d'une quadrature pour achever l'intégration.

92. Dernière méthode de Lie. — Les méthodes précédentes supposent que l'on a déterminé préalablement les fonctions distinguées du groupe $(f_1, \ldots, f_q, \ldots, f_r)$. S. Lie est revenu sur ce sujet dans le tome XI des *Mathematische Annalen*, et a montré que cette détermination n'était pas nécessaire. La méthode générale à laquelle il est parvenu ainsi paraît atteindre le plus grand degré de simplification possible. Nous établirons d'abord un certain nombre de propositions préliminaires.

Soient Z, $X_1, \ldots, X_m$, $P_1, \ldots, P_m$ $2m + 1$ fonctions quelconques des $2n + 1$ variables indépendantes z, x_i, p_k, dont les différentielles satisfont à la relation

$$(16) \quad dZ - P_1 dX_1 - \ldots - P_m dX_m = \rho(dz - p_1 dx_1 - \ldots - p_n dx_n),$$

où ρ est une fonction des variables z, x_i, p_k qui n'est pas nulle. Le nombre entier m ne peut être inférieur à n, car, si on a entre les variables z, x_i, p_k les $m + 1$ relations

$$Z = a, \quad X_1 = a_1, \quad \ldots, \quad X_m = a_m,$$

où $a, a_1, \ldots, a_m$ sont des constantes quelconques, on aura entre les différentielles la relation

$$dz - p_1 dx_1 - \ldots - p_n dx_n = 0,$$

ce qui exige (§ **65**) qu'il y ait au moins $n + 1$ équations distinctes entre les variables. On a examiné en détail, dans le chapitre précédent, le cas où $m = n$. Supposons maintenant $m \gg n$. Quelques-unes des démonstrations données au § **75** subsistent sans modification. Les formules (10), (11), (12) et (13) de ce paragraphe sont encore applicables, pourvu que, dans ces formules, on fasse varier i de 1 à m. Cela étant, si les différentielles $dz, dx_1, \ldots, dx_n$ sont liées par la relation

$$dz - p_1 dx_1 - \ldots - p_n dx_n = 0,$$

on aura d'abord

$$(17) \begin{cases} dX_i = \dfrac{dX_i}{dx_1} dx_1 + \ldots + \dfrac{dX_i}{dx_n} dx_n + \dfrac{\partial X_i}{\partial p_1} dp_1 + \ldots + \dfrac{\partial X_i}{\partial p_n} dp_n, \\[2mm] dP_i = \dfrac{dP_i}{dx_1} dx_1 + \ldots + \dfrac{dP_i}{dx_n} dx_n + \dfrac{\partial P_i}{\partial p_1} dp_1 + \ldots + \dfrac{\partial P_i}{\partial p_n} dp_n, \\[2mm] \qquad\qquad (i = 1, 2, \ldots, m). \end{cases}$$

On déduit ensuite de ces formules, en tenant compte des relations (12) et (13) de la page 371 l'on a aussi

$$(18) \begin{cases} \rho\, dx_i = \dfrac{\partial P_1}{\partial p_i} dX_1 - \dfrac{\partial X_1}{\partial p_i} dP_1 + \ldots + \dfrac{\partial P_m}{\partial p_i} dX_m - \dfrac{\partial X_m}{\partial p_i} dP_m, \\[2mm] - \rho\, dp_i = \dfrac{dP_1}{dx_i} dX_1 - \dfrac{dX_1}{dx_i} dP_1 + \ldots + \dfrac{dP_m}{dx_i} dX_m - \dfrac{dX_m}{dx_i} dP_m; \end{cases}$$

u étant une fonction quelconque de z, x_i, p_k, si on remplace dx_i, dp_i par les valeurs précédentes dans la formule qui donne du

$$du = \frac{du}{dx_1} dx_1 + \ldots + \frac{du}{dx_n} dx_n + \frac{\partial u}{\partial p_1} dp_1 + \ldots + \frac{\partial u}{\partial p_n} dp_n,$$

il vient

$$(19) \begin{cases} \rho\, du = [P_1, u]\, dX_1 + \ldots + [P_m, u]\, dX_m \\[2mm] \qquad\qquad - [X_1, u]\, dP_1 - \ldots - [X_m, u]\, dP_m. \end{cases}$$

Si m est plus grand que n, les $2m$ fonctions X_i, P_k ne sont plus indépendantes, et on ne peut pas conclure de cette relation que les crochets $[X_i, X_k]$ et les analogues soient nuls en général.

Considérons maintenant une identité de la forme

$$(20) \quad dU + F_1 df_1 + \ldots + F_r df_r = p_1 dx_1 + \ldots + p_n dx_n \quad (r \gg n),$$

où U, F_i, f_k sont des fonctions des $2n$ variables $x_1, \ldots, x_n, p_1, \ldots, p_n$. Cette identité peut se ramener à la forme (16) en l'écrivant

$$d(z - U) - F_1 df_1 - \ldots - F_r df_r = dz - p_1 dx_1 - \ldots - p_n dx_n,$$

et les formules (18) et (19) deviennent ici

$$(18)' \quad \begin{cases} dx_i = \dfrac{\partial F_1}{\partial p_i} df_1 - \dfrac{\partial f_1}{\partial p_i} dF_1 + \ldots + \dfrac{\partial F_r}{\partial p_i} df_r - \dfrac{\partial f_r}{\partial p_i} dF_r, \\[2mm] -dp_i = \dfrac{\partial F_1}{\partial x_i} df_1 - \dfrac{\partial f_1}{\partial x_i} dF_1 + \ldots + \dfrac{\partial F_r}{\partial x_i} df_r - \dfrac{\partial f_r}{\partial x_i} dF_r, \end{cases}$$

et

$$(19)' \quad \begin{aligned} du = (F_1, u) df_1 + \ldots + (F_r, u) df_r \\ - (f_1, u) dF_1 - \ldots - (f_r, u) dF_r, \end{aligned}$$

u étant une fonction quelconque des variables x_i, p_k.

Les équations (18)$'$ prouvent que, parmi les $2r$ fonctions F_i, f_k, il y en a toujours $2n$ indépendantes. S'il n'en était pas ainsi, tous les déterminants d'ordre $2n$ contenus dans le tableau rectangulaire

$$\begin{vmatrix} \dfrac{\partial F_1}{\partial p_1}, & \dfrac{\partial f_1}{\partial p_1}, & \ldots, & \dfrac{\partial F_r}{\partial p_1}, & \dfrac{\partial f_r}{\partial p_1} \\ \cdot & \cdot & \cdot & \cdot & \cdot \\ \cdot & \cdot & \cdot & \cdot & \cdot \\ \dfrac{\partial F_1}{\partial x_n}, & \dfrac{\partial f_1}{\partial x_n}, & \ldots, & \dfrac{\partial F_r}{\partial x_n}, & \dfrac{\partial f_r}{\partial x_n} \end{vmatrix}$$

seraient nuls, et des relations (18)$'$ on pourrait déduire une relation linéaire entre les différentielles dx_i, dp_k, ce qui est évidemment impossible, puisque les variables x_i, p_k sont indépendantes. Nous supposerons de plus, ce qu'on peut toujours faire, que les fonctions $f_1, \ldots, f_r$ sont distinctes.

Cela posé, on a le théorème suivant :

Si on a une identité de la forme

$$(20) \quad dU + F_1 df_1 + \ldots + F_r df_r = p_1 dx_1 + \ldots + p_n dx_n.$$

où $f_1, \ldots, f_r$ sont r intégrales distinctes du système complet

$$(21) \quad (f_1, f) = 0, \quad \ldots, \quad (f_q, f) = 0. \quad \text{où} \quad (f_i, f_k) = 0,$$
$$(i, k = 1, 2, \ldots, q).$$

$F_{q+1}, \ldots, F_r$ *donnent les autres intégrales de ce système complet et on a les relations*

$$(22) \qquad [f_1, z - U] = 0, \quad \ldots, \quad [f_q, z - U] = 0.$$

Si dans l'identité $(19)'$ nous remplaçons u par f_1, il vient

$$df_1 = (F_1, f_1)\, df_1 + (F_2, f_1)\, df_2 + \ldots + (F_r, f_1)\, df_r,$$

et, puisque par hypothèse les fonctions, $f_1, \ldots, f_r$ sont indépendantes, on a les relations

$$(F_1, f_1) = 1, \quad (f_1, F_2) = 0, \quad \ldots, \quad (f_1, F_r) = 0.$$

En remplaçant de même u par $f_2, \ldots, f_q$, on en conclut que $F_{q+1}, \ldots, F_r$ sont des intégrales du système complet (21). D'un autre côté, parmi les $2r$ fonctions F_i, f_k, il y en a toujours $2n$ d'indépendantes ; donc, parmi les fonctions $f_1, \ldots, f_r, F_{q+1}, \ldots, F_r$, il y en aura toujours $2n - q$ d'indépendantes. Elles donneront par conséquent, l'intégrale générale du système complet (21).

Pour obtenir les formules (22), remarquons que l'identité (20) équivaut aux $2n$ relations

$$(23) \qquad p_k = \sum_{i=1}^{r} F_i \frac{\partial f_i}{\partial x_k} + \frac{\partial U}{\partial x_k},$$

$$(k = 1, 2, \ldots, n),$$

$$(24) \qquad 0 = \sum_{i=1}^{r} F_i \frac{\partial f_i}{\partial p_k} + \frac{\partial U}{\partial p_k}.$$

Remplaçons $\dfrac{\partial U}{\partial x_k}$, $\dfrac{\partial U}{\partial p_k}$ par leurs valeurs tirées de ces formules dans

$$[f_1, z - U] = \sum_{k=1}^{n} p_k \frac{\partial f_1}{\partial p_k} - \sum_{k=1}^{n} \left(\frac{\partial f_1}{\partial p_k} \frac{\partial U}{\partial x_k} - \frac{\partial f_1}{\partial x_k} \frac{\partial U}{\partial p_k} \right),$$

on trouve

$$[f_1, z - U] = \sum_{i=1}^{r} F_i (f_1, f_i) = 0,$$

et on voit de même que l'on aura

$$[f_2, z - U] = 0, \quad \ldots, \quad [f_q, z - U] = 0.$$

Nous avons encore besoin de connaître la solution du problème suivant : Étant données r fonctions f_1, ..., f_r des variables x_i, p_k, telles qu'il existe d'autres fonctions F_1, ..., F_r, U, donnant lieu avec les précédentes à l'identité (20), comment obtiendra-t-on ces nouvelles fonctions U, F_1, ..., F_r ?

Prenons pour nouvelles variables indépendantes f_1, ..., f_r et $2n - r$ quantités u_1, u_2, ..., u_{2n-r}, formant avec f_1, ..., f_r un système de $2n$ fonctions distinctes. La relation (20) devient

$$(25) \quad \left\{ \begin{aligned} \sum_{i=1}^{2n-r} \sum_{k=1}^{r} p_k \frac{\partial x_k}{\partial u_i} du_i &+ \sum_{=1}^{r} \sum_{k=1}^{n} p_k \frac{\partial x_k}{\partial f_j} df_j \\ &= \sum_j F_j df_j + \sum_l \frac{\partial U}{\partial u_i} du_i + \sum_j \frac{\partial U}{\partial f_j} df_j, \end{aligned} \right.$$

et elle peut être remplacée par les $2n$ relations

$$(26) \qquad \frac{\partial U}{\partial u_i} = \sum_k p_k \frac{\partial x_k}{\partial u_i},$$

$$(27) \qquad F_j = - \frac{\partial U}{\partial f_j} + \sum_k p_k \frac{\partial x_k}{\partial f_j}.$$

Des formules (26) on déduira U par une quadrature, en supposant, bien entendu, que le problème soit possible, et on aura ensuite F_1, ..., F_r au moyen des formules (27). Remarquons qu'on peut toujours ajouter à U une fonction arbitraire de f_1, ..., f_r ; ce qui était évident *a priori*. On peut donc énoncer la proposition suivante :

Soient f_1, ..., f_r des fonctions connues de x_1, ..., x_n, p_1, ..., p_n, telles qu'il existe une relation de la forme

$$(20) \quad dU + F_1 df_1 + \ldots + F_r df_r = p_1 dx_1 + \ldots + p_n dx_n;$$

U s'obtient par une quadrature, et on a ensuite F_1, ..., F_r par des différentiations seulement.

L'application de ces résultats aux équations aux dérivées partielles conduit à l'important théorème ci-dessous.

THÉORÈME. — *Soit*

$$(28) \qquad f_1 = C_1, \qquad \ldots, \qquad f_q = C_q$$

un système en involution, et soient $f_1, \ldots, f_q, \ldots, f_r$ r *intégrales distinctes du système complet*

$$(29) \qquad (f_1, f) = 0, \qquad \ldots, \qquad (f_q, f) = 0 ;$$

s'il existe d'autres fonctions $F_1, \ldots, F_r, U,$ *telles que l'on ait la relation* (20), *l'intégration du système* (28) *n'exige qu'une quadrature.*

En effet, nous venons de voir qu'on aura par une quadrature les fonctions $U, F_1, \ldots, F_r$. Les fonctions $f_1, \ldots, f_r, F_{q+1}, \ldots, F_r$ donneront l'intégrale générale du système complet (29) et U sera une intégrale des équations

$$[f_1, z - U] = 0, \qquad \ldots, \qquad [f_q, z - U] = 0 ;$$

on aura donc $2n - q + 1$ intégrales distinctes du système complet

$$[f_1, \Phi] = 0, \qquad \ldots, \qquad [f_q, \Phi] = 0,$$

et la méthode de Cauchy généralisée (§ **68**) nous fournira par des éliminations une intégrale complète du système en involution (28).

Ce théorème donne une réelle importance à la question suivante :

Connaissant les r intégrales $f_1, \ldots, f_q, \ldots, f_r$ du système complet (29), comment reconnaître si on peut trouver d'autres fonctions $F_1, \ldots, F_r, U,$ telles que l'on ait la relation (20)? Nous supposerons que l'application du théorème de Poisson aux intégrales connues ne donne pas d'intégrales nouvelles, c'est-à-dire que les fonctions $f_1, \ldots, f_q, \ldots, f_r$ forment un groupe. Pour qu'il existe une relation de la forme (20), *il faut et il suffit que ce groupe renferme un système en involution d'ordre n.*

D'abord, il est clair que la condition est suffisante ; en effet, si elle est remplie, le groupe $(f_1, \ldots, f_q, \ldots, f_r)$ peut être ramené à la forme canonique (§ **89**)

$$P_1, \ldots, P_m, \qquad X_1, \ldots, X_n,$$

et on a une relation de la forme

$$p_1 dx_1 + \ldots + p_n dx_n = Q_1 dX_1 + \ldots + Q_n dX_n + dV \,;$$

comme $X_1, \ldots, X_n$ sont des fonctions de $f_1, \ldots, f_r$, cette relation peut aussi s'écrire

$$p_1 dx_1 + \ldots + p_n dx_n = F_1 df_1 + \ldots + F_r df_r + dV.$$

Inversement, si on a une identité de la forme (20), les fonctions $f_1, \ldots, f_r$ engendrent un groupe qui renferme un système en involution d'ordre n. Soit

$$P_1, \ldots, P_\beta, \quad X_1, \ldots, X_\alpha, \qquad (\beta \leqq \alpha \leqq n),$$

la forme canonique de ce groupe ; la relation (20) pourra s'écrire

$$\sum_{k=1}^{n} p_k dx_k = \sum_{i=1}^{\alpha} A_i dX_i + \sum_{i=1}^{\beta} B_i dP_i + dV.$$

On peut trouver d'autres fonctions $P_{\beta+1}, \ldots, P_n$, $X_{\alpha+1}, \ldots, X_n$ telles que le groupe

$$P_1, \ldots, P_n, \quad X_1, \ldots, X_n,$$

soit un groupe canonique, et on a par conséquent

$$\sum_{k=1}^{n} p_k dx_k = P_1 dX_1 + \ldots + P_n dX_n + dW.$$

En retranchant les deux identités membre à membre, il vient

$$\sum_{i=1}^{n} P_i dX_i = \sum_{i=1}^{\alpha} A_i dX_i + \sum_{i=1}^{\beta} B_i dP_i + d(V - W) \,;$$

or, une telle identité est impossible, si $\alpha < n$. Car, en prenant $X_1, \ldots, X_n$, $P_1, \ldots, P_n$ pour variables indépendantes, on aurait les deux équations incompatibles

$$\frac{\partial(V - W)}{\partial X_n} = P_n, \qquad \frac{\partial(V - W)}{\partial P_n} = 0.$$

Nous pouvons donc énoncer la proposition suivante, qui n'est qu'une autre forme du théorème précédent :

Étant donné un système en involution

$$f_1 = C_1 \quad ..., \quad f_q = C_q,$$

si on connaît r intégrales $f_1, ..., f_q, ..., f_r$ du système complet

$$(f_1, f) = 0, \quad ..., \quad (f_q, f) = 0,$$

formant un groupe qui renferme un système en involution d'ordre n (ce qu'on peut toujours reconnaître par des opérations élémentaires), l'intégration du système en involution proposé se ramène à une quadrature.

La proposition de Jacobi sur le dernier multiplicateur n'est qu'un cas particulier de ce théorème. Soit $f_1 = C_1$ une équation unique ; l'équation linéaire $(f_1, f) = 0$ admet, outre f_1, $2n - 2$ intégrales distinctes. Supposons qu'on ait obtenu toutes les intégrales, sauf une, et qu'on ne puisse obtenir cette dernière intégrale par l'application du théorème de Poisson ; alors les intégrales connues $f_1, f_2, ..., f_{2n-2}$ forment un groupe d'ordre $2n - 2$ dont la forme canonique sera

$$P_1, ..., P_\beta, \quad X_1, ..., X_\alpha, \quad (\alpha + \beta = 2n - 2) ;$$

comme le groupe contient une fonction distinguée f_1, β sera inférieur à α et on aura forcément $\alpha = n$. Les intégrales $X_1, ..., X_\alpha$ formeront donc un système en involution d'ordre n. Par conséquent, d'après le théorème précédent, on pourra obtenir la dernière intégrale de l'équation $(f_1, f) = 0$ par une quadrature.

La proposition précédente va même plus loin que la théorie de Jacobi. En effet, une quadrature unique nous donne à la fois une intégrale complète de l'équation $f_1 = C_1$ et la dernière intégrale de l'équation $(f_1, f) = 0$. En employant le dernier multiplicateur, une fois la dernière intégrale de l'équation $(f_1, f) = 0$ obtenue par une quadrature, il faudrait encore une quadrature pour avoir une intégrale complète de l'équation $f_1 = C_1$.

Voici maintenant comment on pourra se servir des intégrales connues pour simplifier l'intégration. Soit toujours

$$(28) \qquad f_1 = C_1, \quad ..., \quad f_q = C_q$$

le système en involution proposé, et soient $f_1, ..., f_q, f_{q+1}, ..., f_r$ les intégrales connues du système complet

$$(29) \qquad (f_1, f) = 0, \quad ..., \quad (f_q, f) = 0 ;$$

nous supposons que ces intégrales forment un groupe qui admet, outre $f_1, ..., f_q$, m fonctions distinguées $\Omega_1, ..., \Omega_m$, d'ailleurs inconnues. On a vu plus haut (§ **88**) comment on pouvait obtenir, par les calculs les plus élémentaires, un système d'équations linéaires

$$(30) \quad B_1(f) = 0, \quad ..., \quad B_q(f) = 0, \quad ..., \quad B_{q+m}(f) = 0,$$

équivalent au système complet

$$(31) \quad (f_1, f) = 0, ..., (f_q, f) = 0, \quad (\Omega_1, f) = 0, \quad ..., \quad (\Omega_m, f) = 0.$$

Il suffira, par exemple, de poser

$$B_1(f) = (f_1, f), \quad ..., \quad B_q(f) = (f_q, f),$$

et de former ensuite les équations de la forme

$$\lambda_1 (f_{q+1}, f) + ... + \lambda_{r-q}(f_r, f) = 0,$$

qui admettent les intégrales $f_{q+1}, ..., f_r$. Il existe m équations distinctes seulement satisfaisant à ces conditions ; on les prendra pour $B_{q+1}(f), ..., B_{q+m}(f)$.

Le système (30) ainsi obtenu admet les r intégrales $f_1, ..., f_q, ... f_r$; on en obtiendra une nouvelle intégrale par une opération d'ordre

$$2n - q - m - r,$$

ou, en remarquant que la différence $r - q - m$ est un nombre pair 2ν, par une opération d'ordre

$$2n - 2q - 2m - 2\nu.$$

Soit ψ_1 une intégrale du système (30) ; deux cas peuvent se présenter. D'abord, il peut arriver que les fonctions $f_1, ..., f_q, ..., f_r, \psi_1$ forment un groupe ; les fonctions $f_1, ..., f_q, \Omega_1, ..., \Omega_m$ seront des fonctions distinguées de ce groupe et, comme la différence $r + 1$

$-q-m$ n'est pas un nombre pair, ce groupe admettra une fonctions distinguée de plus, Ω_{m+1} [1]. On est donc conduit à un problème de même forme que le premier, les nombres r et m étant remplacés par $r+1$ et $m+1$. On formera comme tout à l'heure un système complet

$$B_1(f) = 0, \quad \ldots, \quad B_{q+m+1}(f) = 0.$$

équivalent au système

$$(f_1, f) = 0, \quad \ldots, \quad (f_q, f) = 0, \quad (\Omega_1, f) = 0, \quad \ldots, \quad (\Omega_{m+1}, f) = 0,$$

dont on connaît $r+1$ intégrales ; la recherche d'une nouvelle intégrale exigera une opération d'ordre

$$2n - r - 1 - q - m - 1 = 2n - 2q - 2m - 2\nu - 2.$$

L'ordre de cette opération est, comme on voit, inférieur de deux unités à l'ordre de la première.

Il peut arriver que les fonctions $f_1, \ldots, f_r, \psi_1$ ne forment pas un groupe. Alors l'application du théorème de Poisson nous donnera d'autres intégrales $\psi_2, \ldots, \psi_s$. Dans le groupe ainsi obtenu ($f_1, \ldots, f_r, \psi_1, \ldots, \psi_s$), les fonctions $f_1, \ldots, f_q, \Omega_1, \ldots, \Omega_m$ sont des fonctions distinguées, mais il peut y en avoir d'autres $\Omega_{m+1}, \ldots, \Omega_{m+m'}$. Le problème a encore repris la forme primitive, sauf que r et m sont remplacées respectivement par $r+s$ et $m+m'$. L'opération suivante sera d'ordre

$$2n - (r+s) - (q+m+m'),$$

et, comme s est au moins égal à 2, cet ordre est inférieur d'au moins deux unités à celui de la première opération. On verra de même que l'ordre de la troisième opération sera inférieur d'au moins deux unités à celui de la seconde, et ainsi de suite.

Supposons que de cette façon on ait obtenu assez d'intégrales ($f_1, \ldots, f_\rho$) pour que le système complet

$$(f_1, f) = 0, \quad \ldots \quad (f_q, f) = 0, \quad (\Omega_1, f) = 0, \quad \ldots, \quad (\Omega_\mu, f) = 0,$$

---

[1] Le nouveau groupe ne peut contenir plus de $(m+1)$ fonctions distinguées. D'après la façon même dont on calcule le nombre des fonctions distinguées d'un groupe, on voit, en effet, que, si un groupe d'ordre r contient m fonctions distinguées, un sous-groupe d'ordre $r-q$ en contient $m-q$.

où Ω_1, ..., Ω_μ sont les fonctions distinguées, autres que f_1, ..., f_q, du groupe $(f_1, ..., f_\rho)$, n'admette pas d'autres intégrales que f_1, ..., f_ρ. On aura dans ce cas

$$2n = q + \mu + \rho,$$

ou, en posant $\rho - q - \mu = 2t$,

$$n = q + \mu + t.$$

Le groupe $(f_1, ..., f_\rho)$ contient alors un système en involution d'ordre n et, d'après le théorème général démontré plus haut, l'intégration du système (28) n'exige plus qu'une quadrature.

On peut donc énoncer la proposition suivante :

THÉORÈME. — *Étant donné un système en involution*

$$f_1 = C_1, \quad ..., \quad f_q = C_q,$$

si on connaît r intégrales f_1, ..., f_r du système complet

$$(f_1, f) = 0, \quad ..., \quad (f_q, f) = 0,$$

formant un groupe qui admet, outre f_1, ..., f_q, m fonctions distinguées inconnues, l'intégration du système en involution proposé n'exige, dans les cas les plus défavorables, que les opérations

$$2n \quad q - m - r, \quad 2n - q - m - r - 2, \quad ..., \quad 6, 4, 2,$$

et une quadrature.

Toutes ces opérations sont d'ordre pair et l'ordre diminue d'au moins deux unités quand on passe d'une opération à la suivante.

EXEMPLE. — Pour donner un exemple, supposons que l'on ait une équation unique

$$f(x_1, ..., x_{10}, p_1, ..., p_{10}) = C_1,$$

et que l'on connaisse 7 intégrales $\varphi_1, \varphi_2, ..., \varphi_7$ de l'équation $(f, \varphi) = 0$, formant avec f un groupe d'ordre 8. Plusieurs cas sont à distinguer :

1° Ce groupe admet, avec f, une autre fonction distinguée ; l'intégration exige alors les opérations

$$10, \quad 8, \quad 6, \quad 4, \quad 2 ;$$

2° Le groupe renferme 4 fonctions distinguées. On a à effectuer les opérations

$$8, \quad 6, \quad 4, \quad 2 ;$$

3° Le groupe renferme 6 fonctions distinguées. Les opérations nécessaires sont d'ordre

$$6, \quad 4, \quad 2 ;$$

4° Enfin, si le groupe est en involution, l'emploi de la méthode de Jacobi exige les opérations

$$4, \quad 2.$$

L'emploi de la méthode de Cauchy, combinée avec le dernier multiplicateur, nécessiterait les opérations

$$11, \quad 10, \quad 9, \quad 8, \quad ..., \quad 4, \quad 3, \quad 2,$$

et deux quadratures.

Supposons encore que l'on connaisse 8 intégrales $\varphi_1, ..., \varphi_8$ de l'équation $(f, \varphi) = 0$, formant un groupe avec f. Tous les cas possibles sont résumés dans le tableau suivant :

			OPÉRATIONS				
Le groupe contient	1 fonction distinguée		10,	8,	6,	4,	2
—	3	—		8,	6,	4,	2
—	5	—			6,	4,	2
—	7	—				4,	2
—	9	—					2

REMARQUE. — On voit, sur cet exemple, que la connaissance de 8 intégrales de l'équation $(f, \varphi) = 0$ ne donne pas de plus grandes simplifications que la connaissance de 7 intégrales seulement. C'est là un fait général, que l'on vérifiera bien aisément d'après les développements qui précèdent : *si on connaît toutes les solutions, sauf $2m + 1$, du système complet*

$$(f_1, f) = 0, \quad ..., \quad (f_q, f) = 0, \quad \text{où} \quad (f_i, f_k) = 0,$$

le problème de l'intégration n'est pas plus difficile que si on connaissait toutes les solutions, sauf $2m$.

93. Équations homogènes. — Nous allons maintenant nous

occuper des équations homogènes et de degré zéro par rapport aux variables $p_1, ..., p_n$. Ce cas particulier est important à considérer, car il se présente toutes les fois que l'on a des équations du premier ordre dont on fait disparaître la fonction inconnue par l'artifice de Jacobi. Soit donc

$$(32) \qquad N_1 = C_1, \qquad ..., \qquad N_q = C_q$$

un système en involution de q équations distinctes, où $N_1, ..., N_q$ sont des fonctions homogènes de degré zéro des variables p_i (D'une manière générale, on désignera par la lettre H une fonction homogène de degré quelconque, par la lettre N ou X une fonction homogène de degré zéro, et par la lettre P une fonction homogène du premier degré ; il s'agira toujours, dans la suite, d'homogénéité par rapport aux p_i). La méthode de Cauchy généralisée ramène l'intégration du système en involution (32) à l'intégration du système complet

$$(33) \qquad [N_1, \Phi] = 0, \qquad ..., \qquad [N_q, \Phi] = 0,$$

et, comme z est une solution de ce système, il suffira d'intégrer le système complet

$$(34) \qquad (N_1, \Phi) = 0, \qquad ..., \qquad (N_q, \Phi) = 0,$$

pour avoir une intégrale complète du système (32) sans aucune quadrature.

On peut encore simplifier l'intégration. Posons, d'une manière générale,

$$M(F) = p_1 \frac{\partial F}{\partial p_1} + \cdots + p_n \frac{\partial F}{\partial p_n} = [F, z],$$

et soit H une fonction homogène de degré s, de façon que $M(H) = s.H$. Appliquons la formule générale de Mayer aux trois fonctions z, H, F, les deux dernières ne renfermant pas z ; il vient

$$[[H, F], z] + [[F, z], H] + [[z, H], F] = [F, H],$$

où, en posant $[H, F] = A(F)$,

$$(35) \qquad M(A(F)) - A(M(F)) = (s - 1) A(F).$$

Par conséquent, *si* K *est une solution de l'équation* (H, F) $= 0$, *où* H *est une fonction homogène*, M (K) *sera une intégrale de la même équation.*

La même formule (35) nous montre aussi que l'on peut ajouter aux équations (34) la nouvelle équation M(Φ) $= 0$, sans cesser d'avoir un système complet ([1]). Le nouveau système

$$(36) \qquad (N_1, \Phi) = 0, \quad \ldots, \quad (N_q, \Phi) = 0, \quad M(\Phi) = 0$$

admet $2n - 2q - 1$ intégrales, autres que $N_1, \ldots, N_q$, et que l'on obtiendra par les opérations $2n - 2q - 1$, $2n - 2q - 2, \ldots, 3, 2, 1$. Soient $\Phi_1, \ldots, \Phi_{2n-2q-1}$ ces intégrales ; toutes les parenthèses (Φ_i, Φ_k) seront des intégrales du système (34) et, comme ces parenthèses sont homogènes et de degré -1, elles ne pourront être des fonctions de $N_1, \ldots, N_q, \Phi_1, \ldots, \Phi_{2n-2q-1}$. En ajoutant une de ces parenthèses, différente de zéro, aux intégrales déjà connues, on aura l'intégrale générale de (34). Le procédé ne serait en défaut que si toutes les parenthèses (Φ_i, Φ_k) étaient nulles. Ceci ne peut arriver que lorsque les fonctions N_i et Φ_h forment un système en involution d'ordre n, et, dans ce cas, l'intégration est immédiatement terminée par la méthode de Jacobi.

Pour intégrer le système (32) par la méthode de Jacobi, on commencera par chercher une intégrale N_{q+1} différente de $N_1, \ldots, N_q$ du système (36), ce qui se fera par une opération d'ordre $2n - 2q - 1$. On cherchera ensuite une intégrale du système complet

$$(37) \qquad (N_1, \Phi) = 0, \quad \ldots, \quad (N_{q+1}, \Phi) = 0, \quad M(\Phi) = 0,$$

différente de $N_1, \ldots, N_{q+1}$, ce qui exige une opération d'ordre $2n - 2q - 3$, et ainsi de suite jusqu'à ce qu'on ait obtenu un système en involution de n fonctions distinctes d'ordre nul $N_1, \ldots,$

([1]) Si l'équation M (Φ) $= 0$ était une conséquence des équations (34), les $2n - q$ intégrales de ce système $\Phi_1, \ldots, \Phi_{2n-q}$ seraient des fonctions homogènes d'ordre zéro. Les parenthèses (Φ_i, Φ_k), qui sont homogènes et de degré -1, devraient être identiquement nulles. On aurait donc $2n - q \leq n$, ou $q \geq n$, et nous supposons $q < n$.

$N_q, ..., N_n$. Cela fait, on aura sans difficulté n fonctions $P_1, ..., P_n$. donnant lieu à l'identité (§ **80**)

$$P_1 dN_1 + ... + P_n dN_n = p_1 dx_1 + ... + p_n dx_n,$$

qui peut encore s'écrire

$$dZ - P_1 dN_1 - ... - P_n dN_n = dz - p_1 dx_1 - ... - p_n dx_n,$$

où
$$Z = z.$$

Les équations

$$z = a, \quad N_1 = C_1, \quad ..., \quad N_n = C_n$$

donnent, par conséquent, une intégrale complète du système proposé.

On est maintenant conduit à se demander quel est le meilleur moyen de simplifier l'intégration quand on connaît un certain nombre d'intégrales du système complet (34). Il nous faut, pour cela, entrer dans quelques détails sur la théorie des groupes homogènes.

94. Groupes homogènes. — Un groupe d'ordre r est dit *groupe homogène* s'il contient r fonctions distinctes homogènes $H_1, ..., H_r$. La théorie de ces groupes spéciaux repose sur la proposition suivante : *Si K est une fonction des variables x_i, p_k, appartenant à un groupe homogène, M(K) appartient au même groupe.*

En effet, soit $(H_1, ..., H_r)$ un groupe homogène et K une fonction appartenant à ce groupe, $K = \psi(H_1, ..., H_r)$. Des relations

$$M(H_i) = s_i H_i, \quad (i = 1, 2, ..., r),$$

on déduit, en multipliant par $\frac{\partial \psi}{\partial H_i}$ et ajoutant,

$$M(K) = \sum_{i=1}^{r} s_i H_i \frac{\partial \psi}{\partial H_i} = \psi_1(H_1, ..., H_r).$$

Réciproquement, *si un groupe d'ordre r contient r fonctions distinctes $K_1, ..., K_r$ telles que les expressions $M(K_i)$ soient des fonctions de $K_1, ..., K_r$ seulement, ce groupe est homogène.*

Soit

$$M(K_i) = \Omega_i(K_1, \ldots, K_r), \qquad (i = 1, 2, \ldots, r);$$

si toutes les fonctions Ω_i sont nulles, les fonctions K_i sont homogènes et de degré zéro. Si l'une au moins des fonctions Ω_i n'est pas nulle, on pourra trouver r fonctions distinctes appartenant au groupe, homogènes et du premier ordre. En désignant par Φ une fonction de $K_1, \ldots, K_r$, l'équation $M(\Phi) = \Phi$ peut, en effet, s'écrire

$$\sum_{i=1}^{i=r} \frac{\partial \Phi}{\partial K_i} \, \Omega_i(K_1, \ldots, K_r) = \Phi,$$

et on a pour déterminer Φ une équation linéaire à r variables indépendantes avec second membre, qui admet, par conséquent, r intégrales distinctes. De là se déduisent diverses conséquences :

1º Les groupes homogènes se divisent en deux classes, suivant qu'ils admettent r fonctions distinctes homogènes d'ordre nul, ou non. Dans le premier cas, toutes les fonctions du groupe sont d'ordre nul ; on peut le représenter par $(N_1, \ldots, N_r)$. Dans le cas contraire, on peut toujours trouver, par des divisions et des élévations de puissances convenables, $r - 1$ fonctions distinctes du groupe, qui soient homogènes et d'ordre 0, et une autre qui soit d'ordre 1, par exemple, de sorte que le groupe aura la forme $(N_1, \ldots, N_{r-1}, P)$. Si toutes les fonctions sont d'ordre nul, le groupe est nécessairement en involution, car les parenthèses (N_i, N_k) devraient être d'ordre $- 1$;

2º *Les fonctions communes à deux groupes homogènes forment un groupe homogène.* Car, si L est une fonction commune à deux groupes, il en est de même de $M(L)$;

3º Étant données ν fonctions quelconques $\Phi_1, \ldots, \Phi_\nu$ des variables x_i, p_k, imaginons qu'on forme toutes les expressions $M(\Phi_i)$ et (Φ_i, Φ_k). Ajoutons aux fonctions Φ toutes celles de ces expressions qui ne s'expriment pas au moyen des fonctions Φ elles-mêmes. On obtient ainsi un nouveau système de $\nu + s$ fonctions distinctes $\Phi_1, \ldots, \Phi_\nu, \ldots, \Phi_{\nu+s}$ sur lesquelles on peut recommencer les mêmes opérations. En continuant ainsi, il est clair qu'on finira par arriver à un groupe homogène. Les ν fonctions $\Phi_1, ..., \Phi_\nu$ engendrent donc un groupe homogène ;

4° *Le groupe polaire d'un groupe homogène est homogène.*
Soit $(H_1, ..., H_r)$ le groupe proposé. Si K est une intégrale du système complet

$$(H_1, \Phi) = 0, \quad ..., \quad (H_r, \Phi) = 0,$$

il en est de même, d'après la formule (35), de $M(K)$; ce qui suffit pour établir la proposition.

Il résulte aussi de là que *les fonctions distinguées d'un groupe homogène forment un groupe homogène.* Car les fonctions distinguées d'un groupe sont les fonctions communes à ce groupe et à son groupe polaire. Soit $(H_1, ..., H_{r-1}, H_r)$ un groupe homogène renfermant m fonctions distinguées. Deux cas peuvent se présenter : ou bien toutes ces fonctions sont d'ordre nul, ou bien elles ne sont pas toutes d'ordre nul. Il est facile de distinguer ces deux cas. On obtient le nombre des fonctions distinguées en cherchant le nombre d'intégrales communes des équations

$$(H_1, \Phi) = 0, \quad ..., \quad (H_r, \Phi) = 0,$$

où on suppose que Φ ne dépend que de $H_1, ..., H_r$. Si ces équations se réduisent à $r - m$ équations distinctes, par exemple aux $r - m$ premières

$$(38) \qquad (H_1, \Phi) = 0, \quad ..., \quad (H_{r-m}, \Phi) = 0,$$

le groupe admet m fonctions distinguées. Pour avoir les fonctions distinguées d'ordre nul, il faudra joindre aux équations (38) la relation

$$(39) \qquad M(\Phi) = \sum_{i=1}^{r} \frac{\partial \Phi}{\partial H_i} M(H_i) = \sum_{i=1}^{r} s_i H_i \frac{\partial \Phi}{\partial H_i} = 0.$$

Si l'équation (39) est une combinaison linéaire des équations (38), toutes les fonctions distinguées sont d'ordre nul. Si l'équation (39) n'est pas une combinaison linéaire des équations (38), les équations (38) et (39) forment un système complet dont les $m - 1$ intégrales communes donnent $m - 1$ fonctions distinguées d'ordre nul. Les équations (38) admettent une autre intégrale commune dont l'ordre pourra être pris égal à 1 par exemple.

On a vu plus haut (§ **89**) que tout groupe pouvait être ramené à une forme canonique $P_1, ..., P_m, X_1, ..., X_q$, où toutes les parenthèses sont nulles, sauf les parenthèses (P_i, X_i) qui ont pour valeur l'unité. Dans le cas des groupes homogènes, on peut de plus supposer que les fonctions X_i, P_i sont homogènes, d'ordre 0 et 1 respectivement. Prenons, en effet, un groupe homogène ; s'il est en involution, on peut prendre pour forme canonique $X_1, ..., X_m$ où $P_1, ..., P_m$, suivant que toutes les fonctions du groupe sont d'ordre nul ou non. Considérons en second lieu un groupe non en involution $(N_1, ..., N_{r-1}, P)$. Toutes les fonctions $N_1, ..., N_{r-1}$ ne peuvent être distinguées ; supposons, par exemple, que N_1 ne soit pas distinguée. On pourra alors trouver une fonction F du groupe, du premier ordre, telle que $(F, N_1) = 1$. Soit, en effet, $F = P\psi(N_1, ..., N_{r-1})$; la condition $(F, N_1) = 1$ développée donne

$$(P, N_1)\psi + \sum_{i=1}^{r-1} P(N_i, N_1)\frac{\partial\psi}{\partial N_i} = 1 ;$$

les fonctions (P, N_1) et $P(N_i, N_1)$ sont des fonctions du groupe d'ordre zéro et, par conséquent, s'expriment au moyen de $N_1, ..., N_{r-1}$ seulement. On aura donc, pour déterminer ψ, une équation linéaire à $r - 1$ variables. Soit P_1 une valeur de F ainsi obtenue ; le groupe proposé se trouve décomposé (§ **89**) en un groupe d'ordre 2 (N_1, P_1) et un groupe d'ordre $r - 2$, $u'_1, ..., u'_{r-2}$, en involution avec le premier. Ce groupe $(u'_1, ..., u'_{r-2})$ est encore homogène ; car, si $(v_1, ..., v_{2n-r})$ est le groupe polaire du groupe proposé, le groupe $(N_1, P_1, v_1, ..., v_{2n-r})$ est homogène et son groupe polaire est précisément $(u'_1, ..., u'_{r-2})$. Si ce nouveau groupe n'est pas en involution, on recommencera les mêmes opérations, et ainsi de suite jusqu'à ce qu'on arrive à un groupe en involution. Tout groupe homogène peut donc être ramené à la forme

$$P_1, X_1, \quad ..., \quad P_q, X_q, \quad U_1, ..., U_m,$$

où le groupe $(U_1, ..., U_m)$ est un groupe homogène en involution.

Si toutes les fonctions de ce groupe sont d'ordre nul, on peut l'écrire $X_{q+1}, ..., X_{q+m}$; sinon on peut le mettre sous la forme $P_{q+1}, ..., P_{q+m}$. En résumé, *tout groupe homogène d'ordre* $2q + m$, *renfermant* m *fonctions distinguées, peut être ramené à la forme canonique*

(A) $X_1, ..., X_q,$ $X_{q+1}, ..., X_{q+m},$ $P_1, ..., P_q,$

ou à la forme canonique

(B) $X_1, ..., X_q,$ $P_1, ..., P_q,$ $P_{q+1}, ..., P_{q+m},$

où X_i, P_k *sont des fonctions homogènes, d'ordre* o *et* 1 *respectivement, satisfaisant aux relations*

$$(X_i, X_k) = o, \quad (X_i, P_k) = o, \quad (P_i, P_k) = o, \quad (P_i, X_i) = 1,$$

La forme (A) *convient aux groupes dont toutes les fonctions distinguées sont d'ordre nul, la forme* (B) *aux groupes pour lesquels il n'en est pas ainsi.*

On démontrera comme plus haut (§ **89**, p. 433) que tout groupe canonique homogène est renfermé dans un groupe canonique à $2n$ termes, et on en conclut que *les seules propriétés d'un groupe homogène, invariantes relativement à toute transformation homogène de contact, sont l'ordre du groupe, le nombre des fonctions distinguées et le nombre des fonctions distinguées d'ordre nul.*

95. Application aux équations homogènes. — Reprenons le système en involution (32) et soient $\Phi_{q+1}, ..., \Phi_r$ des intégrales connues, différentes de $N_1, ..., N_q$, du système complet (34). Les fonctions $N_1, ..., N_q, \Phi_{q+1}, ..., \Phi_r$ engendrent un groupe homogène dont toutes les fonctions sont des intégrales du système (34) (§ **93**). Si toutes les fonctions de ce groupe sont d'ordre nul, il est en involution, et le problème proposé est ramené à un problème de même nature, mais plus simple. Nous pouvons donc nous borner au cas où les r intégrales connues forment un groupe homogène $(N_1, ..., N_q, M_{q+1}, ..., N_{r-1}, H)$, où H est du premier ordre.

Supposons que ce groupe admette, outre N_1, ..., N_q, m fonctions distinguées. Deux cas peuvent se présenter ; si toutes ces fonctions distinguées ne sont pas d'ordre nul, en emploiera pour terminer l'intégration la méthode générale du § **92**. Si toutes ces fonctions distinguées sont d'ordre nul, on peut encore diminuer l'ordre des intégrations en opérant comme il suit.

Remarquons d'abord que, si le groupe $(N_1, ..., N_{r-1}, H)$ contient un système en involution d'ordre n, la forme canonique du groupe sera P_1, ..., P_ν, X_1, ..., X_ν, $X_{\nu+1}$, ..., X_n, où $\nu = n - m$. On pourra alors (§ **80**) trouver des fonctions du premier ordre donnant lieu à l'identité

$$K_1 dX_1 + \ldots + K_n dX_n = p_1 dx_1 + \ldots + p_n dx_n,$$

et, comme X_1, ..., X_n sont des fonctions de N_1, ..., N_{r-1}, on aura aussi une identité de la forme

$$L_1 dN_1 + \ldots + L_{r-1} dN_{r-1} = p_1 dx_1 + \ldots + p_n dx_n.$$

Les fonctions N_1, ..., N_{r-1}, L_{q+1}, ..., L_{r-1}, H donnent toutes les intégrales du système (34) (§ **92**). L'intégration du système (3_2) est terminée sans aucune quadrature. Laissant ce cas de côté, considérons les équations linéaires

$$(40) \quad \left\{ \begin{array}{l} (N_1, \Phi) = 0, \quad (N_{r-1}, \Phi) = 0, \quad (H, \Phi) = 0, \\[2mm] \displaystyle\sum p_k \frac{\partial \Phi}{\partial p_k} = M(\Phi) = 0. \end{array} \right.$$

Ces équations forment un système complet. Soit en effet $(v_1, ..., v_{2n-r})$ le groupe polaire du groupe $(N_1, ..., N_{r-1}, H)$. Toutes les fonctions de ce groupe ne peuvent être d'ordre nul ; on aurait dans ce cas $2n - r = q + m$, ou en posant $r = q + m + 2\nu$, $n = q + m + \nu$. Le groupe $(N_1, ..., N_{r-1}, H)$ contiendrait un système en involution d'ordre n et on serait ramené au cas précédent.

Les $r + 1$ équations (40), admettant $2n - r - 1$ intégrales communes, forment un système complet. Il y aura $q + m + 1$ équations distinctes de la forme

$$\lambda_1 (N_1, \Phi) + \ldots + \lambda_r (H, \Phi) + \lambda_{r+1} M(\Phi) = 0,$$

admettant les r intégrales N_1, ..., N_{r-1}, H, car les équations de condition que doivent vérifier $\lambda_1, \ldots, \lambda_{r+1}$ pour qu'il en soit ainsi se réduisent à $r - q - m$ relations distinctes (¹). Soient

$$(41) \quad (N_1, \Phi) = 0, \ldots, (N_q, \Phi) = 0, \quad B_{q+1}(\Phi) = 0, \ldots, B_{q+m+1}(\Phi) = 0,$$

les équations linéaires ainsi obtenues. Le système (41) est complet, car il admet $r - q - m$ intégrales de plus que le système (40), c'est-à-dire $2n - q - m - 1$ intégrales. On pourra donc obtenir une intégrale de ce système différente de $N_1, \ldots, N_{r-1}, H$, par une opération d'ordre $2n - r - q - m - 1 = 2n - 2q - 2m - 2\nu - 1$; cette opération sera toujours d'ordre impair.

Soit ψ_1 une intégrale de ce système. Deux cas sont à examiner :

1° Supposons que les fonctions $N_1, \ldots, N_{r-1}, H, \psi_1$ forment un groupe homogène d'ordre $r + 1$; ce groupe contiendra $q + m + 1$ fonctions distinguées. Je dis que toutes ces fonctions seront d'ordre nul. Soit, en effet, $X_1, \ldots, X_q, X_{q+1}, \ldots, X_{q+m}, \ldots, X_{q'}, P_{q+m+1}, \ldots, P_{q'}$ la forme canonique du groupe $(N_1, \ldots, N_{r-1}, H)$. On peut trouver d'autres fonctions X_i, P_k, formant avec les précédentes un groupe canonique d'ordre $2n$. Imaginons qu'on ait pris ces $2n$ fonctions pour nouvelles variables. Le système (40) prend la forme

$$(42) \quad \begin{cases} \dfrac{\partial\Phi}{\partial P_1} = 0, \quad \ldots, \quad \dfrac{\partial\Phi}{\partial P_{q'}} = 0, \quad \dfrac{\partial\Phi}{\partial X_{q+m+1}} = 0, \quad \ldots, \quad \dfrac{\partial\Phi}{\partial X_{q'}} = 0, \\[2mm] \displaystyle\sum P_i \dfrac{\partial\Phi}{\partial P_i} = 0, \end{cases}$$

(¹) Soient $\Omega_1, \ldots, \Omega_m$ les m fonctions distinguées, autres que $N_1, \ldots, N_q$ du groupe $(N_1, \ldots, N_{r-1}, H)$, et $W_1, \ldots, W_{2\nu}$ les 2ν fonctions qui complètent le groupe. On pourra trouver une équation de la forme

$$\lambda_1(W_1, \Phi) + \ldots + \lambda_{2\nu}(W_{2\nu}, \Phi) + \mu M(\Phi) = 0,$$

admettant les intégrales $W_1, \ldots, W_{2\nu}$. Soit $C(\Phi) = 0$ l'équation ainsi obtenue. Les $m + q + 1$ équations
$$(N_1, \Phi) = 0, \quad \ldots, \quad (N_q, \Phi) = 0, \quad (\Omega_1, \Phi) = 0, \quad \ldots, \quad (\Omega_m, \Phi) = 0, \quad C(\Phi) = 0$$
admettent les $2n - r - 1$ fonctions du groupe polaire qui sont d'ordre nul, plus les 2ν fonctions W, pour intégrales, ce qui fait en tout

$$2n - r - 1 + 2\nu = 2n - q - m - 1$$

intégrales distinctes. Ce système est équivalent au système (41). Mais les développements du texte montrent qu'on peut obtenir ce système (41) sans connaître les fonctions distinguées $\Omega_1, \ldots, \Omega_m$.

et le système (41) devient de même

$$(43) \quad \frac{\partial \Phi}{\partial P_1} = 0, \quad \ldots, \quad \frac{\partial \Phi}{\partial P_{q+m}} = 0, \quad P_{q'+1} \frac{\partial \Phi}{\partial P_{q'+1}} + \ldots + P_n \frac{\partial \Phi}{\partial P_n} = 0,$$

Toute intégrale de ce système sera de la forme

$$\Phi\left(X_1, \ldots, X_n, P_{q+m+1}, \ldots, P_{q'}, \frac{P_{q'+1}}{P_n}, \ldots, \frac{P_{n-1}}{P_n}\right);$$

si elle forme avec $X_1, \ldots, X_{q'}, P_{m+q+1}, \ldots, P_{q'}$ un groupe d'ordre $r + 1$, toute fonction distinguée de ce groupe aura la **même forme** et devra satisfaire aux équations

$$(X_k, \Phi) = \frac{\partial \Phi}{\partial P_k} = 0, \qquad (k = 1, 2, \ldots, q'),$$

$$(P_i, \Phi) = - \frac{\partial \Phi}{\partial X_i} = 0, \qquad (i = q + m + 1, \ldots, q').$$

Toute fonction distinguée de ce groupe sera donc de la forme

$$\Phi\left(X_1, \ldots, X_{q+m}, X_{q'+1}, \ldots, X_n, \frac{P_{q'+1}}{P_n}, \ldots, \frac{P_{n-1}}{P_n}\right),$$

c'est-à-dire sera d'ordre nul. On sera donc ramené à une **question** de même nature que la première, sauf que r sera remplacé par $r + 1$ et q par $q + 1$. La seconde opération sera d'ordre **inférieur** de deux unités à celui de la première.

2^n Si $N_1, \ldots, N_{r-1}, H, \psi_1$ ne forment pas un groupe **homogène**, elles donnent naissance à un groupe homogène qui sera au **moins** d'ordre $r + 2$ et qui renfermera dans tous les cas m **fonctions** distinguées d'ordre nul. La seconde opération à laquelle **on sera** conduit sera encore d'ordre inférieur d'au moins deux unités à celui de la première.

En réunissant tous ces résultats, on est conduit à la proposition suivante :

Étant donné un système en involution

$$N_1 = C_1, \quad \ldots, \quad N_q = C_q,$$

*où $N_1, \ldots, N_q$ sont des fonctions homogènes d'ordre **zéro** des* *variables p_i, si* $N_1, ..., N_q, ..., N_{r-1}$, H *sont des intégrales connues du système complet*

$$(N_1, \Phi) = 0, \quad ..., \quad (N_q, \Phi) = 0,$$

formant un groupe homogène qui admet $q + m$ *fonctions distinguées, toutes d'ordre zéro, l'intégration du système en involution proposé n'exige, dans les cas les plus défavorables, que les opérations*

$$2n - r - q - m - 1, \quad 2n - r - q - m - 3, \quad ..., \quad 5, 3, 1.$$

96. Remarques sur le théorème de Poisson ([1]).

Le théorème de Poisson nous apprend que, si φ_1 et φ_2 sont deux intégrales de l'équation

$$(44) \qquad\qquad (f, \varphi) = 0,$$

il en est de même de (φ_1, φ_2). Ce théorème permet donc de déduire de deux intégrales connues de l'équation (44) une nouvelle intégrale par des opérations indépendantes de la forme de la fonction f. On doit à H. Laurent un théorème plus général ([2]) : si $\varphi_1, \varphi_2, ..., \varphi_k, \psi_1, ..., \psi_k$ sont $2k$ solutions de l'équation (44), il en est de même de l'expression

$$\sum_{\lambda_1, ..., \lambda_k} \frac{D(\varphi_1, ..., \varphi_k, \psi_1, ..., \psi_k)}{D(x_{\lambda_1}, ..., x_{\lambda_k}, p_{\lambda_1}, ..., p_{\lambda_k})},$$

mais ce théorème ne donne pas de solutions distinctes de celles que l'on peut obtenir par l'application répétée du théorème de Poisson. Cela résulte de la proposition suivante, que S. Lie a déduite de la théorie des groupes.

Si on connaît q *solutions* $\varphi_1, ..., \varphi_q$ *de l'équation* $(f, \varphi) = 0$, *et qu'on puisse déduire de ces* q *solutions, par des opérations indépendantes de la forme de la fonction* f, *une nouvelle solution* Π *de la même équation,* Π *appartient au groupe engendré par les fonctions* $\varphi_1, ..., \varphi_q$.

En effet, toute fonction f satisfaisant aux équations

$$(45) \qquad (\varphi_1, f) = 0, \quad ..., \quad (\varphi_q, f) = 0$$

devra aussi vérifier l'équation $(\Pi, f) = 0$. Or, si les fonctions $\varphi_1, ..., \varphi_q$ engendrent un groupe $(\varphi_1, ..., \varphi_q, ..., \varphi_r)$, les intégrales des équations (45) sont les intégrales du système complet

$$(46) \qquad (\varphi_1, f) = 0, \quad ..., \quad (\varphi_q, f) = 0, \quad ..., \quad (\varphi_r, f) = 0.$$

<hr>

([1]) Lie, *Mathematische Annalen*, t. VIII, p. 300 (1875).
([2]) *Journal de Liouville*, 2e série, t. XVII, p. 422 (1872).

L'équation $(\Pi, f) = 0$ devra être une combinaison linéaire des équations (46), ce qui ne pourra arriver que si la fonction Π appartient au groupe $(\varphi_1, \ldots, \varphi_r)$. Si $F_1, \ldots, F_{2n-r}$ sont $2n - r$ intégrales distinctes du système (46), Π doit, en effet, appartenir au groupe polaire de $(F_1, \ldots, F_{2n-r})$, c'est-à-dire au groupe $(\varphi_1, \ldots, \varphi_r)$.

Le théorème n'est plus exact si la fonction f est soumise à certaines restrictions. Par exemple, si f est homogène, on a vu que de toute intégrale φ_1 de l'équation (44) on peut déduire une nouvelle intégrale

$$p_1 \frac{\partial \varphi_1}{\partial p_1} + \ldots + p_n \frac{\partial \varphi_1}{\partial p_n} = M(\varphi_1).$$

Dans ce cas particulier, l'énoncé du théorème doit être modifié comme il suit :

Si on connaît q solutions $\varphi_1, \ldots, \varphi_q$ de l'équation

$$(f, \varphi) = 0,$$

où f est une fonction homogène des variables p_i, et si on peut trouver, par des opérations indépendantes de la forme de la fonction homogène f, une autre intégrale Π de la même équation, Π appartient au groupe homogène engendré par les fonctions $\varphi_1, \ldots, \varphi_q$.

En effet, toute solution commune homogène des équations

$$(\varphi_1, f) = 0, \quad \ldots, \quad (\varphi_q, f) = 0,$$

vérifie aussi les équations (§ **92**)

$$((\varphi_i, \varphi_k), f) = 0, \quad \left(p_1 \frac{\partial \varphi_i}{\partial p_1} + \ldots + p_n \frac{\partial \varphi_i}{\partial p_n}, f \right) = 0,$$

et, par conséquent, les r équations

$$(47) \qquad (\varphi_1, f) = 0, \quad \ldots, \quad (\varphi_r, f) = 0,$$

où $(\varphi_1, \ldots, \varphi_r)$ est le groupe homogène engendré par $\varphi_1, \ldots, \varphi_q$. Le groupe polaire $(H_1, \ldots, H_{2n-r})$ de $(\varphi_1, \ldots, \varphi_r)$ est un groupe homogène, et on en conclut, comme tout à l'heure, que Π doit appartenir au groupe polaire de $(H_1, \ldots, H_{2n-r})$, c'est-à-dire au groupe $(\varphi_1, \ldots, \varphi_r)$.

TABLE DES MATIÈRES

CHAPITRE PREMIER

THÉORÈMES D'EXISTENCE

CHAPITRE II

ÉQUATIONS LINÉAIRES. SYSTÈMES COMPLETS

CHAPITRE III

ÉQUATIONS LINÉAIRES AUX DIFFÉRENTIELLES TOTALES

CHAPITRE IV

INTÉGRALES COMPLÈTES
MÉTHODE DE LAGRANGE ET CHARPIT

CHAPITRE V

MÉTHODE DE CAUCHY. CARACTÉRISTIQUES

CHAPITRE VI

ÉTUDE GÉOMÉTRIQUE DES ÉQUATIONS A TROIS VARIABLES. COURBES INTÉGRALES. SOLUTIONS SINGULIÈRES

CHAPITRE VII

PREMIÈRE MÉTHODE DE JACOBI

CHAPITRE VIII

SECONDE MÉTHODE DE JACOBI GÉNÉRALISATIONS DE MAYER ET DE LIE

CHAPITRE IX

THÉORIE GÉNÉRALE DE LIE

CHAPITRE X

TRANSFORMATIONS DE CONTACT

CHAPITRE XI

GROUPES DE FONCTIONS
MÉTHODE GÉNÉRALE D'INTÉGRATION